과학도를 위한

# 반도체와 전자회로의 기초

Fundamentals of Semiconductors and Electronics for Scientists

과학도를 위한

# 반도체와 전자회로의 기초

# Fundamentals of Semiconductors and Electronics for Scientists

이 일 수 지음

경북대학교출판부

이일수 (李一洙, Ilsu Rhee)

1978 경북대학교 물리학교 이학사

1981 서울대학교 대학원 물리학과 이학석사

1989 뉴욕주립대학 Buffalo 대학원 물리학과 Ph.D.

1989 뉴욕주립대학 Buffalo 연구원

2008 워싱턴대학 Saint Louis 의과대학 방문교수

1990~현재 경북대학교 물리에너지학부 교수

박사학위논문 : 「Finite-Size Scaling of the Superfluid Density of $^4$He Confined Between Silicon Wafers」(Phys. Rev. Lett., 1989)

국내외 전문학술지 논문 60편 및 『극저온 기술의 기초』(2007년 대한민국 학술원 우수학술도서 선정), 『현대물리학의 기초』(2009년 문화체육관광부 우수학술도서 선정) 등 단행본 14권 저술

과학도를 위한 반도체와 전자회로의 기초 Fundamentals of Semiconductors and Electronics for Scientists

**찍은날** 2011년 2월 7일 | **펴낸날** 2011년 2월 10일
**지은이** 이일수
**펴낸이** 함인석 | **펴낸곳** 경북대학교출판부
**출판등록** 1973년 10월 10일 ⓐ97호
**주소** 대구광역시 북구 산격동 1370번지
**전화** 053-950-6741~3 | **팩스** 053-953-4692 | **E-mail** press@knu.ac.kr
**Homepage** http://knupress.com

**정가** 23,000원
**ISBN** 978-89-7180-308-0 93420

## 머리말

전자회로의 강의를 하면서 교재를 선택하는 데 있어서 시중에 수많은 전자회로 관련 교재들이 나와 있음에도 불구하고 만족스러운 것을 찾기가 쉽지 않았다. 대부분의 교재들이 너무 응용면에 치우쳐서 기본적인 물리적 원리를 소홀히 기술하고 있다는 생각이 들었다. 과학도를 위한 전자회로 교재에 알맞기 위해서는 응용도 좋지만 기본 개념을 명확히 이해할 수 있도록 서술되면 좋겠다는 생각을 하게 되었다. 그렇다고 내용이 반도체공학 쪽으로 너무 치우치는 것도 응용성이 떨어져서 좋지 않을 것이다. 이에 따라 두 부분이 적당히 조합된 내용으로 구성하기 위해 저술된 것이 『과학도를 위한 반도체와 전자회로의 기초』이다.

책의 제목에서 볼 수 있듯이, 이 책은 과학도를 위한 전자회로의 교재이다. 이에 따라 회로에 대한 물리학적 원리에 기반을 둔 분석적 이해를 그 기본으로 하고 있다.

1장에서 3장까지는 반도체 및 반도체 소자들의 기본적인 물리적 특성에 대한 기술을 하고 있다. 그리고 4장은 다이오드 회로에 대한 내용으로 구성되어 있다. 5장과 6장에는 트랜지스터의 바이어스 회로와 증폭기 회로의 분석이 주어져 있다. 그리고 7장에서는 IC 증폭기인 연산증폭기에 대해 다루고 있다. 연산증폭기 이외에도 수많은 IC회로들이 나와 있으나 그 내용이 너무 방대하기 때문에, 대표적인 IC회로인 연산증폭기만 다루기로 하였다. 8장에는 디지털회로의 기초적인 내용들이 기술되어 있다.

아무쪼록 이 책이 과학도들이 반도체와 전자회로를 이해하는 데 도움이 되었으면 한다.

2010년 12월

저자 씀

## 차례

제1장

# 반도체의 특성

## 1. 반도체의 정의

물질을 그 물리적 특성에 따라 다양하게 구분한다. 즉, 전기적 성질에 따른 구분, 자기적 성질에 따른 구분, 광학적 성질에 따른 구분 등이 있다. 이 절에서는 물질의 전기적 성질에 따른 구분에 대해 알아보도록 하겠다. 물질을 전기적인 성질, 즉 전류가 형성되는 물질인가 아닌가에 따라 도체, 반도체, 부도체로 나눈다. 도체는 외부전압에 의해 그 내부에 전류가 형성되는 물질이고 부도체는 외부전압에 의해 전류가 형성되지 않는 물질이다. 반도체는 그 중간에 속한다. 어떤 물체의 양단에 전압 $V$가 주어지면 물질의 내부에 Ohm의 법칙인 $I = V/R$에 따라 전류가 형성된다. 전기저항은 $R = \rho L/A$와 같이 주어진다. 여기서 $L$과 $A$는 각각 물체의 길이와 단면적을 나타내고, $\rho$는 물체를 구성하는 물질의 고유한 비저항(resistivity)을 나타낸다. 표 1-1에 20℃에서 여러 물질의 비저항 값이 주어져 있다. 금속의 비저항 값은 아주 작고 부도체의 비저항 값은 아주 크다. 반도체는 금속과 부도체의 비저항의 사이에 위치한 값을 가진다. 금속에는 금속결합에 따른 잉여전자가 존재하며 이 전자들은 금속 안을 자유롭게 움직일 수 있는데 이들을 자유전자(free electron)라고 부른다. 금속의 양단에 외부전압이 가해지면 이 자유전자들이 이동하여 전류가 쉽게 형성되기 때문에 금속은 아주 작은 비저항 값을 가진다. 반면에 부도체에서는 전류를 흐르게 하는 자유전자가 전혀 없다. 그리고 반도체에서는 열에너지에 의해 자유롭게 된 약간의 전자가 존재하므로 큰 전압에 의해서만 전류가 형성될 수 있다.

표 1-1 여러 물질의 온도 20℃에서의 비저항 값

| 종류 | 물질 | 비저항$[10^{-8}\Omega-m]$ | 종류 | 물질 | 비저항$[\Omega-m]$ |
|---|---|---|---|---|---|
| 금속 | 은 | 1.59 | 반도체 | 탄소 | $3 \sim 60 \times 10^{-5}$ |
| | 구리 | 1.72 | | 게르마늄 | $1 \sim 500 \times 10^{-3}$ |
| | 알루미늄 | 2.82 | | 실리콘 | $0.1 \sim 60$ |
| | 텅스텐 | 5.6 | 부도체 | 유리 | $10^{10} \sim 10^{14}$ |
| | 철 | 9.71 | | 고무 | $10^{13} \sim 10^{15}$ |
| | 니크롬 | 110 | | 석영 | $7.5 \times 10^{17}$ |
| | 납 | 22 | | 나무 | $10^{8} \sim 10^{11}$ |
| | 수은 | 98 | | 황 | $10^{15}$ |

다음에는 에너지 밴드(energy band) 관점에서 도체, 반도체, 부도체가 어떻게 정의되는지를 보도록 하자. 그림 1-1에 고체에서 에너지 밴드가 형성되는 이유를 그림으로 보여 주고 있다.

원자들이 서로 멀리 떨어져 있을 때에는 원자 내의 전자들은 각각의 원자핵에만 구속되어 있다. 따라서 전자들은 그 원자의 특징에 따른 에너지준위를 가진다. 그림 1-1에서 $1s$를 기저준위, $2s$를 여기준위로 표시하였다. 그러나 원자들이 서로 가까워져서 고체를 이룰 경우 원자들의 전자들은 고체의 전자들이 된다. 이 경우 전자들이 존재할 수 있는 에너지준위들은 Pauli 배타율을 따라야 되는 등의 양자역학적인 구속조건을 만족해야 되기 때문에 여러 준위로 갈라질 수밖에 없다. 그림 1-1의 왼쪽 그림에 5개의 원자들이 서로 가까워질 경우 에너지준위가 다섯 가닥으로 분리됨을 보여 주고 있다. 고체에는 단위체적당 약 $10^{28}$개$/m^3$의 원자들이 밀집되어 있기 때문에 에너지준위는 그림 1-1의 오른쪽 그림에서 보듯이 에너지 밴드(연속적인 에너지준위의 집합)를 이루게 된다. 고체를 이루는 원자들 사이의 거리를 $r_0$(평형거리)라고 할 경우 에너지 밴드는 기저준위($1s$, ground state)에 해당하는 기저 에너지 밴드와 여기준위($2s$, excited state)에 해당하는 여기 에너지 밴드로 나누어진다. 그리고 그 사이에 에너지 간격이 존재하게 되는데 이를 에너지 갭(energy gap)이라고 부른다. 기저 에너지 밴드는 전자들이 차(filled) 있는 상태인데 이 에너지 밴드를 가전대(valance band)라고 부른다. 그리고 여기 에너지 밴드는 비어 있는 상태로서 가전대의 전자들이 여기되어 올라갈 수 있다. 이 에너지 밴드를 전도대(conduction band)라고 부른다.

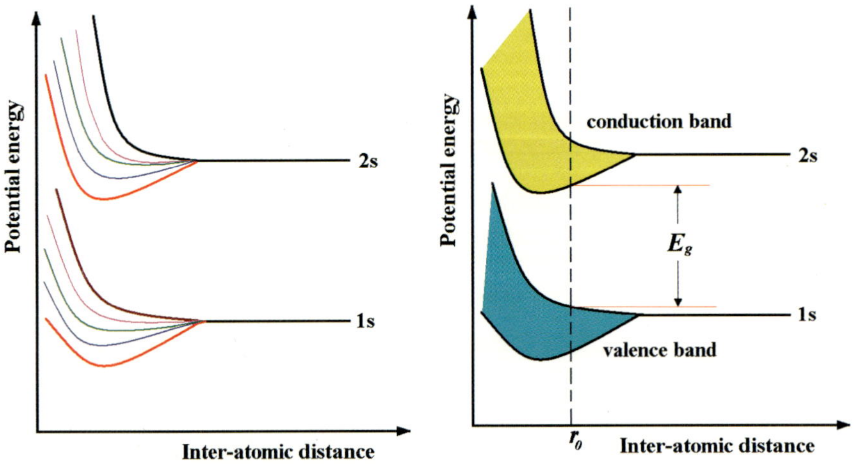


그림 1-1. 고체 내부에서의 에너지 밴드의 형성

위에 설명한 에너지 밴드의 구조는 물질에 따라 다르다. 그림 1-2에 도체, 반도체, 부도체에서의 에너지 밴드의 모양이 주어져 있다. 금속의 경우에는 가전대와 전도대가 겹쳐져 있다. 이와 같이 에너지 갭이 없어서 전도대에 전자(여기 상태의 전자)들이 이미 존재하므로 낮은 외부전압에 의해서도 이 전자들이 쉽게 이동함으로써 전류가 형성된다. 이에 따라 도체의 비저항 값은 아주 작다. 반면에 부도체에서는 에너지 갭이 너무 크므로 아주 센 전압(유전파괴)을 걸지 않으면 가전대의 전자들이 전도대로 올라갈 수 없다. 이에 따라 부도체에서는 전류가 형성되지 않으므로 부도체의 비저항 값은 아주 크다. 반도체의 경우에는 에너지 갭(실리콘의 경우 $1.1eV$)이 부도체보다 작다. 이에 따라 열에너지(상온에서 $0.026eV$)에 의해 약간의 전자들이 전도대로 올라갈 수 있다. 그러나 전류를 흘리기 위해서는 높은 전압이 필요하다. 이에 따라 반도체의 비저항 값은 도체와 부도체의 비저항 값의 사이에 위치한 값을 가진다. 위와 같이 도체, 반도체, 부도체에서의 전기적 특성을 에너지 밴드를 통해서 잘 설명할 수 있다.

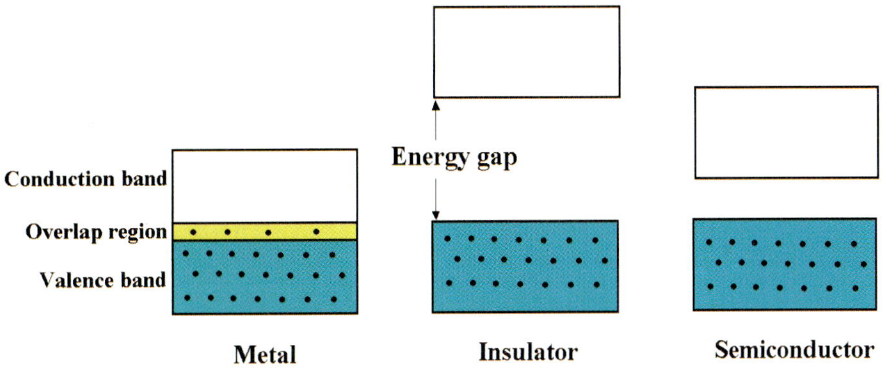


그림 1-2. 도체(금속), 부도체, 반도체의 에너지 밴드의 구조

## 2. 진성반도체와 외인성반도체

반도체는 단원소 반도체로는 4가인 실리콘(Si)과 게르마늄(Ge)이 있고, 6족으로는 세슘(Se)이 있다. 그리고 화합물 반도체로는 II-V족(ZnO, ZnS, CdS)과 III-V족(GaAs, GaP)이 있다. 그러나 실리콘이 많이 사용되고 있기 때문에 실리콘의 반도체 특성에 대해서만 집중적으로 알아보기로 한다.

진성반도체(intrinsic semiconductor)는 불순물(impurity)을 포함하지 않는 반도체를 말한다. 실리콘은 최외각전자가 4개인 4가의 원소이다. 원소들은 완전히 채워진 전자구각을 선호하기 때문에 실리콘도 주위의 실리콘 원소들과 전자를 공유함으로써 최외각전자가 8개인 안정한 전자구조를 가지려고 한다. 이러한 실리콘 결정의 결합을 공유결합이라고 부른다. 그림 1-3에 실리콘 결정의 공유결합을 보여 주고 있다. 각 실리콘 원자들은 주위의 실리콘 원자들과 전자를 공유함으로써 최외각전자가 8개인 안정한 전자구조를 가짐을 볼 수 있다. 이에 따라 낮은 온도에서 실리콘에는 공유결합에 의해 모든 전자들이 원자핵에 구속되어 있으므로 자유롭게 움직일 수 있는 전자가 없다. 따라서 외부전압을 인가하더라도 전류가 형성되지 않는다. 그러나 상온에서는 열에너지($0.026e\,V$)에 의해 약간의 전자가 여기될 수 있다. 이렇게 여기된 전자는 자유롭게 움직일 수 있으며, 또한 전자가 빠져나간 자리에는 정공(hole)이 발생한다. 여기서 정공은 양의 전하를 가진 전자처럼 행동한다. 따라서 실리콘에 외부전압을 걸어주면 전자와 정공의 이동에 의해 전류가 형성될 수 있다. 이러한 현상 때문에 실리콘은 도체보다는 크지만 부도체보다는 훨씬 작은 비저항 값을 가지게 된다. 그림 1-3의 오른쪽 그림에는 실리콘의 에너지 밴드가 주어져 있다. 열에너지에 의해 가전대에 있는 전자들이 전도대로 올라가는 것을 보여 주고 있다. 또한 가전대에 전자가 빠져나간 자리에는 정공이 발생함을 볼 수 있다. 진성반도체에서는 전류를 형성하는 것이 전자와 정공이다. 이렇게 전류를 형성하는 것을 캐리어(carrier)라고 부른다. 즉, 캐리어에는 전자와 정공이 있을 수 있다.

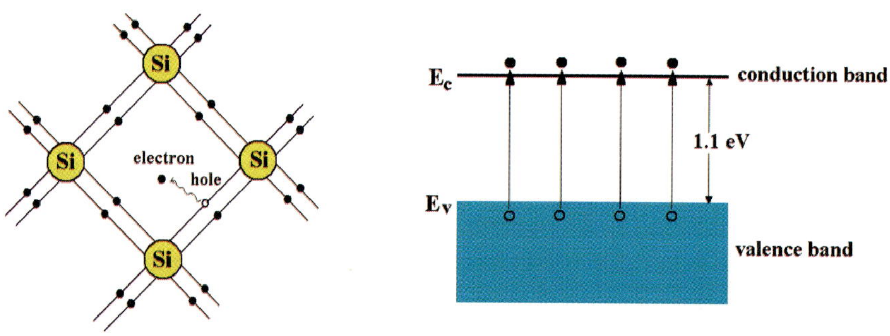


그림 1-3. 실리콘 결정의 공유결합

실리콘 원소의 일부를 3가 또는 5가인 원소로 치환한 반도체를 외인성반도체(extrinsic semiconductor)라고 부른다. 그림 1-4에 5가인 비소(As) 원자 하나가 실리콘 원소의 자리에 치환된 것을 보여 주고 있다. 비소는 5가이므로 최외각전자가 5개이다. 따라서 주위의 실리콘과 공유결합을 하고 나서도 1개의 전자가 남는다. 이렇게 치환된 비소들이 실리콘 원소들과 결합하고 남은 전자들이 자유롭게 움직일 수 있는 자유전자들이 된다. 외부전압에 의해 이 전자들이 이동함으로써 전류가 형성될 수 있다. 따라서 이러한 반도체에서는 캐리어가 전자이다. 이렇게 5가인 원소를 치환한 반도체를 n형 반도체라고 부른다. 여기서 n은 캐리어인 전자의 전하량이 음(negative)이기 때문에 이렇게 부르게 되었다. 그림 1-4의 오른쪽에는 n형 실리콘 반도체의 에너지 밴드 그림이 주어져 있다. 치환된 5가의 불순물(As)들은 쉽게 여기되어 전도대에 전자들을 제공한다. 이에 따라 불순물의 에너지준위는 전도대 근방에 존재하여야 한다. 그리고 이 불순물을 도너(doner)라고 부른다. 이는 전자를 제공한다(donate)는 의미를 가진다.

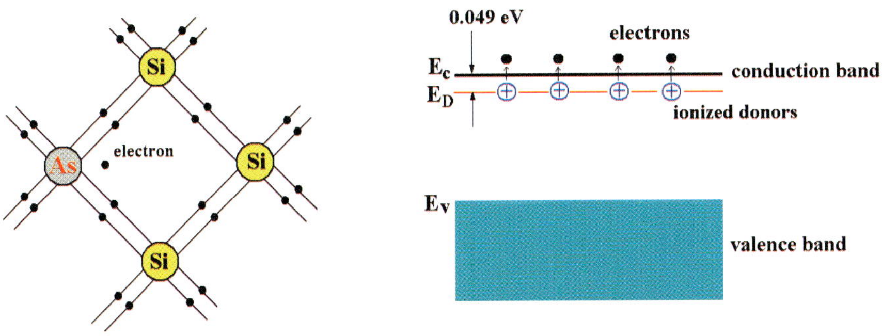


그림 1-4. n형 실리콘 반도체

실리콘 원소의 일부를 3가인 갈륨(Ga)으로 치환한 경우를 보기로 하자. 그림 1-5가 이를 보여 주고 있다. 갈륨은 3가이므로 4가인 실리콘 원자와 결합하기 위해서는 전자 하나가 모자란다. 이에 따라 비어 있는 자리인 정공이 발생한다. 외부전압을 걸어주면 주위의 전자가 이 정공을 채우게 되는데, 정공으로 이동한 전자의 자리에는 또 다른 정공이 발생하게 된다. 이렇게 연속적으로 발생되는 정공을 차례로 채움으로써 전류가 형성된다. 정공은 양의 전하를 가지는 전자와 같은 행동을 한다. 이렇게 3가인 원소로 치환된 반도체를 p형 반도체라고 부른다. 여기서 p는 캐리어인 정공이 양(positive)의 전하를 가지기 때문에 이렇게 부르게 되었다. 그림 1-5의 오른쪽에는 p형 실리콘 반도체의 에너지 밴드 그림이 주어져 있다. 치환된 3가의 불순물(Ga)들은 가전대의 전자들을 쉽게 받아들이게 되고, 이에 따라 가전대에는 정공들이 발생한다. 따라서 이 불순물들의 에너지준위는 가전대 근방에 존재하여야 한다. 그리고 이 불순물들을 어셉터

(acceptor)라고 부른다. 이는 전자를 받아들인다(accept)는 의미를 가진다.

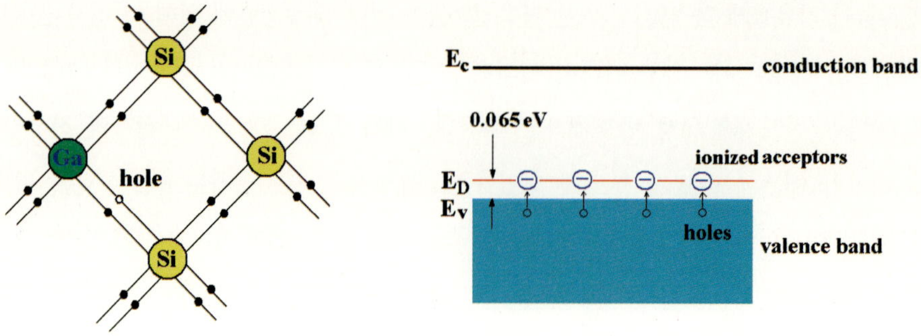


그림 1-5. p형 실리콘 반도체

## 3. 캐리어 밀도

진성반도체에서는 전자와 정공의 밀도가 같다. 이는 진성반도체에서는 전자와 정공이 항상 쌍으로 발생되기 때문이다. 순수 실리콘(진성반도체)의 경우 전자와 정공의 밀도 $n_i$는 $1.5\times 10^{10}cm^{-3}$이다. n형 반도체에서 도너 원자들은 상온에서 열에너지에 의해 모두 이온화되어 전자를 내어놓는다. 따라서 도핑(doping)된 도너 원자의 밀도를 $N_d$라고 두면 n형 반도체에서 전자밀도는 $n = n_i + N_d$이다. 즉, n형 반도체에서 전자의 밀도는 진성반도체의 전자밀도에다 도핑(doping)시킨 도너 원자의 밀도의 합이다. 그러나 도핑시키는 도너 원자의 수는 대략 $N_d = 10^{14} \sim 10^{16}cm^{-3}$이므로, 이 값은 진성반도체의 전자밀도 $n_i$보다 훨씬 크다. 따라서 n형 반도체에서의 전자밀도는 $n \simeq N_d$라고 할 수 있다. p형 반도체에서도 어셉터 원자들은 상온에서 열에너지에 의해 모두 이온화되어 정공을 내어 놓는다. 따라서 어셉터 원자의 밀도를 $N_a$라고 두면 p형 반도체에서 정공밀도는 $p = n_i + N_a$이다. 즉, p형 반도체에서 정공밀도는 진성반도체의 정공밀도에다 도핑시킨 어셉터 원자의 밀도의 합이다. 그러나 도핑시키는 어셉터 원자의 수는 대략 $N_A = 10^{14} \sim 10^{16}cm^{-3}$이므로, 이 값은 진성반도체의 정공밀도 $n_i$보다 훨씬 크다. 따라서 p형 반도체에서의 정공밀도는 $p \simeq N_a$라고 할 수 있다.

반도체에서의 열평형상태에서의 캐리어 밀도에 대해 좀 더 상세히 알아보도록 하자. 전도대 안의 전자밀도는

$$n = \int_{E_c}^{E_{ct}} D_c(E) f(E) dE \qquad (1\text{-}1)$$

로 주어진다. 여기서 $D(E)$는 상태밀도로 단위 체적당, 단위 에너지당 전자의 에너지 상태의 수이다. 그리고 $f(E)$는 Fermi-Dirac 분포함수로서 전자가 에너지 $E$인 상태에 존재할 확률을 나타낸다. 따라서 전도대 안에 존재하는 전자의 밀도함수는 $n(E) = D(E)f(E)$로 주어진다. 그리고 전도대 안의 전자밀도는 이 밀도함수를 전도대의 가장 낮은 에너지준위에서부터 가장 높은 에너지준위까지 적분하면 된다. 이를 식 1-1로 표현하였다. 전도대의 전자의 상태밀도(연습문제 참조)는 $D_c(E) = \frac{(2m_e^*)^{3/2}}{2\pi^2\hbar^3}\sqrt{E-E_c}$로 주어지고, Fermi-Dirac 분포함수는 $f(E) = \frac{1}{1+e^{(E-E_F)/kT}}$이므로 식 1-1은

$$n = \frac{(2m_e^*)^{3/2}}{2\pi^2\hbar^3}\int_{E_c}^{E_{ct}} \sqrt{E-E_c}\ \frac{dE}{1+e^{(E-E_F)/kT}} \qquad (1\text{-}2)$$

와 같이 표현된다. 여기서 $E_c$, $E_{ct}$는 전도대의 가장 낮은 에너지준위와 가장 높은 에너지준위를 각각 나타낸다. 대체로 $E \gg E_F$가 만족되고 또한 Fermi-Dirac 분포함수는 전도대에서 빠르게 0으로 감소한다. 따라서 적분의 상한 $E_{ct}$를 $\infty$로 치환할 수 있다. 또한 에너지가 $0 < E < E_c$의 영역에서는 전자의 상태밀도가 0이므로 적분의 하한도 0으로 바꿀 수 있다. 이에 따라 식 1-2는

$$n = \frac{(2m_e^*)^{3/2}}{2\pi^2\hbar^3}\int_0^{\infty} \sqrt{E-E_c}\ e^{(E_F-E)/kT} dE \qquad (1\text{-}3)$$

과 같이 근사할 수 있다. 변수를 $x = (E-E_c)/kT$와 같이 치환하고 $\int_0^{\infty}\sqrt{x}\ e^{-x}dx = \sqrt{\pi}/2$를 이용하면 식 1-3은

$$n = 2\left(\frac{m_e^* kT}{2\pi\hbar^2}\right)^{3/2} e^{(E_F-E_c)/kT} = N_c\, e^{-(E_c-E_F)/kT} \qquad (1\text{-}4)$$

와 같이 표현된다. 여기서 $N_c = 2\left(\frac{m_e^* kT}{2\pi\hbar^2}\right)^{3/2}$ 로 정의된다. $N_c$는 전도대 안에 있는 모든 전자가 $E_c$의 에너지 상태에 있다고 가정할 때의 상태밀도로서 유효상태밀도(effective density of states)라고 부른다.

가전대의 정공밀도도 위에 설명한 전도대의 전자밀도를 구한 방법으로 구할 수 있다. 즉, 가전대 안의 정공밀도는

$$p = \int_{E_{vb}}^{E_v} D_v(E)[1 - f(E)]\, dE \tag{1-5}$$

로 주어진다. 여기서 $E_{vb}$, $E_v$는 각각 가전대의 가장 아래의 에너지준위와 가전대의 가장 위의 에너지준위를 나타낸다. 그리고 정공은 전자가 없는 상태이므로 Fermi-Dirac 분포함수는 $1 - f(E)$로 주어진다. 식 1-5에서 적분 구간은 $-\infty$에서 0으로 근사할 수 있다. 이에 따라 식 1-5를 적분하면

$$p = N_v\, e^{-(E_F - E_v)/kT} \tag{1-6}$$

과 같이 구해진다. 여기서 $N_v = 2\left(\frac{m_h^* kT}{2\pi\hbar^2}\right)^{3/2}$ 로서 정공에 대한 유효상태밀도이다.

그림 1-6에 위에서 계산한 과정을 그림으로 표시한 것을 보여 주고 있다. 상태밀도와 Fermi-Dirac 분포함수를 곱한 전자 및 정공의 에너지 밀도함수인 $n(E) = D_c(E)f(E)$와 $p(E) = D_v(E)[1 - f(E)]$를 가장 오른쪽 그림에서 보여 주고 있다. 이를 적분한 것이 전자 $(n)$와 정공 $(p)$의 밀도이다.

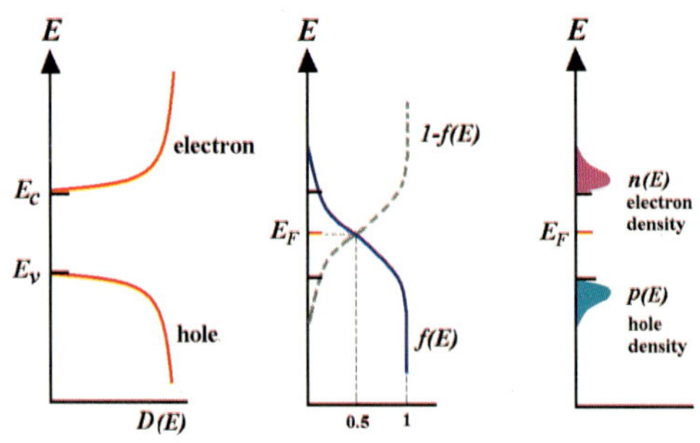


그림 1-6. 전자와 정공의 밀도함수

진성반도체에서는 전자와 정공의 수가 같으므로 $n = p = n_i$이다. 따라서 식 1-4와 1-6에서 Fermi 준위는

$$E_F = \frac{E_v + E_c}{2} - \frac{3}{4} kT \ln \frac{m_e^*}{m_h^*} \tag{1-7}$$

과 같이 구해진다. $m_e^* = m_h^*$인 경우 $E_F = (E_v + E_c)/2$이므로 Fermi 준위는 전도대($E_c$)와 가전대($E_v$)의 중간에 위치함을 볼 수 있다. 진성반도체에서는 $n = p = n_i$이므로 식 1-4와 1-6을 곱하면

$$n_i^2 = N_c N_v \, e^{-(E_c - E_v)/kT} = N_c N_v \, e^{-E_g/kT} \tag{1-8}$$

과 같은 관계식을 얻을 수 있다. 이를 질량작용의 법칙(mass action rule)이라고 부른다. 이 관계식을 이용하면 어떤 반도체에서 전자밀도를 알면 정공밀도를 알 수 있고, 거꾸로 정공밀도를 알면 전자밀도를 알 수 있다.

n형 반도체에서 상온에서 모든 도너 원자들은 이온화되며, 이에 따라 각 도너 원자들은 전자를 내어 놓는다. 그림 1-7에서와 같이 n형 반도체의 전도대에 존재하는 전자에는 도너 원자에 의해 제공되는 전자와 가전대에서 올라오는 전자가 있다.

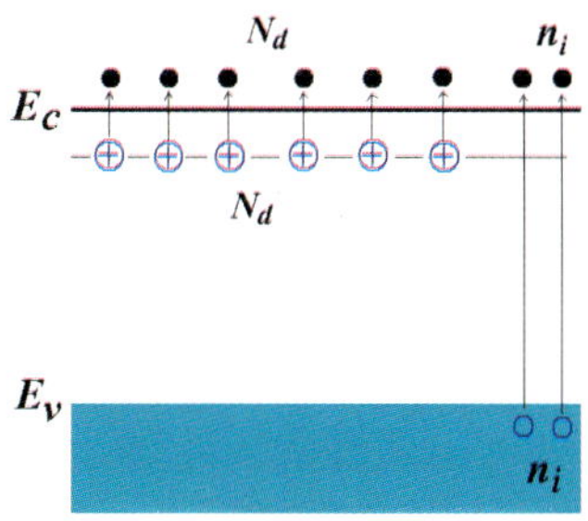


그림 1-7. n형 반도체에서 전도대의 전자밀도

따라서 전도대에서의 전자밀도는 $n = n_i + N_d$로 주어진다. 앞에서 언급하였듯이 $N_d \gg n_i$이므로 $n \simeq N_d$이다. 식 1-4를 이용하면 n형 반도체의 Fermi 준위는

$$E_F = E_c - kT \ln \frac{N_c}{N_d} \tag{1-9}$$

와 같이 주어짐을 볼 수 있다.

p형 반도체에서 상온에서 모든 어셉터 원자들은 이온화되며, 이에 따라 각 어셉터 원자들은 정공을 발생시킨다. 그림 1-8에서와 같이 p형 반도체의 가전대에 존재하는 정공에는 어셉터 원자에 의해 제공되는 정공과 가전대에서 전도대로 올라간 전자에 의해 만들어지는 정공이 있다. 따라서 가전대에서의 정공밀도는 $p = n_i + N_a$로 주어진다. 앞에서 언급하였듯이 $N_a \gg n_i$ 이므로 $p \simeq N_a$이다. 식 1-5를 이용하면 p형 반도체의 Fermi 준위는

$$E_F = E_v + kT \ln \frac{N_c}{N_a} \tag{1-10}$$

과 같이 주어짐을 볼 수 있다.

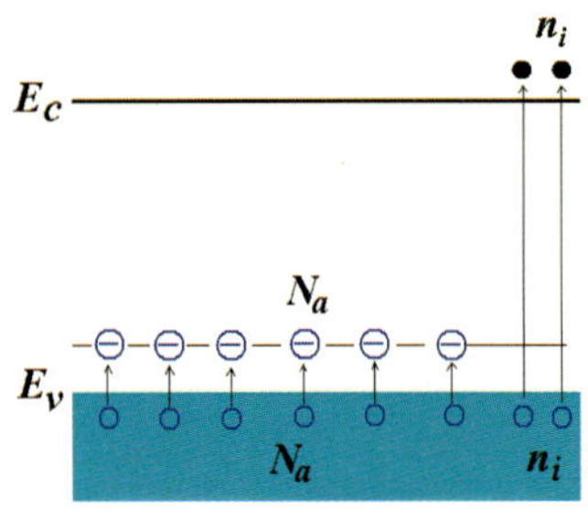


그림 1-8. p형 반도체에서 가전대의 정공밀도

n형 반도체와 p형 반도체에서의 소수캐리어 밀도는 도너 원자와 어셉터 원자를 알면 질량작용의 법칙을 이용하여 구할 수 있다. 실리콘의 경우 진성반도체의 캐리어 밀도는 $n_i = 1.5 \times 10^{10}\ cm^{-3}$ 이다. n형 반도체에서 다수캐리어(majority carrier)는 전자이고 소수캐리어(minority carrier)는 정공이다. 다수캐리어인 전자의 밀도는 도너 원자의 밀도와 같으므로 $N_d$이다. 따라서 소수캐리어인 정공의 밀도는 질량작용의 법칙을 이용하면 $p = n_i^2 / N_d$로 구해진다. 반면에 p형 반도체에서 다수캐리어는 정공이고 소수캐리어는 전자이다. 다수캐리어인 정공의 밀도는 어셉터 원자의 밀도와 같으므로 $N_a$이다. 따라서 소수캐리어인 전자의 밀도는 $n = n_i^2 / N_a$로 주어진다. 예를 들어, n형 실리콘 반도체에서 도너 원자의 밀도가 $10^{13} cm^{-3}$일 경우 소수캐리어인 정공의 밀도는

$p = n_i^2/N_d = 2.3 \times 10^7 cm^{-3}$과 같이 구해진다.

그림 1-9는 진성반도체, n형 반도체, p형 반도체에서 가전대와 전도대에서의 다수캐리어 밀도와 소수캐리어 밀도의 분포 모양을 보여 주고 있다.

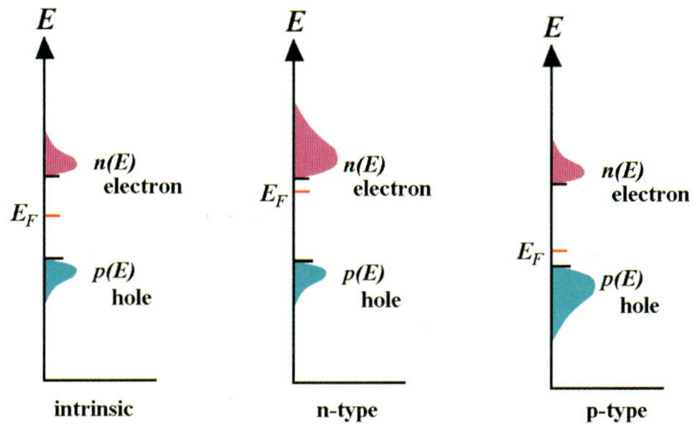


그림 1-9. 진성반도체, n형 반도체, p형 반도체에서의 캐리어의 분포 모양

그림 1-10에 n형 반도체의 온도에 따른 캐리어 밀도의 변화를 보여 주고 있다. 저온에서는 소수의 도너 원자들만이 이온화된다. 온도가 증가함에 따라 이온화되는 도너 원자들이 많아져서 전도대의 전자밀도가 증가한다. 이 영역을 진성반도체 영역이라고 부른다. 중간온도(상온)에서는 모든 도너 원자들이 이온화되므로 전자밀도는 온도에 따라 변하지 않고 일정하게 된다. 고온에서는 가전대의 전자들이 전도대로 올라갈 수 있으므로 전자밀도가 다시 증가한다. 이러한 전자밀도의 온도에 따른 변화는 저항의 온도에 따른 변화와 반대이다.

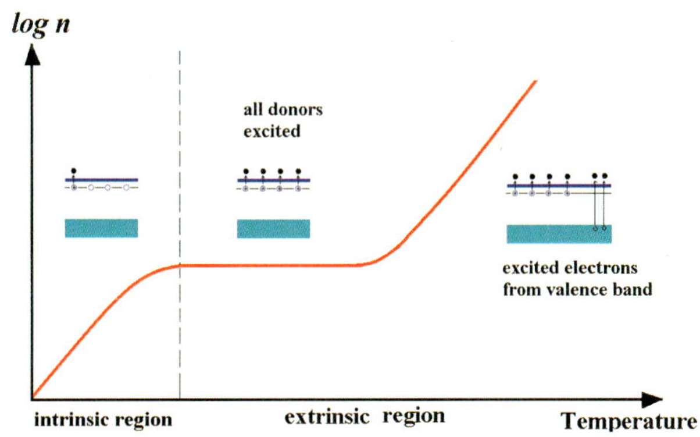


그림 1-10. n형 반도체에서 온도에 따른 전자밀도의 변화

## 4. 전류밀도

반도체에서 전류는 드리프트(drift) 전류와 확산전류로 구성되어 있다. 드리프트 전류는 양단에 걸린 전압에 의해 캐리어가 이동함으로써 발생한다. 반면에 확산전류는 위치에 따른 캐리어 밀도의 차이에 의해 밀도가 높은 곳의 캐리어가 밀도가 낮은 쪽으로 이동함으로써 발생한다. 그림 1-11에 두 전류의 개략적인 메커니즘이 주어져 있다.

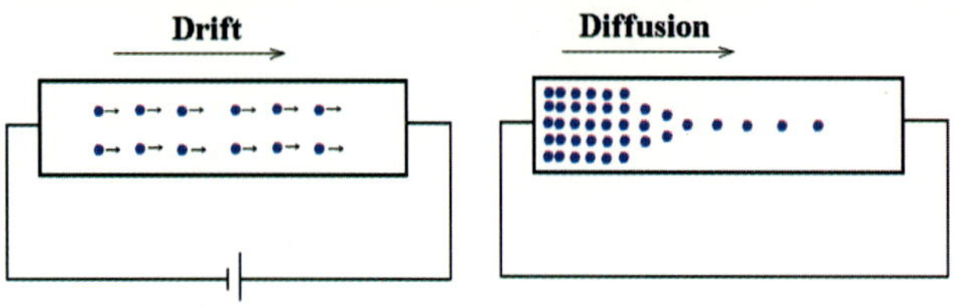


그림 1-11. 드리프트(drift) 전류와 확산전류

외부전압이 걸려 있지 않은 반도체 내의 캐리어들도 열에너지에 의한 운동 때문에 격자나 불순물들과 끊임없이 충돌한다. 이러한 충돌에 의한 산란 때문에 캐리어의 속도의 크기와 방향은 계속 바뀐다. 그러나 이러한 산란은 무작위 산란이기 때문에 전체적으로 캐리어의 특정 방향으로의 이동은 없다. 반면에 외부전압이 걸리면 캐리어들은 여전히 격자와 불순물 등과의 충돌에 의해 산란되지만 전체적으로 전기장 방향으로 이동하는 것을 볼 수 있다. 이러한 캐리어의 이동속도를 드리프트 속도(drift velocity)라고 부른다. 이 드리프트 속도는 외부전압에 의해 형성되는 전기장에 비례하는데 그 비례상수를 이동도(mobility)라고 부른다. 즉,

$$v = \mu E \qquad (1-11)$$

로 표현된다. 여기서 $\mu$의 단위는 $m^2/V \cdot \sec$이다.

길이 $L$인 반도체에 전하 $Q$가 평균속도(드리프트 속도) $v$로 이동한다고 하자. 이 경우 전류는 $I = Q/t = Qv/L$로 주어진다. 여기서 $t = L/v$를 이용하였다. 그리고 전류밀도는 단위면적당 전류로 정의되므로 $J = I/A = Qv/AL = \rho v$를 얻는다. 여기서 $\rho$는 전하밀도를 나타낸다. 따라서 캐리어가 전자일 경우 전류밀도는

$$J_n = qnv \tag{1-12}$$

와 같이 표현되고, 정공인 경우 전류밀도는

$$J_p = qpv \tag{1-13}$$

으로 표현된다. 여기서 $n, p$는 각각 전자밀도와 정공밀도를 나타낸다.

캐리어에 작용하는 힘은 외부전압에 의한 전기력 $qE$와 산란에 의해 발생되는 운동량 변화에 따른 산란력(scattering force)이다. 두 힘은 반대 방향이므로 캐리어의 운동 방정식은

$$m\frac{dv}{dt} = qE - \frac{mv}{\tau} \tag{1-14}$$

로 주어진다. 여기서 산란력은 운동량을 산란시간($\tau$)으로 나눈 값으로 표현되었다. 평형상태(steady state)에서는 캐리어가 이미 가속되어 일정한 평균속도에 도달한 상태이다. 따라서 $dv/dt = 0$으로 둘 수 있다. 이에 따라 $v = \mu E$와 식 1-11에서 이동도는 $\mu = q\tau/m$으로 구해진다. 따라서 전체 캐리어의 드리프트 전류밀도는

$$J = J_n + J_p = q(n\mu_n + p\mu_p)E \tag{1-15}$$

로 주어진다. 여기서 $\mu_n$, $\mu_p$는 각각 전자와 정공의 이동도를 나타낸다.

확산전류는 캐리어 밀도의 차이에 의해 발생하므로 전자의 경우 확산전류밀도는

$$J_n = qD_n\frac{dn}{dx} \tag{1-16}$$

으로 정의된다. 여기서 $D_n$는 전자의 확산계수이다. 위 식에서 $\frac{dn}{dx} < 0$이고 전류의 방향은 캐리어가 전자이기 때문에 확산 방향에 대해 반대 방향이다. 반면에 정공의 경우 확산전류밀도는

$$J_p = -qD_p\frac{dp}{dx} \tag{1-17}$$

로 정의된다. 여기서 $D_p$는 정공의 확산계수이다. 위 식에서 $\frac{dp}{dx}<0$인데 전류의 방향은 캐리어가 정공이기 때문에 확산 방향과 동일해야 한다. 이에 따라 식 1-17의 정의에서 마이너스 부호가 붙은 것이다.

결과적으로 반도체에서 전자에 의한 총 전류밀도는

$$J_n = q\left(n\mu_n E + D_n \frac{dn}{dx}\right) \tag{1-18}$$

로 주어진다. 그리고 반도체에서 정공에 의한 총 전류밀도는

$$J_p = q\left(p\mu_p E + D_p \frac{dp}{dx}\right) \tag{1-19}$$

로 주어진다.

표 1-2에 대표적인 반도체인 실리콘과 게르마늄에 대한 $300K$에서의 캐리어의 이동도와 확산계수가 주어져 있다. 표에서 전자가 정공보다 드리프트도 쉽고 확산도 쉽다는 것을 알 수 있다.

표 1-2. 대표적 반도체에서의 캐리어의 이동도와 확산계수

| 반도체 | 이동도 $[m^2/V \cdot S]$ | | 확산계수 $[m^2/s]$ | |
|---|---|---|---|---|
| | 전자 | 정공 | 전자 | 정공 |
| 실리콘 | 0.14 | 0.05 | 0.0036 | 0.0013 |
| 게르마늄 | 0.38 | 0.18 | 0.0098 | 0.0047 |

캐리어의 확산계수와 이동도는 서로 관련이 되어 있다. 이동도가 좋다면 확산도 잘 되기 때문이다. 확산계수와 이동도는 Einstein 관계식으로 연관되어 있다. 이 관계식을 유도해 보자.

온도 $T$에서 평형상태에 있는 캐리어들이 전압 $V$에 놓일 경우의 캐리어 밀도는 식 1-4와 1-6으로 주어졌다. 이 식들을 Fermi 준위를 에너지의 기준으로 잡을 경우

$$N = N_0 e^{qV/kT} \tag{1-20}$$

으로 고쳐 표현할 수 있다. 여기서 $N$은 전자일 경우 $n$, 정공일 경우 $p$를 나타낸다. 그리고 $q$는 전자일 경우 $-e$, 정공일 경우 $+e$이다. 전압에 따른 캐리어 밀도의 위치에 따른 변화는 위 식을 미분하면

$$\frac{dN}{dx} = \frac{dN}{dV}\frac{dV}{dx} = -\frac{qN}{kT}E \tag{1-21}$$

을 얻는다. 위 식에서 $E = -dV/dx$을 이용하였다. 여기서 $E$는 전기장을 나타낸다. 평형상태에서는 총 전류밀도(드리프트 전류밀도와 확산전류 밀도의 합)가 0이므로 $J = q\mu NE + qD\frac{dN}{dx} = 0$이 만족된다. 식 1-21을 위 식에 대입하면

$$D = \frac{kT\mu}{q} \tag{1-22}$$

를 구할 수 있다. 이를 Einstein 관계식이라고 부른다. 식 1-22에서 보듯이 확산계수는 이동도에 비례한다.

## 【연습문제】

**문제 1.** 구리의 밀도는 $\rho = 8.93g/cc$이다. 그리고 구리 $1mole$의 질량은 $M = 63.5\,g/mole$이다. 구리 원자 1개당 자유전자가 1개라면 구리 내의 자유전자의 밀도는 얼마인가?

**답.** 자유전자의 밀도는 단위 체적 안에 존재하는 자유전자의 수이다. 그리고 정의에 의하면 $1mole$의 구리에 $N_A = 6.02 \times 10^{23}$개의 구리 원자가 존재한다. 따라서 자유전자의 밀도는 단위 체적이 몇 $mole$인지 계산하여 $N_A$를 곱해주면 된다. $1cc$는 $x = \rho/M = 0.14\,mole$에 해당되므로 $1cc$ 안에 있는 자유전자의 수는 $n = xN_A = 8.46 \times 10^{22}$개$/cm^3$이다. 따라서 $1m^3$ 안에는 자유전자가 $8.46 \times 10^{28}$개가 존재한다.

**문제 2.** 망간의 밀도는 $\rho = 1.738g/cc$이다. 그리고 망간 $1mole$의 질량은 $M = 24.312\,g/mole$이다. 망간은 2가(bivalent) 원자로서 원자 1개당 자유전자 2개를 낸다. 망간 $1cc$ 안의 수를 계산하라.

**답.** $1cc$가 몇 $mole$인지 계산해야 한다. $x = \rho/M = 0.071\,mole/cc$이다. $1mole$ 안에 $N_A$개의 원자가 있고 각 원자가 2개의 자유전자를 내므로 $1cc$ 안의 자유전자의 수는 $n = 2xN_A = 8.7 \times 10^{22}$ 개$/cc$이다.

**문제 3.** 14번(gauge number) 구리선에 $1A$의 전류가 흐를 때 자유전자의 유동속도(drift velocity)를 구하라. 14번 구리선의 직경은 $1.628mm$이다.

**답.** 전류는 $I = \Delta Q/\Delta t$로 정의된다. $\Delta Q$는 $\Delta t$ 동안 단면 $A$를 지나는 전하량을 나타낸다. 자유전자의 유동속도가 $v_d$라면 $\Delta t$ 동안 전자의 이동거리는 $v_d \Delta t$이고 $\Delta t$ 동안 전자들이 만드는 체적은 $(v_d \Delta t)A$이다. 단위 체적당 $n$개의 전자가 있으므로 $\Delta t$ 동안 이동하는 총 전하는 $\Delta Q = nev_d \Delta t\,A$이다. 따라서 전류는 $I = \Delta Q/\Delta t = nev_d A$로 정의된다. 유동속도는 $v_d = I/neA = 3.54 \times$

$10^{-5}m/\sec$로 계산된다. 이와 같이 전자의 유동속도는 작지만 전자의 수가 워낙 많으므로, 전체적으로 볼 때 전압이 구리선에 걸리는 순간 전류가 형성됨이 관찰된다.

문제 4. 12번 구리선의 직경은 $2.053mm$이다. 이 구리선의 단위 길이당 저항을 계산하라. 구리의 비저항(resistivity)은 $1.7 \times 10^{-8}\Omega - m$이다.

답. 저항은 $R = \rho L/A$로 정의된다. 단위 길이당 저항은 $R/L = \rho/A = 5.13 \times 10^{-3}\Omega/m$로 계산된다.

문제 5. 실리콘의 비저항은 $640\Omega - m$이다. 실리콘을 직경 $2mm$의 선으로 만든다고 할 때 실리콘 선의 단위 길이당 저항을 구하라.

답. $R/L = \rho/A = 2 \times 10^{8}\Omega/m$로 계산된다.

문제 6. 상온에서 순수 실리콘 $1m^3$ 안에는 자유전자가 $10^{16}$개 존재한다. 인(phosphorus)을 도핑(doping)하여 자유전자의 수를 $10^5$배 증가시키려고 한다. 이 경우 인으로 치환되는 실리콘의 분율(fraction)은 얼마인가? 상온에서 인의 전자들이 모두 여기하여 자유전자와 같이 행동한다고 가정한다. 실리콘의 밀도는 $2.33g/cc$이고 몰 질량은 $28.1g/mole$이다.

답. 도핑하기 전의 자유전자의 밀도는 $n_0 = 10^{16}$개$/m^3$이고 도핑에 의해 이 개수가 $10^5$배 증가했으므로 이때 실리콘 안의 자유전자의 밀도는 $n = 10^5 n_0$개$/m^3$이다. 이는 $10^5 n_0 = n_0 + n_p$로 쓸 수 있다. 여기서 $n_p$는 도핑된 인의 밀도이다. 이 식은 $n_p = 10^5 n_0 - n_0 \approx 10^5 n_0 = 10^{21}$으로 근사된다. 이 $n_p$의 값이 인으로 치환된 실리콘의 밀도이다. 치환된 실리콘 원자의 분율을 계산하기 위해서는 실리콘 원자의 밀도를 계산해야 한다. $1m^3$ 안의 실리콘 원자의 개수는 $n_{si} = \rho N_A/M = 5 \times 10^{28}$개$/m^3$이다. 따라서 인으로 치환된 실리콘의 분율은 $x = n_p/n_{si} = 5 \times 10^{-7}$이다. 이 결과는 5천만 개의 실리콘 원자 중 1개를 인으로 대치하면 자유전자의 수가 $10^5$배 증가하고 이에 따라 전도도도 이에 비례하여 증가함을 보여 준다. 그러나 이 자유전자의 개수($10^{21}$개)도 도체인 구리의 경우 $1m^3$당 $10^{28}$개이므로 비교할 수 없을 정도로 적은 수임을 알 수 있다.

**문제 7.** n형 반도체에서 5가의 불순물 원자의 5개 전자 중 4개는 실리콘 원자와 결합하고 남은 하나의 전자는 실리콘 원자 주위를 회전하게 된다. 이 전자의 운동이 수소 원자 모형을 따른다고 가정할 때 전자의 에너지준위를 구할 수 있다. 전자가 고체 내를 이동할 때 효과질량(effective mass)을 고려해야 한다. 실리콘 내에서 전자의 효과질량을 $m_e^* = 0.26m_e$라고 한다. 그리고 실리콘의 비유전율은 $\kappa = 12$이다. n형 반도체에서 도너(donor) 전자(실리콘과 결합하고 남은 전자)의 에너지준위를 계산하라. 그리고 이 에너지준위를 열에너지와 비교하라.

**답.** $E_D = 13.6\dfrac{m_e^*}{m_e}\left(\dfrac{1}{\kappa}\right)^2 = 0.025\,eV$로 계산된다. 이 값은 5가 불순물에 대한 실험값들인 P $(0.045\,eV)$, As $(0.05\,V)$, Sb$(0.04\,V)$와 비슷한 크기의 값이다. $300K$에서 열에너지는 $kT = 0.026\,eV$이다. 이 값은 도너 준위(donor level)와 비슷하다. 따라서 $300K$에서 도너 전자들은 모두 여기된 상태이다. 이렇게 여기되어 전도대로 전이한 전자들은 외부의 전압에 의해 이동할 수 있으므로 전류가 형성된다.

**문제 8.** 반도체에서의 전자의 상태밀도(density of states)를 구하라.

**답.** 상태밀도는 단위 체적당, 단위 에너지당 Schrödinger 방정식의 해를 나타낸다. 반도체 내의 전자들은 유효질량 $m^*$을 가지고 무한 우물 속에서 자유롭게 움직이는 입자로 가정할 수 있다. 우물은 한쪽 방향의 길이가 $L$인 정육면체이고 각 면에서의 포텐셜은 무한대이다. 그리고 우물 안의 포텐셜은 0이라고 하자. 그러면 우물 안에서의 $x$방향에 대한 입자의 해는 $\Psi = A\sin k_x x$로 주어진다. 여기서 $k_x = 2\pi/\lambda$로서 $x$방향의 파수(wavenumber)이다. 위의 해는 $x = L$에서 $\Psi = 0$의 경계조건을 만족하여야 하므로 $k_x = n\pi/L$이 된다. 여기서 $n = 1, 2, 3, \cdots$이다. $y, z$방향도 동일한 조건이 만족된다. 즉, $k_y = n\pi/L$, $k_z = n\pi/L$이다. 따라서 각 해는 운동량 공간(k-space)에서 한 변의 길이가 $n\pi/L$인 정육면체에 해당된다. 크기 $k$보다 작은 파수 안에 존재하는 상태밀도를 계산해 보자. 크기가 $k$보다 작으면서 구별할 수 있는 $k_x, k_y, k_z$를 가지는 해의 수는 반경 $k$인 구의 체적($n$이 양수이므로 실제로는 구의 체적의 1/8)을 하나의 해에 해당되는 체적 $(\pi/L)^3$으로 나누어 주면 된다. 즉, 총 해의 수는

$$N = 2 \times \frac{1}{8} \times \frac{4\pi k^3/3}{(\pi/L)^3} = \frac{k^3 L^3}{3\pi^2} \qquad \textbf{(1-23)}$$

로 주어진다. 여기서 2는 전자의 가능한 두 방향의 스핀을 고려한 것이다. 단위 에너지당 해의 밀도는 $dN/dE = (dN/dk)(dk/dE) = (L^3k^2/\pi^2)(dk/dE)$로 주어지고, $E(k) = \hbar^2k^2/2m^*$에서 $dk/dE = m^*/\hbar^2k$이고 $k = \sqrt{2m^*E}/\hbar$이므로, 상태밀도는

$$D(E) = \frac{1}{L^3}\frac{dN}{dE} = \frac{(2m^*)^{3/2}}{2\pi^2\hbar^3}\sqrt{E} \tag{1-24}$$

와 같이 구해진다. 여기서 $L^3$으로 나눈 것은 상태밀도가 단위 에너지당, 단위 체적당 해의 수로 정의되기 때문이다. 전도대에서 가장 작은 에너지는 $E_c$이다. 따라서 전도대에서 전자의 상태밀도는

$$D_c(E) = \frac{(2m^*)^{3/2}}{2\pi^2\hbar^3}\sqrt{E - E_c} \tag{1-25}$$

와 같이 주어진다. 반면에 가전대에서 가장 큰 에너지는 $E_v$이다. 따라서 가전대에서 정공의 상태밀도는

$$D_v(E) = \frac{(2m^*)^{3/2}}{2\pi^2\hbar^3}\sqrt{E_v - E} \tag{1-26}$$

과 같이 주어진다.

문제 9. 크기 $100nm \times 100nm$ 크기의 실리콘이 있다. 전도대 끝에서 위로 $100meV$ 위치에서의 단위 에너지당 전자의 상태밀도를 구하라. 전자의 유효질량은 $m^* = 1.08\,m_e$이다.

답. $D_c(E) = \frac{(2m^*)^{3/2}}{2\pi^2\hbar^3}\sqrt{E - E_c} = 1.51 \times 10^{56}\ m^{-3}J^{-1}$이다. 단위 에너지당 상태밀도는 $D(E)V = 1.51 \times 10^{56} \times 10^{-22}J = 2.41 \times 10^5\,eV^{-1}$로 구해진다.

문제 10. 상온($300K$)에서 진성반도체의 전도율과 비저항을 계산하라. 진성반도체에서 $n_i = p_i = 1.5 \times 10^{10}cm^{-3}$이다. 그리고 전자와 정공의 이동도는 각각 $1500cm^2/V-\sec$, $480cm^2/V-\sec$이다.

답. $\sigma = nq\mu_n + pq\mu_p = 4.75 \times 10^{-6}\ (\Omega - cm)^{-1}$이고 $\rho = 1/\sigma = 2.1 \times 10^5\,\Omega - cm$이다.

문제 11. $N_d = 10^{17} cm^{-3}$으로 도핑된 n형 실리콘에서 상온에서 전자와 정공의 밀도를 계산하라. 그리고 전도율과 비저항을 계산하라.

답. 도너 원자의 대부분이 이온화되므로 $n \simeq N_d = 10^{17} cm^{-3}$이다. 실리콘의 경우 진성반도체에서 $n_i = p_i = 1.5 \times 10^{10} cm^{-3}$이므로 $np = n_i^2$에서 $p = n_i^2 / N_d = 2.25 \times 10^3 cm^{-3}$이다. 전도율은 $\sigma = nq\mu_n + pq\mu_p \simeq nq\mu_n = 12\,(\Omega - cm)^{-1}$이고 $\rho = 1/\rho = 8.3 \times 10^{-2} \Omega - cm$이다.

문제 12. $N_a = 10^{16} cm^{-3}$으로 도핑된 실리콘에서 상온에서 전자와 정공의 밀도를 계산하라. 그리고 전도율과 비저항을 계산하라.

답. 어셉터 원자의 대부분이 이온화되므로 $p \simeq N_a = 10^{16} cm^{-3}$이다. 실리콘의 경우 진성반도체에서 $n_i = p_i = 1.5 \times 10^{10} cm^{-3}$이므로 $np = n_i^2$에서 $n = n_i^2 / N_a = 2.25 \times 10^4 cm^{-3}$이다. 전도율은 $\sigma = nq\mu_n + pq\mu_p \simeq pq\mu_n = 1.2\,(\Omega - cm)^{-1}$이고 $\rho = 1/\rho = 0.83\ \Omega - cm$이다.

문제 13. 에너지 갭이 $3eV$인 어떤 부도체가 있다. $300K$에서 가전대에서 전도대로 열적으로 여기된 전자의 수를 계산하라. 실리콘은 반도체로서 에너지 갭이 $1.1eV$이다. 실리콘의 경우 열적으로 여기되는 전자의 수를 구하라.

답. 전자와 정공의 유효질량이 같다면 Fermi 에너지는 가전대와 전도대의 중간에 위치하므로 식 1-4는 $n = N_c e^{-E_g/2kT}$와 같이 고쳐 쓸 수 있다. $N_c = 2\left(\frac{m_e^* kT}{2\pi\hbar^2}\right)^{3/2} = 2.54 \times 10^{25}$이다. $n = 1.7\,m^{-3}$으로 아주 작은 수의 전자가 열적으로 여기될 수 있음을 알 수 있다. 여기서 $m_e^* = m_e$를 이용하였다. 실리콘의 경우 $n = 1.49 \times 10^{16} m^{-3}$으로 계산된다. 도체의 경우 여기되는 전자의 수는 $10^{28} m^{-3}$이다.

문제 14. n형 반도체($N_d = 10^{17} cm^{-3}$)에서 정공의 밀도가 $x = 0$에서 $x = 1mm$ 사이에 $10^{15} cm^{-3}$에서 $10^{14} cm^{-3}$으로 감소한다. 정공의 확산전류밀도를 구하라. $D_p = 8.2\,cm^2/\sec$이다.

답. $J = qD_p \frac{dp}{dx} = 11.8\,A/cm^2$이다.

**문제 15.** 전자의 위치에 따른 밀도의 변화가 $n(x) = N\,e^{-x/L_n}$인 경우 전류밀도의 위치에 따른 변화는 어떻게 표현되나? 여기서 $L_n$는 전자의 확산거리이다.

**답.** $J_n = qD_n \dfrac{dn}{dx} = -\dfrac{qD_n N}{L_e} e^{-x/L_n}$로 주어진다. 전류밀도는 위치에 따라 지수적으로 감소함을 볼 수 있다.

**문제 16.** 진성반도체 실리콘에서 상온(300$K$)에서의 전도도와 비저항을 구하라.

**답.** $n_i = p_i = 1.5 \times 10^{10} cm^{-3}$, $\mu_n = 1500\,cm^2/V-\sec$, $\mu_p = 480\,cm^2/V-\sec$이므로 $\sigma = nq\mu_n + pq\mu_p = 4.75 \times 10^{-6}\,(\Omega - cm)^{-1}$, $\rho = 1/\sigma = 2.1 \times 10^5\,\Omega - cm$이다. 구리의 경우 전도도는 $5.8 \times 10^5\,(\Omega - cm)^{-1}$에 비해 아주 작음을 알 수 있다.

**문제 17.** 이동도(mobility)의 측정방법에 대해 알아보자.

**답.** 그림과 같이 n형 반도체막대의 끝 부분에 계속적으로 빛을 쪼이면 전자-정공의 쌍이 만들어진다. 그리고 임의의 위치 $x$에서의 정공밀도 $p_n(x)$를 측정한다고 하자[$v(x)$의 측정]. 정공은 이동함에 따라 충돌과 재결합에 의해 밀도가 줄어든다. $L_p$를 확산거리라고 두면 임의의 위치 $x$에서의 정공의 밀도는 $p_n(x) = p_{n0} + [p_n(0) - p_{n0}]e^{-x/L_p}$로 주어진다. 여기서 $p_n(0)$는 막대의 끝 부분에서의 정공의 밀도이고 $p_{n0}$는 배경(평형) 정공밀도이다. 그리고 확산거리는 $L_p = \sqrt{D_p \tau_p}$로 주어진다. 여기서 확산거리는 막대 끝 부분과 배경 정공밀도의 차이가 $1/e$배가 되는 거리를 나타낸다. 그림에 정공밀도의 위치에 따른 변화가 주어져 있다.

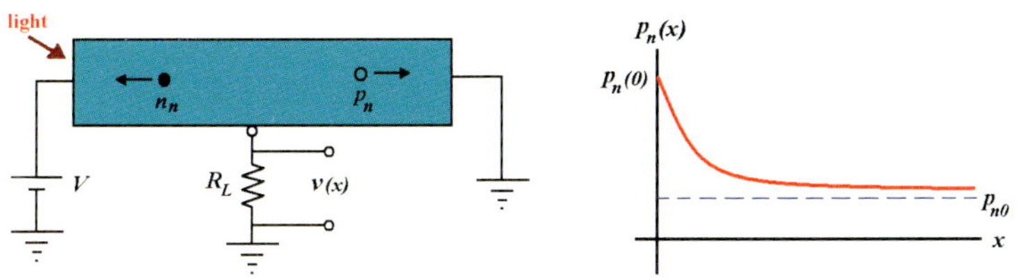


다음은 이동도의 측정에 사용되는 Shockley의 실험에 대해 알아보자. $x = 0$(막대의 끝 부분)에 빛 펄스(light pulse)를 줄 경우 전자-정공 쌍이 생성되는데, 막대의 양 끝에 걸린 전기장 $V$에 의해

정공의 밀도가 최대가 되는 위치가 이동한다. 여기서 이동속도는 $v_p = \mu_p E$이다. 그리고 $E = V/L$로 주어진다. 아래 그림은 정공이 최대가 되는 위치가 시간에 따라 이동하는 것을 보여 준다.

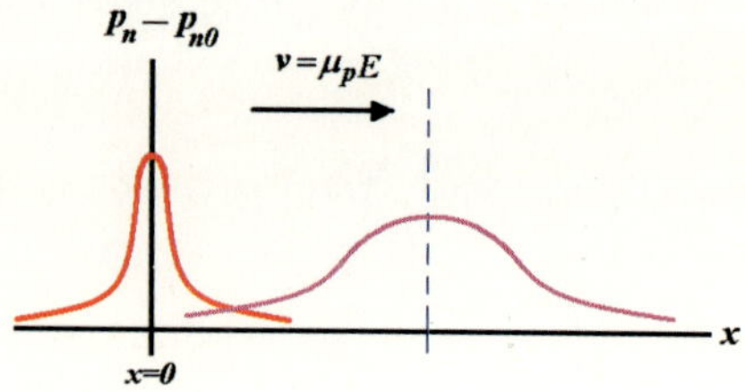


예를 들어, n형 반도체 막대의 양 끝에 $V = 1{,}000\ V/m$를 걸어준다고 하자. 정공의 최대치가 빛 펄스(막대의 끝, $x = 0$라고 둠)를 주고 나서 $t = 1\,\mu s$ 지난 후에 $x = 0.5cm$의 위치에서 관찰하였다고 한다. $\mu_p$와 $D_p$를 구해 보자. 이동속도는 $v_p = \mu_p E$이므로 정공의 최대치는 $t$초 후에 $x(t) = \mu_p Et$로 이동한다. 따라서 $\mu_p = x/Et = 500\,cm^2\,/\,V-\mathrm{sec}$이다. Einstein 관계식에서 $D_p = \mu_p kT/q = 13\,cm^2/\mathrm{sec}$를 구할 수 있다. 위와 같은 실험을 통해 이동도를 측정할 수 있다. 그리고 p형 반도체를 이용함으로써 전자의 이동도를 측정할 수 있다.

제2장

# pn 접합의 특성

## 1. pn 접합

pn 접합에서 외부전압이 주어지지 않았을 경우 접점에서 먼 지점(bulk region)에서는 전기적으로 중성이다. 이는 n형 반도체에서는 전자와 도너 이온의 수가 같고, 마찬가지로 p형 반도체에서는 정공과 어셉터 이온의 수가 같기 때문이다. 반면에 접점 근방에서는 p형 반도체의 정공밀도가 n형 반도체의 정공밀도보다 크므로, 이에 따라 p형 반도체의 정공이 n형 반도체로 확산되어 들어가서 그곳에 있는 전자들과 재결합하여 없어진다. 이렇게 p형 반도체에 있던 정공들이 n형 반도체 쪽으로 확산되어 들어가면서 뒤에는 음이온을 남기게 된다. 마찬가지로 n형 반도체에 있는 전자들이 접합의 경계를 넘어 p형 반도체 쪽으로 확산되어 그곳에서 재결합되어 없어진다. 이 경우에도 n형 반도체에 있던 전자들이 p형 반도체 쪽으로 확산되어 들어가면서 뒤에는 양이온을 남기게 된다. 이에 따라 pn 접합의 근방에는 양이온과 음이온이 서로 대치되는 공간전하영역(space charge region)이 형성된다. 공간전하영역은 캐리어들이 존재하지 않는 영역이므로 공핍영역(depletion region)이라고 부르기도 한다. 이에 따라 접합에서부터 p형 반도체 쪽에는 음이온이 존재하고 n형 반도체 쪽에는 양이온이 존재하게 된다. 이러한 전하의 분포에 의해 전기장이 n형에서 p형 방향으로 형성된다. 이 전기장에 의해 p형의 전자가 n형으로 드리프트 됨으로써 드리프트전류가 n형에서 p형 쪽으로 형성된다. 반면에 전자의 확산은 n형에서 p형으로 이루어지므로 전자의 확산전류는 p형에서 n형으로 형성된다. 즉, 전자의 드리프트 전류와 확산전류는 서로 방향이 반대이다. 따라서 n형에서 p형으로 확산되어 들어가는 전자에 대응하여 p형에서 n형으로 드리프트 되는 전자가 존재하는 조건에서 평형이 형성된다. 그리고 동일한 논리가 정공에게도 적용된다. 즉, p형에서 n형으로 확산되어 들어가는 정공에 대응하여 n형에서 p형으로 드리프트 되는 정공이 존재하는 조건에서 평형이 형성된다. 결과적으로 확산전류가 공간전하영역에 따라 만들어지는 전기장에 의한 드리프트 전류와 동일하게 되는 조건(공간전하영역의 폭)에서 평형이 이루어지는 것이다.

p형 반도체 쪽에 +, n형 반도체 쪽에 −인 전압이 걸리게 되면 +전압에 의해 p형 반도체 내에 있는 정공들이 접합 쪽으로 움직이게 되고, 마찬가지로 −전압에 의해 n형 반도체 쪽의 전자가 접합 쪽으로 움직이게 된다. 이에 따라 공간전하영역이 좁아지게 됨으로써 전자와 정공이 접합의 경계를 넘어 이동함으로써 전류가 형성된다. 이렇게 전압을 걸어주는 경우를 순바이어스(forward bias)라고 부른다.

위와 반대로 p형 반도체 쪽에 −, n형 반도체 쪽에 +인 전압이 걸리게 되면 −전압에 의해 p형 반도체 내에 있는 정공들이 접합의 반대쪽(−전극)으로 움직이게 되고, 마찬가지로 +전압에 의해 p형 반도체 쪽의 전자가 접합의 반대쪽(+전극)으로 움직이게 된다. 이에 따라 공간전하영역이 점점 넓어지게 됨으로써 전자와 정공은 접합의 경계를 넘어갈 수가 없게 된다. 따라서 이 경우에는 전류가 형성되지 못한다. 이렇게 전압을 걸어주는 경우를 역바이어스(reverse bias)라고 한다.

이와 같이 pn 접합(다이오드)은 전압이 걸리는 방향에 따라 전류가 흐르기도 하고, 전류가 흐르지 못하게 되기도 한다. 이러한 다이오드의 특성은 정류(rectification)에 유용하게 이용될 수 있다. 다이오드는 그림 2-1과 같이 표현한다. 화살표의 방향이 전류가 흐르는 방향을 나타낸다. 즉, 화살표 방향은 p형에서 n형 쪽이다. 아래부터 이와 같은 pn 접합의 기본적인 물리적 성질에 대해 알아보기로 한다.

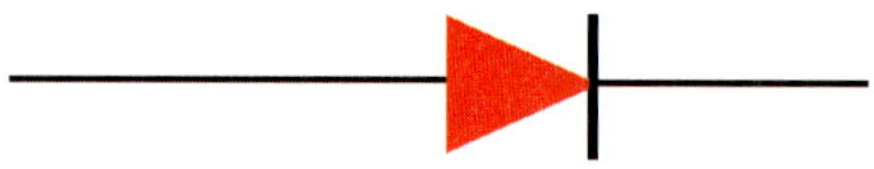

그림 2-1. 다이오드의 표현

## 2. 다이오드의 평형상태 (V=0)

외부전압이 걸리지 않을 경우 pn 접합의 주위에는 공간전하영역이 형성되고 이 영역에는 캐리어의 밀도가 아주 작다(공핍근사, depletion approximation). p형 반도체 영역에서는 정공이 다수캐리어로서 그 밀도는 어셉터 원자의 밀도와 같은 $N_a$이고 소수캐리어인 전자의 밀도는 $n_i^2/N_a$이다. 그리고 n형 반도체 영역에서는 전자가 다수캐리어로서 그 밀도는 도너 원자의 밀도와 같은 $N_d$이고 소수캐리어인 정공의 밀도는 $n_i^2/N_d$이다. p형 반도체 쪽의 공간전하영역은 접합에서 $-x_{p0}$까지이고, n형 반도체 쪽의 공간전하영역은 접합에서 $x_{n0}$까지라고 하자. 공간전하영역과 각 반도체 영역의 경계는 명확하다(sharp)고 가정한다. 그리고 p형 반도체 쪽의 공간전하영역의 전하밀도는 $-qN_a$이고, n형 반도체 쪽의 공간전하영역의 전하밀도는 $qN_d$이다(그림 2-2). 전하보존법칙에서 $qN_a x_{p0} = qN_d x_{n0}$이 만족된다. 이 공간전하영역에 의해 전기장이 발생된다. 이 전기장 및 이에 따른 효과에 대해 알아보도록 하자.

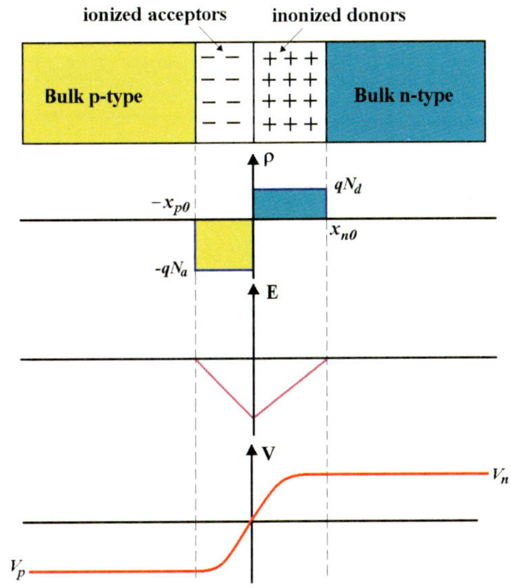


그림 2-2. pn 접합에서의 공간전하영역, 전기장, 포텐셜의 모양

전기장은 $E(x_2)-E(x_1)=\frac{1}{\epsilon}\int_{x_1}^{x_2}\rho(x)\,dx$로 주어진다. 여기서 $\epsilon, \rho$는 각각 유전율과 전하밀도를 나타낸다. p형과 n형 반도체 영역에서는 전기적으로 중성이므로 전기장은 0이 된다. 반면에 공간전하영역에서는 이온화된 어셉터와 도너 원자들에 의해 전기장이 발생한다. 즉, $-x_{p0}<x<0$의 영역에서의 전기장은

$$E(x)-E(-x_{p0})=\frac{1}{\epsilon}\int_{-x_{p0}}^{x}(-qN_a)\,dx=-\frac{qN_a}{\epsilon}(x+x_{p0}) \tag{2-1}$$

로 주어진다. 경계조건에서 $E(-x_{p0})=0$이므로

$$E(x)=-\frac{qN_a}{\epsilon}(x+x_{p0}) \tag{2-2}$$

로 된다. 마찬가지로 $0<x<x_{n0}$의 영역에서의 전기장은

$$E(x)=\frac{qN_d}{\epsilon}(x-x_{n0}) \tag{2-3}$$

으로 구해진다. 이 전기장의 모양이 그림 2-2에 주어져 있다.

평형상태에서는 확산전류와 드리프트 전류는 동일하다. 이 조건을 전자의 경우에 적용하면

$$qD_n \frac{dn}{dx} = -qn\mu_n E \tag{2-4}$$

와 같이 표현된다. 여기서 $n$은 공간전하영역에서의 전자밀도이다. Einstein 관계식인 $D_n/\mu_n = kT/q$를 적용하면 $\frac{kT}{q}\frac{dn}{n} = -Edx$를 얻는다. 이 식을 공간전하영역에서 적분하면

$$\frac{kT}{q}\int_{n_{p0}}^{n_{n0}} \frac{dn}{n} = -\int_{-x_{p0}}^{x_{n0}} Edx \tag{2-5}$$

와 같이 표현된다. 여기서 $n_{p0}$는 p형 영역(bulk 영역)에서의 전자밀도를 나타내고, $n_{n0}$는 n형 영역(bulk 영역)에서의 전자밀도를 나타낸다. 식 2-5의 오른쪽 항은 $E = -\frac{\partial V}{\partial x}$를 이용하여 적분하면 $V_n - V_p$을 얻는다. 여기서 $V_n$과 $V_p$는 각각 n형과 p형에서의 포텐셜이고, 그 차이가 내부포텐셜 $V_B$을 나타낸다. 따라서 내부포텐셜은

$$V_B = \frac{kT}{q}\ln\frac{n_{n0}}{n_{p0}} = \frac{kT}{q}\ln\frac{N_a N_d}{n_i^2} \tag{2-6}$$

과 같이 구해진다. 위 식을 얻는 데 $n_{n0} = N_d$, $n_{p0} = n_i^2/N_a$를 이용하였다.

다음에 공간전하영역에 있는 임의의 위치 $x$에서의 포텐셜을 구해보기로 하자. 이는 $V(x_2) - V(x_1) = -\int_{x_1}^{x_2} E(x)\,dx$를 이용하여 구하면 된다. 첫째, $-x_{p0} < x < 0$의 영역에서의 포텐셜은

$$V(x) - V(-x_{p0}) = -\int_{-x_{p0}}^{x}\left[-\frac{qN_a}{\epsilon}(x + x_{p0})\right]dx = \frac{qN_a}{2\epsilon}(x + x_{p0})^2 \tag{2-7}$$

과 같이 주어진다. p형 반도체 경계에서의 포텐셜은 $V(-x_{p0}) = V_p$이므로

$$V(x) = V_p + \frac{qN_a}{2\epsilon}(x + x_{p0})^2 \tag{2-8}$$

로 구해진다. 마찬가지로 $0 < x < x_{n0}$의 영역에서의 포텐셜은

$$V(x) = V_n - \frac{qN_d}{2\epsilon}(x - x_{n0})^2 \tag{2-9}$$

와 같이 구해진다. 위 식을 구하는 데 n형 반도체 경계에서의 포텐셜은 $V(x_{n0}) = V_n$을 이용하였다.

위 식들의 표현에서 $x_{n0}$, $x_{p0}$의 값들이 주어지지 않았다. 이는 pn 접합의 전 영역에서 전하가 보존되어야 한다는 조건에서 구할 수 있다(charge neutrality). p형과 n형 반도체 영역은 전기적으로 중성이므로, 공간전하영역에서의 전하의 보존에서

$$qN_d x_{n0} = qN_a x_{p0} \tag{2-10}$$

이 만족되어야 한다. 그리고 접합($x = 0$)에서 포텐셜은 연속이어야 한다는 조건은 식 2-9과 2-10에서

$$V_p + \frac{qN_a}{2\epsilon}x_{p0}^2 = V_n - \frac{qN_d}{2\epsilon}x_{n0}^2 \tag{2-11}$$

로 표현된다. 식 2-10과 2-11을 조합함으로써 $x_{p0}$, $x_{n0}$는 각각

$$x_{n0} = \sqrt{\frac{2\epsilon V_B N_a}{q(N_a + N_d)N_d}}$$

$$x_{p0} = \sqrt{\frac{2\epsilon V_B N_d}{q(N_a + N_d)N_a}} \tag{2-12}$$

와 같이 구해진다. 따라서 공간전하영역의 폭은 $x_d = x_{p0} + x_{n0} = \sqrt{\frac{2\epsilon(Na + Nd)V_B}{qNaNd}}$ 로 주어진다. 그리고 접점에서의 전기장은 $|E_0| = \sqrt{\frac{2qV_B N_a N_d}{\epsilon(N_a + N_d)}}$ 와 같이 구할 수 있다.

평형상태($V = 0$)에서의 에너지준위가 그림 2-3에 주어져 있다. p형과 n형 반도체의 전도대의

에너지 차이가 $qV_B$로 주어진다. p형과 n형 반도체의 캐리어들의 알짜 이동이 이 내부포텐셜이 장벽이 되어 평형상태에 도달하게 된다. 그리고 이에 따라 평형상태에서의 p형과 n형 반도체 영역의 Fermi 준위는 동일해진다.

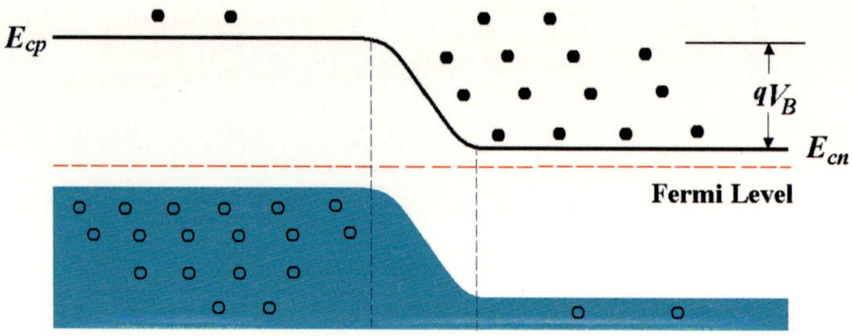


그림 2-3. 평형상태(V=0)의 pn 접합의 에너지준위 그림

pn 접합에서 p형과 n형 반도체 영역의 Fermi 준위는 동일해지는 성질을 이용함으로써 내부포텐셜의 표현을 구할 수 있다. n형과 p형 영역에서의 전자와 정공의 밀도에 대한 표현인 식 1-5와 1-7은 평형상태에서는

$$p = N_c e^{-(E_{cp} - E_F)/kT}$$
$$n = N_v e^{-(E_{cn} - E_F)/kT} \tag{2-13}$$

과 같이 표현된다. 위 두 식에서 Fermi 준위가 동일하다. 식 2-13의 두 식을 나눈 후 ln를 취하고 $qV_B = E_{cp} - E_{cn}$을 사용하면 내부포텐셜은

$$V_B = \frac{kT}{q} \ln \frac{n}{p} = \frac{kT}{q} \ln \frac{N_a N_d}{n_i^2} \tag{2-14}$$

와 같이 구해진다. 이 결과는 식 2-6와 동일하다.

## 3. 다이오드의 전류-전압 특성 (V≠0)

p에 +, n에 −전압이 걸리는 경우를 생각해 보자. 이 경우 p의 +전압에 의해 정공이 접합 쪽으로 밀리고, 마찬가지로 n의 −전압에 의해 n의 전자가 접합 쪽으로 밀리게 된다. 이에 따라 접합 부근의 이온층(공간전하영역)이 좁아진다. 이온층이 좁아지므로 접합 포텐셜(junction potential)도 낮아진다. 이렇게 포텐셜 장벽이 낮아짐에 따라 접합을 넘어 p에서 n으로 확산되어 갈 수 있는 정공의 수가 많아지게 되고, 마찬가지로 n에서 p로 확산되어 갈 수 있는 전자의 수도 많아지게 된다. 이에 따라 전류의 흐름이 형성된다. 다이오드에 대한 이러한 전압의 연결을 순바이어스(forward bias)라고 부른다.

위와 반대로 p에 −, n에 +전압이 걸리는 경우를 생각해 보자. 이 경우 p의 −전압에 의해 정공이 전극 쪽으로 끌리고, 마찬가지로 n의 +전압에 의해 n의 전자가 전극 쪽으로 끌려오게 된다. 이에 따라 접합 부근의 이온층이 넓어진다. 이온층이 넓어짐에 따라 접합 포텐셜도 높아진다. 이에 따라 접합을 넘어 확산되는 캐리어는 없어지고, 단지 역방향의 작은 드리프트 전류만 존재하게 된다. 다이오드에 대한 이러한 전압의 연결을 역바이어스(reverse bias)라고 부른다.

순바이어스에서는 확산전류가 중요해진다. 확산전류는 캐리어밀도의 차이에 의해 발생된다. p의 정공이 n쪽으로 넘어가면(injected) 그곳에서 소수캐리어가 된다. n쪽에는 다수캐리어인 전자가 많이 있으므로 p에서 n쪽으로 넘어간 정공은 얼마 이동하지 못하고 전자와 재결합한다. 이에 따라 접합 부근의 정공밀도와 n 내부의 정공밀도의 차이가 항상 존재하게 되므로 지속적인 정공의 확산이 이루어진다. 마찬가지로 n에서 p로의 지속적인 전자의 확산이 이루어진다.

확산에 관련된 연속방정식은 정공에 대해서는

$$\frac{\partial p}{\partial t} = -\frac{p-p_0}{\tau_p} + D_p \nabla^2 p \tag{2-15}$$

와 같이 주어진다. 여기서 $\tau_p$, $D_p$는 각각 정공에 대한 충돌이완시간 및 확산계수이다. 그리고 $p_0$는 초기 정공밀도이다. 1차원이고 정상상태($\partial p/\partial t = 0$)의 경우에는 위 식은

$$\frac{d^2 p}{dx^2} - \frac{p-p_0}{L_p} = 0 \tag{2-16}$$

과 같이 고쳐 쓸 수 있다. 여기서 $L_p = \sqrt{D_p \tau_p}$는 확산거리(diffusion length)로서 정공이 재결합하기 전에 이동할 수 있는 평균거리이다. $x = x_{n0}$(공간전하영역의 n의 경계)에서 정공의 밀도를 $p(x_{n0})$이라고 하고, n 내부($x = \infty$)에서의 정공의 밀도를 $p_{n0}$라고 하자. 그러면 $x = x_{n0}$에서 $p - p_0 = p(x_{n0}) - p_{n0}$이고, $x = -\infty$에서는 $p - p_0 = 0$이 된다. 따라서 식 2-16의 해는

$$p_n(x) - p_{n0} = [p(x_{n0}) - p_{n0}]\, e^{-(x - x_{n0})/L_p} \tag{2-17}$$

과 같이 구해진다. 위와 같이 n의 경계와 n의 내부에는 밀도 차이가 존재한다. 이에 따라 n으로 정공들이 확산되어 들어가서 그곳의 다수캐리어인 전자와 재결합한다. 이에 따라 정공 확산전류가 형성된다. 마찬가지로 n에서 p로의 전자 확산전류도 존재한다.

다음에는 식 2-17에 있는 n의 경계에서의 정공의 밀도인 $p(x_{n0})$의 표현이 어떻게 되는지 구해 보도록 하자. 이 $p(x_{n0})$을 알아야만 위치에 따른 정공밀도 $p_n(x)$를 통해 정공 확산전류를 계산할 수 있다. 정공에 대한 식 2-5에서 적분을 n의 경계면에서 p쪽으로 두면

$$\frac{kT}{q}\int_{p(x_{n0})}^{p_{p0}} \frac{dp}{p} = \int_{x_{n0}}^{-x} E\,dx \tag{2-18}$$

을 얻는다. 여기서 오른쪽 항은 $V_B - V$이므로

$$p(x_{n0}) = p_{p0}\, e^{-q(V_B - V)/kT} \tag{2-19}$$

와 같이 구해진다. 정공에 대한 식 2-14인 $V_B = \frac{kT}{q}\ln\frac{p_{p0}}{p_{n0}}$을 이용하면 식 2-19는

$$p(x_{n0}) = p_{n0}\, e^{qV/kT} \tag{2-20}$$

으로 표현된다. 식 2-17에 식 2-20을 대입하면 n의 임의의 위치 $x > 0$에서 정공의 밀도를

$$p_n(x) = p_{n0}(e^{qV/kT} - 1)\, e^{-(x - x_{n0})/L_p} + p_{n0} \tag{2-21}$$

과 같이 구할 수 있다. 마찬가지로 p의 임의의 위치 $x<0$에서의 전자의 밀도는 $n(-x_{p0})=n_{p0}e^{qv/kT}$를 이용하면

$$n_p(x) = n_{p0}(e^{qV/kT}-1)e^{-(x+x_{p0})/L_n} + n_{p0} \quad (2\text{-}22)$$

와 같이 구해진다.

다음에는 다이오드의 전압에 따른 전류의 표현을 구해보자. n과 p 영역은 확산거리보다 몇 배 더 크다고 가정하자. 이에 따라 접점과 n 또는 p 영역 사이에는 정공 또는 전자의 밀도 차이가 항상 크게 존재하여 캐리어의 확산이 일어난다. 그리고 공간전하영역의 두께가 아주 얇아서 이를 $x=0$의 평면으로 가정한다. 이 경우 식 2-21과 2-22에서 $x_{n0}=0, x_{p0}=0$으로 둘 수 있다. 이에 따라 $x=0^+$에서 모든 정공에 의한 전류는 정공 확산전류뿐이고, $x=0^-$에서 모든 전자에 의한 전류는 전자 확산전류뿐으로 가정할 수 있다. 확산에 의한 전류는

$$i_D = A\left(qD_n\frac{dn}{dx} - qD_p\frac{dp}{dx}\right) \quad (2\text{-}23)$$

으로 주어진다. 여기서 $A$는 다이오드의 단면적이다. 식 2-21과 2-22을 미분하고, $x=0$ (공간전하영역의 두께 무시)라 두고 식 2-23에 대입하면

$$i_D = Aq\left(\frac{D_n n_{p0}}{L_n} + \frac{D_p p_{n0}}{L_p}\right)(e^{qV/kT}-1) \equiv I_s\,(e^{qV/kT}-1) \quad (2\text{-}24)$$

를 얻을 수 있다. 위 식을 다이오드의 전류-전압 특성식이라고 부른다. 그리고 $I_s$를 역포화전류(reverse saturation current)라고 한다.

식 2-23을 이용하면 역바이어스의 경우 공간전하영역의 n 경계에서의 정공의 밀도 $p(x_{n0})$은 n 내부의 소수캐리어인 정공의 밀도인 $p_{n0}$보다 작음을 볼 수 있다. 그리고 아주 작은 역바이어스 전압에서도 $p(x_{n0})$를 거의 0으로 만들 수 있다. 이에 따라 n의 내부에서의 정공밀도가 n 경계에서의 정공밀도보다 크므로 정공이 공간전하영역으로 확산되어 결국 p에 걸린 −전압에 의해 p쪽으로 드리프트 된다. 이와 같이 역바이어스에서는 소량의 정공이 n에서 p쪽으로, 소량의

전자는 p에서 n쪽으로 움직임으로써 전압의 반대방향으로 작은 역방향 전류가 형성된다. 이것이 바로 역포화전류이다.

그림 2-4에 식 2-21과 2-22를 이용하여 $V > 0$인 경우의 전자와 정공의 밀도의 위치에 따른 변화를 구한 것을 보여 주고 있다. 이 그림에서 점선으로 표시된 밀도는 평형상태에서의 밀도를 나타낸다. p형 반도체에서 다수캐리어인 정공이 n형 반도체 쪽으로 넘어가서는 소수캐리어가 되고 이곳에서 정공밀도의 차이(직선과 점선의 차이)에 의해 확산전류가 형성된다. 마찬가지로 n형 반도체에서 다수캐리어인 전자가 p형 반도체 쪽으로 넘어가서는 소수캐리어가 되고 이곳에서 전자밀도의 차이(직선과 점선의 차이)에 의해 확산전류가 형성된다.

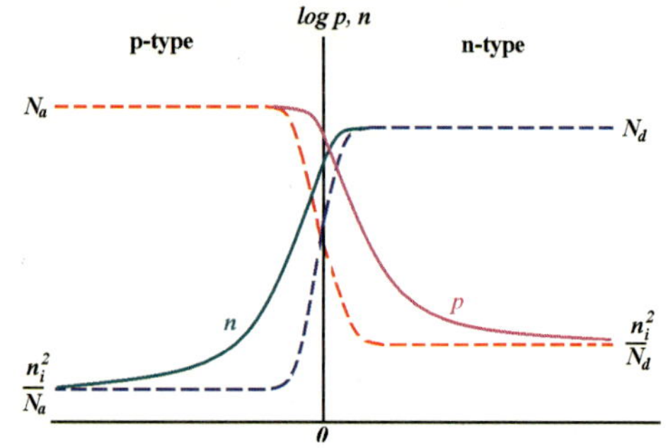


그림 2-4. $V > 0$일 경우 위치에 따른 캐리어 밀도의 차이

그림 2-5는 $V < 0$인 경우의 전자와 정공의 밀도의 위치에 따른 변화를 보여 주고 있다. 이 그림에서 점선으로 표시된 밀도는 평형상태에서의 밀도를 나타낸다. $V < 0$인 경우에도 각 영역에서 캐리어의 밀도 차이가 존재한다. 그러나 $V > 0$인 경우와 달리, 주입되는 소수캐리어 밀도보다 그곳에 존재하는 소수캐리어 밀도가 더 크다. 이에 따라 전류의 방향은 $V > 0$와 반대가 된다.

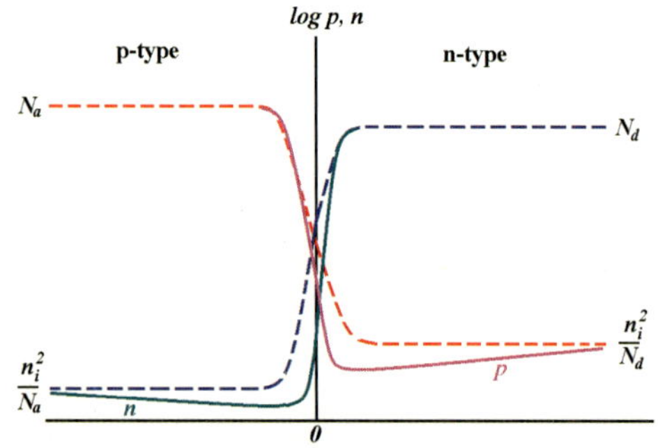


그림 2-5. $V < 0$일 경우 위치에 따른 캐리어 밀도의 차이

그림 2-6은 외부전압에 따른 에너지준위의 변화를 보여 주고 있다. 역바이어스(reverse bias, $V<0$)인 경우 장벽($V+V_B$)이 높아져서 p형 반도체의 정공이나 n형 반도체의 전자가 장벽을 넘을 수 없어서 전류가 형성되지 못한다. 또는 전자나 정공밀도의 차이를 이용하여 설명할 수도 있다. 즉, n형에 존재하는 전자 중에 p형의 전도대보다 높은 에너지를 가지고 있는 전자가 존재하지 않아서 전자의 확산전류가 생기지 않는다. 마찬가지로 p형에 존재하는 정공 중에 n형의 가전대보다 낮은 에너지를 가지는 정공이 존재하지 않아서 정공의 확산전류도 존재하지 않는다.

순바이어스(forward bias, $V>0$)인 경우에는 장벽($V_B-V$)이 낮아져서 p형 반도체의 정공이나 n형 반도체의 전자가 장벽을 넘어 확산되어 확산전류가 형성된다. 또는 전자나 정공밀도의 차이를 이용하여 아래와 같이 설명할 수도 있다. 즉, n형에 존재하는 전자 중에 p형의 전도대보다 높은 에너지를 가지고 있는 전자들이 많아져서 전자의 확산이 일어나게 되어 전자의 확산전류가 발생한다. 마찬가지로, p형에 존재하는 정공 중에 n형의 가전대보다 낮은 에너지를 가지는 정공들이 많아져서 정공의 확산전류가 발생한다.

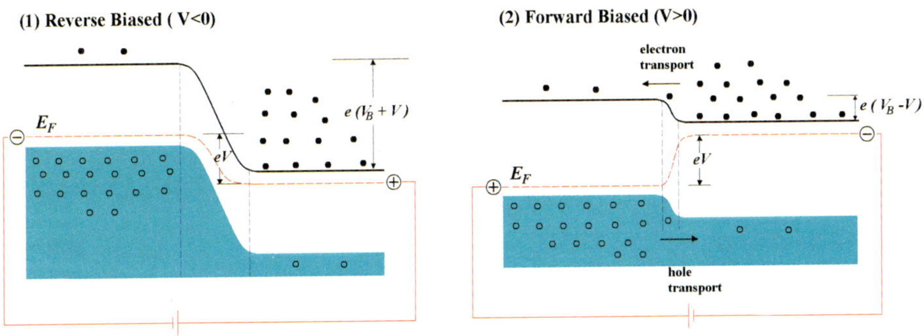


그림 2-6. 역바이어스와 순바이어스에서의 다이오드 에너지준위 그림

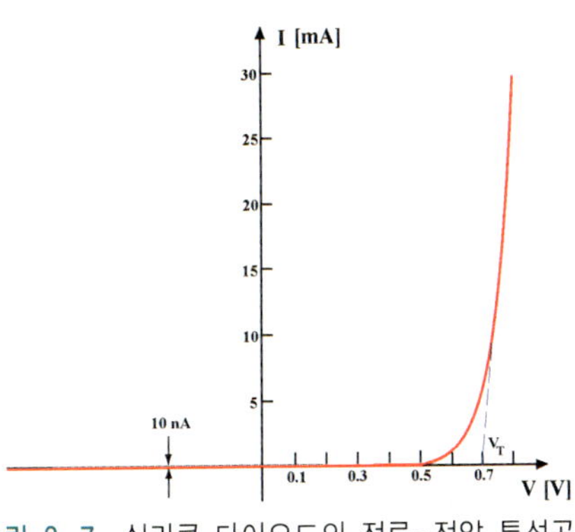


그림 2-7. 실리콘 다이오드의 전류-전압 특성곡선

그림 2-7에 다이오드의 전류-전압 특성이 주어져 있다. 역바이어스의 경우 아주 작은 값(실리콘 다이오드의 경우 $10nA$)의 역포화전류가 존재한다. 이 전압-전류 특성은 식 2-23으로 잘 설명된다.

## 4. 다이오드의 정전용량

다이오드는 공간전하영역이 +이온과 −이온이 대치되어 있으므로 축전기 구조와 동일하며 일정한 정전용량을 가진다. 전압 $V$가 걸리는 경우 공간전하영역은 식 2-12에서 $V_B$ 대신에 $V_B - V$로 대체하면 된다. 따라서 공간전하영역의 폭은

$$d = x_{p0} + x_{n0} = \sqrt{\frac{2\epsilon(N_a + N_d)(V_B - V)}{qN_aN_d}} \tag{2-25}$$

로 주어진다. 그리고 공간 전하영역의 전하량은 $Q = qN_d x_{n0} = qN_a x_{p0}$이므로 단위 면적당 정전용량은

$$C = \frac{dQ}{dV} = \sqrt{\frac{\epsilon q N_a N_d}{2(N_a + N_d)(V_B - V)}} = \frac{\epsilon}{d} \tag{2-26}$$

과 같이 구해진다.

## 【연습문제】

문제 1. pn 접합에서 n형 쪽의 도너(donor) 원자의 개수는 $N_d = 10^{22}$개$/m^3$이고 p형 쪽의 어셉터 원자의 개수는 $N_a = 10^{24}$개$/m^3$이다. 그리고 도핑(doping)되지 않은 상태의 전자의 밀도는 $n_i = 2.4 \times 10^{19}$개$/m^3$이었다. 온도 $T = 300K$에서 pn 접합 사이에 형성되는 내부포텐셜 $V_B$를 구하라.

답. 포텐셜 장벽은 $V_B = \frac{kT}{q} \ln \frac{N_a N_d}{n_i^2} = 0.43\,V$로 계산된다. 여기서 $k$는 Boltzmann 상수로서 $1.38 \times 10^{-23} J/K$의 값을 가진다.

문제 2. 위의 문제 1과 같은 다이오드(pn 접합)에서 n쪽과 p쪽의 공간전하영역의 길이의 비를 구하라. 그리고 각 영역의 공간전하영역의 두께는 얼마인가?

답. 접점 양쪽의 전하가 같아지는 조건인 $qAx_{p0}N_a = qAx_{n0}N_d$에서 평형이 이루어지므로 $\frac{x_{n0}}{x_{p0}} = \frac{N_a}{N_d} = 100$을 얻는다. 즉, n쪽의 길이가 p쪽의 길이보다 100배 길다.
$x_{n0} = \sqrt{\frac{2\epsilon_0 \kappa V_0}{eN_d(1+N_d/N_a)}} = 0.237\mu m$, $x_{p0} = \sqrt{\frac{2\epsilon_0 \kappa V_0}{eN_a(1+N_a/N_d)}} = 23.7\,Å$이다. 여기서 $\epsilon_0$는 진공의 유전율로서 $8.85 \times 10^{-12} F/m$의 값을 가지며 $\kappa$는 실리콘의 비유전율이며 12이다.

문제 3. pn 접합에서 $N_a = 10^{16} cm^{-3}$, $N_d = 5 \times 10^{15} cm^{-3}$을 도핑하였다. 다음을 구하라. 진성반도체에서의 전자와 정공의 밀도는 $n_i = 1.08 \times 10^{10} cm^{-3}$이다.

(a) p와 n형 반도체에서의 다수캐리어와 소수캐리어의 밀도를 각각 구하라.

(b) 상온($300K$)에서의 내부포텐셜을 구하라. $k = 1.38 \times 10^{23} J/K$, $q = 1.6 \times 10^{-19} C$이다.

답. (a) p형 반도체에서는 다수캐리어 밀도는 $p_p \approx N_a = 10^{16} cm^{-3}$이고 소수캐리어 밀도는 $n_p \approx n_i^2/N_a = 1.1 \times 10^4 cm^{-3}$이다. 반면에 n형 반도체에서는 다수캐리어 밀도는 $n_p \approx N_d = 5 \times 10^{15} cm^{-3}$이고 소수캐리어 밀도는 $p_n \approx n_i^2/N_d = 2.3 \times 10^4 cm^{-3}$이다.

(b) $V_B = \frac{kT}{q} \ln \frac{N_a N_d}{n_i^2} = 1.36\,V$이다. 여기서 $kT/q = 26mV$을 이용하였다.

**문제 4.** pn 접합에서 $N_a = 5 \times 10^{17}\ cm^{-3}$, $N_d = 5 \times 10^{15}\ cm^{-3}$을 도핑하였다. 다음을 구하라. 진성반도체에서의 전자와 정공의 밀도는 $n_i = 1.08 \times 10^{10}\ cm^{-3}$이다.

(a) 내부포텐셜을 구하라.

(b) n형의 공간전하영역의 너비는 얼마인가? (c) 평형상태에서 최대 전기장은 얼마인가?

(d) 이 다이오드의 $I_s = 10^{-15} A$이다. $1mA$의 전류일 때 전압은 얼마인가?

**답.** (a) $V_B = \frac{kT}{q}\ln\frac{N_a N_d}{n_i^2} = 0.781\,V$이다. 여기서 상온에서 $\frac{kT}{q} = 26\,mV$를 이용하였다.

(b) $x_{n0} = \sqrt{\frac{2\epsilon_0 \kappa V_0}{eN_d(1+N_d/N_a)}} = 0.45\,\mu m$이다. (c) $E_{\max} = \frac{qN_d}{\epsilon_0 \kappa} x_{n0} = -3.5 \times 10^6\ V/m$이다.

(d) $I = I_s(e^{qV/kT} - 1)$에서 $V = \frac{kT}{q}\left(\frac{I}{I_s} + 1\right) = 0.72\,V$와 같이 구해진다.

**문제 5.** 실리콘 다이오드가 $N_d = 10^{18} cm^{-3}$, $N_a = 10^{15} cm^{-3}$로 도핑되어 있다. 이 다이오드 양단에 전압 $0.5\,V$가 걸릴 경우 소수캐리어의 분포를 구하라. 다이오드의 길이는 전자와 정공의 확산거리보다 훨씬 크다고 한다.

**답.** n형 반도체 쪽의 다수캐리어 밀도는 $n_n \simeq N_d = 10^{18} cm^{-3}$이다. 따라서 평형(배경) 소수캐리어 밀도는 $p_{n0} = n_i^2/n_n = 2.25 \times 10^2 cm^{-3}$로 계산된다. 그리고 접합위치($x = 0$)에서의 소수캐리어 밀도는 $p_n(0) = p_{n0}e^{qV/kT} = 5.5 \times 10^{10} cm^{-3}$으로 주어진다. 반면에 p형 반도체 쪽의 다수캐리어 밀도는 $p_p \simeq N_a = 10^{15} cm^{-3}$, 소수캐리어 밀도는 $n_{p0} = 2.25 \times 10^5 cm^{-3}$이다. 접합위치에서의 소수캐리어 밀도는 $n_p(0) = n_{p0}e^{qV/kT} = 5.5 \times 10^{13} cm^{-3}$이다. 캐리어 분포는 그림에서와 같다.

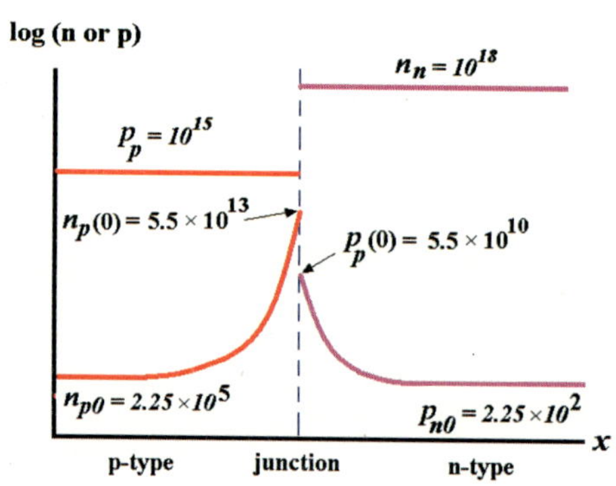

문제 6. 단면이 $10^{-2}cm^2$이고 $N_d = 10^{16}cm^{-3}$, $N_a = 10^{18}cm^{-3}$로 도핑이 된 실리콘 다이오드가 있다. 초과(excess) 캐리어의 수명은 $1\mu s$이다. 그리고 $\mu_n = 360\,cm^2/V-\sec$, $\mu_p = 390\,cm^2/V-\sec$이다. 역포화전류 $I_s$를 구하라.

답. 역포화전류의 표현은 $I_s = Aq\left(\frac{D_n n_{p0}}{L_n} + \frac{D_p p_{n0}}{L_p}\right)$와 같이 주어진다. 소수캐리어 밀도는 $p_{n0} = n_i^2/N_d = 2.25\times 10^4\,cm^{-3}$, $p_{n0} = n_i^2/N_a = 2.25\times 10^2\,cm^{-3}$로 구해진다. Einstein 관계식에서 $D_n = kT\mu_n/q = 9.3\,cm^2/\sec$, $D_p = 10\,cm^2/\sec$이다. 그리고 $L_n = \sqrt{D_n\tau_n} = 3\times 10^{-3}\,cm$, $L_p = 3.2\times 10^{-3}\,cm$이다. 위의 값을 $I_s$의 표현에 대입하면 $I_s \simeq 10^{-13}A$로 계산된다.

문제 7. $N_d = 10^{16}\,cm^{-3}$, $N_a = 10^{18}\,cm^{-3}$로 도핑이 된 실리콘 다이오드가 있다. $V=0$일 때와 역바이어스가 $1\,V$ 걸렸을 때의 다이오드의 정전용량을 구하라. 진성반도체에서의 전자와 정공의 밀도는 $n_i = 1.08\times 10^{10}cm^{-3}$이다. $\epsilon = 12\times 8.85\times 10^{-14}F/cm$이다.

답. 내부포텐셜은 $V_B = \frac{kT}{q}\ln\frac{N_a N_d}{n_i^2} = 0.834\,V$이다. 그리고 $C = \sqrt{\frac{\epsilon q N_a N_d}{2(N_a+N_d)(V_B - V)}}$로 주어지므로 $V=0$에서는 $C_0 = 3.1\times 10^{-8}F/cm^2 = 0.31fF/\mu m^2$으로 구해진다. $V = 1\,V$의 경우에는 $C_1 = C_0/\sqrt{1+V/V_B} = 0.21\,fF/\mu m^2$이다.

문제 8. 어떤 다이오드의 역포화전류 $I_s$가 $10^{-12}A$라고 한다. 상온($300K$)에서 작동한다고 할 때 다음 물음에 답하라.

(a) 다이오드의 양단에 걸리는 전압이 $-0.2\,V$, $0.2\,V$, $0.4\,V$, $0.6\,V$일 때 다이오드에 흐르는 전류를 각각 구하라.

(b) 다이오드에 흐르는 전류를 $1mA$로 하고자 할 때 얼마의 전압을 다이오드의 양단에 걸어야 하는가?

(c) 전압이 $0.2\,V$와 $0.6\,V$일 때의 다이오드의 저항을 구하라.

(d) $eV \gg kT$일 때 동저항(dynamic resistance)은 $R = 26/I$가 됨을 보여라. 여기서 전류 $I$의 단위는 $mA$이다.

답. (a) 다이오드의 전류-전압 특성은 $I = I_s(e^{qV/kT} - 1)$와 같이 표현된다. $V = -0.2\,V$일 때

$I \simeq -10^{-12}A$, $V=0.2V$일 때 $I=2.2\times10^{-9}A$, $V=0.4V$일 때 $I=4.9\mu A$, $V=0.6V$일 때 $I=10.8mA$와 같이 계산된다.

(b) $300K$일 때 $q/kT=38.6\ eV$이다. 위 식에서 $I=1mA$를 대입하여 전압을 구하면 $V=0.54V$를 얻는다.

(c) $V=0.2V$일 때 $I=2.2\times10^{-9}A$이므로 저항은 $R=V/I=90M\Omega$이고 $V=0.6V$일 때 $I=10.8mA$이므로 저항은 $R=56\Omega$이다.

(d) $eV \gg kT$의 조건에서 $I=I_s(e^{qV/kT}-1)\approx I_s e^{qV/kT}$이다. 동저항은 $R=\frac{dV}{dI}$로 정의되고 (b)에서 구한 $q/kT=38.6eV$을 이용하면 $R=26/I$ 를 구할 수 있다. 여기서 전류 $I$의 단위는 $mA$이다.

**문제 9.** 다이오드가 순바이어스 상태에서 전류를 10배 증가시키기 위해서는 전압을 얼마나 증가시켜야 되나?

**답.** 다이오드의 순바이어스 상태에서 전류는 $I\simeq I_s\, e^{qV/kT}$로 근사된다. $I_{10}/I_1=e^{q(V_{10}-V_1)/kT}$에서 $I_{10}/I_1=10$으로 두면 $V_{10}-V_1=kT/q\ln10\approx 60mV$로 계산된다. 따라서 전압을 $60mV$ 증가시키면 된다.

**문제 10.** $I_s=10^{-17}A$인 다이오드에서 상온($300K$)에서 전압이 $0.9V$가 될 때 전류는 얼마인가? 온도가 $300K$로 바뀌었을 때 이 전류는 얼마로 바뀌는가?

**답.** 상온에서 $kT/q=26mV$이다. 따라서 $300K$에서는 이 값은 $28.6mV$가 된다. $I\simeq I_s\, e^{qV/kT}$에서 상온에서의 전류는 $10.8mA$이고 $300K$에서는 $0.46mA$이다.

**문제 11.** pn 접합에서 직선적인 캐리어 분포라고 할 경우 전류의 표현을 구하라.

**답.** n과 p쪽으로 넘어간 캐리어의 밀도 변화가 그림에 주어져 있다. 확산거리보다 n형과 p형의 폭이 좁다고 가정할 경우, 밀도를 직선적으로 표현할 수 있다.

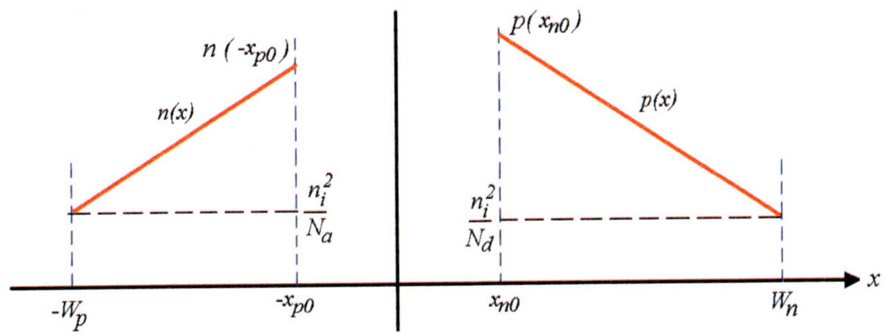


p쪽으로 넘어간 전자밀도의 경계조건은 $n(-W_p) = n_i^2/N_a$, $x(-x_{p0}) = \frac{n_i^2}{N_a} e^{qV/kT}$이다. 따라서 전자밀도의 분포를 직선적으로 볼 때

$$n_p(x) = n_p(-x_{p0}) + \frac{n_p(-x_{p0}) - n_p(-W_p)}{-x_{p0} + W_p}(x + x_{p0}) \tag{2-27}$$

로 표현된다. 그리고 전자에 의한 전류는

$$I_n = qAD_n \frac{dn}{dx} = qAD_n \frac{n_p(-x_{p0}) - n_p(-W_p)}{W_p - x_{p0}} = \frac{qAD_n n_i^2}{N_a(W_p - x_p)}(e^{qV/kT} - 1) \tag{2-28}$$

와 같이 구해진다.

n쪽으로 넘어간 정공밀도의 경계조건은 $n(W_n) = n_i^2/N_d$, $x(x_{n0}) = \frac{n_i^2}{N_d} e^{qV/kT}$이다. 따라서 정공밀도의 분포를 직선적으로 볼 때

$$p_n(x) = p_n(x_{n0}) + \frac{p_n(x_{n0}) - p_n(W_n)}{W_n - x_{n0}}(x - x_{n0}) \tag{2-29}$$

로 표현된다. 그리고 정공에 의한 전류는

$$I_p = qAD_p \frac{dp}{dx} = qAD_p \frac{p_n(x_{n0}) - p_n(W_n)}{W_n - x_{n0}} = \frac{qAD_p n_i^2}{N_d(W_n - x_n)}(e^{qV/kT} - 1) \tag{2-30}$$

과 같이 구해진다. 결과적으로 전체 전류는 식 2-28과 2-30의 합이므로

$$I = I_n + I_p = I_s\left(e^{qV/kT} - 1\right) \tag{2-31}$$

로 표현된다. 여기서 $I_s = qAn_i^2\left(\frac{D_n}{N_a(W_p - x_{p0})} + \frac{D_p}{N_d(W_n - x_{n0})}\right)$이다. 여기서 p와 n형의 폭이 각각의 확산거리보다 클 경우, $W_p - x_{p0} = L_p$, $W_n - x_{n0} = L_n$으로 치환될 수 있다. 이렇게 할 경우, 식 2-24와 동일해진다.

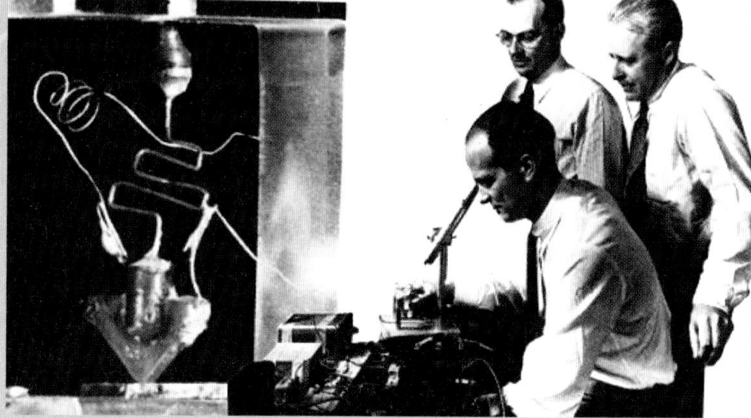

제3장

# 트랜지스터의 특성

# I. 양극 접합트랜지스터

## 1. 양극 접합트랜지스터의 구조

양극 접합트랜지스터(bipolar junction transistor)는 두 개의 pn 접합으로 구성되어 있다. 이에 따라 접합의 종류에 따라 두 가지의 형태가 가능하다. 즉, pnp와 npn 트랜지스터가 존재한다. 그림 3-1에 두 트랜지스터의 구조와 회로심벌(circuit symbol)이 주어져 있다. 중간에 끼인 베이스층(B로 표시, base)은 아주 얇고($0.5\mu m$), 양쪽에 있는 에미터(E, emitter)와 콜렉터(C, collector)층은 대략 $0.5mm$의 너비를 가진다. 그리고 불순물의 도핑(doping)량은 에미터, 베이스, 콜렉터의 순서이다.

트랜지스터의 회로심벌에서는 화살표로 에미터로의 방향을 표시하는데, 그 방향은 p에서 n으로 향한다. 따라서 화살표가 에미터에서 베이스로의 방향이면 베이스는 n형이므로 pnp 트랜지스터가 된다. 반대로 화살표가 베이스에서 에미터의 방향이면 베이스는 p형이므로 npn 트랜지스터가 된다.

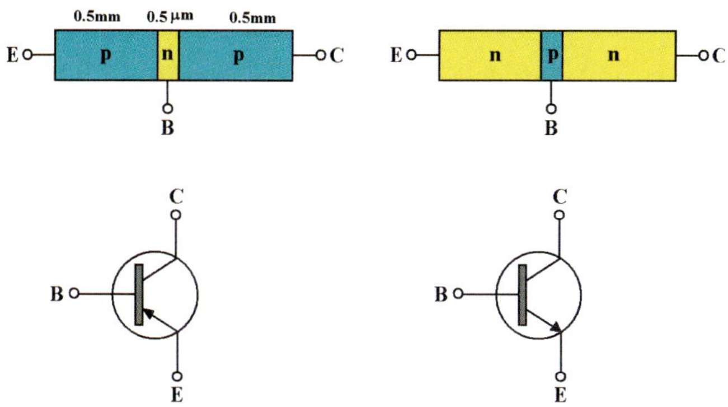


그림 3-1. pnp와 npn 트랜지스터의 구조와 표시(symbol)

양극 접합트랜지스터의 반도체 공정상의 구조는 그림 3-2에 주어져 있다. 이 그림에는 p형 기판을 이용한 npn 트랜지스터의 구조를 보여 주고 있다. 먼저 p형 기판에 n형을 도핑하고, 다음에 에미터, 콜렉터 단자영역에는 p형을 도핑한다. 그리고 마지막으로 콜렉터, 에미터 전극에 $n^+$를 도핑한다.

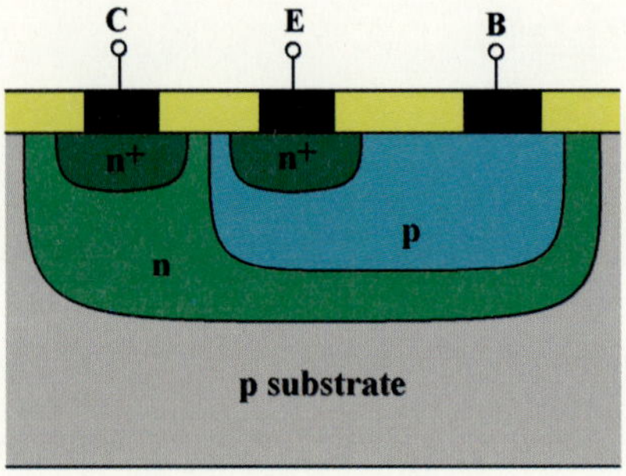


그림 3-2. 반도체 공정상의 npn 양극 접합트랜지스터 구조

## 2. 양극 접합트랜지스터의 바이어스 모드의 종류

양극 접합트랜지스터에는 두 개의 pn 접합이 존재한다. pnp 트랜지스터에서는 에미터(p)-베이스(n), 베이스(n)-콜렉터(p) 등 두 개의 pn 접합이 있다. 이 두 개의 pn 접합을 바이어스 하는 방법에는 4가지가 있을 수 있다. 즉, 두 접합 모두를 순바이어스를 하는 경우(포화모드), 두 접합 모두를 역바이어스 하는 경우(차단모드), 하나를 순바이어스로 하고 나머지 하나를 역바이어스를 하는 경우(활동 및 역활동 모드)가 있을 수 있다. 그림 3-3은 에미터-베이스 전압($V_{EB}$)과 베이스-에미터 전압($V_{CB}$)의 부호에 따라 4가지 다른 모드를 보여 주고 있다.

첫째, 활동모드(active mode)는 증폭기에 가장 많이 사용되는 바이어스 형태이다. 이 모드에서는 하나의 pn 접합은 순바이어스, 나머지 하나는 역바이어스를 하는 것이다. 그리고 두 pn 접합 중에 에미터-베이스 접합은 순바이어스, 베이스-콜렉터 접합은 역바이어스를 한 것이다. 이에 따라 pnp 트랜지스터에서는 $V_{EB} > 0$, $V_{CB} < 0$의 바이어스가 걸리고, npn 트랜지스터에서는 $V_{BE} > 0$, $V_{BC} < 0$의 바이어스가 걸리는 경우이다. 양극 접합트랜지스터에서는 에미터의 도핑이 가장 크고 콜렉터의 도핑이 가장 약하게 만든다. 이에 따라 에미터-베이스 접합이 순바이어스가 걸리고 베이스-콜렉터가 역바이어스가 걸리는 경우가 전류의 증폭률이 가장 커지게 된다(아래 절 참조). 따라서 이 모드를 증폭기에서 바이어스로 가장 많이 사용하고 있다.

둘째, 포화모드(saturation mode)에서는 두 pn 접합을 모두 순바이어스를 하는 경우이다. 이는 pnp 트랜지스터에서는 $V_{EB} > 0$, $V_{CB} > 0$의 바이어스가 걸리는 것이다. npn 트랜지스터에서는 이의 반대이다. 이 모드는 트랜지스터를 스위칭에 사용하는 경우 ON에 해당한다. 이 모드에서는 전류 변화에 따른 전압 변화가 작으므로 트랜지스터는 작은 저항을 가진다.

셋째, 차단모드(cut-off mode)에서는 두 pn 접합 모두에 역바이어스 하는 것이다. 이는 pnp 트랜지스터에서는 $V_{EB} < 0$, $V_{CB} < 0$의 바이어스가 걸리는 경우이다. npn 트랜지스터에서는 이의 반대이다. 이 모드에서 트랜지스터에는 전류가 거의 흐르지 않으므로 활동이 차단된 상태이다. 이 모드는 트랜지스터를 스위칭에 사용하는 경우 OFF에 해당한다.

넷째, 역활동모드(reverse active mode)에서는 하나의 pn 접합은 순바이어스, 나머지 하나는 역바이어스를 하는 것인데, 두 pn 접합 중에 에미터-베이스 접합은 역바이어스, 베이스-콜렉터 접합은 순바이어스를 한 것이다. 이러한 바이어스는 활동모드와 반대인 바이어스임을 알 수 있다. 즉, 활동모드와 비교할 경우 에미터와 콜렉터의 역할을 바꾼 것이다. 그런데 양극 접합트랜지스터에서는 콜렉터에 가장 약하게 도핑되어 있기 때문에 활동모드와 비슷한 특성을 보이지만 활동모드보다는 전류 증폭의 효과가 크지 않다.

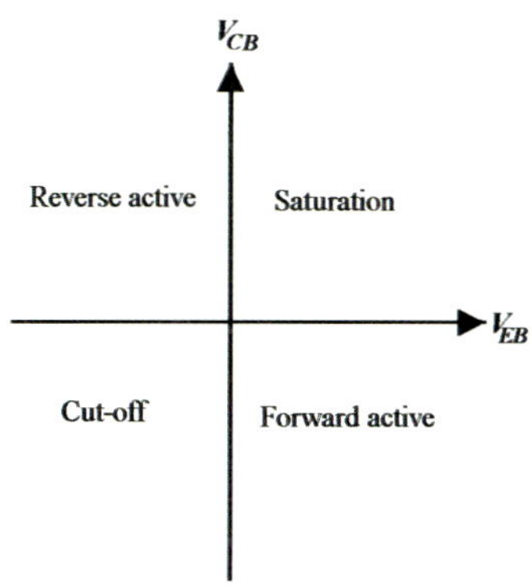


그림 3-3. 트랜지스터의 바이어스에 따른 모드의 종류

## 3. 전류 증폭률

양극 접합트랜지스터에는 3개의 단자가 있는데, 이를 증폭기에 사용할 경우 입력과 출력에 2개의 단자가 필요하므로 결국 하나는 입력과 출력에 공통으로 사용되어야 한다. 이에 따라 3가지의 연결이 가능한데, 즉, 공통베이스, 공통에미터, 공통콜렉터 회로가 있을 수 있다. 이 중에서 가장 많이 사용되는 것이 공통에미터 회로이고 가장 드물게 사용되는 것이 공통콜렉터

회로이다. 아래에서는 활동모드에서 공통베이스와 공통에미터 회로에서의 전류 증폭률에 대해 알아보기로 한다.

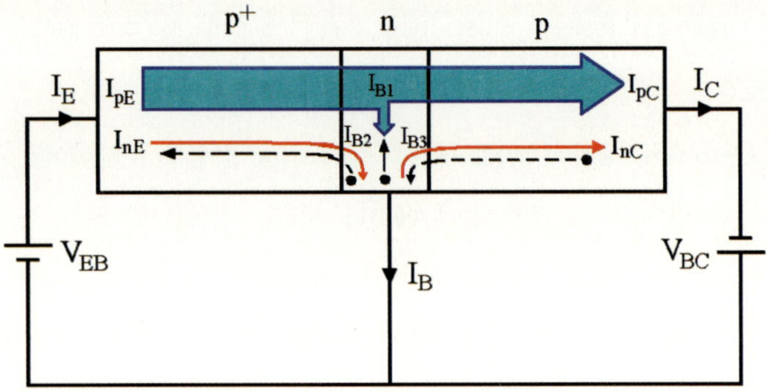


그림 3-4. 공통베이스 회로에서의 전류

그림 3-4에 pnp 트랜지스터를 이용한 공통베이스 회로가 주어져 있다. 활동모드에서는 에미터-베이스는 순바이어스이고 베이스-콜렉터는 역바이어스이다. 그리고 전체적으로 3개의 전류와 3개의 전압이 있는데, Kirchhoff 법칙에서

$$I_E = I_B + I_C$$

$$V_{EB} + V_{BC} + V_{CE} = 0 \tag{3-1}$$

의 관계가 만족된다. 위에서 전류의 식은 npn 트랜지스터 회로에서도 그대로 만족된다. 단, npn 트랜지스터에서의 모든 전류의 방향은 pnp 트랜지스터에서와는 반대이다.

첫째, 에미터 전류에 대해 생각해 보자. 베이스-에미터 접합이 순바이어스이므로 에미터의 정공이 접합을 넘어 베이스로 확산되어 간다. 이에 따른 전류를 $I_{pE}$라고 둔다. 그리고 베이스에 있는 전자가 바이어스 전압에 의해 에미터로 넘어올 수 있다. 이에 따른 전류를 $I_{nE}$이라고 둔다. 그러면 에미터 전류는 위 두 전류의 합인데, 두 전류의 방향은 동일하므로 에미터 전류는

$$I_E = I_{pE} + I_{nE} \tag{3-2}$$

와 같이 표현된다.

둘째, 콜렉터 전류에 대해 알아보자. 에미터에서 베이스로 확산되어 들어간 정공은 얇은 베이스를 넘어 콜렉터로 확산되어 들어간다. 이에 따른 전류를 $I_{pC}$라고 두자. 그리고 베이스-콜렉터의 역바이어스 전압에 의해 콜렉터의 소수 캐리어인 전자가 베이스로 넘어 들어갈 수 있다. 이에 따른 전류가 $I_{nC}$이다. 따라서 콜렉터 전류는 위 두 전류의 합이고, 이 두 전류는 방향이 같으므로 콜렉터 전류는

$$I_C = I_{pC} + I_{nC} = I_{pC} + I_{CBO} \tag{3-3}$$

으로 표현된다. 여기서 $I_{nC} \equiv I_{CBO}$로 두었는데, 이는 에미터가 개방(open)된 상태에서의 콜렉터(C)-베이스(B) 전류를 나타낸다. 즉, 콜렉터-베이스 pn 접합의 역포화전류를 나타낸다.

셋째, 베이스 전류에 대해 알아보자. 베이스 전류는 3가지로 구성되어 있다. 에미터에서 베이스로 넘어온 정공은 일부분이 베이스에서 전자와 재결합할 수 있다. 이를 $I_{B1}$(재결합 전류)이라고 두자. 그리고 베이스에서 에미터로 넘어가는 전자에 의한 전류 $I_{B2}$가 있을 수 있는데, 이는 $I_{nE}$과 동일하다. 또한 콜렉터에서 베이스로 넘어오는 전자에 의한 전류 $I_{B3}$는 $I_{nC}$과 동일하다. 이에 따라 베이스 전류는 위 세 전류의 합으로서

$$I_B = I_{B1} + I_{B2} - I_{B3} = I_{B1} + I_{nE} - I_{CBO} \tag{3-4}$$

로 주어진다. 여기서 $I_{B3}$는 다른 두 전류와는 방향이 반대이다. 그리고 $I_{B3} = I_{nC} \equiv I_{CBO}$를 이용하였다.

다음에는 에미터 전류와 콜렉터 전류의 비(ratio)인 전류 증폭률에 대해 알아보도록 하자. 콜렉터의 주된 전류는 에미터의 정공들이 베이스를 넘어 콜렉터로 진행함으로써 발생한다. 그런데 에미터의 정공들이 콜렉터로 진행하기 위해서는 두 개의 접합을 넘어야 한다. 첫째, 베이스-에미터 접합을 정공이 넘는 경우를 생각해 보자. 식 3-2에 주어진 에미터 전류 중에서 $I_{pE}$는 정공의 콜렉터 쪽으로의 이동이므로 콜렉터 전류 형성에 도움을 준다. 반면에 $I_{nE}$는 베이스 전자의 에미터 쪽으로의 이동에 의한 전류이므로 콜렉터 전류의 증가에 도움이 되지 않는다. 따라서 에미터 효율(emitter efficiency)은 에미터에서 베이스로 확산되는 정공전류에 대한 에미터 총 전류의 비로서

$$\gamma_E = \frac{I_{pE}}{I_{pE} + I_{nE}} \tag{3-5}$$

로 정의된다. 위의 에미터 효율은 거의 1에 가깝도록(0.996) 만들 수 있다. 이를 위해 베이스보다 에미터에 훨씬 많은 불순물을 도핑하면 된다. 이렇게 함으로써 베이스의 평형 전자밀도가 에미터의 전자밀도보다 작게 되어 베이스에서 에미터로 확산되는 전자는 거의 없게 만들 수 있다. 즉, 이렇게 함으로써 $I_{nE}$가 크게 줄어들게 된다. 둘째, 베이스-콜렉터 접합에서의 캐리어의 이동을 보도록 하자. 에미터에서 확산된 정공의 대부분은 베이스를 통과하여 콜렉터 접합에 도달한다. 그러나 일부의 정공들은 베이스 안의 다수캐리어인 전자와 재결합하여 없어질 수 있다. 이에 의한 전류는 베이스 전류($I_{B1}$)를 형성하지만 콜렉터 전류의 증가에는 도움이 되지 않는다. 성공적으로 베이스를 통과하여 콜렉터에 전달되는 정공들의 비율은 베이스 수송률(base transport factor)로서

$$\delta_B = \frac{I_{pC}}{I_{pE}} \tag{3-6}$$

과 같이 정의된다. 여기서 $I_{pC}$는 콜렉터에 도달하는 정공의 전류를 나타낸다. 베이스 수송률도 거의 1에 가깝게 만들 수 있다. 즉, 베이스의 두께를 아주 얇게 하고, 또한 베이스의 불순물 도핑을 아주 약하게 만듦으로써 베이스로 확산된 정공은 베이스의 다수캐리어인 전자와의 재결합 없이 콜렉터 접합에 도달할 수 있다.

식 3-5와 3-6의 곱은

$$\alpha = \gamma_E \delta_B = \frac{I_{pC}}{I_E} \tag{3-7}$$

로 주어지며, $\alpha$를 공통베이스 전류 증폭률(common base current gain)이라고 부른다. 이에 따라 식 3-3을 식 3-7에 대입함으로써

$$I_C = \alpha I_E + I_{CBO} \tag{3-8}$$

로 주어진다. 식 3-8은 콜렉터 전류와 에미터 전류의 관계를 보여 준다. 대부분의 양극 접합 트랜지스터에서 $I_{CBO}$는 무시할 수 있고, $\alpha$도 1에 가까우므로 $I_C \simeq I_E$로 근사할 수 있다.

다음에는 공통에미터 회로에서의 전류 증폭률을 보도록 하자. 그림 3-5에 활동모드에서 pnp 트랜지스터의 공통에미터 회로에서의 전류가 주어져 있다. 활동모드에서는 에미터-베이스는 순바이어스이고 에미터-콜렉터는 역바이어스이다. 에미터는 입력과 출력에 공통으로 사용된다.

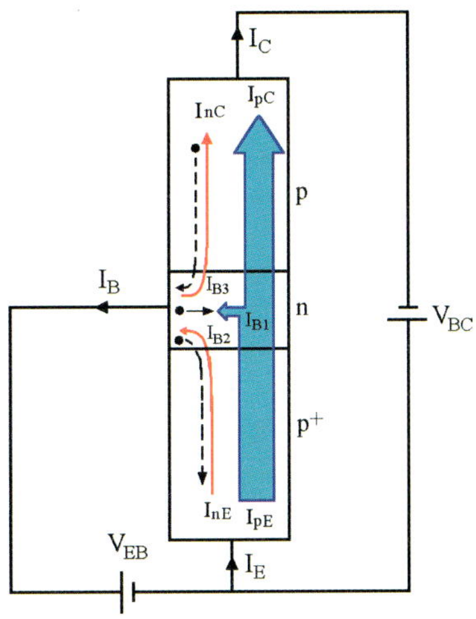


그림 3-5. 공통에미터 회로에서의 전류

공통에미터 회로에서는 입력전류가 $I_B$이고 출력전류가 $I_C$이다. 입력전류와 출력전류 사이의 관계, 즉, 전류 증폭률을 구해보자. 식 3-8에 $I_E = I_B + I_C$를 대입하여 $I_C$와 $I_B$의 관계를 구하면

$$I_C = \frac{\alpha}{1-\alpha} I_B + \frac{I_{CBO}}{1-\alpha} \equiv \beta I_B + I_{CEO} \tag{3-9}$$

를 얻을 수 있다. 여기서 $\beta \equiv \alpha/(1-\alpha)$, $I_{CEO} = I_{CBO}/(1-\alpha)$를 정의하였다. $I_{CEO}$는 베이스가 개방(open)된 상태에서의 콜렉터-베이스 전류이다. 위 식에서 $I_B = 0$일 때의 콜렉터 전류가 $I_{CEO}$임을 볼 수 있다. 그리고 $\beta$를 공통에미터 전류 증폭률(common emitter current gain)이라고 부른다. $\alpha$의 값이 1에 가까우므로 $\beta$는 100 이상의 값을 가진다. 보통의 경우 $I_{CEO}$를 무시할 수 있으므로 공통에미터에서 출력전류와 입력전류의 관계는 $I_C \simeq \beta I_E$로 쓸 수 있다.

## 4. 전류-전압 특성

트랜지스터의 전류-전압 특성은 입력 부분과 출력 부분으로 나눌 수 있다. 입력 부분은 다이오드의 특성과 동일하므로, 이 절에서는 출력 특성에 대해서만 알아보기로 한다.

pnp 트랜지스터의 공통베이스 회로에서의 전류-전압 특성이 그림 3-6에 주어져 있다. 공통베이스 회로에서 입력전류는 에미터 전류 $I_E$이고 출력전류는 콜렉터 전류 $I_C$이다. $V_{BC}>0$인 활동모드에서는 앞에서 보았듯이 $I_C \simeq I_E$이고, 이 콜렉터 전류는 $V_{BC}$에 거의 무관하다. 반면에 $V_{BC}<0$가 되면 베이스-콜렉터는 순바이어스가 되므로 트랜지스터는 포화모드가 된다. 이렇게 베이스-콜렉터가 순바이어스 됨으로써 콜렉터(p)에서 베이스(n)로 정공이 확산될 수 있다. 이 정공의 확산은 에미터에서 베이스를 지나 콜렉터로 넘어오는 정공의 이동(콜렉터 전류)과 방향이 반대이므로 콜렉터 전류의 감소를 가져온다. 이에 따라 콜렉터 전류는 $V_{BC}$의 크기가 음으로 커짐에 따라 점점 감소하게 된다(포화모드). 그런데 에미터 전류가 큰 경우에는 에미터에서 베이스를 지나 콜렉터로 들어오는 정공이 많아지므로 동일한 $I_C$를 위해서는 베이스-콜렉터의 전압 $V_{BC}$가 더 커야 한다(이에 따라 콜렉터에서 베이스로 이동하는 정공의 수가 많아지므로). 그림 3-6의 포화모드에서 이를 확인할 수 있다. 차단모드의 끝은 입력전류가 0이 되는 경우, 즉 $I_E=0$이 되는 경우이다. 이때 콜렉터 전류는 $I_{CBO}$가 된다. 이 전류는 에미터를 개방(open, $I_E=0$이므로)하고 $V_{BC}>0$일 때의 베이스-콜렉터 접합의 역포화전류에 해당한다.

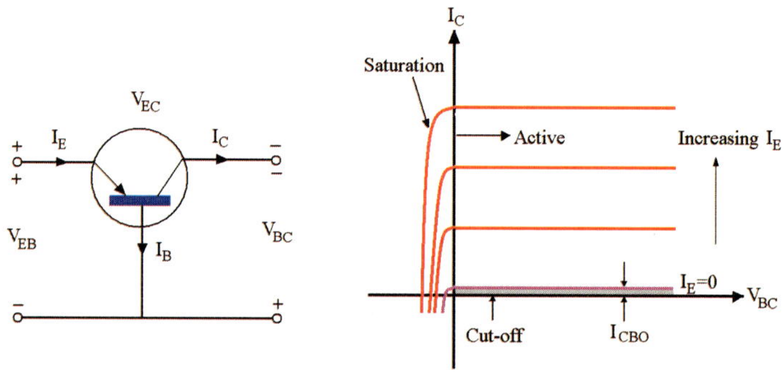


그림 3-6. pnp 트랜지스터의 공통베이스 회로에서의 전류-전압 특성

다음에는 공통에미터 회로에서의 전류-전압 특성에 대해 알아보도록 하자. 그림 3-7에 pnp 트랜지스터의 공통에미터 회로에서의 전류-전압 특성이 주어져 있다. 에미터-베이스 접합이 순바이어스이고 ($V_{EB}>0$) 베이스-콜렉터 접합이 역바이어스인 경우($V_{CB}<0$ 또는 $V_{BC}>0$)

트랜지스터는 활동모드에 있다. 공통에미터에서 입력전류는 $I_B$이다. 그리고 출력 부분의 전압은 $V_{EC}$이다. 활동모드($V_{BC} > 0$)의 끝은 $V_{BC} = 0$인 경우이다. 따라서 활동모드의 끝에서의 $V_{EC}$는 $V_{EC} = V_{EB} + V_{BC} = V_{EB}$에서 $V_{EC} = V_{EB}$다. $V_{BC} < 0$이 되면 베이스와 콜렉터가 순바이어스가 되어 포화모드가 된다. 즉, $V_{BC} = 0$이 되는 곡선이 활동모드와 포화모드의 경계를 주고 있다. $I_B$가 증가하면 활동모드에서의 콜렉터 전류 $I_C$도 증가하게 된다. 포화영역에서는 고정된 $I_B$와 $V_{EB}$에서 베이스-콜렉터 접합이 순바이어스가 되면 콜렉터(p)에서 베이스(n)로 정공들이 이동함으로써 콜렉터의 전류를 감소시킨다. $V_{EC}$를 점점 더 감소시키면 $V_{EC} = V_{EB} - V_{BC}$에서 $V_{BC}$가 점점 커지게 되어 베이스-콜렉터 순바이어스 전압이 증가함으로써 콜렉터 전류는 더욱 감소함을 알 수 있다. 큰 $I_B$에서는 $V_{EB}$도 크므로 포화와 활동모드의 경계인 $V_{BC} = 0$이 되는 $V_{EC}$의 값도 커짐($V_{EC} = V_{EB} - V_{BC}$를 이용)을 볼 수 있다. 그리고 $I_B = 0$이 되는 지점이 차단모드의 경계가 된다. 이때 콜렉터 전류는 $I_{CEO}$가 된다. 이는 베이스가 개방(open, $I_B = 0$이므로)된 상태에서의 콜렉터에서 에미터로 흐르는 전류를 나타낸다. $I_C < I_{CEO}$인 경우 두 접합 모두 역바이어스가 되므로 콜렉터 전류는 거의 0에 가깝게 된다. 역활동모드에서는 에미터-베이스는 역바이어스이고 베이스-콜렉터는 순바이어스인 경우이다. 이는 에미터와 콜렉터의 역할을 바꾼 것이다. 즉, 에미터를 콜렉터로, 콜렉터를 에미터로 사용하는 것이다. 이 경우 콜렉터 전류는 활동영역에 비해 아주 작다. 이는 에미터(원래의 콜렉터)는 콜렉터(원래의 에미터)에 비해 아주 약하게 도핑되어 있기 때문에 정공의 이동이 적어서 콜렉터(원래의 에미터) 전류가 작은 것이다.

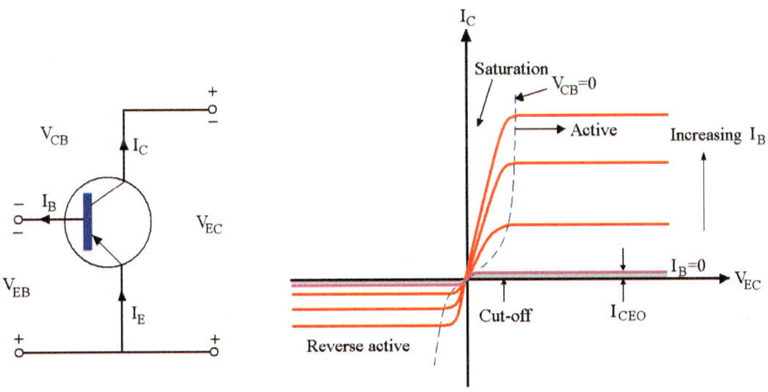


그림 3-7. pnp 트랜지스터의 공통에미터 회로에서의 전류-전압 특성

활동모드에서 Early 효과가 있을 수 있다. 이 효과에 의해 그림 3-6과 3-7의 활동모드에서 콜렉터 전류가 전압 $V_{BC}$(공통베이스) 또는 $V_{EC}$(공통에미터)가 증가함에 따라 증가하게 된다.

활동모드에서 베이스-콜렉터는 역바이어스이므로 전압이 증가함에 따라 베이스의 두께가 줄어든다. 베이스의 두께가 줄어듦으로써 베이스 수송률이 증가하게 된다. 따라서 $\alpha$가 증가하게 되고, 이에 따라 $I_C$가 $V_{BC}$의 증가에 따라 약간씩 증가하게 된다. 이를 Early 효과라고 부른다. 그런데 이 Early 효과는 공통베이스 회로에서보다 공통에미터 회로에서 더 크다. 공통베이스 회로에서는 $I_E$가 고정된 상태에서 베이스 두께의 감소($V_{BC}$의 증가)에 따른 $\alpha$의 증가에만 의한 것이었다. 반면에 공통 에미터 회로에서는 $I_B$가 고정되어 있다. 이에 따라 $V_{BC}$가 증가하여 베이스의 두께가 감소하면 두 가지의 효과가 나타난다. 첫째, 소수캐리어의 농도 차이가 많이 나므로 $I_E$가 증가한다. 둘째, 베이스에서의 재결합이 줄어듦으로써 $\alpha$도 증가하게 된다. 이 두 가지 효과가 함께 존재하기 때문에 공통에미터의 전류-전압 곡선에서의 Early 효과가 더 크게 나타나게 된다.

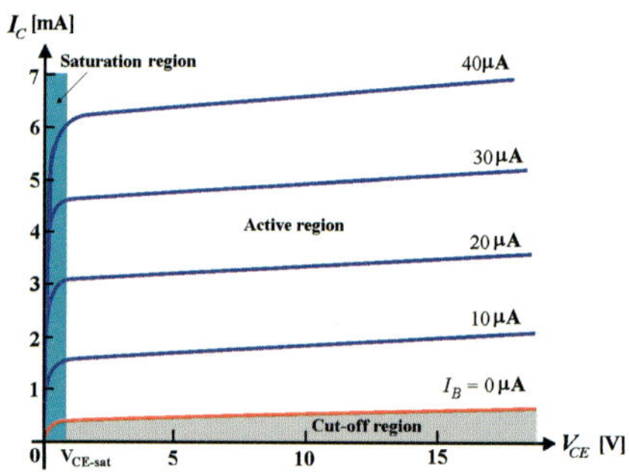


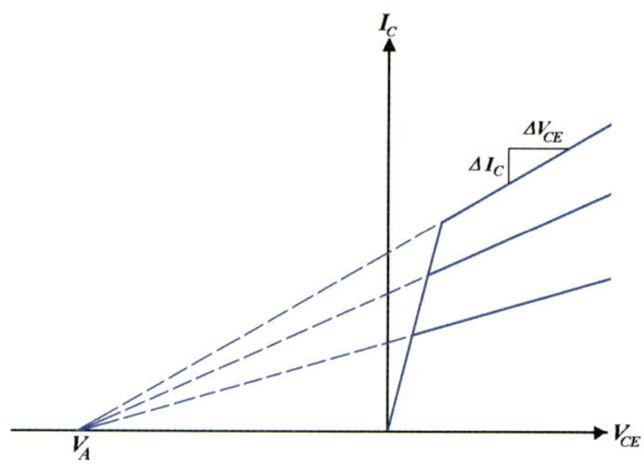


그림 3-8. 공통에미터 회로에서의 전류-전압 특성곡선과 Early 효과

그림 3-8에 실제의 공통에미터 회로에서의 전류-전압 특성을 보여 주고 있다. 그림에서 보듯이 $V_{EC}$의 증가에 따라 $I_C$가 조금씩 증가함을 볼 수 있다. 그림 3-8의 오른쪽 그래프는 이 효과에 의해 각 $I_B$에 대한 특성곡선을 연장하면 하나의 점($V_{CE}$)에서 만나게 됨을 보여 준다. 이렇게 만나는 지점의 전압을 Early 전압이라고 부른다. 그리고 콜렉터 전류는

$$I_C = \beta I_B \left(1 + \frac{V_{CE}}{V_A}\right) \tag{3-10}$$

과 같이 표현된다. 여기서 $V_A$가 Early 전압이다. Early 전압은 대략 $50\,V$에서 $100\,V$ 사이의 값을 가진다.

## II. 장 효과 트랜지스터(Field Effect Transistor)

장 효과 트랜지스터(아래부터 FET로 칭함)도 양극 접합트랜지스터와 동일하게 3단자 소자이다. 즉, 드레인(Drain), 소스(Source), 게이트(Gate) 등 세 개의 단자로 구성되어 있다. 앞에서 보았듯이 양극 접합트랜지스터는 전류제어소자(current controlled device)이었다. 즉, 출력인 콜렉터 전류가 입력인 베이스 전류의 함수로 표시된다. 반면에 FET는 전압제어소자(voltage controlled device)에 속한다. 즉, 출력인 드레인 전류가 게이트 전압의 함수로 표현된다.

양극 접합트랜지스터는 npn과 pnp 등 두 가지의 형태가 가능했다. 마찬가지로 FET도 n-채널(channel)과 p-채널의 형태가 가능하다. 그리고 전류를 형성하는 캐리어에 있어서 양극 접합트랜지스터에서는 전자와 정공이 모두 전류 형성에 관련이 있다. 물론 각 캐리어는 다수캐리어와 소수 캐리어로서 역할이 다르다. 반면에 FET에서는 전자이면 전자, 정공이면 정공, 즉, 하나의 캐리어만이 전류의 형성에 관련되어 있다는 것이 양극 접합트랜지스터의 경우와 다르다. n-채널 FET에서는 전자만이 전류의 형성에 관련되어 있고, p-채널 FET에서는 정공만이 전류의 형성에 관련되어 있다. 따라서 접합트랜지스터는 양극(bipolar) 트랜지스터라고 부르고, FET는 단극(unipolar) 트랜지스터라고 부르기도 한다.

FET에서는 전압에 의해 전기장(field)이 형성되고, 이 전기장의 효과(effect)에 의해 캐리어의 통로(channel)가 제어된다. 이때 전압을 제어하는 전극과 통로는 서로 직접적인 접촉은 없다. 이에 따라 FET라는 이름으로 불리게 되었다.

FET는 높은 입력 임피던스를 가지고 있다. 거의 수백$M\Omega$ 정도이다. 따라서 마이크 등 아주 작은 신호에 대한 증폭에 사용된다. 반면에 접합트랜지스터는 동일한 입력신호의 변화에 대해 FET에서보다 훨씬 큰 출력 변화를 얻을 수 있다. 이에 따라 교류 전압 증폭률이 접합트랜지스터가 FET보다 훨씬 크다. 그러나 FET는 온도 변화에 대해 그 특성이 안정적이고, 크기도 작아서 집적화(IC)에 적합하다.

FET는 크게 두 종류로 나누어진다. 즉, 접합(junction) FET(JFET)와 MOSFET(Metal Oxide Semiconductor FET)가 있다. 그리고 MOSFET에서는 공핍형(depletion)과 증가형(enhancement) 등 두 종류의 형태가 있을 수 있다.

## 1. MOSFET

그림 3-9에 p형 기판에 형성된 MOSFET의 구조를 보여 주고 있다. n형으로 도핑된 부분에 전극을 만든 것이 각각 소스와 드레인이다. 그리고 게이트와 n-채널 사이에는 산화막($SiO_2$, 500Å 이하)이 존재한다. 게이트의 전압에 의해 유전체(산화막) 안에 전기장이 형성되어 그 아래 부분에 n-채널이 만들어진다. 그림 3-9의 왼쪽은 처음에 채널이 형성되어 있지 않은 증가형(enhancement) MOSFET를 나타내고, 오른쪽은 채널이 형성되어 있는 공핍형(depletion) MOSFET의 구조를 보여 주고 있다. MOSFET는 부도체층(산화막)에 의해 아주 높은 입력 임피던스를 가진다. 따라서 dc 바이어스에서 게이트 전류는 0이 된다.

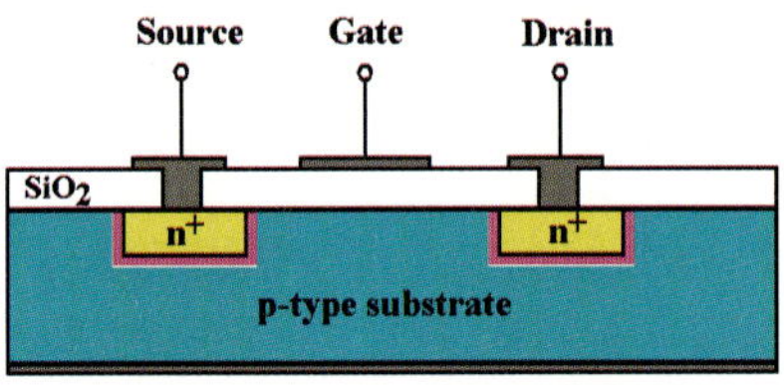

(a) Enhancement type n-channel MOSFET

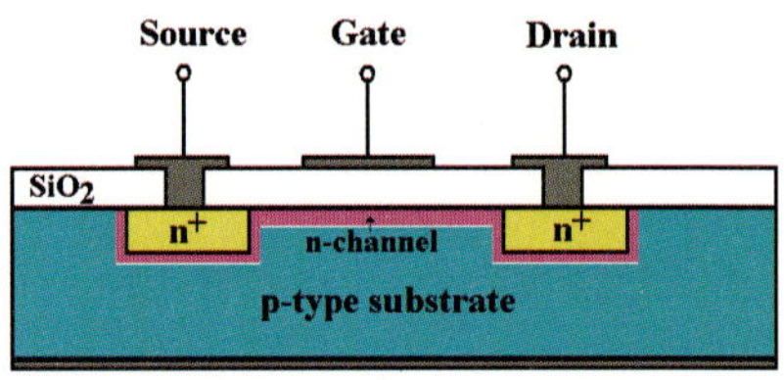

(b) Depletion type n-channel MOSFET

그림 3-9. n-채널 MOSFET의 구조

그림 3-10에 n-채널 증가형 MOSFET에서 게이트 전압에 따른 채널의 변화를 보여 주고 있다. 게이트에 전압을 걸지 않은 상태, 즉, $V_{GS}=0$인 상태에서는 드레인과 소스 사이의 전압 $V_{DS}$를 변화시키더라도 n-채널이 없기 때문에 전류가 형성되지 않는다. 즉, 드레인 전류 $I_D=0$이다. 그러나 $V_{GS}>0$인 전압을 게이트에 걸어주게 되면 게이트의 +전압에 의해 산화막 아래쪽으로 p형 기판의 전자가 끌려오고, 또한 정공들은 밀려나간다. 이에 따라 정공과 전자들이 재결합함으로써 낮은 전압에서는 산화막 아래쪽에는 공간전하영역이 형성된다. 그러나 어느 정도 이상의 큰 전압이 걸리게 되면 전자의 밀도가 정공의 밀도보다 커지게 됨으로써 n-채널이 형성된다. 이때의 게이트 전압을 문턱전압(threshold voltage) $V_T$라고 부른다. 그리고 산화막 아래에 전자의 밀도가 정공의 밀도보다 커지는 현상을 역전(inversion)이라고 부른다. 위 $V_T$가 적당히 낮은 값을 가지기 위해서는 p형 기판이 약하게 도핑되어야 한다.

$V_{GS}>V_T$인 상태에서 $V_{DS}$를 증가시키면 드레인 쪽이 소스 쪽보다 전압이 높기 때문에 드레인 쪽의 공간전하영역이 넓어지게 된다. 이에 따라 드레인 쪽의 n-채널이 점점 좁아지게

되고, $V_{DS}=V_P$가 되는 전압에서 n-채널이 드레인 끝에서 잘리게 된다. 그리고 드레인-소스 전압 $V_{DS}$를 $V_P$보다 크게 만들면 n-채널이 소스와 드레인 사이에서 끊어지게 된다. 이 현상을 핀치오프(쪼임, pinch-off)라고 부른다. 그리고 $V_P$를 핀치오프 전압이라고 한다. 게이트 전압이 핀치오프 전압 이상이 되어 n-채널이 잘려도 일정한 전류가 계속 흐른다. 이는 양극 접합트랜지스터에서 베이스-콜렉터가 역바이어스임에도 불구하고 전류가 흐른 것과 동일하다. 또한 핀치오프에서 $I_D=0$이라고 한다면 $V_{DS}$도 0이 되어야 한다. 이는 $V_{DS}\neq 0$인 사실과 모순되므로 $I_D$도 0이 되지 않아야 됨을 알 수 있다. 결국 핀치오프가 되어도 $I_D$는 0이 되지 않는다.

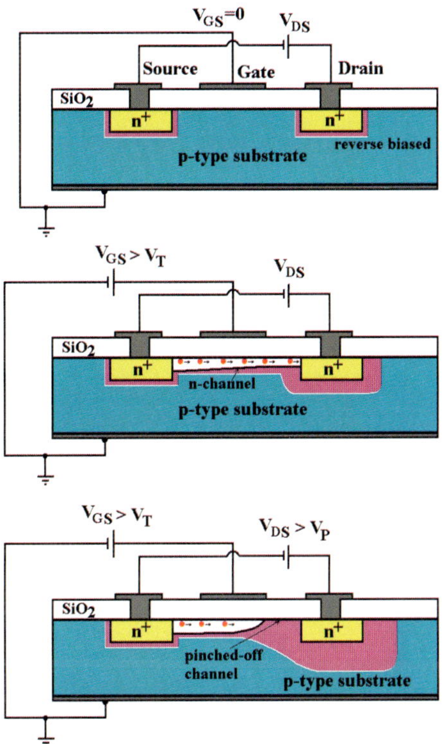


그림 3-10. 증가형 n-채널 MOSFET에서의 전류 형성

그림 3-11에 증가형 n-채널 MOSFET의 전류-전압 특성이 주어져 있다. 게이트 전압이 $V_T$(이 경우 $2V$) 이하에서는 $I_D=0$이다. $V_{GS}>V_T$인 경우에는 $I_D$는 $V_{GS}$에 따라 증가한다. 그림 3-11의 왼쪽 그림이 이를 보여 주고 있다.

그림 3-11의 오른쪽 그림은 $V_{GS}>V_T$인 여러 $V_{GS}$값에 대해 $V_{DS}$에 의한 $I_D$의 변화를

보여 주고 있다. $V_{DS} < V_P$인 경우 $I_D$가 $V_{DS}$에 비례하여 증가한다. 이 영역을 Ohm 영역(Ohmic region)이라고 부른다. 이 영역에서의 저항은 기울기 $dV_{DS}/dI_D$로 주어진다. 반면에 $V_{DS} > V_P$가 되면 $V_{DS}$가 증가하더라도 $I_D$는 일정하게 된다. 이 영역을 포화영역(saturation region)이라고 부른다. 포화영역에서는 저항이 $\infty$가 된다. 이에 따라 이 상태에서 $V_{DS}$의 증가는 공간전하영역의 전압만을 증가시키므로 전류 $I_D$는 일정하게 된다.

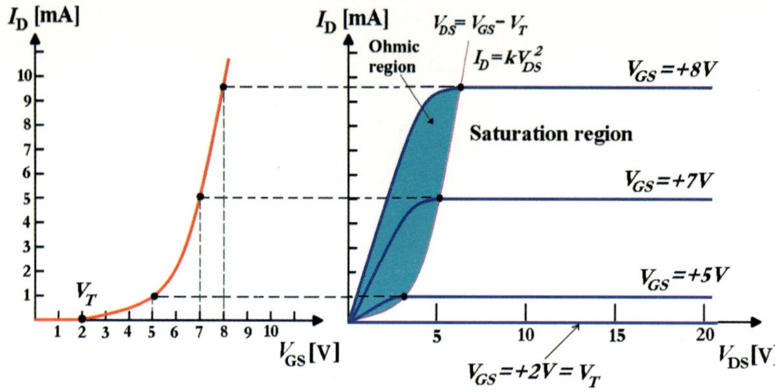


그림 3-11. 증가형 n-채널 MOSFET에서의 전류-전압 특성

Ohm 영역에서 만족되는 $I_D$와 $V_{DS}$의 관계를 구해보자. 그림 3-12에 n-채널 부근의 그림이 주어져 있다. $V_{GS} > V_T$이고 $V_{DS} = 0$인 경우를 생각해 보자. 소스에서 임의의 거리 $x$에 있는 n-채널에서의 단위 길이당 전하는

$$Q(x) = -C_{ox} W (V_{GS} - V_T) \tag{3-11}$$

로 주어진다. 여기서 $C_{ox} = \epsilon_0 \epsilon_x / d$이고 $W$는 게이트의 폭이다. 그리고 산화막의 비유전율 $\epsilon_x$는 3.9의 값을 가진다.

다음에 드레인-소스 전압 $V_{DS}$를 증가시킨다고 하자. 이에 따라 $x$위치에 전압 $V(x)$가 걸린다고 하면 식 3-11은

$$Q(x) = -C_{ox} W [V_{GS} - V_T - V(x)] \tag{3-12}$$

로 고쳐 쓸 수 있다. 그리고 $\sigma = nq\mu$이고 $nq = -Q(x)/A$이므로 식 3-12를 이용하면 전하밀도는

$$\sigma = \frac{\mu C_{ox} W}{A}[V_{GS} - V_T - V(x)] \tag{3-13}$$

과 같이 구해진다. 여기서 $\mu$는 전자의 이동도이고 $A$는 n-채널의 단면적이다.

$I_D = -JA = -\sigma EA$이므로 식 3-13을 사용하면 드레인 전류는

$$I_D = \mu C_{ox} W[V_{GS} - V_T - V(x)]\frac{dV(x)}{dx} \tag{3-14}$$

와 같이 표현된다. 이 식을 얻는 데 $E = -\frac{dV(x)}{dx}$를 이용하였다. 식 3-14를 n-채널을 따라 적분하면

$$\int_0^L I_D\,dx = I_D L = \int_0^{V_{DS}} \mu C_{ox} W[V_{GS} - V_T - V(x)]\,dV(x) \tag{3-15}$$

에서 드레인 전류는

$$I_D = \frac{\mu C_{ox} W}{2L}[2(V_{GS} - V_T)V_{DS} - V_{DS}^2] \tag{3-16}$$

과 같이 주어진다. 핀치오프의 시작은 그림 3-12에서와 같이 n-채널의 끝이 드레인과 만나는 경우이다. 이때 $x = L$에서 $V(L) = V_{DS}$이고, 이곳에서 전압은 $V_{GS} - V_T - V(x) = 0$이므로 $V_{DS} = V_{GS} - V_T$을 구할 수 있다. 즉, 식 3-16은 $V_{DS} \le V_{GS} - V_T$인 경우에서 $V_{DS}$에 따른 $I_D$의 표현이다. 그리고 Ohm 영역과 포화영역의 경계조건은 $V_{DS} = V_{GS} - V_T$으로 나타난다. 이에 따라 포화영역의 드레인 전류 $I_{D,sat}$는

$$I_{D,sat} = \frac{\mu C_{ox} W}{2L}(V_{GS} - V_T)^2 \equiv k(V_{GS} - V_T)^2 = kV_{DS}^2 \tag{3-17}$$

로 표현된다. 여기서 $k = \mu C_{ox} W/2L$를 나타낸다.

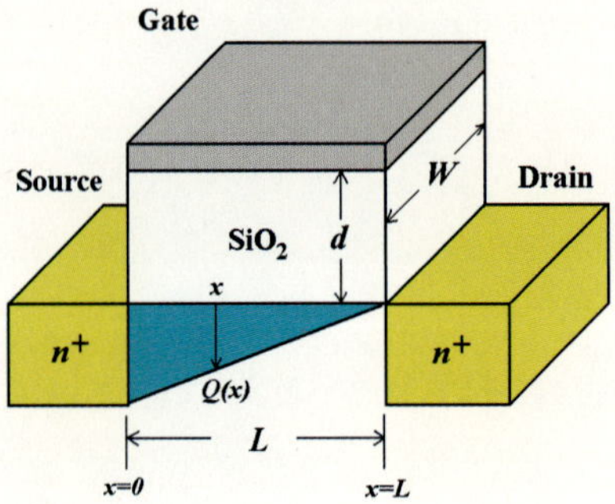


그림 3-12. 핀치오프에서 n-채널 근방의 모양

다음에는 공핍형 n-채널 MOSFET에 대해 알아보자. 공핍형 MOSFET에는 그림 3-9의 오른쪽 그림에서와 같이 n-채널이 이미 형성되어 있다. 따라서 $V_{GS}=0$인 경우에도 n-채널이 존재하여 $V_{DS}$에 의해 드레인 전류 $I_D$가 형성된다. 그리고 게이트에 마이너스 전압을 걸어주면 n-채널에 있는 전자들이 p형 기판 쪽으로 밀리고, 대신에 정공들이 n-채널 쪽으로 끌어당겨진다. 이에 따라 전자와 정공들이 재결합하여 n-채널에 존재하는 전자밀도가 줄어들어 n-채널이 좁아진다. 따라서 $V_{GS}$가 마이너스 값으로 점점 커짐에 따라 드레인 포화전류 $I_D$도 점점 줄어들게 된다. 그리고 $V_{GS}$가 임계전압(cut-off 전압, $V_P$)이 되면 n-채널이 없어져서 드레인 전류 $I_D$도 없어진다. 그림 3-13에 공핍형 n-채널 MOSFET의 전류-전압 특성이 주어져 있다. 이 그림에서 임계전압은 $-5\,V$이다. 공핍형 MOSFET는 증가형으로도 사용이 가능하다. 즉, 게이트의 전압을 플러스(+)로 걸어주면 p형 기판에서의 전자들이 n-채널 쪽으로 끌어당겨짐으로써 n-채널이 넓어진다. 이에 따라 드레인 전류 $I_D$도 증가한다. 그림에서 $V_{GS}=+1$인 곡선이 이에 해당된다.

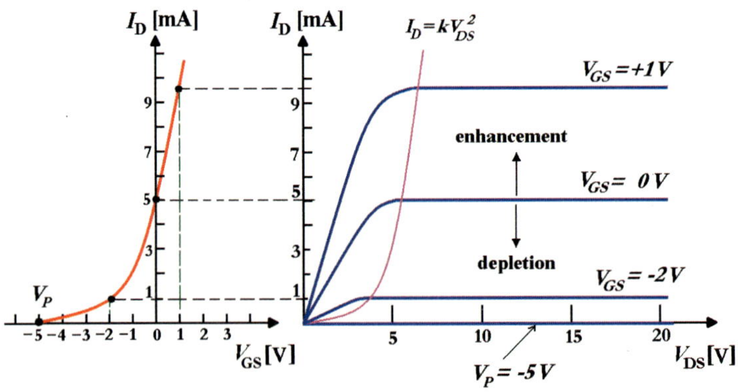


그림 3-13. 공핍형 n-채널 MOSFET의 전류-전압 특성

지금까지 n-채널 MOSFET에 대해서 알아보았는데, p-채널 MOSFET도 가능하다. 이는 n형 기판을 사용하여 만들 수 있다. 드레인과 소스는 p형으로 도핑된 부분에 전극을 만든다. n-채널 MOSFET에서는 전자들이 이동할 수 있는 n-채널이 형성되는 데 반하여, p-채널 MOSFET에서는 정공이 흐를 수 있는 p-채널이 형성된다. 나머지 특성은 n-채널 MOSFET와 동일하다. 그림 3-14에 가능한 MOSFET의 구조와 전류-전압 특성이 주어져 있다.

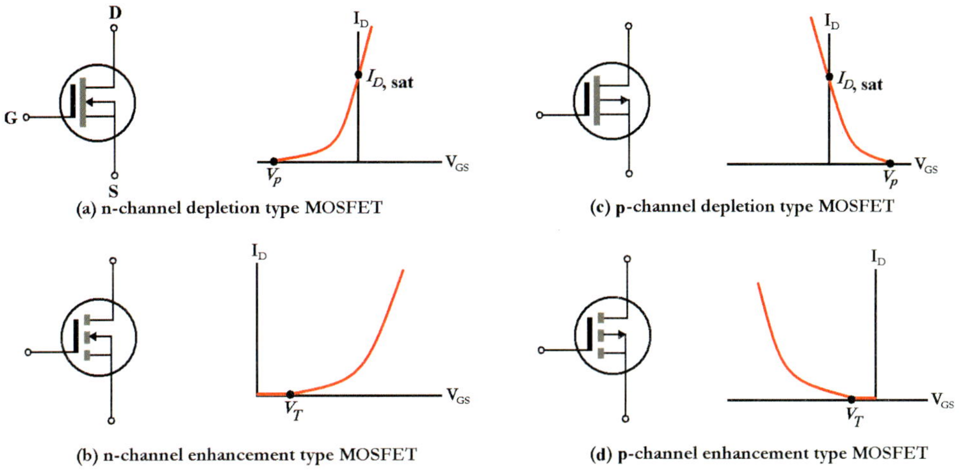


그림 3-14. 여러 종류의 MOSFET의 기호와 그 전류-전압 특성

## 2. JFET

JFET(Junction FET)에도 n-채널 JFET와 p-채널 JFET가 있다. n-채널 JFET에서는 n형 기판을 이용한다. 양단에 전극을 연결하여 드레인과 소스로 만든다. 그리고 양 측면에는 p형을 도핑하고 전극을 만들어 게이트로 사용한다. 반면에 p형 JFET에서는 p형 기판을 사용한다.

그림 3-15에 n-채널 JFET의 구조와 $V_{GS}=0$에서 $V_{DS}$에 따른 $I_D$의 변화를 보여 주고 있다. $V_{DS}$가 증가하면 드레인 쪽의 전압이 커지므로 드레인 쪽의 공간전하영역이 넓어지게 되고, n-채널이 좁아진다. 이에 따라 드레인 전류 $I_D$가 감소한다. 그리고 $V_{DS}$가 어떤 값 $V_P$에 도달하면 게이트인 두 p영역의 공간전하영역이 마주치게 된다. 이를 핀치오프(pinch-off) 상태라고 하고, $V_P$를 핀치오프 전압이라고 부른다. 핀치오프 상태가 되면 $V_{DS}$가 변화해도

드레인 전류 $I_D$는 일정하게 된다. 핀치오프가 되더라도 실제로는 아주 좁은 채널이 존재하고 전류밀도가 상당히 커서 드레인 전류는 일정하게 유지하게 된다.

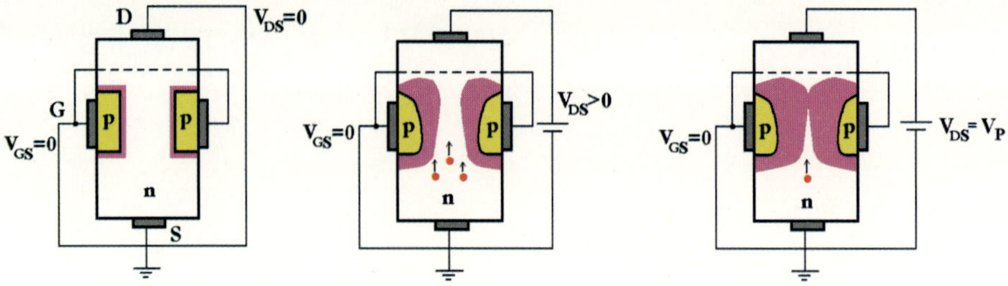


그림 3-15. $V_{GS}=0$인 상태에서의 $V_{DS}$의 증가에 따른 핀치오프의 발생

다음에는 $V_{GS}<0$인 경우에는 $V_{DS}$가 작은 값에서 공간전하영역이 좁아지는 현상이 일어난다. 즉, 핀치오프($V_P$)가 낮은 $V_{DS}$에서 발생한다. 또한 $I_D$의 포화값도 감소한다. $V_{GS}$가 마이너스 값으로 점점 커짐에 따라 포화 드레인 전류도 계속 줄어든다. $V_{GS}=-V_P$이면 드레인 포화전류가 0이 되어 JFET는 끊긴(turn-off) 상태가 된다.

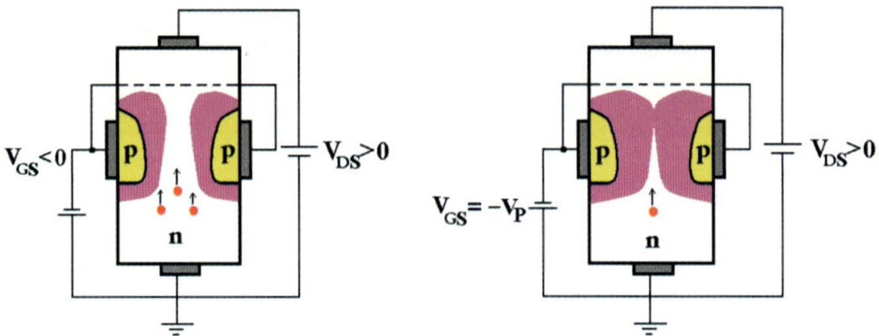


그림 3-16. JFET의 $V_{GS}=-V_P$에서의 끊긴 상태(turn-off)

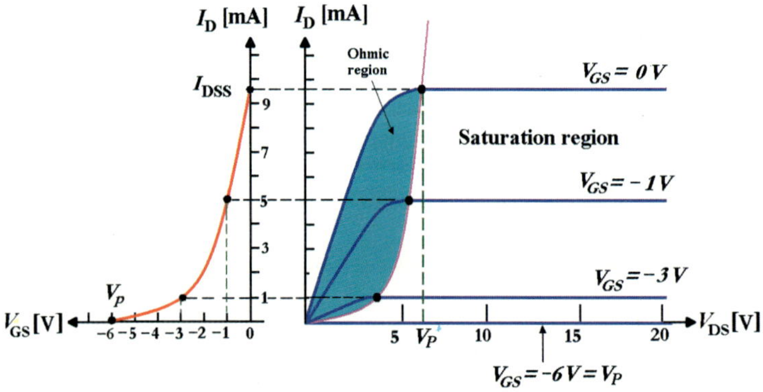


그림 3-17. n-채널 JFET의 전류-전압 특성

그림 3-17에는 n-채널 JFET의 전류-전압 특성이 주어져 있다. 양극 접합트랜지스터에서는 출력전류 $I_C$는 입력제어 전류 $I_B$와 $I_C = \beta I_B$의 관계를 가지고 있었다. 이 관계식은 직선적인 관계를 주고 있다. JFET에서 포화영역에서의 출력전류 $I_D$와 입력전압 $V_{GS}$의 관계는 식 3-17에서와 같이

$$I_D = I_{DSS}\left(1 - \frac{V_{GS}}{V_P}\right)^2 \qquad (3\text{-}18)$$

의 관계로 표현된다. 여기서 $I_{DSS}$는 $V_{GS} = 0$일 때의 드레인 전류를 나타낸다. 위 식은 양극 접합트랜지스터의 직선적인 관계가 아니라 JFET에서는 제곱에 비례하는 관계임을 알 수 있다.

그림 3-18에는 평면(planar) 구조의 n-채널 JFET에서 $V_{DS}$가 증가함에 따라 n-채널이 닫히는 것을 보여 주고 있다.

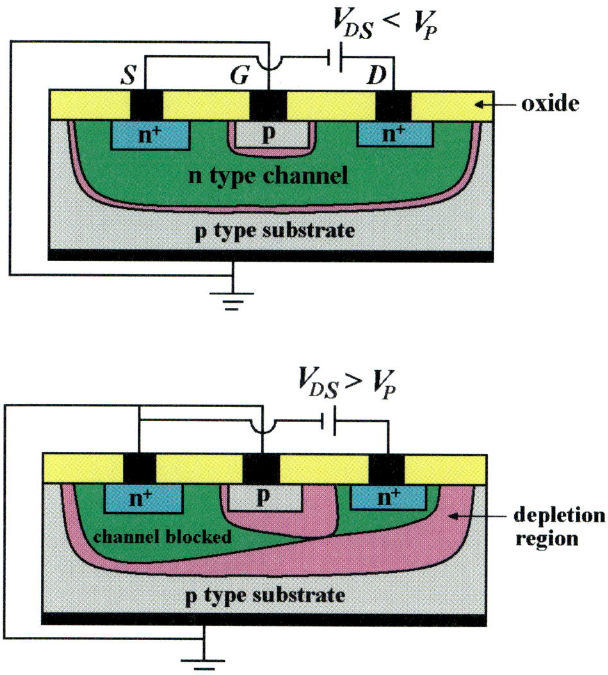


그림 3-18. 평면구조 n-채널 JFET에서의 n-채널의 닫힘 ( $V_{GS} = 0$)

## 3. CMOS

CMOS(Complementary MOS)는 논리회로에 광범위하게 사용되고 있다. CMOS의 최대의 장점은 전류가 거의 필요가 없기 때문에 소비전력이 적다는 것이다.

CMOS의 구조가 그림 3-19에 주어져 있다. CMOS는 n-채널 MOSFET(NMOS라고 부름)와 p-채널 MOSFET(PMOS라고 부름) 등, 두 개의 MOSFET로 구성되어 있다. 여기서 두 MOSFET는 모두 증가형 MOSFET이다. NMOS의 소스는 접지되어 있다. 그리고 PMOS의 소스에는 $+V_D$가 연결되어 있다. 두 MOSFET의 게이트는 서로 연결하여 입력으로 사용하고, 두 MOSFET의 드레인도 서로 연결하여 출력으로 사용한다.

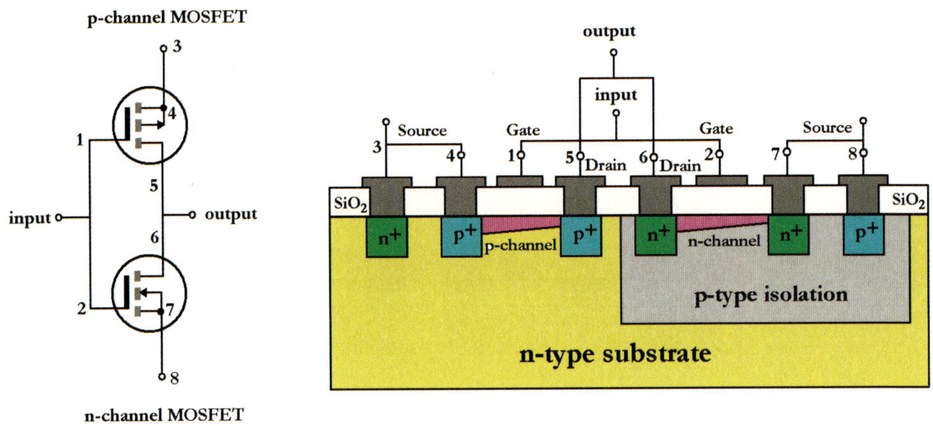


그림 3-19. CMOS의 구조

다음에는 CMOS의 인버터(inverter)로의 작용을 알아보자(그림 3-20). MOSFET가 off 상태에서는 저항이 무한대가 되므로(채널이 없으므로) 전류가 흐르지 못한다. 반면에 on 상태에서는 채널의 저항이 약 200$\Omega$으로 전류가 흐를 수 있다.

첫째, 입력(input)이 접지(논리 0)인 경우, NMOS는 n-채널이 형성되지 못한다. 따라서 NMOS는 전류가 흐르지 못하는 open 상태가 되므로, 이에 따라 출력(output)은 NMOS를 통해 접지와 연결되지 못한다. 반면에 PMOS에서는 p-채널이 형성되므로 $+V_D$는 PMOS를 통해 출력과 연결된다. 이에 따라 출력은 $+V_D$가 되어 논리 1의 상태가 된다. 따라서 입력 0의 논리가 논리 1의 출력을 주는 인버터의 역할을 함을 볼 수 있다.

둘째, 입력이 + $V_D$(논리 1)인 경우, PMOS는 off 상태가 되고 NMOS는 on 상태가 된다. 따라서 + $V_D$는 PMOS를 통해 출력과 연결되지 못한다. 반면에 출력은 NMOS를 통해 접지와 연결된다. 이에 따라 출력은 접지와 동일하게 되므로 논리 0의 상태가 된다. 따라서 논리 1의 입력이 논리 0의 출력이 됨을 알 수 있다.

위와 같이 CMOS는 인버터로서 논리회로에서 광범위하게 사용되고 있다.

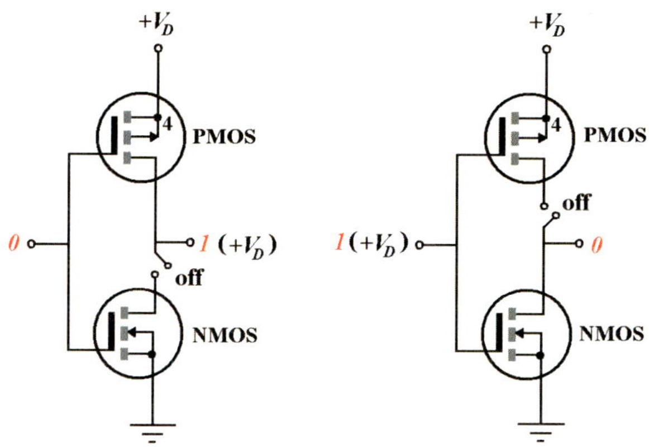


그림 3-20. CMOS의 인버터로의 작용

## 【연습문제】

**문제 1.** 어떤 양극 접합트랜지스터에서 에미터 효율이 0.99, 베이스 수송률은 0.996, 공간전하영역에서의 재결합률은 0.998이다. 에미터 전류 $2mA$에 대해 베이스 전류, 콜렉터 전류, 전류 증폭률을 구하라.

**답.** 총수송률(전류 증폭률)는 $\alpha = \gamma_E \alpha_T \delta_R = 0.984$이다. 콜렉터 전류는 $I_C = \alpha I_E = 1.968\,mA$이다. $I_E = I_B + I_C$에서 $I_B = 32\,\mu A$이다. 그리고 $\beta = \alpha/(1-\alpha) = 62$이다.

**문제 2.** 총수송률이 0.996인 양극 접합트랜지스터의 $\beta$값은 얼마인가?

**답.** $\beta = \alpha/(1-\alpha) = 249$이다.

**문제 3.** pnp 트랜지스터에 대해 베이스의 폭이 좁은 경우, 에미터 효율에 대한 표현을 구하라.

**답.**

$$\gamma = \frac{I_{pE}}{I_{nE} + I_{pE}} \tag{3-19}$$

로 에미터 효율이 주어진다. 먼저, 베이스에서 에미터로 이동하는 전자에 대한 전류 $I_{nE}$를 보도록 하자. 에미터의 크기는 전자의 확산거리 $L_p$보다 훨씬 클 경우를 고려한다. 에미터에서의 전자의 밀도는 $n_p(x) = n_{p0}(e^{qV/kT}-1)e^{-(x-x_0)/L_n} + n_{p0}$로 주어진다. 따라서 $I_{nE}$는

$$I_{nE} = qAD_n\left(\frac{dn}{dx}\right)_{x=x_0} = qA\,D_n\,n_{p0}/L_n\,(e^{eV/kT}-1) \tag{3-20}$$

과 같이 구해진다. 베이스의 폭($W$)이 좁다고 할 경우 콜렉터에서 투사된 정공의 밀도는 직선적이라고 가정할 수 있다. 아래 그림과 같이 표현할 수 있다.

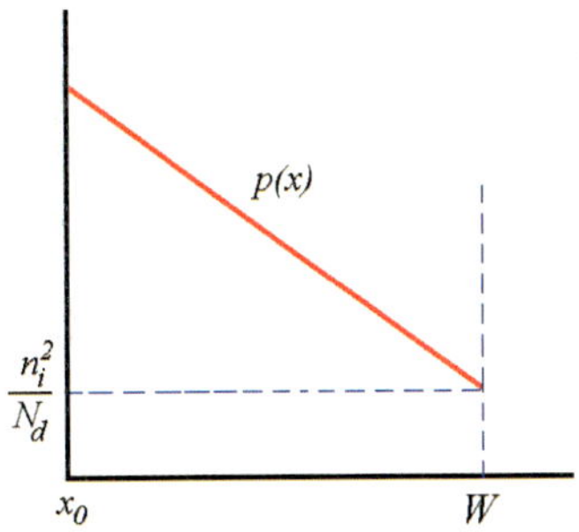


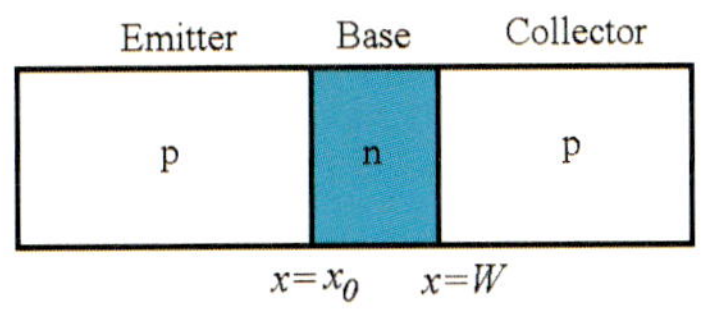


즉, 에미터에서 베이스로 투사된 정공의 밀도는

$$p_n(x) = p_n(x_0) + \frac{p_n(W) - p_n(x_0)}{W - x_0}(x - x_0) \tag{3-21}$$

과 같이 표현된다. 이에 따라

$$I_{pE} = qAD_p\frac{dp}{dx} = qAD_p\frac{p_n(W) - p_n(x_0)}{W - x_0} \tag{3-22}$$

로 구해진다. 그리고 $p_n(W) = p_{n0}\,e^{qV/kT}$, $p_n(x_0) = p_{n0} \equiv n_i^2/N_d$이고 $x_0 = 0$으로 둠으로써

$$I_{pE} = \frac{qAD_p p_{n0}}{W}(e^{qV/kT} - 1) \tag{3-23}$$

과 같이 고쳐 쓸 수 있다. 식 3-22와 3-23을 식 3-19에 대입하면

$$\gamma = \frac{I_{pE}}{I_{nE} + I_{pE}} = \left(1 + \frac{I_{nE}}{I_{pE}}\right)^{-1} = 1 - \frac{I_{nE}}{I_{pE}} = 1 - \frac{D_n W N_d}{D_p L_n N_a} \tag{3-24}$$

가 된다. 위 식을 구하는 데 $n_{p0} = n_i^2/p = n_i^2/N_a$와 $p_{n0} = n_i^2/n = n_i^2/N_d$을 이용하였다. 식 3-24에서 보듯이 에미터 효율을 좋게 하기 위해서는 $W$(베이스 두께)를 되도록 작게 하여야 하고, 또한 $N_a \gg N_d$(즉, 에미터의 도핑을 베이스보다 크게 함)가 되도록 하면 됨을 알 수 있다.

**문제 4.** pnp 트랜지스터를 고려해 보자. 베이스의 두께가 정공의 확산거리보다 작아서 베이스에서의 정공밀도분포는 직선적으로 가정할 수 있다고 한다. 즉, 정공밀도분포가 기울기 $-p(0)/W$인 직선적이라고 하자. 여기서 $p(0)$는 베이스 접합에서의 정공의 밀도이고 $W$는 베이스의 두께이다. 공통에미터에서 콜렉터 전류와 베이스 전류의 비에 대한 표현을 구하라.

**답.** 공통에미터 회로에서 콜렉터 전류는 거의 정공확산에 의한 전류이므로

$$I_C \simeq I_{pE} = -qAD_p \frac{dp}{dx} = -\frac{qAD_p p(0)}{W} = \frac{qAD_p p_{n0}}{W} e^{qV_{EB}/kT} \quad (3-25)$$

와 같이 주어진다. 여기서 $A$는 에미터 접합의 단면적이고, $p_{n0}$는 베이스에서 정공의 평형밀도이다. 그리고 $D_p$는 베이스에서 정공의 확산계수이다.

베이스 전류는 베이스의 전자가 에미터로 이동함으로써 발생하는 전류가 가장 크다. 콜렉터의 전자가 베이스로 이동하여 발생하는 전류($I_{CBO}$)와 베이스에서 전자와 정공의 재결합에 의한 전류는 이보다 작으므로 무시할 수 있다. 이에 따라 베이스 전류는

$$I_B = qAD_n \frac{dn}{dx} = qAD_n \frac{n(0)}{L_n} = \frac{qAD_n n_{p0}}{L_n} e^{qV_{EB}/kT} \quad (3-26)$$

으로 주어진다. $n(0)$는 에미터 접합에서 전자의 밀도이고, $n_{p0}$는 에미터에서 전자의 평형농도이다. $D_n$은 베이스에서 전자의 확산계수이다. 식 3-25와 3-26에서 콜렉터 전류와 베이스 전류의 비는

$$\frac{I_C}{I_B} = \frac{D_p p_{n0} L_n}{D_n n_{p0} W} \quad (3-27)$$

과 같이 구해진다.

**문제 5.** pnp 트랜지스터의 에미터 효율 및 베이스 수송률에 대한 표현을 구해보자.

**답.** 에미터의 정공이 베이스로 확산됨으로써 정공에 의한 에미터 전류가 형성된다. 베이스 내의 과잉정공밀도(excess hole concentration)을 $\Delta p(x) = p(x) - p_0$라고 두자. 여기서 $p(x)$는 베이스

-에미터 접합에서 $x$ 떨어진 위치에서 정공의 밀도이고 $p_0$는 베이스(n) 내의 정공의 평형밀도이다. 그러면 연속방정식은

$$\frac{\partial \Delta p}{\partial t} = -\frac{\Delta p}{\tau_p} - \frac{\nabla \cdot \overrightarrow{J_p}}{q} \tag{3-28}$$

과 같이 주어진다. 여기서 $J_p$는 정공밀도이고 $\tau_p$는 베이스에서의 정공의 생존시간(lifetime)이다. $J_p = -qD_p(\partial p/\partial x)$이므로 평형상태($\partial \Delta p/\partial t = 0$)에서 위 식은

$$-\frac{\Delta p}{\tau_p} + D_p \frac{d^2 p}{dx^2} = 0 \tag{3-29}$$

와 같이 고쳐 쓸 수 있다. 그리고 $L_p = \sqrt{D_p \tau_p}$를 사용하면 위 식은

$$\frac{d^2 \Delta p}{dx^2} = \frac{\Delta p}{L_p^2} \tag{3-30}$$

이 된다. 위 식의 일반해는

$$\Delta p(x) = C_1 e^{x/L_p} + C_2 e^{-x/L_p} \tag{3-31}$$

이다. 여기서 $x$는 에미터 접합에서 떨어진 거리를 나타낸다. 에미터-베이스 접합($x = 0$는 에미터 접합의 위치이고 $x = W$는 콜렉터 접합의 위치이다. 즉, $W$는 베이스의 두께이다.)에서의 과잉정공 밀도의 경계조건은

$$\begin{aligned} \Delta p(0) &= p_0(e^{qV_{EB}/kT} - 1) \\ \Delta p(W) &= p_0(e^{qV_{CB}/kT} - 1) \end{aligned} \tag{3-32}$$

이므로, 위 경계조건들을 식 3-31에 적용하여 $C_1$, $C_2$를 구하면

$$\Delta p(x) = \frac{p_0 \sinh(W-x)/L_p}{\sinh(W/L_p)}(e^{qV_{EB}/kT}-1) + \frac{p_0 \sinh(x/L_p)}{\sinh(W/L_p)}(e^{qV_{CB}/kT}-1) \tag{3-33}$$

과 같이 구해진다. 따라서 정공에 의한 에미터 전류는

$$I_{pE} = -qD_pA\left(\frac{dp}{dx}\right)_{x=0} = \frac{qAD_pp_0}{L_p}\left[\coth(W/L_p)(e^{qV_{EB}/kT}-1) - \frac{e^{qV_{CB}/kT}-1}{\sinh(W/L_p)}\right] \tag{3-34}$$

이다.

다음에는 베이스(n)에서 에미터(p)로 확산되는 전자에 의한 에미터 전류를 구해 보자. 에미터 영역에서의 과잉전자밀도 $\Delta n = n - n_0$ [$n_0$는 에미터(p)에서 전자의 평형밀도]에 대해 연속방정식을 적용하면 평형상태에서

$$\frac{d^2\Delta n}{dx^2} = \frac{\Delta n}{L_n^2} \tag{3-35}$$

가 만족된다. 여기서 $L_n$은 에미터에서 전자의 확산거리이다. 위식의 일반적인 해의 모양은 식 3-31과 동일하다. 계수를 구하기 위해 경계조건이 필요하다. 에미터 폭은 $L_n$에 비해 아주 크다고 가정하면 과잉전자밀도의 경계조건은

$$\Delta n(0) = n_0(e^{qV_{EB}/kT}-1),\ \ \Delta n(\infty) = 0 \tag{3-36}$$

이다. 이 경계조건을 해에 대입하여 계수를 구하면

$$\Delta n(x) = n_0(e^{qV_{EB}/kT}-1)e^{x/L_n} \tag{3-37}$$

과 같다. 따라서 전자에 의한 에미터 전류는

$$I_{nE} = -qAD_n\left(\frac{dn}{dx}\right)_{x=0} = \frac{qAD_nn_0}{L_n}(e^{qV_{EB}/kT}-1) \tag{3-38}$$

과 같이 구해진다. 결과적으로 총 에미터 전류는 식 3-34와 3-38을 더하면

$$I_E = \frac{qAD_p p_0}{L_p}\coth(W/L_p) + \frac{qAD_p p_0}{\sinh(W/L_p)}(e^{qV_{CB}/kT}-1) + \frac{qAD_n n_0}{L_n}(e^{qV_{EB}/kT}-1) \qquad \text{(3-39)}$$

와 같다.

다음에는 콜렉터 전류를 구해보도록 하자. 콜렉터 전류는 베이스-콜렉터 접합을 넘어 콜렉터(p)로 확산되는 정공에 의한 전류와 콜렉터(p)에서 베이스(n)로 확산되는 전자에 의한 전류의 합이다. 즉, $I_C = I_{pC} + I_{nC}$이다. $I_{pC}$는 베이스-콜렉터 접합(W)에서의 전류이므로 식 3-33을 이용하면

$$I_{pC} = -qAD_p\left(\frac{dp}{dx}\right)_{x=W} = \frac{qAD_p p_0}{L_p}\left[\frac{e^{qV_{EB}/kT}-1}{\sinh(W/L_p)} - \coth(W/L_p)(e^{qV_{CB}/kT}-1)\right] \qquad \text{(3-40)}$$

을 얻는다. 전자에 의한 전류는 콜렉터에서 과잉전자밀도를 $\Delta n_C = n_C - n_{C0}$라 두면 평형상태의 연속방정식은

$$\frac{d^2 n_C}{dx^2} = \frac{n_C^2}{L_{nC}} \qquad \text{(3-41)}$$

을 얻는다. 위 식의 해는 식 3-31와 같은 형태이다. 해에서의 계수를 결정하기 위해서는 경계조건이 필요하다. 콜렉터의 길이가 콜렉터에서의 전자의 확산거리 $L_{nC}$보다 크다고 할 경우, 콜렉터에서의 전자밀도의 경계조건은

$$\Delta n_C(0) = n_{C0}(e^{qV_{CB}/kT}-1),\ \Delta n_C(\infty) = 0 \qquad \text{(3-42)}$$

이다. 여기서 $\Delta n_C(0)$는 베이스-콜렉터 접합에서의 과잉전자밀도를 나타낸다. 위 경계조건을 해에 대입하여 계수를 구하면 식 3-41의 해는

$$\Delta n_C(x) = n_{C0}(e^{qV_{CB}/kT}-1)e^{-x/L_n} \qquad \text{(3-43)}$$

이다. 여기서 $x$는 콜렉터 접합에서 떨어진 거리를 나타낸다. 따라서 전자에 의한 콜렉터 전류는

$$I_{nC} = qAD_{nC}\left(\frac{dn_C}{dx}\right)_{x=0} = -\frac{qAD_{nC}n_{C0}}{L_{nC}}(e^{qV_{CB}/kT}-1) \tag{3-44}$$

로 구해진다. 결과적으로 총 콜렉터 전류는 식 3-40과 3-44를 더하면

$$I_{pC} = \frac{qAD_p p_0}{L_p \sinh(W/L_p)}(e^{qV_{EB}/kT}-1) - \left[\frac{qAD_n p_0}{L_p}\coth(W/L_p) + \frac{qAD_{nC}n_{C0}}{L_{nC}}\right](e^{qV_{CB}/kT}-1) \tag{3-45}$$

로 구해진다. 활동모드에서는 $V_{EB} > 0$, $V_{CB} < 0$이므로 $e^{qV_{CB}/kT} \to 0$이다. 그리고 $V_{EB} \gg kT/q$이므로 $e^{qV_{EB}/kT} \gg 1$이다. 이에 따라 식 3-34는

$$I_{pE} \simeq \frac{qAD_p p_0}{L_p \sinh(W/L_p)}\left[\cosh(W/L_n)e^{qV_{EB}/kT}+1\right] \simeq \frac{qAD_p p(0)}{L_p}\coth(W/L_n) \tag{3-46}$$

과 같이 근사된다. 여기서 $p(0) = p_0 e^{qV_{EB}/kT}$이다. 마찬가지로 식 3-38도

$$I_{nE} \simeq \frac{qAD_n n(0)}{L_n} \tag{3-47}$$

로 주어진다. 여기서 $n(0) = n_0 e^{qV_{EB}/kT}$이다. 또한 식 3-45는

$$I_{pC} \simeq \frac{qAD_p p_0}{L_p \sinh(W/L_p)}\left[e^{qV_{EB}/kT}-1+\cosh(W/L_p)\right] \simeq \frac{qAD_p p(0)}{L_p \sinh(W/L_p)} \tag{3-48}$$

과 같이 표현된다. 여기서 $W \ll L_p$인 경우 $\cosh(W/L_p) \simeq 1$을 이용하였다. 베이스 수송률은

$$\delta_B = \frac{I_{pC}}{I_{pE}} = \operatorname{sech}(W/L_p) \simeq \frac{1}{1+(W/L_p)^2/2} \simeq 1 \tag{3-49}$$

와 같이 구해진다. 두 번째와 세 번째에서는 $W \ll L_p$를 가정하였다. 다음에 에미터 효율은

$$\gamma = \frac{I_{pE}}{I_{pE} + I_{nE}} = \frac{1}{1 + \frac{D_n L_p}{L_n D_p} \frac{n(0)}{p(0)} \tanh(W/L_p)} \simeq \frac{1}{1 + \frac{D_n W N_D}{L_n D_p N_A}} \qquad (3\text{-}50)$$

으로 구해진다. 여기서 $\tanh(W/L_p) \simeq W/L_p$를 이용하였다. 그리고 $N_D$, $N_A$는 베이스의 도너 원자 밀도와 에미터의 어셉터 원자의 밀도를 각각 나타낸다. 식 3-50에서 에미터를 베이스보다 더 심하게 도핑함으로써 에미터 수송률을 1 가까이 만들 수 있음을 볼 수 있다.

문제 6. pnp 트랜지스터에서 $N_a = 10^{18} cm^{-3}$, $N_d = 10^{17} cm^{-3}$이면 에미터 효율은 얼마인가? $D_p = D_n$이고 $W_B = 100nm$, $L_n = 1\mu m$라고 한다. 그리고 이 트랜지스터의 $\beta$값은 얼마인가?

답. 식 3-31에서 $\gamma = 0.99$로 계산된다. $\beta = \alpha/(1-\alpha) = 99$이다.

문제 7. (a) $\alpha = 0.998$일 때 $I_E = 3mA$이면 $I_C$는 얼마인가?

(b) $I_E = 3mA$, $I_B = 30\mu A$이면 $\alpha$는 얼마인가?

(c) $I_B = 40\mu A$, $\alpha = 0.99$이면 $I_E$는 얼마인가?

답. (a) $I_C = \alpha I_E = 2.994mA$

(b) $I_E = I_C + I_B = \alpha I_E + I_B$에서 $\alpha = (I_E - I_B)/I_E = 0.999$

(c) $I_E = I_C + I_B = \alpha I_E + I_B$에서 $I_E = I_B/(1-\alpha) = 4mA$

문제 8. (a) $\alpha = 0.998$이면 $\beta$는 얼마인가?

(b) $\beta = 200$이면 $\alpha$는 얼마인가?

(c) $\beta = 100$, $I_C = 2mA$이면 $I_E$, $I_B$는 얼마인가?

답. (a) $\beta = \alpha/(1-\alpha) = 499$

(b) $\alpha = \beta/(1+\beta) = 0.995$

(c) $I_C = \beta I_B$에서 $I_B = 20\mu A$, $I_E = I_C + I_B = 2.02mA$

문제 9. 핀치오프 전압이 $-5\,V$인 n-채널 JFET에서 $V_{GS}=-2\,V$일 때 $I_D=5mA$로 관찰되었다. 이 JFET의 $I_{DSS}$는 얼마인가?

답. $I_D=I_{DSS}(1-V_{GS}/V_P)^2$에서 $I_{DSS}=13.9\,mA$로 계산된다.

문제 10. $I_{DSS}=4mA$인 공핍형 n-채널 MOSFET에서 $V_{GS}=-3\,V$일 때 $I_D=8mA$로 관찰되었다. 이 MOSFET의 핀치오프 전압을 구하라.

답. $I_D=I_{DSS}(1-V_{GS}/V_P)^2$에서 $V_P=-1.24\,V$(또는 $7.24\,V$도 가능하나 이는 증가형인 경우)로 계산된다.

문제 11. 문턱전압이 $2\,V$인 증가형 MOSFET에서 $V_{GS}=4\,V$일 때 $I_D=8mA$로 관찰되었다. 이 MOSFET의 $k$값은 얼마인가?

답. $I_D=k(V_{GS}-V_T)^2$에서 $k=I_D/(V_{GS}-V_T)^2=2\,A/V^2$이다.

문제 12. 핀치오프 전압이 $5\,V$인 p채널 JFET에서 $V_{GS}=2\,V$일 때 $I_D=5mA$로 관찰되었다. 이 JFET의 $I_{DSS}$는 얼마인가?

답. $I_D=I_{DSS}(1-V_{GS}/V_P)^2$에서 $I_{DSS}=13.9\,mA$로 계산된다.

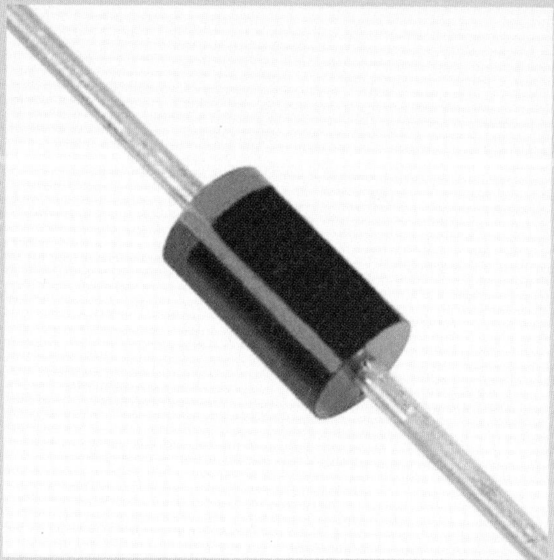

제4장

# 다이오드 회로

## 1. 다이오드 회로

다이오드는 pn 접합으로서 순바이어스에서는 전류가 흐르고 역바이어스에 대해서는 전류가 형성되지 않는다는 것을 앞 장에서 보았다. 이러한 다이오드의 특성이 여러 전자회로에 응용되고 있다.

첫째, 다이오드의 대표적인 응용의 예는 교류를 직류로 바꾸는 정류회로이다. 다이오드와 저항, 축전기를 이용하여 교류를 직류로 바꿀 수 있다.

둘째, 입력신호의 일부분을 잘라내는(clip) 회로를 다이오드를 이용하여 구성할 수 있다. 회로내에서 다이오드의 방향을 조절함으로써 + 또는 − 부분의 입력신호를 다른 부분에는 왜곡이 발생하지 않도록 잘라낼 수 있다. 다이오드를 이용한 클리퍼(clipper) 회로에는 다이오드를 입력신호와 직렬로 연결하거나 또는 병렬로 연결하는 두 가지 회로가 가능하다.

셋째, 입력신호를 일정한 값만큼 끌어올리거나 내리는(clamp) 회로를 다이오드를 이용하여 구성할 수 있다. 이러한 회로에는 다이오드와 함께 축전기와 저항이 반드시 포함된다. 그리고 dc 전원을 이용하여 입력신호를 더 이동(shift)시킬 수도 있다. 클램퍼 회로에서는 저항과 축전기의 시정수(time constant)가 충분히 커서, 다이오드가 역바이어스 상태가 될 때에도 축전기는 방전이 되지 않아야 된다.

넷째, 다이오드는 디지털 논리회로에도 사용되고 있다. DDL(diode-diode logic) 또는 DTL(diode-transistor logic) 회로에 다이오드가 사용되고 있다.

다섯째, Zener 다이오드는 출력전압을 일정하게 유지시키는 전압조정기(voltage regulator)에 사용되고 있다. Zener 다이오드에서는 전압이 제너 전압보다 클 경우(음의 값으로) 전류의 값에 관계없이 전압이 제너 전압으로 일정하게 된다. 이 전압영역을 항복영역(breakdown region)이라고 부른다. 다이오드의 불순물 농도를 조절하여 2 ~ 200 $V$의 제너 전압을 가지는 Zener 다이오드를 만들 수 있다. 이외에도 전압 크기 조절(voltage multiplier) 등에도 다이오드가 이용되고 있다.

이 장에서는 위에 설명한 다이오드 회로에 대해 알아보도록 한다.

## 2. 다이오드 모델

그림 4-1에 다이오드 특성곡선의 근사적인(approximation) 그림들이 주어져 있다. 가장 왼쪽의 그림은 이상적인(ideal) 모델을 나타낸다. 이 모델은 역바이어스에서는 전류가 형성되지 않고

순바이어스에서만 전류가 형성되는 이상적인 다이오드 모델을 나타낸다. 반면에 중간의 그림은 실리콘으로 만든 다이오드의 경우 $0.7\,V$ 이상에서만 전도가 되는 실질적인 다이오드에 가까운 모델이다(게르마늄으로 만든 경우 $0.3\,V$, 갈륨-아스나이드, GaAs로 만든 경우 $1.5\,V$). 오른쪽 그림은 $0.7\,V$ 이상에서 전압에 따른 전류의 증가를 직선적으로 나타낸 것이다. 그림 4-1의 왼쪽의 두 그림에서는 다이오드가 전도(conduction)될 때 저항이 0이라는 가정을 한 것이다. 그러나 다이오드의 전류-전압 특성곡선은 지수적인 모양을 보이는데, 실제로 사용하는 전압영역에서는 직선적으로 근사할 수 있다. 가장 오른쪽 그림은 이 저항(주로 수$\Omega$ 정도)을 고려한 것이다. 여기서 직선의 기울기는 저항을 나타낸다. 실제 회로에서는 경우에 따라 그림 4-1의 각 모델을 사용하고 있다.

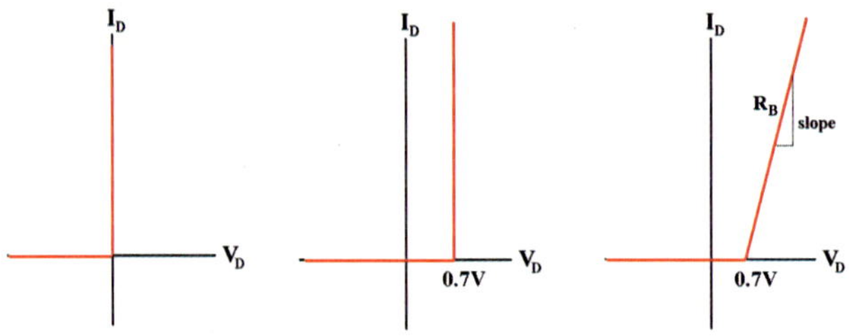


그림 4-1. 다이오드의 모델

그림 4-2에 간단한 다이오드 회로가 주어져 있다. 여기서 다이오드는 전원과 직렬로 연결되어 있다. 그림 4-1의 중간에 있는 모델을 이용하여 그림 4-2의 회로를 분석해 보도록 하자. 다이오드를 전도(conduction, on) 상태로 만들기 위해서는 $0.7\,V$ 이상의 전원이 필요하다. 이에 따라 전원 $V$가 $0.7\,V$ 이하이면 다이오드는 끊긴 상태(off)로 되고 전류는 형성되지 않는다. 반면에 전원 $V$가 $0.7\,V$ 이상인 경우 다이오드는 전도 상태이므로 다이오드를 $0.7\,V$의 전압강하(전원, 그림 4-2의 오른쪽 그림)로 표시할 수 있다. 이때 회로를 흐르는 전류는 폐회로에서의 Kirchoff 법칙을 이용하면 $V-0.7=IR$이므로

$$I=\frac{V-V_D}{R}=\frac{V-0.7}{R} \tag{4-1}$$

로 주어진다. 따라서 다이오드의 동작점(operation point, quiescent point 또는 Q-point)은 전압은 $0.7\,V$, 전류는 식 4-1로 주어진다. 이 동작점을 그림을 통해 구한 것이 그림 4-3에 주어져 있다.

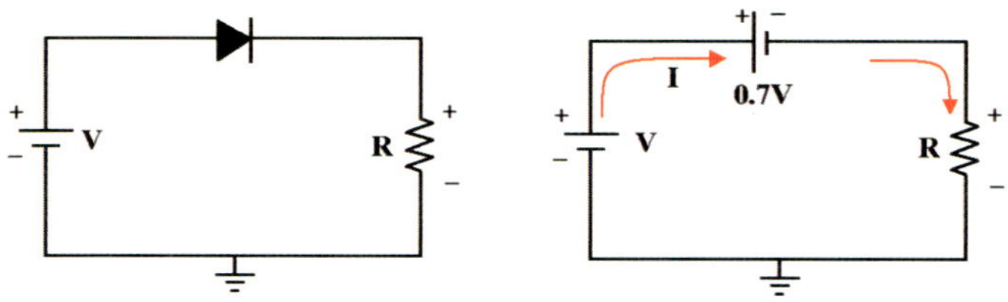


그림 4-2. 다이오드의 회로

그림 4-3의 왼쪽 그림은 다이오드의 실제 전류-전압 특성을 이용한 것이다. 이 그림에서 부하선(load line)은 그림 4-2에서 다이오드 전압을 $V_D$로 표현할 경우 폐회로의 Kirchoff 법칙에서 $V-V_D=IR$을 그린 것이다. 즉, $V_D$가 0인 경우 전류는 $V/R$이고 전류 $I$가 0인 경우 전압은 $V$이 되므로 위 두 점을 이은 것이다. 다이오드의 특성곡선과 이 부하선이 만나는 지점이 다이오드의 동작점이 된다. 즉, $(I_{DQ}, V_{DQ})$가 다이오드의 동작점이다. 그리고 그림 4-3의 오른쪽 그림은 이상적인 다이오드의 모델을 사용한 것을 보여 준다. 이 그림에서 특성곡선과 부하선이 만나는 동작점에서 전류는 식 4-1로 주어진 값이고(즉, 식 $V-V_D=IR$에서 $V_D$ 대신에 $0.7V$를 대입한 것) 전압은 $0.7V$이다.

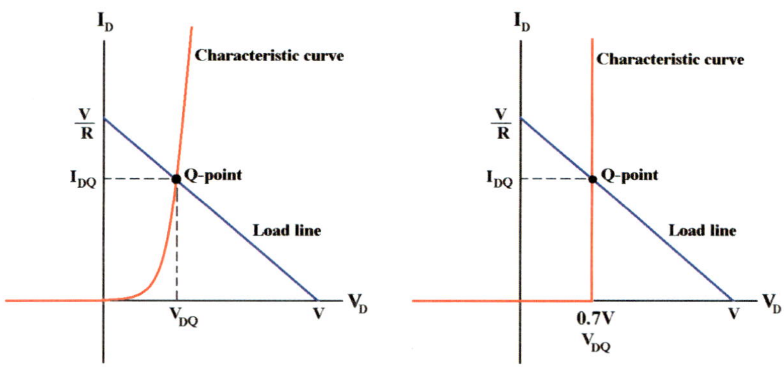


그림 4-3. 부하선(load line)을 이용한 회로 분석

## 3. 다이오드 정류회로

다이오드는 한 방향으로만 전도가 가능하기 때문에 이 성질을 이용함으로써 입력으로 들어간 교류를 직류로 변환하는 정류회로를 구성할 수 있다. 그림 4-4에 반파정류(half-wave rectifier)

회로가 주어져 있다. 정류회로에 사용되는 다이오드는 컴퓨터나 통신회로에 사용되는 다이오드보다 출력(power)이나 흘릴 수 있는 전류의 세기가 큰 것이다.

그림 4-4에서 보듯이 sin파가 입력으로 주어진다고 하자. +입력에 대해서 다이오드는 0.7 $V$보다 큰 경우 전도가 되므로 그림에서와 같이 입력보다 0.7 $V$보다 작은 값이기는 하나 입력파와 같은 모양을 출력한다. 반면에 −입력의 경우에 다이오드는 전도가 되지 않으므로 출력은 0이 된다. 이와 같이 하나의 다이오드를 사용함으로써 입력한 sin파 중에 +부분만 출력으로 나오게 하는 반파정류 회로를 꾸밀 수 있다.

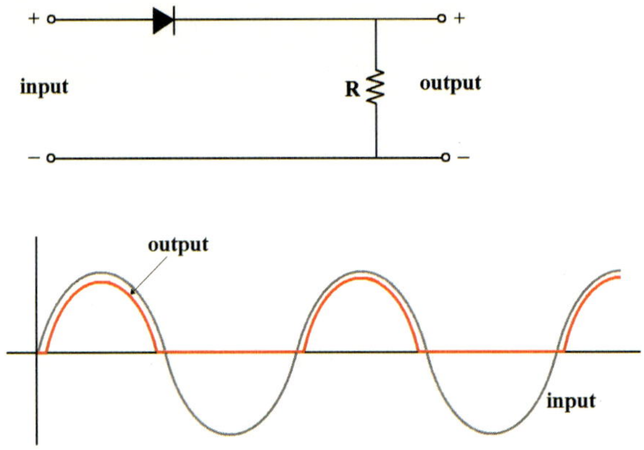


그림 4-4. 다이오드 반파정류 회로

그림 4-5에는 4개의 다이오드를 사용한 브릿지(bridge) 형태의 전파정류(full wave rectifier) 회로가 주어져 있다. 그림에서 보듯이 +입력과 −입력의 경우 각각 다른 경로를 따라 +출력으로 변환된다. 이 그림에서는 이상적인 다이오드 모델을 사용하였다.

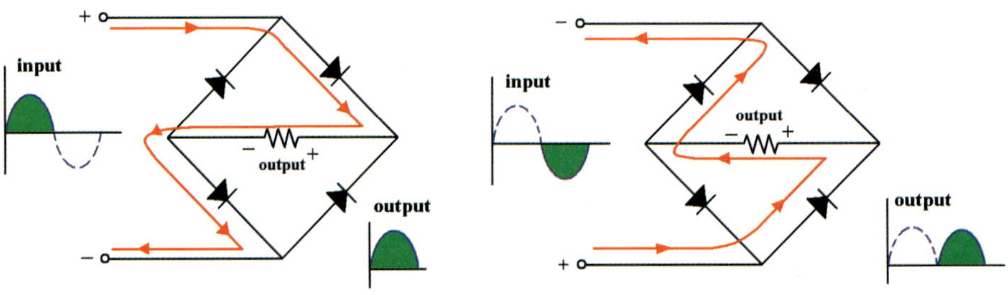


그림 4-5. 다이오드 브릿지 형태의 전파정류 회로

그림 4-5와 같은 전파정류에서도 출력은 완전한 직류가 아니라 sin파의 －파 부분이 ＋파로 바뀌었을 뿐이다. 출력을 직류에 가깝게 만들기 위해서 부하저항에 축전기를 병렬로 연결한 회로가 그림 4-6에 주어져 있다. 브릿지 정류기로 들어간 sin파는 전파정류 된 후 축전기와 부하저항으로 구성된 RC회로에 입력된다. 이 전압이 $V_{rect}$이다. RC회로에 입력되는 $V_{rect}$의 최고치는 $V_P$이고 주기는 $T$이다. $V_{rect}$가 증가하는 동안에는 축전기 C는 충전된다. 즉, 최고치 $V_p$가 될 때까지 축전기는 충전된다. 반면에 $V_{rect}$가 감소하는 동안에는 축전기는 저항 R을 통해 방전된다. 평형상태에서는 방전되는 동안 축전기를 통해 방출되는 전하는 $Q = IT$이고 충전되는 동안 축전기에 쌓이는 전하는 $Q = C\Delta V$로서 서로 동일하다. 따라서 충전과 방전 사이에 발생하는 전압 차이는 $\Delta V = IT/C$로 구해진다. 그리고 저항을 흐르는 전류는 $I \simeq V_p/R$이므로

$$\Delta V = \frac{V_p T}{RC} = \frac{V_p}{fRC} \tag{4-2}$$

로 주어진다. 이 전압의 변화를 물결전압(ripple voltage)이라고 한다. 식 4-2에서 $f = 1/T$를 이용하였다. 식 4-2에서 물결전압의 크기는 세 가지 요소에 달려 있음을 볼 수 있다. 첫째, 축전기의 용량 C가 클수록 많은 전하가 충전되고 이에 따라 방전이 천천히 일어난다. 따라서 $470\mu F$ 이상의 전해질 축전기가 주로 사용되고 있다. 둘째, 부하저항이 클수록 RC회로의 시정수가 커져서 물결전압이 줄어들게 된다. 셋째, 입력 신호의 진동수가 클수록 최대전압이 빨리 바뀌고 이에 따라 축전기도 자주 충전되므로 물결전압이 줄어든다.

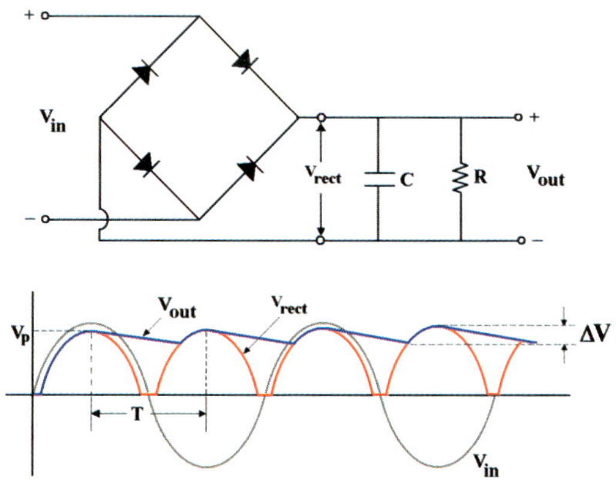


그림 4-6. RC회로에 의한 정류파의 물결전압

그림 4-7에는 중앙에 연결된(center tapped) 변압기를 이용한 정류회로를 보여 주고 있다. 가정에서 사용되는 교류전원이 220 $V$이므로 대부분의 정류회로의 앞에는 변압기가 붙어 있다. 반도체 소자를 포함하는 전자장비들이 대체로 6 ~ 12 $V$의 전압이 요구되므로 정류를 하기 전에 변압기를 통해 먼저 감압을 시켜야 한다. 그림 4-7에는 2:1로 감압하는 변압기를 하나의 예로서 표시해 두었다.

그림 4-7에 주어진 정류기의 작용을 살펴보도록 하자. +입력신호에서는 위쪽의 다이오드가 닫힌(on) 상태가 되고 아래쪽 다이오드는 열린(off) 상태가 된다. 이에 따라 +입력신호는 그림에서와 같은 방향으로 부하전압에 전류를 줌으로써 +출력신호로 관찰된다(2:1 변압기에 의해 출력전압이 입력전압의 반으로 줄어들었음). 반면에 −입력신호에서는 위쪽 다이오드는 열린 상태가 되고 아래쪽 다이오드는 닫힌 상태가 된다. 이에 따라 부하저항에는 그림과 같은 방향으로 전류가 흐르므로 이 경우에도 +출력신호가 관찰된다.

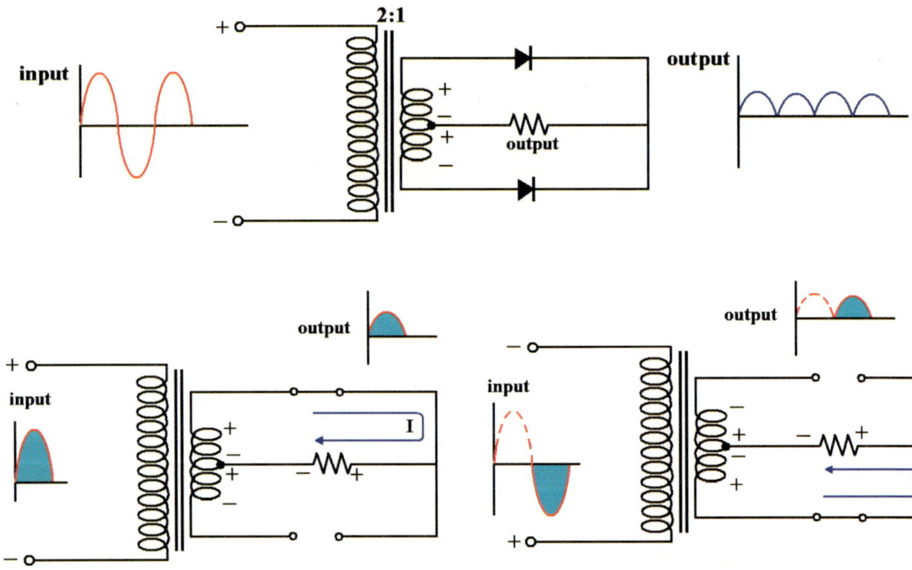


그림 4-7. 중앙에 연결된(center tapped) 변압기를 이용한 정류회로

그림 4-8에는 그림 4-7의 정류회로에 RC회로를 연결하여 직류전압을 얻는 회로를 보여 주고 있다. 그림 4-6에서와 같이 큰 용량의 축전기를 이용함으로써 작은 물결전압을 가지는 직류를 얻을 수 있다.

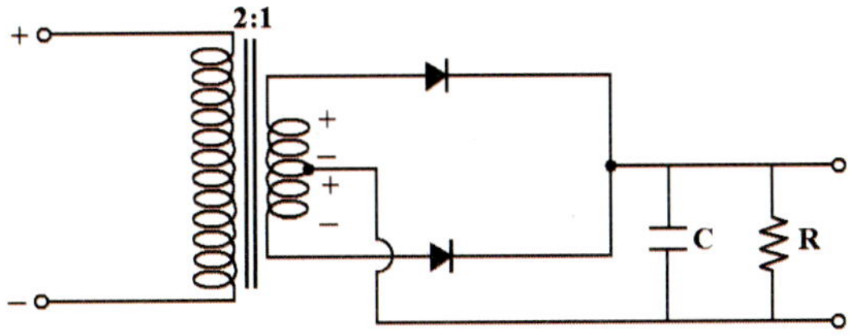


그림 4-8. 변압기를 이용한 정류회로에 RC회로의 연결

## 4. 다이오드 클리퍼 및 클램퍼 회로

다이오드를 이용하여 입력신호를 변환시키는 대표적인 회로에는 클리퍼(clipper) 회로와 클램퍼(clamper) 회로가 있다.

첫째, 클리퍼 회로는 임의로 정한 기준값(직류전원을 이용)보다 크거나 작은 신호를 없애는 다이오드 회로이다. 클리퍼 회로는 신호를 전송할 때 기준값보다 높은 부분 또는 낮은 부분 등 원하지 않는 부분을 없애고 전송하는 데 사용하고 있다. 그리고 클리퍼 회로는 다이오드, 저항, 직류전원 등으로 구성되어 있다. 클리퍼 회로에는 입력신호에 대해 다이오드를 직렬 또는 병렬로 연결하는 두 가지 회로 종류가 있을 수 있다. 또한 다이오드의 방향과 직류전원의 방향을 변화시킴으로써 입력신호의 다양한 클리핑(clipping, 자름)이 가능하다.

둘째, 클램퍼 회로는 입력신호의 형태는 변화시키지 않고 임의의 다른 기준값(직류전원을 이용)보다 입력신호 전체를 올리거나 내려서 입력신호를 그곳에 클램핑(clamping, 고정)시키는 회로이다. 클램퍼 회로는 다이오드, 축전기, 저항 등으로 구성되어 있다. 그리고 클램퍼 회로에서도 클리퍼 회로에서와 같이 다이오드와 직류전원의 방향에 따라 입력신호의 다양한 클램핑이 가능하다.

아래에서부터 다양한 클램퍼 및 클리퍼 회로에 대해 알아보도록 하자. 아래의 모든 논의에서 다이오드는 이상적인 다이오드라고 가정한다.

### (1) 클리퍼 회로

클리퍼 회로에는 다이오드를 병렬로 연결하는 경우와 직렬로 연결하는 등 두 가지가 있을 수 있다. 첫째, 다이오드를 병렬로 연결하는 경우를 보기로 하자. 그림 4-9에 다이오드를 병렬로 연결한 경우를 나타내고 있다. 이는 다이오드의 정류작용(반파정류)을 보여 주고 있다. 그림

4-9의 위쪽 그림을 보기로 하자. sin파의 +부분이 입력될 때에는 다이오드가 on 상태가 된다. 다이오드가 on 상태가 되면 모든 입력전압은 저항에 떨어지며 다이오드는 전도(conducting) 상태이므로 출력은 0이 된다. 반면에 −부분이 입력될 때에는 다이오드는 off 상태가 된다. 다이오드가 off 상태가 되면 출력은 입력신호가 동일하게 된다. 결과적으로 입력 부분의 −부분만 통과되는 출력 모양을 보여 주고 있다. 다음에 그림 4-9의 아래쪽 그림을 보기로 하자. sin파의 +부분이 입력되면 다이오드는 off 상태가 되므로 출력신호는 입력신호와 같아지게 된다. 반면에 −부분이 입력되면 다이오드는 on 상태가 되므로 출력은 0이 된다. 결과적으로 입력 부분의 +부분만 통과되는 출력 모양을 보여 주고 있다.

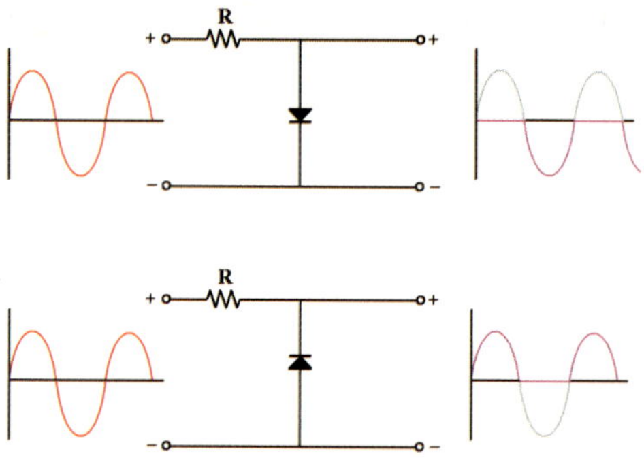


그림 4-9. 다이오드가 병렬로 연결된 클리퍼 회로 (전원이 없는 경우)

다음에는 직류전원이 연결된 경우를 보기로 하자. 다이오드의 연결 방향에는 두 가지가 있을 수 있다. 즉, 다이오드의 방향이 아래로 향하는 경우와 위로 향하는 등 두 가지가 있다. 그림 4-10은 다이오드가 아래로 향하고 있을 때 직류전원이 두 가지 방향으로 연결된 경우를 보여 주고 있다. 그림 4-10의 위쪽 그림에 대해 알아보기로 하자. 다이오드가 on이 되기 위해서는 입력신호 $v_i$가 직류전원 $V_B$보다 커야만 한다. 이때 다이오드가 on이 되므로 출력은 직류전원 $V_B$가 된다. 즉, $v_i > V_B$인 경우 출력은 $V_B$이다. 따라서 입력신호가 $V_B$보다 크면 출력은 $V_B$가 되고 그렇지 않은 경우 출력은 입력과 동일하게 된다.

그림 4-10의 아래쪽 그림에서와 같이 직류전원의 방향이 반대가 될 경우 다이오드가 전도가 되려면 $v_i + V_B > 0$, 즉, $v_i > -V_B$이 되어야 한다. 즉, $v_i > -V_B$인 경우 출력이 $-V_B$가 된다. 따라서 입력신호가 $-V_B$보다 크면 출력은 $-V_B$가 되고 그렇지 않은 경우 출력은 입력과 동일하게 된다.

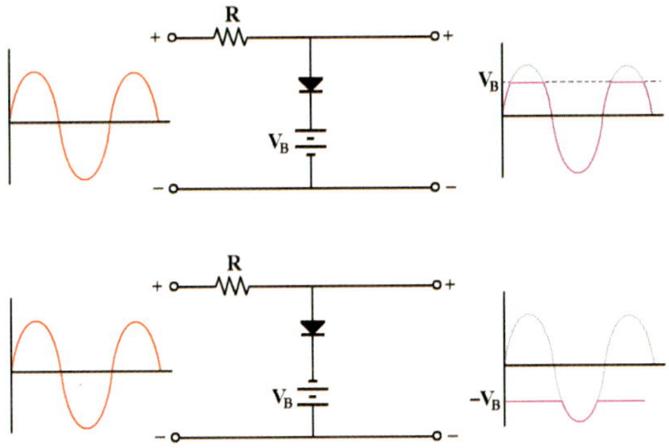


그림 4-10. 다이오드가 아래쪽으로 병렬로 연결된 클리퍼 회로 (전원이 있는 경우)

그림 4-11에는 다이오드가 위로 향하고 있을 때 직류전원이 두 가지 방향으로 연결된 경우를 보여 주고 있다. 그림 4-11의 위쪽 그림에 대해 알아보기로 하자. 다이오드가 on이 되기 위해서는 $v_i + V_B < 0$가 되어야 한다. 즉, $v_i < -V_B$인 경우 출력은 $-V_B$이다. 따라서 입력신호가 $-V_B$보다 작으면 출력은 $-V_B$가 되고 그렇지 않은 경우 출력은 입력과 동일하게 된다.

그림 4-11의 아래쪽 그림에서와 같이 직류전원의 방향이 반대가 될 경우 다이오드가 전도가 되려면 $v_i - V_B < 0$, 즉, $v_i < V_B$이 되어야 한다. 즉, $v_i < V_B$인 경우 출력은 $V_B$가 된다. 따라서 입력신호가 $V_B$보다 작으면 출력은 $V_B$가 되고, 그렇지 않은 경우 출력은 입력과 동일하게 된다.

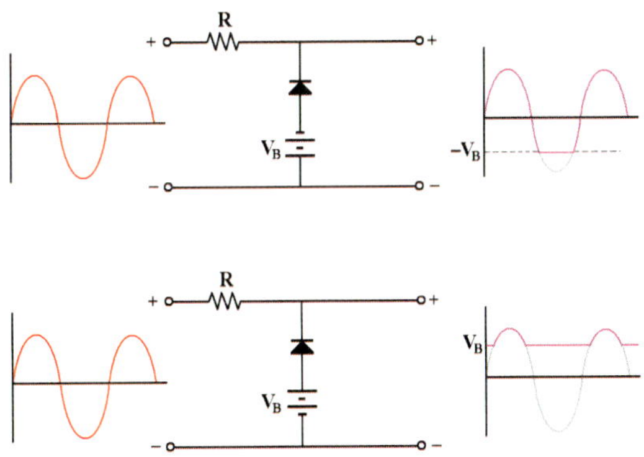


그림 4-11. 다이오드가 위쪽으로 병렬로 연결된 클리퍼 회로 (전원이 있는 경우)

다음에는 다이오드가 직렬로 연결되는 경우를 보기로 하자. 전원이 없는 경우에는 그림 4-12에서와 같이 정류회로가 된다.

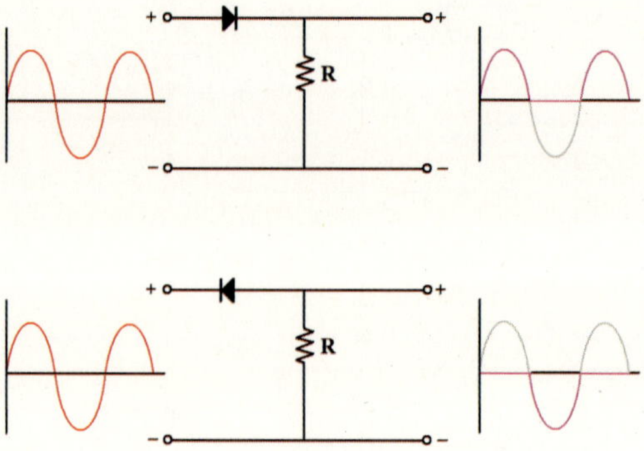


그림 4-12. 직렬로 연결된 다이오드 클리퍼 회로 (전원이 없는 경우)

다음에는 다이오드가 직렬로 연결될 때 직류전원이 주어지는 경우들에 대해 알아보기로 하자. 그림 4-13의 위쪽 그림에서 다이오드가 on 상태가 되기 위해서는 $v_i - V_B > 0$이 되어야 한다. 즉, $v_i > V_B$인 경우 다이오드가 on이 된다. 이때 폐회로에 Kirchoff 법칙을 적용하면 $v_i - V_B - V_R = 0$에서 $V_R = v_i - V_B$가 된다. 이 $V_R$이 곧 출력이다. 그리고 다이오드가 off 상태가 되면 출력은 0이다. 따라서 $v_i > V_B$인 경우 출력은 $v_i - V_B$가 되고 그렇지 않을 경우 출력은 0이다.

그림 4-13의 아래쪽 그림에서 다이오드가 on 상태가 되기 위해서는 $v_i + V_B > 0$이 되어야 한다. 즉, $v_i > -V_B$인 경우 다이오드가 on이 된다. 이때 폐회로에 Kirchoff 법칙을 적용하면 $v_i + V_B - V_R = 0$에서 $V_R = v_i + V_B$가 된다. 이 $V_R$이 곧 출력이다. 그리고 다이오드가 off 상태가 되면 출력은 0이다. 따라서 $v_i > -V_B$인 경우 출력은 $v_i + V_B$가 되고 그렇지 않을 경우 출력은 0이다.

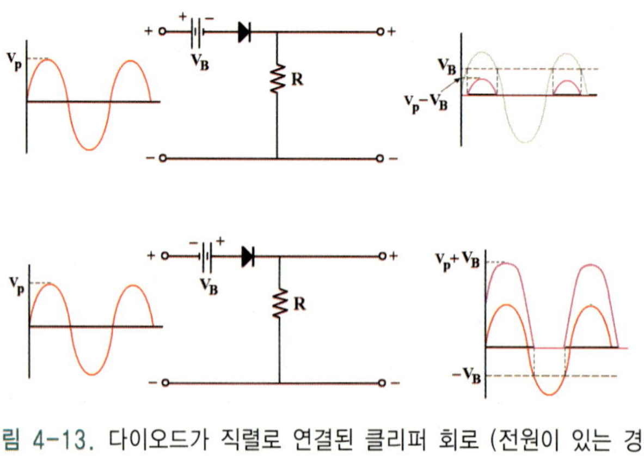


그림 4-13. 다이오드가 직렬로 연결된 클리퍼 회로 (전원이 있는 경우)

그림 4-14의 위쪽 그림에서 다이오드가 on 상태가 되기 위해서는 $v_i - V_B < 0$이 되어야 한다. 즉, $v_i < V_B$인 경우 다이오드가 on이 된다. 이때 폐회로에 Kirchoff 법칙을 적용하면 $v_i - V_B - V_R = 0$에서 $V_R = v_i - V_B$가 된다. 이 $V_R$이 곧 출력이다. 그리고 다이오드가 off 상태가 되면 출력은 0이다. 따라서 $v_i < V_B$인 경우 출력은 $v_i - V_B$가 되고 그렇지 않을 경우 출력은 0이다.

그림 4-14의 아래쪽 그림에서 다이오드가 on 상태가 되기 위해서는 $v_i + V_B < 0$이 되어야 한다. 즉, $v_i < -V_B$인 경우 다이오드가 on 이 된다. 이때 폐회로에 Kirchoff 법칙을 적용하면 $v_i + V_B - V_R = 0$에서 $V_R = v_i + V_B$가 된다. 이 $V_R$이 곧 출력이다. 그리고 다이오드가 off 상태가 되면 출력은 0이다. 따라서 $v_i < -V_B$인 경우 출력은 $v_i + V_B$가 되고 그렇지 않을 경우 출력은 0이다.

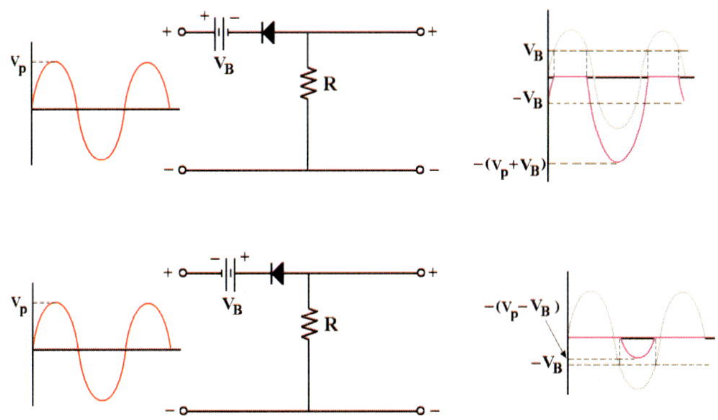


그림 4-14. 다이오드가 직렬로 연결된 클리퍼 회로 (전원이 있는 경우)

그림 4-15에는 슬라이서(slicer) 회로가 주어져 있다. 슬라이서 회로는 $v_i > V_{B1}$인 경우와 $v_i < V_{B2}$인 경우를 없애는 회로로서 즉, $V_{B2} < v_i < V_{B1}$인 경우만 출력하는 회로이다.

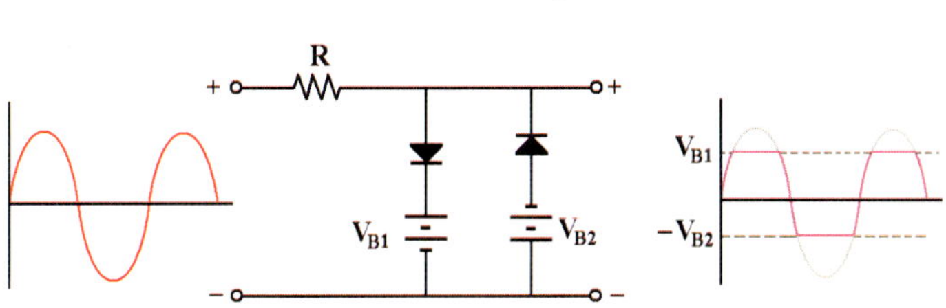


그림 4-15. 두 개의 다이오드를 이용한 슬라이서 회로

(2) 클램퍼 회로

클램퍼 회로는 입력신호의 모양은 바꾸지 않고 입력신호의 크기를 + 또는 −방향으로 평행이동시키는 회로이다. 클램퍼 회로는 축전기, 다이오드, 저항으로 구성되어 있다. 축전기는 입력신호와 직렬로 연결되고 다이오드와 저항은 병렬로 연결되어 있다. 다이오드의 방향과 직류전원의 방향에 따라 다양한 형태의 클램핑이 가능하다.

그림 4-16에 직류전원이 없는 클램퍼 회로가 주어져 있다. 클리퍼 회로에서는 입력신호로 sin파를 고려했는데, 클램퍼 회로에서는 펄스신호를 사용하여 그 작용을 보기로 한다. 그림 4-16의 위쪽 그림을 보기로 하자. 시간이 0에서 $t_1$ 사이에 $V_p$ 신호가 걸린다. 이때 다이오드는 on 상태가 되고, (이상적인) 다이오드의 저항은 0이므로 축전기와 다이오드 저항이 만드는 RC회로의 시정수(time constant)는 0이다. 따라서 축전기는 순간적으로(아주 빠르게) 전압 $V_p$까지 충전된다(왼쪽이 +, 오른쪽이 −로 충전). 다이오드가 on 상태이므로 저항 쪽으로는 전류가 흐르지 않는다. 즉, $V_R = 0$이고, 곧 출력도 0이 된다. 시간이 $t_1$에서 $t_2$ 사이에서는 입력이 $-V_p$이어서 다이오드가 off 상태이므로 저항 쪽으로 전류가 흐른다. 이때 저항에 떨어지는 전압은 Kirchoff 법칙을 적용하면 $-V_p - V_p - V_R = 0$이 되므로 $V_R = -2V_p$가 된다. 따라서 출력은 $-2V_p$이다. 이후 $t_3, t_4, \cdots$에서도 그림과 같은 출력이 나타난다. 이 회로에서 축전기와 저항이 만드는 RC회로의 시정수가 입력신호의 주기보다 훨씬 커야 된다. 그래야 입력이 $-V_p$일 때 완전히 방전이 되지 않게 된다.

그림 4-16의 아래 그림에서는 입력이 $-V_p$일 때 다이오드가 on 상태가 되고(이때 출력은 0), 축전기가 충전이 된다. 입력이 $V_p$일 때 $V_p + V_p - V_R = 0$이므로 $V_R = 2V_p$이고 출력이 $2V_p$가 된다.

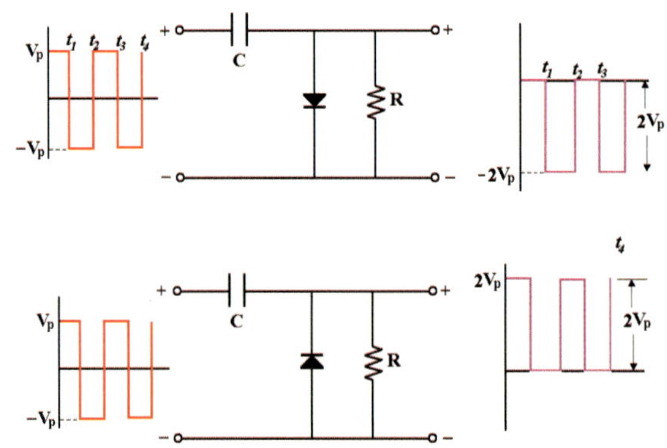


그림 4-16. 직류전원이 없는 클램퍼 회로

다음에는 다이오드에 직류전원이 주어진 경우를 보도록 하자.

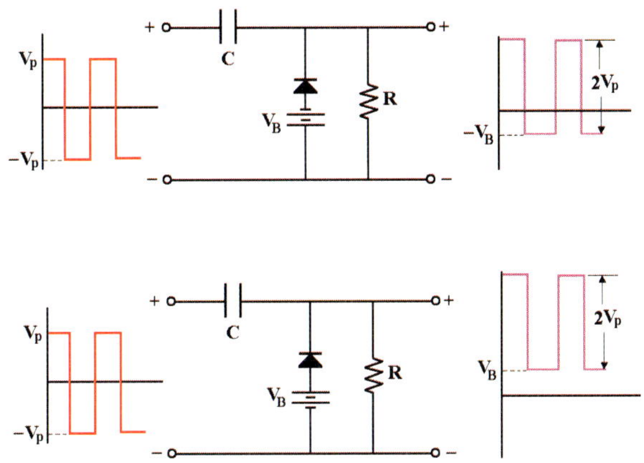


그림 4-17. 다이오드가 위쪽 방향이고 직류전원이 있는 클램퍼 회로

그림 4-17은 다이오드가 위쪽 방향일 때 직류전원이 주어진 경우를 보여 주고 있다. 그림 4-17의 위쪽 그림에서 다이오드가 on이 되어 축전기를 충전하는 조건은 $v_i + V_B < 0$이다. 즉, $v_i < -V_B$인 경우($v_i = -V_p$) 다이오드가 on 상태가 된다. 다이오드가 on인 경우 출력은 $-V_B$이다. 그리고 조건이 만족하는 사이에 축전기는 $V_C = V_p - V_B$까지 충전된다. 반면에 $v_i > -V_B$인 경우($v_i = V_p$) 다이오드는 off 상태가 된다. 이에 따라 저항에 전류가 흐른다. 저항에 떨어지는 전압은 Kirchoff의 법칙

$$v_i + V_C - V_R = V_p + (V_p - V_B) - V_R = 0 \qquad \text{(4-3)}$$

이 만족된다. 따라서 $V_R = 2V_p - V_B$가 된다. 여기서 출력의 전체적인 신호의 높이는 $2V_p$로서 입력의 신호높이와 같음을 확인할 수 있다. 즉, 신호의 모양은 바뀌지 않았고 위로 $V_p - V_B$만큼 이동하였음을 보여 준다.

그림 4-17의 아래쪽 그림에서 다이오드가 on이 되어 축전기를 충전하는 조건은 $v_i - V_B < 0$이다. 즉, $v_i < V_B$인 경우($v_i = -V_p$) 다이오드가 on 상태가 된다. 다이오드가 on인 경우 출력은 $V_B$이다. 그리고 조건이 만족하는 사이에 축전기는 $V_C = V_p + V_B$까지 충전된다(오른쪽이 +, 왼쪽이 −로 충전됨). 반면에 $v_i > V_B$인 경우($v_i = V_p$) 다이오드는 off 상태가 된다. 이에 따라 저항에 전류가 흐른다. 저항에 떨어지는 전압은 Kirchoff의 법칙에서

$$v_i + V_C - V_R = V_p + (V_p + V_B) - V_R = 0 \qquad \textbf{(4-4)}$$

의 관계가 만족된다. 따라서 $V_R = 2V_p + V_B$가 된다. 여기서 출력의 전체적인 신호의 높이는 $2V_p$로서 입력의 신호높이와 같음을 확인할 수 있다. 즉, 신호의 모양은 바뀌지 않았고 위로 $V_p + V_B$만큼 이동하였음을 보여준다.

그림 4-18에는 다이오드가 아래쪽 방향일 때 직류전원이 주어진 경우를 보여 주고 있다. 그림 4-18의 위쪽 그림에서 다이오드가 on이 되어 축전기를 충전하는 조건은 $v_i - V_B > 0$이다. 즉, $v_i > V_B$인 경우($v_i = V_p$) 다이오드가 on 상태가 된다. 다이오드가 on인 경우 출력은 $V_B$이다. 그리고 조건이 만족하는 사이에 축전기는 $V_C = V_p - V_B$까지 충전된다(+가 왼쪽, −가 오른쪽임). 반면에 $v_i < V_B$인 경우($v_i = -V_p$) 다이오드는 off 상태가 된다. 이에 따라 저항에 전류가 흐른다. 저항에 떨어지는 전압은 Kirchoff의 법칙에서

$$v_i + V_C - V_R = -V_p - (V_p - V_B) - V_R = 0 \qquad \textbf{(4-5)}$$

의 관계가 만족된다. 여기서 그림 4-17과 축전기의 충전 방향이 반대임에 유의하자. 따라서 $V_R = -2V_p + V_B$가 된다. 여기서 출력의 전체적인 신호의 높이는 $2V_p$로서 입력의 신호 높이와 같음을 확인할 수 있다. 즉, 신호의 모양은 바뀌지 않았고 아래로 $V_p - V_B$만큼 이동하였음을 보여준다.

그림 4-18의 아래쪽 그림에서 다이오드가 on이 되어 축전기를 충전하는 조건은 $v_i + V_B > 0$이다. 즉, $v_i > -V_B$인 경우($v_i = V_p$) 다이오드가 on 상태가 된다. 다이오드가 on인 경우 출력은 $-V_B$이다. 그리고 조건이 만족하는 사이에 축전기는 $V_C = V_p + V_B$까지 충전된다(+가 왼쪽, −가 오른쪽임). 반면에 $v_i < -V_B$인 경우($v_i = -V_p$) 다이오드는 off 상태가 된다. 이에 따라 저항에 전류가 흐른다. 저항에 떨어지는 전압은 Kirchoff의 법칙에서

$$v_i + V_C - V_R = -V_p - (V_p + V_B) - V_R = 0 \qquad \textbf{(4-6)}$$

의 관계가 만족된다. 따라서 $V_R = -2V_p - V_B$가 된다. 여기서 출력의 전체적인 신호의 높이는 $2V_p$로서 입력의 신호 높이와 같음을 확인할 수 있다. 즉, 신호의 모양은 바뀌지 않았고 아래로

$V_p + V_B$만큼 이동하였음을 보여 준다.

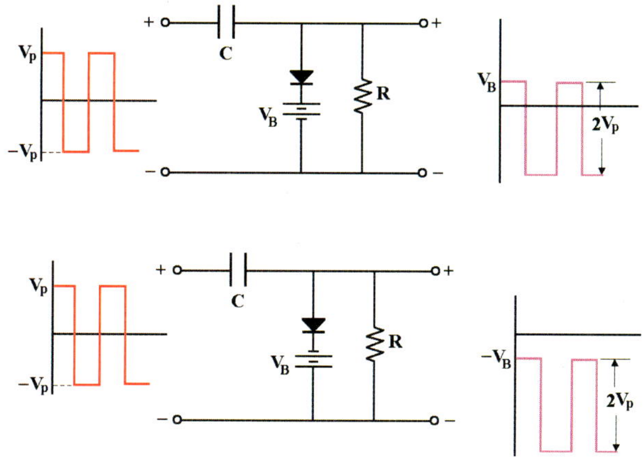


그림 4-18. 다이오드가 위쪽 방향이고 직류전원이 있는 클램퍼 회로

## 5. Zener 다이오드의 응용

다이오드에 역방향 바이어스를 걸면 아주 작은 누설전류가 흐른다. 그리고 계속 음의 값으로 전압을 높이게 되면 항복(breakdown) 현상을 보인다. 항복 현상은 Zener와 산사태(avalanche) 효과 등 두 가지 현상에 의해 발생한다.

첫째, Zener 효과에 대해 알아보도록 하자. 공간전하영역에서는 이온들만이 존재한다. 그러나 충분히 높은 전기장($10^6\ V/m$ 이상)에서는 공유결합이 된 전자들의 결합이 전기장에 의해 깨어져 전자들이 자유롭게 될 수 있다. 이렇게 자유롭게 된 전자들에 의해 큰 전류가 형성되며 이를 Zener 효과라고 부른다. Zener 효과는 높은 전기장에서 발생하므로 공간전하영역의 폭이 아주 좁아야 한다. 이를 실현하기 위해서는 p와 n 영역을 아주 높게 도핑하여야 한다($10^{15} cm^{-3}$ 정도). Zener 효과의 경우, 아래에서 설명할 산사태 현상에서 발생하는 전자의 이온과의 충돌은 일어나지 않는다. 이는 공간전하영역의 폭이 너무 좁으므로 충돌할 충분한 거리가 되지 않기 때문이다.

둘째, 산사태 효과는 낮게 도핑한 일반적인 pn 접합에서 일어난다. 역바이어스에서 누설전류는 아주 작은 값을 가지므로 이에 따라 이동하는 캐리어(전자)의 수도 작다. 그러나 높은 전압에서는 공간전하영역으로 들어간 전자가 높은 전기장에 의해 가속되어 이온들과 충돌할 때 공유결합을 깨뜨릴 정도의 속도를 가질 수 있다. 이런 과정을 통해 공유결합에서 자유롭게 된 전자들은 계속적으로 이온들과 충돌하여 기하급수적으로 전자의 수를 불리게 된다. 이렇게 불어난 전자들이 접합영역을 넘어 이동함으로써 큰 전류가 발생하게 된다.

산사태와 Zener 효과가 일어나는 전압의 영역이 다르다. 항복 현상이 6 $V$ 이하에서 일어나면 Zener 효과에 의한 것이고 이보다 높은 전압에서 발생하면 산사태 효과에 의한 것이다. 따라서 산사태 효과의 경우 과도한 전류가 지속되기 때문에 다이오드가 열에 의해 파괴될 수 있다. 그리고 Zener 항복은 산사태 효과와는 달리 도핑 정도를 조절함으로써 항복전압을 결정할 수 있다. 이러한 Zener 항복을 이용한 것이 Zener 다이오드이다. 항복 다이오드(breakdown diodes)의 항복전압의 영역은 1 $V$에서 수백 $V$로 아주 다양하다. Zener 다이오드와 산사태 다이오드는 다르지만 보통 합쳐서 Zener 다이오드라고 부른다. Zener 다이오드는 주로 전압표준(voltage reference)이나 전압 조정(voltage regulation)에서 사용하고 있다. Zener 다이오드의 데이터(data sheet)에는 일률($I_Z \times V_Z$)이 주어져 있다. 그리고 온도특성도 주어져 있는데 이는 온도 1℃의 변화에 대한 $V_Z$의 변화이다. 산사태 다이오드의 경우 온도계수는 대체로 $+0.1\%/℃$ 정도이다. Zener 다이오드도 이와 비슷한 온도계수의 값을 가지나, 산사태 다이오드와는 달리 마이너스 값이다.

그림 4-19에 Zener 다이오드의 전류-전압 특성이 주어져 있다. Zener 항복은 전압 $V_Z$에서 발생하며, 이에 따라 전압을 음의 값으로 $V_Z$ 이상 걸어주면 전류의 값에 관계없이 전압은 일정하게 유지된다. 그림 4-19의 오른쪽 그림은 이상적인 Zener 다이오드의 전류-전압 특성을 보여주고 있다. 이와 같이 Zener 다이오드는 $-V_Z$ 이하에서는 전류에 관계없이 전압이 일정하므로 전압조정에 많이 사용되고 있다.

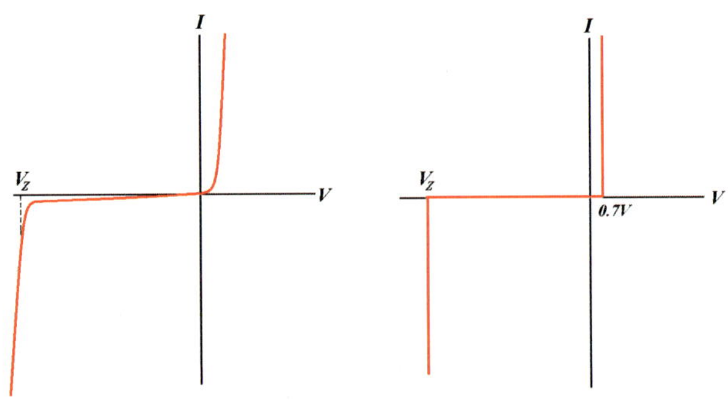


그림 4-19. Zener 다이오드의 전류-전압 특성

그림 4-20에 전압조정기 구조(network)에 이용되는 Zener 다이오드 회로의 예가 주어져 있다. 전압 $V$와 부하저항 $R_L$의 값은 고정되어 있다고 하자. 먼저 Zener 다이오드가 없다고 생각했을 때 부하저항에 걸리는 전압 $V_L$은 $R$과 $R_L$이 전압나누기(voltage divider)의 구조를 하고 있으므로

$$V_L = \frac{R_L}{R+R_L} V \tag{4-7}$$

로 구해진다. 이 전압 $V_L$이 Zener 다이오드의 항복전압 $V_Z$보다 클 경우 Zener 다이오드는 on 상태가 된다. 반면에 전압 $V_L$이 $V_Z$보다 작을 경우 Zener 다이오드는 off 상태가 된다.

Zener 다이오드가 on 상태의 경우 $V_L = V_Z$가 되어 출력전압은 식 4-7의 값에 고정(fixed)된다. 이때 다이오드를 흐르는 전류는 Kirchoff 법칙 $I_R = I_Z + I_L$에서 $I_Z = I_R - I_L$과 같이 구해진다. 여기서 $I_L = V_L/R_L$이고 $I_R = V_R/R = (V - V_L)/R$이다. 따라서 다이오드에서 소비되는 일률은

$$P_Z = V_Z I_Z = V_Z\left(\frac{V - V_Z}{R} - \frac{V_Z}{R_L}\right) \tag{4-8}$$

로 구해진다. 위 일률 값이 다이오드의 데이터에서 주어진 최대 일률 값인 $P_{ZM}$보다 작아야 된다. 그렇지 않을 경우 다이오드가 열에 의해 파괴될 수 있다.

Zener 다이오드가 on 상태에 있으면 출력은 $V$가 아니라 $V_Z$이다. 이 전압 값은 Zener 다이오가 on 상태에 있는 한 변하지 않는다. 따라서 이와 같은 회로는 전압조정기의 표준전압(reference voltage)으로 많이 사용하고 있다.

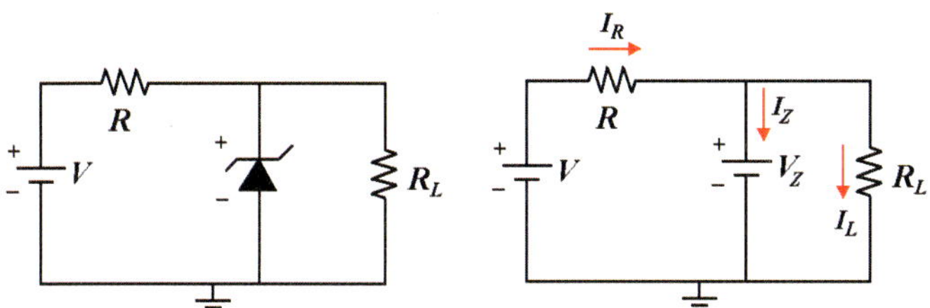

그림 4-20. Zener 다이오드의 전압조정기에의 응용

다음에는 전압 $V$가 고정되었을 경우 부하저항이 가질 수 있는 값의 영역에 대해 알아보도록 하자. Zener 다이오드의 데이터에는 최대일률 $P_{ZM}$ 이외에 최대전류 $I_{ZM}$도 주어져 있다. 따라서 Zener 다이오드에는 최대전류 이상의 전류를 흘리지 않아야 된다.

첫째, 부하저항의 최소값은 Zener 다이오드가 on 상태에 있어야 하는 조건인 식 4-7에서 $V_L = V_Z$을 만족하는 경우의 부하저항이므로

$$R_L^{\min} = \frac{V_Z}{V - V_Z} R \tag{4-9}$$

로 주어진다. 이때 부항저항에는 $I_L^{\max} = V_L / R_L^{\min} = V_Z / R_L^{\min}$와 같은 최대전류가 흐른다.

둘째, 부하저항의 최대값을 구해보기로 하자. 부하저항에 흐르는 전류는 Kirchoff 법칙 $I_R = I_Z + I_L$에서 $I_L = I_R - I_Z$과 같이 주어진다. Zener 다이오드에 최대전류 $I_{ZM}$가 흐를 때 부하저항에는 최소의 전류가 흐름을 알 수 있다. 즉, 부하저항의 최소전류는 $I_L^{\min} = I_R - I_{ZM}$이다. 따라서 부하저항의 최대값은

$$R_L^{\max} = \frac{V_Z}{I_L^{\min}} = \frac{V_Z}{I_R - I_{ZM}} \tag{4-10}$$

이다. 여기서 $I_R = V_R / R = (V - V_Z) / R$이다.

다음에는 $R_L$이 고정되었을 경우 Zener 다이오드가 on이 되기 위한 전압 $V$의 조건을 알아보도록 하자. 식 4-6에서 Zener 다이오드가 on 상태가 되는 조건인 $V_L = V_Z$가 만족될 때의 전압 $V$의 최소값은

$$V^{\min} = \frac{R + R_L}{R_L} V_Z \tag{4-11}$$

로 주어진다. 반면에 전압 $V$의 최대값은 $I_{ZM}$에 의해 제한을 받는다. 저항 $R$에 흐르는 전류는 Kirchoff 법칙에서 $I_R = I_Z + I_L$로 주어지므로 최대전류는 $I_R^{\max} = I_{ZM} + I_L$로 구해진다. 따라서 최대전압 $V^{\max}$는 $V = V_R + V_Z$에서

$$V^{\max} = I_R^{\max} R + V_Z = \left(I_{ZM} + \frac{V_Z}{R_L}\right) R + V_Z \tag{4-12}$$

로 주어진다. 여기서 $I_L = V_Z / R_L$을 사용하였다.

## 6. 다이오드-다이오드 논리회로

다이오드를 이용하여 논리회로를 구성할 수 있다. 그림 4-21에 다이오드를 이용한 OR과 AND 게이트(gate) 회로가 주어져 있다. 다이오드를 이상적이라고 가정하고 각 회로의 작용을 보도록 하자. 디지털 논리회로에서는 $+5\,V$ 이상을 논리 1의 상태로 정의하고, $+5\,V$ 이하를 논리 0의 상태로 정의한다.

그림 4-21의 왼쪽 그림은 OR 게이트 회로이다. 첫째, 입력 $V_1$, $V_2$ 모두 0의 상태일 때는 다이오드 $D_1$, $D_2$ 모두 off 상태가 되므로 출력 $V_{out}$은 0이 된다. 둘째, $V_1$은 $+5\,V$이고 $V_2$는 0인 경우에는 다이오드 $D_1$은 on 상태가 되고 다이오드 $D_2$는 off 상태가 된다. 다이오드 $D_1$이 on 상태이므로 저항 R에 전류가 흐르고 이에 따라 저항 R에 전압강하($+5\,V$)가 발생한다. 따라서 출력 $V_{out}$은 $+5\,V$가 된다. 셋째, 이번에는 $V_2$가 $+5\,V$이고 $V_1$이 0인 경우에는 다이오드 $D_2$는 on 상태가 되고 다이오드 $D_1$은 off 상태가 된다. 다이오드 $D_2$가 on 상태이므로 저항 R에 전류가 흐르고 이에 따라 저항 R에 전압강하($+5\,V$)가 발생한다. 따라서 출력 $V_{out}$은 $+5\,V$가 된다. 넷째, 입력 $V_1$, $V_2$ 모두 $+5\,V$일 때는 다이오드 $D_1$, $D_2$ 모두 on 상태가 되므로 저항 R에 전류가 흐르고 이에 따라 저항 R에 전압강하($+5\,V$가 발생한다. 따라서 출력 $V_{out}$은 $+5\,V$가 된다.

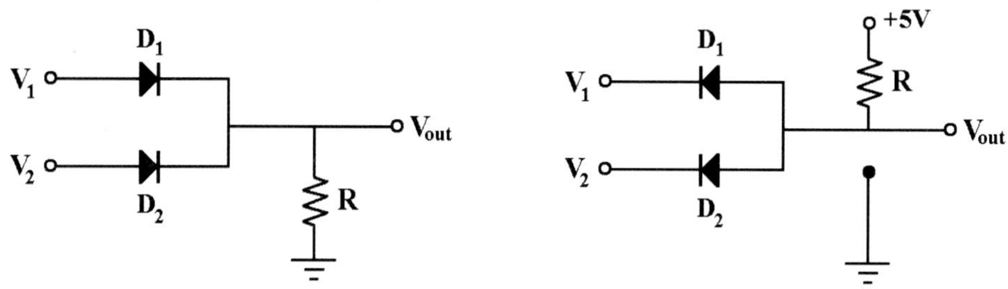


그림 4-21. 다이오드를 이용한 논리회로 (왼쪽: OR 게이트, 오른쪽: AND 게이트)

위에서 보듯이, $V_1$, $V_2$ 둘 중에 하나라도 $+5\,V$이면 다이오드 $D_1$, $D_2$ 중에 하나가 on이 되므로 저항에 전류가 흐르고 전압강하가 발생하여 $V_{out}$은 $+5\,V$가 됨을 알 수 있다. 이와 같은 논리회로는 $V_1$ OR $V_2$의 중 어느 하나라도 $+5\,V$이면 $V_{out}$이 $+5\,V$가 되는 OR의 역할을 하므로 OR 게이트라고 부른다. 표 4-1에 이에 대한 결과를 요약해 놓았다. 이러한 표를 진리표(truth table)라고 부른다.

다음에는 그림 4-21의 오른쪽 회로의 작용을 보도록 하자. 이는 AND 게이트 회로이다. 첫째, 입력 $V_1$, $V_2$ 모두 0의 상태일 때는 다이오드 $D_1$, $D_2$ 모두 on 상태가 되므로 저항 R에 전류가 흐른다. 이에 따라 주어진 $+5\,V$는 모두 저항 R에 전압강하로 소비되므로 출력 $V_{out}$은 0이 된다. 둘째, $V_1$은 $+5\,V$이고 $V_2$는 0인 경우에는 다이오드 $D_1$은 off 상태가 되고 다이오드 $D_2$는 on 상태가 된다. 다이오드 $D_2$가 on 상태이므로 저항 R에 전류가 흐른다. 이에 따라 주어진 $+5\,V$는 모두 저항 R에 전압강하로 소비되므로 출력 $V_{out}$은 0이 된다. 셋째, 이번에는 $V_2$가 $+5\,V$이고 $V_1$이 0인 경우에는 다이오드 $D_2$는 off 상태가 되고 다이오드 $D_1$은 on상태가 된다. 다이오드 $D_1$이 on 상태이므로 저항 R에 전류가 흐른다. 이에 따라 주어진 $+5\,V$는 모두 저항 R에 전압강하로 소비되므로 출력 $V_{out}$은 0이 된다. 넷째, 입력 $V_1$, $V_2$ 모두 $+5\,V$일 때는 다이오드 $D_1$, $D_2$ 모두 off 상태가 되므로 저항 R에 전류가 흐르지 못한다. 이에 따라 저항 R에 전압강하가 발생하지 않으므로 주어진 $+5\,V$는 모두 출력 $V_{out}$으로 관찰된다.

위에서 보듯이, AND 게이트에서는 $V_1$, $V_2$모두 $+5\,V$가 아닌 경우에는 모두 출력은 0이다. 오직 $V_1$, $V_2$ 모두 $+5\,V$인 경우에만 출력이 $+5\,V$가 된다. 이와 같은 논리회로는 $V_1$ AND $V_2$ 모두 $+5\,V$이라야만 $V_{out}$이 $+5\,V$가 되는 AND의 역할을 하므로 AND 게이트라고 부른다. 표 4-1에 이에 대한 결과를 요약해 놓았다.

표 4-1. 그림 4-21 논리회로의 진리표

| | $V_1$ | $V_2$ | $V_{out}$ | | $V_1$ | $V_2$ | $V_{out}$ |
|---|---|---|---|---|---|---|---|
| OR **게이트** | 0 | 0 | 0 | AND **게이트** | 0 | 0 | 0 |
| | +5 | 0 | +5 | | +5 | 0 | 0 |
| | 0 | +5 | +5 | | 0 | +5 | 0 |
| | +5 | +5 | +5 | | +5 | +5 | +5 |

## 【연습문제】

문제 1. 아래 다이오드 회로에서 회로를 흐르는 전류를 구하라.

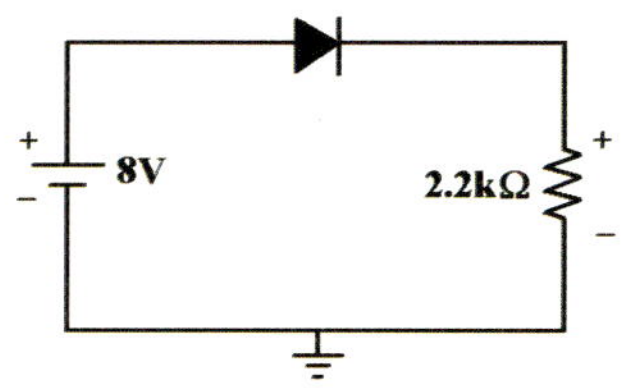


답. 다이오드는 on 상태이므로 이를 $0.7\,V$의 전원으로 생각하면 된다. 따라서 Kirchoff 법칙에서 전류는 $I=(8-0.7)/2.2k\Omega=3.32mA$로 구해진다.

문제 2. 아래 다이오드 회로에서 회로를 흐르는 전류를 구하라.

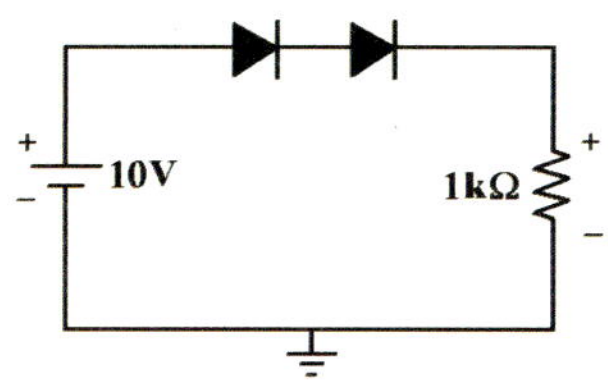


답. 다이오드는 on 상태이므로 이를 $0.7\,V$의 전원으로 생각하면 된다. 따라서 Kirchoff 법칙에서 전류는 $I=(10-0.7\times 2)/1k\Omega=8.6mA$로 구해진다.

문제 3. 아래 다이오드 회로에서 각 회로소자에 흐르는 전류를 구하라.

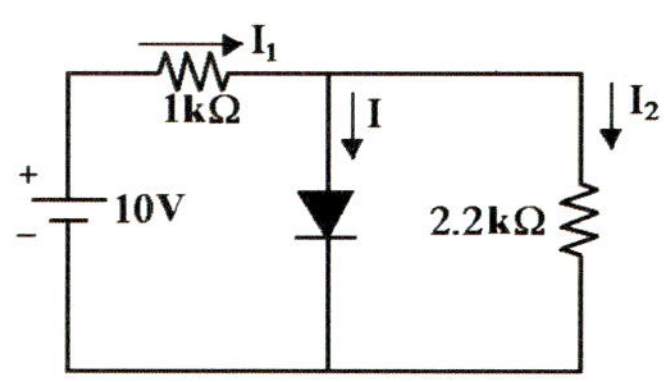

답. 다이오드는 on 상태이므로 $0.7\,V$의 전원으로 간주한다(아래 그림). 왼쪽 폐회로에서 $I_1 \cdot 1k\Omega = 10 - 0.7$을 만족하므로 $I_1 = 9.3\,mA$이다. 오른쪽 폐회로에서는 $0.7 = 2.2k\Omega \cdot I_2$이므로 $I_2 = 0.32\,mA$이다. 그리고 전류는 $I_1 = I + I_2$를 만족하므로 위 결과들을 이용하면 $I = I_1 - I_2 = 8.98\,mA$이다.

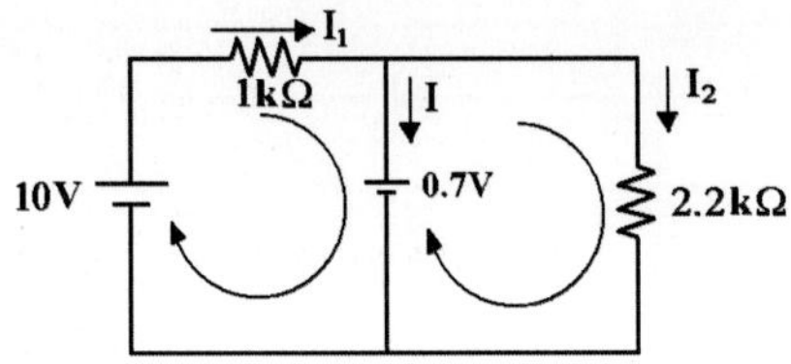


문제 4. 아래 다이오드 회로에서 각 회로소자에 흐르는 전류를 구하라.

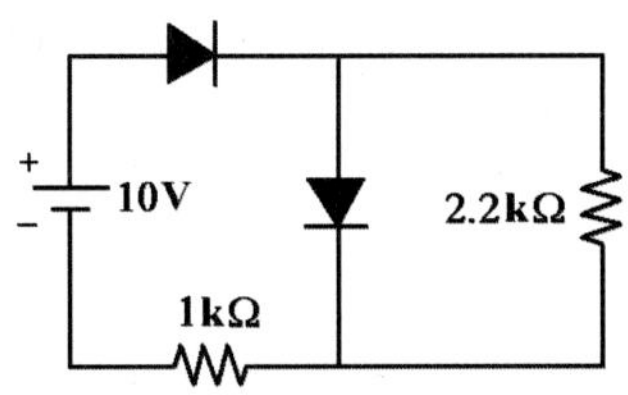


답. 다이오드는 on 상태이므로 $0.7\,V$의 전원으로 간주한다(아래 그림). 왼쪽 폐회로에서 $I_1 \cdot 1k\Omega = 10 - 0.7 \times 2$을 만족하므로 $I_1 = 0.7\,mA$이다. 그리고 오른쪽 폐회로에서는 $0.7 = 2.2k\Omega \cdot I_2$이므로 $I_2 = 0.32\,mA$이다. 그리고 전류는 $I_1 = I + I_2$를 만족하므로 위 결과들을 이용하면 $I = I_1 - I_2 = 0.38\,mA$이다.

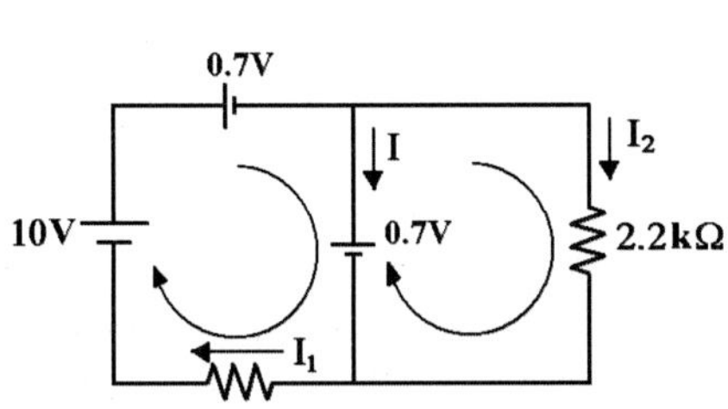

문제 5. $V_Z = 10\,V$, $P_{ZM} = 30m\,W$인 Zener 다이오드를 이용한 아래 회로에서 $I_Z$, $P_Z$를 구하라.

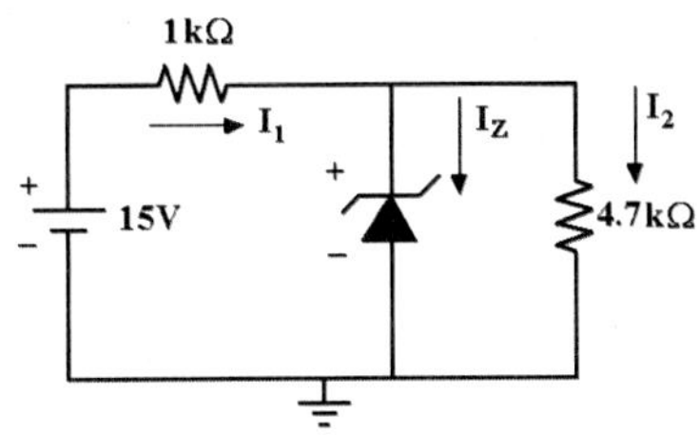


답. Zener 다이오드가 없다고 가정했을 경우 부하저항 $4.7k\Omega$에 떨어지는 전압은 $V_L = 4.7 \times 15/(1+4.7) = 12.4\,V$이다. 이 전압은 Zener 다이오드의 항복전압 $10\,V$보다 크므로 다이오드는 on 상태가 된다. 다이오드가 on 상태이므로 $V_L = V_Z = 10\,V$로 고정된다. 부하저항을 흐르는 전류는 $I_2 = 10\,V/47k\Omega = 2.12mA$이다. 그리고 저항 $1k\Omega$을 흐르는 전류는 $I_Z = I_1 - I_2 = 2.88mA$이다. Zener 다이오드의 한계전압과 일률이 $V_Z = 10\,V$, $P_{ZM} = 30m\,W$이므로 한계전류는 $I_{ZM} = P_{ZM}/V_Z = 3mA$이다. 따라서 $I_Z < I_{ZM}$을 만족한다. 그리고 다이오드에서 소비되는 전력은 $P = I_Z V_Z = 28.8m\,W$이므로 이 값도 $P_{ZM}$보다 작은 값이다.

문제 6. $V_Z = 10\,V$, $P_{ZM} = 30m\,W$인 Zener 다이오드를 이용한 아래 회로에서 $R_L$의 범위를 구하라.

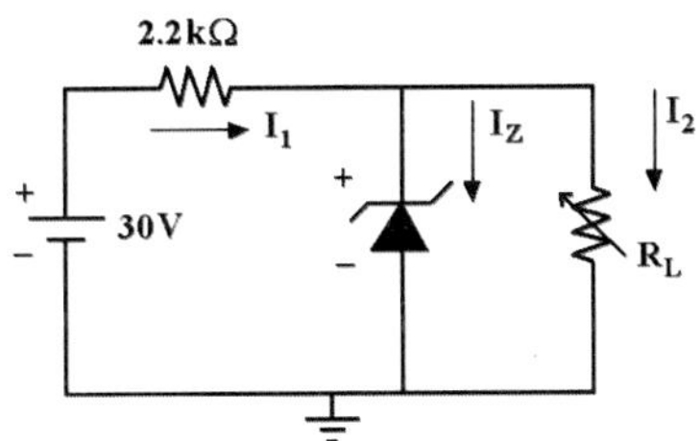


답. 부하저항에 떨어지는 전압은 $V_L = R_L \cdot 30/(R_L + 2.2)$이다. Zener 다이오드가 on 상태가 될 조건 $V_L = V_Z$에서부터 $R_L^{\min} = 1.1k\Omega$이 구해진다. $I_Z$의 최대 값은 $I_{ZM} = 3mA$이다. 이때 $R_L$을 흐르는 전류는 $I_2 = I_1 - I_Z$이므로 $I_2^{\min} = I_1 - I_{ZM}$이다. 전류 $I_2$가 최소가 될 때 $R_L$이 최대가 된다. 따라서 $R_L^{\max} = V_Z/I_2^{\max} = 1.64k\Omega$을 얻는다. 여기서 $I_1 = (30-10)/2.2k\Omega = 9.1mA$를 이용하였다. 따라서 $R_L$의 영역은 $1.1k\Omega$에서 $1.64k\Omega$까지이다.

문제 7. $V_Z = 10\,V$, $P_{ZM} = 30m\,W$인 Zener 다이오드를 이용한 아래 회로에서 $V$의 범위를 구하라.

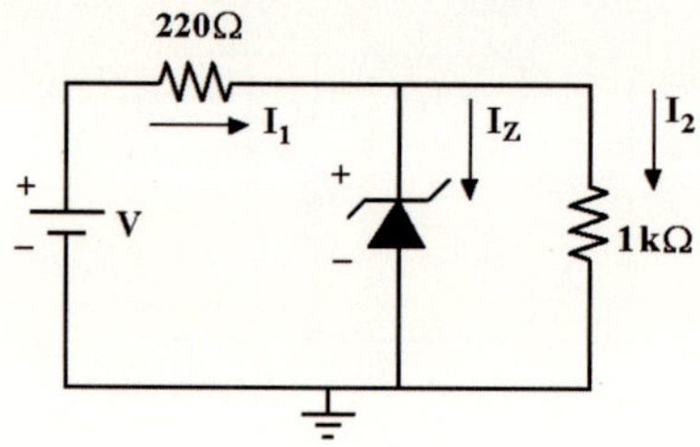


답. 우선 Zener 다이오드가 on 상태에 있기 위한 최소의 전압 $V$를 구해보자. 이는 $V_L = V_Z$일 때이다. 즉, $V_L = 1 \cdot V/(1+2.2) = V_Z$에서 $V = 12.2\,V$가 구해진다. 최대 $V$의 값은 $I_Z$가 $I_{ZM} = 3mA$이 될 때이다. 이때 저항 $220\Omega$을 흐르는 전류는 최대가 되는데 그 값은 $I_1^{\max} = I_{ZM} + I_2 = 13mA$이다. 여기서 $I_2 = 10\,V/1k\Omega = 10mA$를 이용하였다. $I_1^{\max} = 13mA$이 되려면 $I_1 = (V - V_Z)/0.22k\Omega$에서 $V = 12.86\,V$가 구해진다. 따라서 전압의 영역은 $12.2\,V$에서 $12.86\,V$ 사이이다.

문제 8. (a) 아래와 같은 입력신호가 회로에 입력될 때 출력 신호의 모양을 그려라.

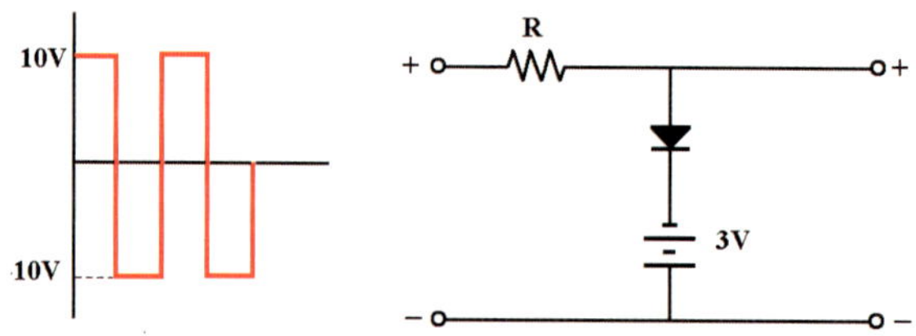


(b) 아래와 같은 입력신호가 회로에 입력될 때 출력 신호의 모양을 그려라.

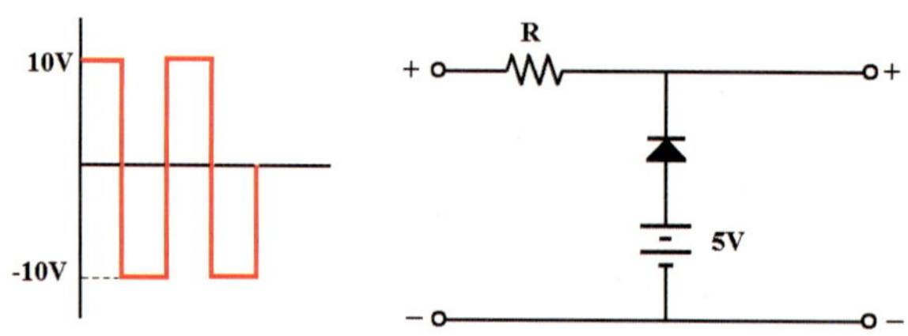

(c) 아래와 같은 입력신호가 회로에 입력될 때 출력 신호의 모양을 그려라.

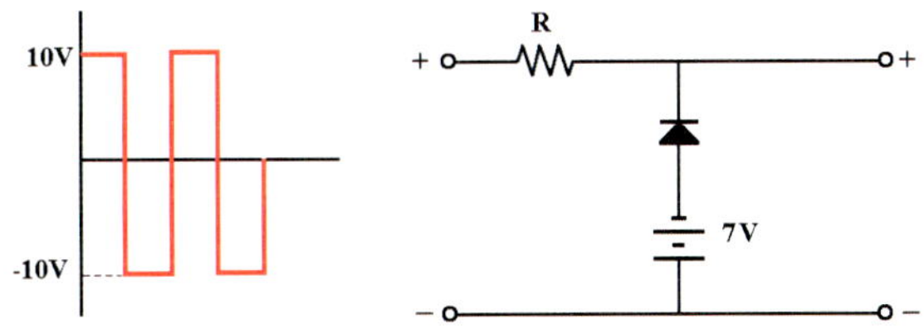


답. (a) $v_i - 5 < 0$, 즉, $v_i < 5\,V$일 때 다이오드는 on 상태가 되고 $v_o = 5\,V$가 된다. 그리고 $v_i > 5\,V$이면 다이오드는 off 상태가 되고 $v_o = v_i$이 된다.

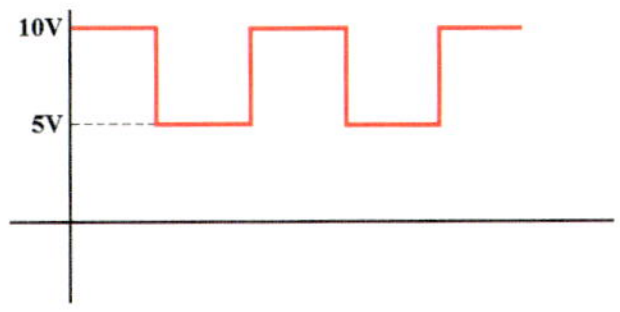


(b) $v_i + 3 > 0$, 즉, $v_i > -3\,V$일 때 다이오드는 on 상태가 되고 $v_o = -3\,V$가 된다. 그리고 $v_i < -3\,V$이면 다이오드는 off 상태가 되고 $v_o = v_i$이 된다.

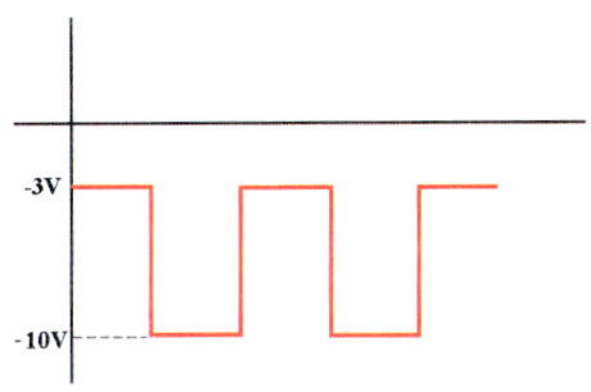


(c) $v_i + 7 < 0$, 즉, $v_i < -7\,V$일 때 다이오드는 on 상태가 되고 $v_o = -7\,V$가 된다. 그리고 $v_i > -7\,V$이면 다이오드는 off 상태가 되고 $v_o = v_i$이 된다.

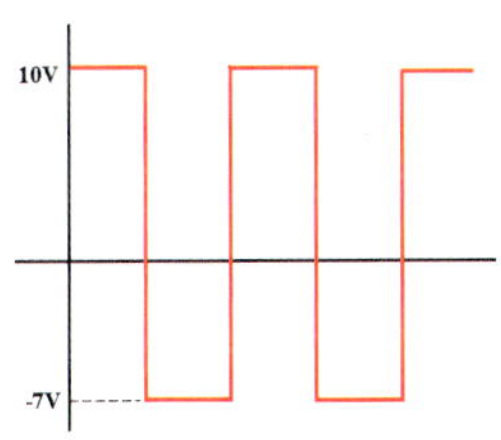

문제 9. (a) 아래와 같은 입력신호가 회로에 입력될 때 출력 신호의 모양을 그려라.

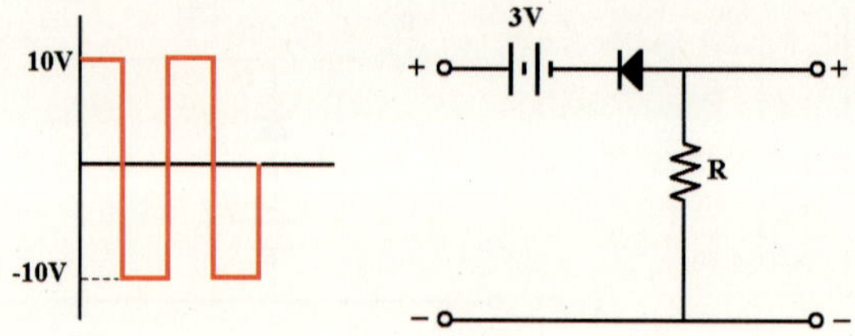


(b) 아래와 같은 입력신호가 회로에 입력될 때 출력 신호의 모양을 그려라.

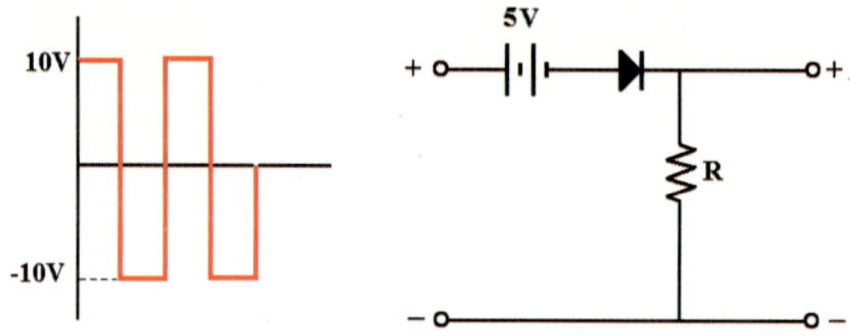


(c) 아래와 같은 입력신호가 회로에 입력될 때 출력 신호의 모양을 그려라.

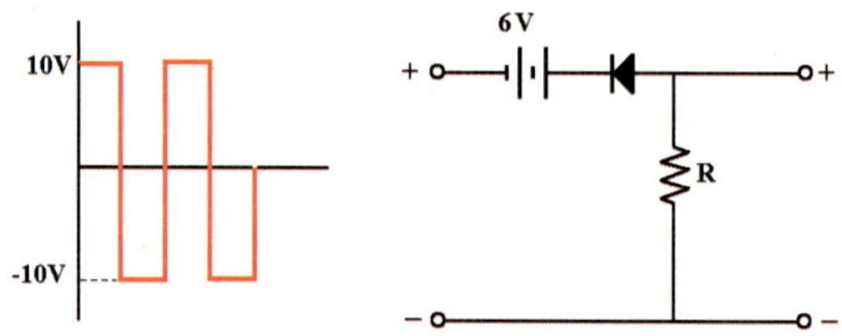


답. (a) $v_i - 3 < 0$, 즉, $v_i < 3\,V$일 때 다이오드는 on 상태가 되고 $v_i - 3 - v_o = 0$에서 $v_o = v_i - 3$이 된다. 그리고 $v_i > 3\,V$이면 다이오드는 off 상태가 되고 $v_o = 0$이 된다.

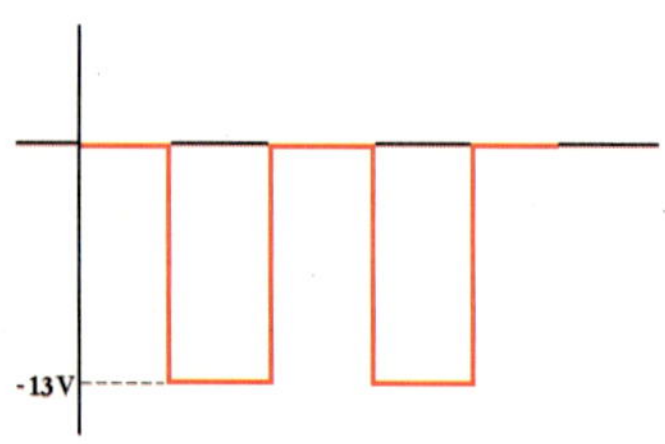

(b) $v_i - 5 > 0$, 즉, $v_i > 5\,V$일 때 다이오드는 on 상태가 되고 $v_i - 5 - v_o = 0$에서 $v_o = v_i - 5$가 된다. 그리고 $v_i < 5\,V$이면 다이오드는 off 상태가 되고 $v_o = 0$이 된다.

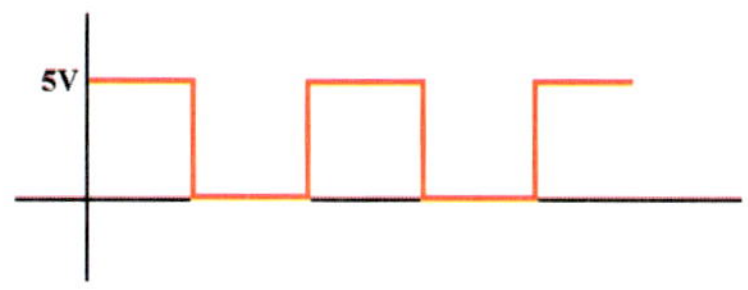


(c) $v_i + 6 < 0$, 즉, $v_i < -6\,V$일 때 다이오드는 on 상태가 되고 $v_i + 6 - v_o = 0$에서 $v_o = v_i + 6$이 된다. 그리고 $v_i > -6\,V$이면 다이오드는 off 상태가 되고 $v_o = 0$이 된다.

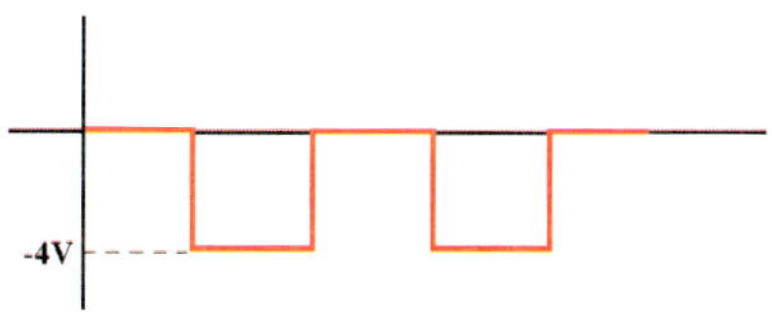


문제 10. (a) 아래와 같은 입력신호가 회로에 입력될 때 출력 신호의 모양을 그려라.

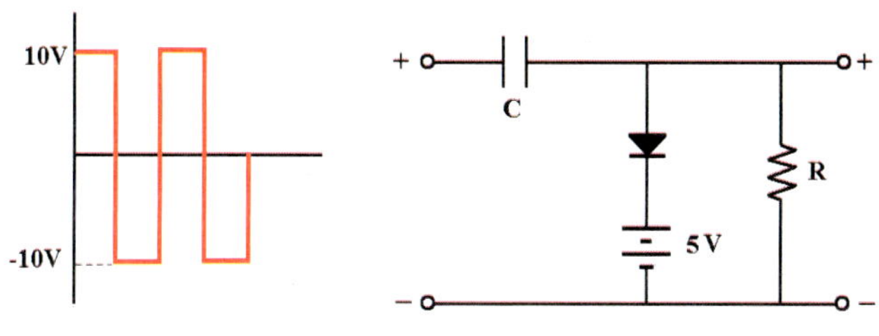


(b) 아래와 같은 입력신호가 회로에 입력될 때 출력 신호의 모양을 그려라.

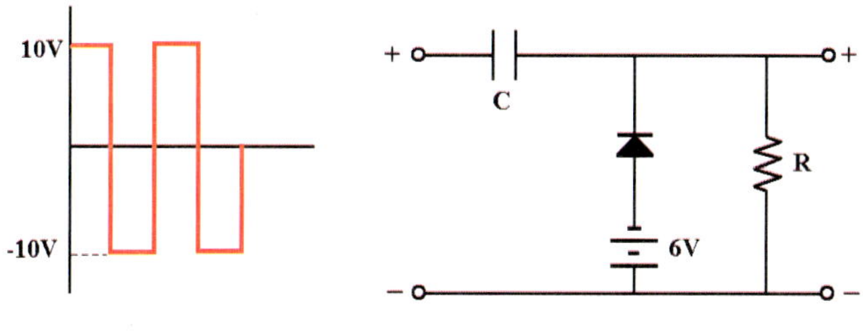

**답.** (a) $v_i - 5 > 0$, 즉, $v_i > 5\,V$일 때 다이오드는 on 상태가 되고 축전기 C는 $V_C = V_p - 5 = 5\,V$까지 충전된다. 여기서 $V_p = 10\,V$을 이용하였다. 그리고 $v_i > 5\,V$일 때의 출력은 $v_o = 5\,V$이다. 반면에 $v_i < 5\,V$이면 다이오드는 off 상태가 되고 $v_i - V_C - v_o = 0$에서 $v_o = v_i - 5$이다.

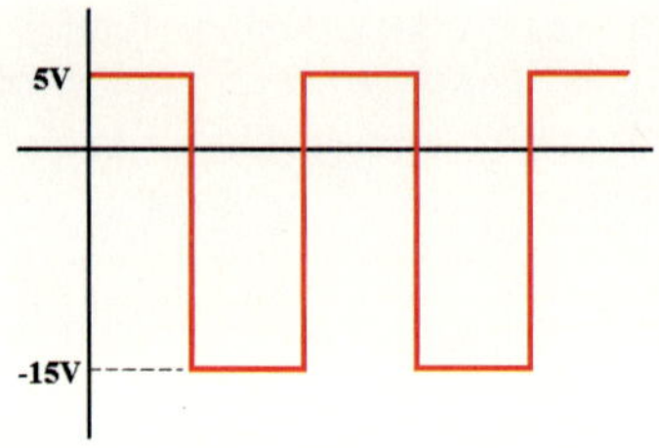


(b) $v_i + 6 < 0$, 즉, $v_i < -6\,V$일 때 다이오드는 on 상태가 되고 축전기 C는 $V_C = V_p - 6 = 4\,V$까지 충전된다[충전은 (a)와 반대 방향]. 여기서 $V_p = 10\,V$을 이용하였다. 그리고 $v_i < -6\,V$일 때의 출력은 $v_o = -6\,V$이다. 반면에 $v_i > -6\,V$이면 다이오드는 off 상태가 되고 $v_i + V_C - v_o = 0$에서 $v_o = v_i + 4$이다.

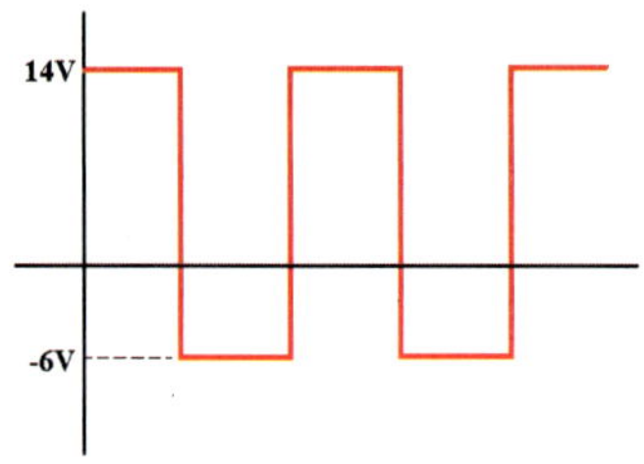

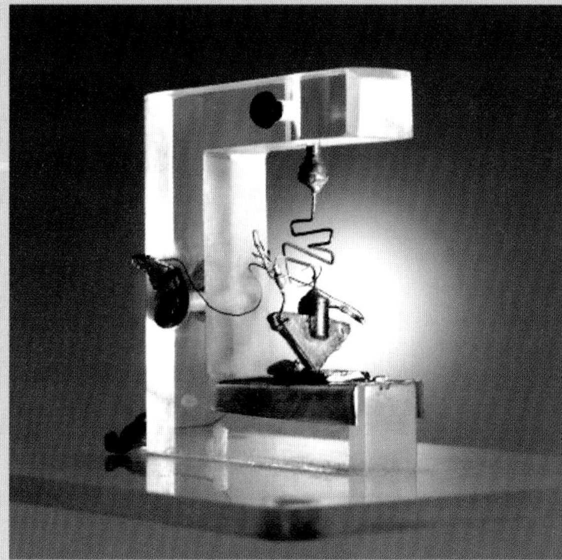

제5장

# 트랜지스터의 바이어스 회로

## I. 양극 접합트랜지스터의 바이어스 회로

양극 접합트랜지스터를 증폭기에 사용하기 위해서는 활동영역(active mode, 활동모드)에서 작동하도록 해야 한다. 이에 따라 베이스-에미터 접합은 순바이어스, 베이스-콜렉터 접합은 역바이어스로 dc 전원을 공급해 주어야 한다. 그리고 실리콘으로 만든 트랜지스터의 베이스-에미터 접합에는 $0.7\,V$ 이상의 전압이 주어져야 트랜지스터가 on 상태가 된다. pnp와 npn 양극 접합 트랜지스터 각각에 대해 순바이어스란 p쪽이 더 ＋전압이 되도록 전원을 공급하는 것이고, 역바이어스란 n쪽이 더 ＋전압이 되도록 전원을 공급하는 것이다. FET의 경우에도 캐리어가 이동하기 위해서는 채널이 형성되도록 외부 전원이 게이트에 공급되어야 하고, 드레인-소스 사이에도 전원의 공급이 필요하다. 이와 같이 트랜지스터의 동작을 위해서는 외부 dc 전원이 공급되어야 한다. 트랜지스터가 작동하도록 dc 전원을 공급하는 것을 dc 바이어싱(biasing)이라고 한다. 신호의 증폭에서 입력신호가 전체적으로 고르게 증폭되어 출력되도록 하기 위해서는 dc 바이어싱에서 여러 가지 고려해야 할 점이 있다. 이 장에서는 각 바이어스 회로에서 dc 바이어싱이 어떤 점을 고려하여 이루어지는지를 보도록 한다.

양극 접합트랜지스터를 이용한 증폭기는 공통으로 사용하는 단자에 따라 공통 에미터, 공통 베이스, 공통 콜렉터 증폭회로가 있다. 공통 에미터 증폭기에서는 베이스 단자로 입력신호가 들어가고 콜렉터 단자로 출력신호가 나온다. 에미터 단자는 공통(common, 접지 또는 전원연결)으로 사용한다. 공통 에미터 증폭기가 전압증폭기로 가장 널리 사용되고 있다.

공통 베이스 증폭기에서는 에미터 단자로 입력신호가 들어가고 콜렉터 단자로 출력신호가 나온다. 베이스는 공통으로 사용한다. 이 증폭기는 전류 버퍼(current buffer)나 전압 증폭에 사용된다. 증폭기의 전류 증폭률은 1에 가깝다.

공통 콜렉터 증폭기에서는 베이스 단자로 입력신호가 들어가고 에미터 단자로 출력신호가 나온다. 콜렉터 단자는 공통으로 사용된다. 공통 콜렉터 증폭기의 전압 증폭률은 1에 가깝다. 이에 따라 베이스 전압의 변화는 에미터 전압에 바로 전달된다. 이에 따라 공통 콜렉터 증폭기를 에미터 따라가기 회로(emitter follower)라고도 부른다.

아래부터 위와 같은 3가지 종류의 증폭기에 dc 바이어싱을 어떻게 하는지 알아보도록 한다.

양극 접합트랜지스터 증폭기에서는 입력과 출력에 직류를 차단하기 위한 축전기가 연결되어 있다(그림 5-1에 $C_1$과 $C_2$). 그러나 dc 바이어스 회로 분석에서는 이 축전기를 무시할 수 있다. 이는 직류에 대해서 축전기의 임피던스($1/\omega C$)는 무한대가 되므로 열린회로(open circuit)와 동일하기 때문이다.

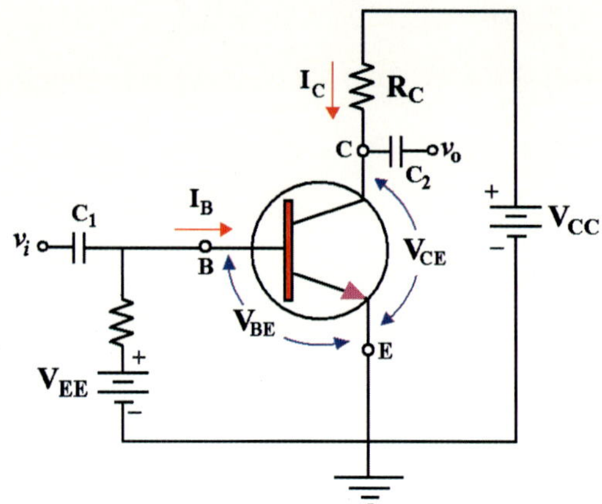


그림 5-1. npn 양극 접합트랜지스터의 dc 바이어스 회로의 예

트랜지스터를 증폭기로 이용하는 경우, 작은 입력신호가 큰 출력신호로 관찰된다. 이때 신호증폭의 과정에서 새로운 에너지가 생성되는 것은 아니다. 증폭에너지는 dc 바이어스 전원에서 공급된다. 그림 5-1에는 npn 양극 트랜지스터에 베이스-에미터 접합에는 순바이어스가 되도록 하고, 베이스-콜렉터 접합에는 역바이어스가 되도록 dc 바이어싱을 한 경우를 보여 주고 있다. 이런 바이어싱은 전원이 2개가 들어가기 때문에 실제로 사용하는 바이어스 회로는 아니다. 그림에서 베이스에는 전류원(전원과 저항)에 의해 일정한 전류 $I_B$가 공급된다. 이 전류는 콜렉터에서 증폭되어 $I_C \simeq \beta I_B$로 관찰된다. 이때 $V_{CC}$는 콜렉터 회로의 에너지원으로 작용한다. 그리고 증폭하려는 입력신호에 의해 베이스 전류가 $\Delta I_B$만큼 변하면 콜렉터 전류도 이에 따라 $\Delta I_C \simeq \beta \Delta I_B$만큼 변하게 된다. 또한 이 변화에 의해 저항 $R_C$에 떨어지는 전압강하가 변하게 되고, 또한 콜렉터-에미터 전압 $V_{CE}$도 변한다. 즉, 콜렉터-에미터 전압은 $V_{CE} = V_{CC} - I_C R_C$로 주어진다. 이 관계식은 dc 전원($V_{CC}$)에서 공급되는 일률(power)이 저항에서 소비되는 일률 $I_C^2 R_C$와 트랜지스터에서($V_{CE}$) 소비되는 일률로 구성됨을 보여 준다. 또한 두 부분에 분배되는 일률은 베이스 전류 $I_B$의 값($I_C$에 영향을 줌)에 따라 변한다는 것을 보여 주고 있다.

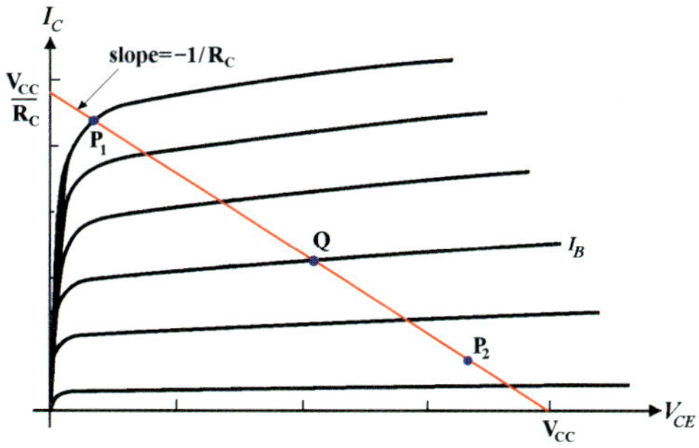


그림 5-2. 양극 접합트랜지스터의 부하선과 동작점

그림 5-2에 트랜지스터의 출력 특성이 주어져 있다. 즉, 어떤 베이스 전류 $I_B$에 대해 $V_{CE}$에 따른 $I_C$의 변화를 보여준다. $V_{CE}$와 $I_C$의 관계는 $V_{CE} = V_{CC} - I_C R_C$로 주어지므로 이 관계를 출력 특성에 그려 보기로 하자. 첫째, $V_{CE} = 0$이 되는 경우(차단점), 즉, 모든 전압이 저항 $R_C$에만 떨어지는 경우이다. 이는 콜렉터-에미터가 단락(short circuit)되는 경우이다. 이 경우 콜렉터 전류는 위 식에서 $I_C = V_{CC}/R_C$로 주어진다. 둘째, $I_C = 0$인 경우(포화점), 즉, 모든 전압이 콜렉터-에미터에만 떨어지는 경우이다. 이때 $V_{CE} = V_{CC}$이다. 따라서 식 $V_{CE} = V_{CC} - I_C R_C$은 그림에서와 같이 기울기 $-1/R_C$인 직선으로 주어진다. 이 직선을 부하선(load line)이라고 부른다. 이 부하선과 베이스 전류가 $I_B$일 때의 출력특성이 만나는 지점을 트랜지스터의 동작점(operating point) 또는 Q점(quiescent point)이라고 부른다. Q점에 대해서는 두 가지의 고려할 점이 있다.

첫째, Q점을 어디에 정하는가 하는 것이다. 트랜지스터를 증폭기에 이용하는 경우 Q점을 트랜지스터의 출력 특성곡선 상의 활동영역(active region or mode)에 정해야 한다. 그렇지 않을 경우 출력신호가 잘리거나 과열로 인해 트랜지스터가 파괴될 수 있다. 그림 5-2의 $P_1$ 지점(포화영역에 가까운 지점)에 Q점을 잡을 경우 콜렉터 전류가 커서 계속적인 높은 전류에 의한 열에 의해 트랜지스터가 파괴될 수 있다. 그리고 $P_2$ 지점을 Q점으로 잡을 경우, 출력신호의 진동에 의해 차단영역에 들어갈 수 있다. 반면에 Q를 Q점으로 잡을 경우, 넓은 활동영역의 $V_{CE}$에서 출력신호가 변할 수 있다. 또한 $V_{CC}$를 모두 이용하기 위해서는 Q점을 $V_{CC}/2$에 두는 것이 유리하다. 그림 5-3은 Q를 Q점으로 잡을 경우 입력신호가 들어가서 어떻게 출력으로 나오는지를 보여 주고 있다. 이 그림에서는 콜렉터 전류의 변화 $\Delta I_C$에 의한 출력신호의 변화 $\Delta V_{CE}$를 보여 주고 있다. 여기서 콜렉터 전류의 변화는 입력 베이스전류의 변화에 기인한다.

그리고 베이스에 입력되는 신호(증폭하려는 ac 신호)가 +와 −부분이 있을 경우에도 베이스-

에미터의 전압은 0.7 $V$보다 크도록(그렇지 않을 경우 트랜지스터가 작동되지 않으므로) dc 바이어싱이 되어 있어야 함을 유의하자. 예를 들어, 입력신호의 진폭이 2 $V$인 경우 입력신호는 $-2\,V$에서 $+2\,V$ 사이를 진동한다. 이 경우 베이스-에미터 전압이 2.7 $V$ 이상이 되도록 바이어싱이 되어야 한다. 그래야 $-2\,V$의 진동에서 베이스-에미터 전압이 0.7 $V$가 되어 트랜지스터가 작동하게 된다. 반면에 출력에 있어서는 Q점을 중심으로 신호가 진동한다. 이 경우 입력신호의 +와 −의 진동(항상 +가 되도록 바이어스 되어 있다는 것을 유의)에 대해서 출력신호가 포화영역(saturation)이나 차단영역(cut-off)에 들어가지 않아야 된다. 그래야 잘리거나 변형된 출력신호를 얻지 않게 된다. 따라서 Q점을 $V_{CC}/2$에 두는 것이 $V_{CC}$를 최대한 이용하는 바이어싱이 됨을 알 수 있다. 이 경우 출력신호는 Q점에서 $-V_{CC}/2$에서 $+V_{CC}/2$까지 진동(swing)이 가능하기 때문이다. 그림 5-3은 Q를 Q점으로 잡을 경우 출력신호가 A에서 B까지 진동이 가능한 것을 보여 주고 있다.

반면에 입력신호가 작은 경우 Q점을 부하선의 밑 부분(그림 5-2에서 $P_2$점)에 두어도 될 것이다. 이렇게 해도 전체 신호의 진동폭(swing)에 대해서 신호는 여전히 트랜지스터의 활동영역에 있을 수 있고, 또한 콜렉터 전류가 작으므로 작은 값의 전원 $V_{CC}$를 사용해도 된다. 즉, 소비되는 전력을 크게 줄일 수 있는 장점이 있다. 그러나 신호의 진폭이 클 경우 $P_2$를 Q점으로 잡으면 신호가 차단영역에 들어가서 출력이 잘릴 수가 있다.

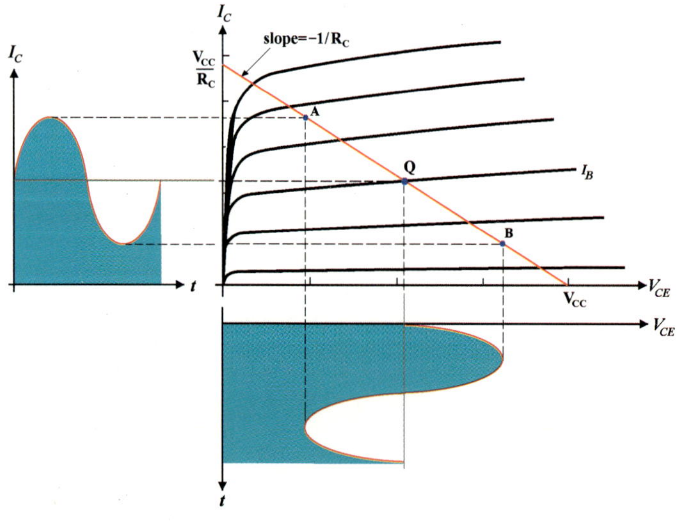


그림 5-3. 입력신호에 따른 출력신호의 진동폭

둘째, 트랜지스터의 특성 값인 $\beta$, $I_{CEO}$ 등의 변화 때문에 Q점이 변하는 문제가 있을 수 있다. 즉, 트랜지스터의 특성 값은 온도에 민감하기 때문에 온도에 따라 Q점이 변할 수 있다. 100℃의 온도 변화(극지방과 열대지방의 온도 차이에 해당)에 대해 $\beta$는 두 배 정도 변한다. 또한 누설전류 $I_{CEO}$도 온도에 민감하다. 따라서 이러한 트랜지스터의 특성 값의 변화에 대해 트랜지스터의 동작점이 변하지 않도록 dc 바이어싱 할 필요가 있다. 아래부터는 위와 같은 점을 유의하면서 트랜지스터를 어떻게 dc 바이어싱 하는지를 알아보도록 한다.

## 1. 공통 에미터 바이어스 회로

공통 에미터 증폭기가 전압증폭기로 널리 사용되고 있다. 아래에서는 공통 에미터 증폭기를 위한 여러 가지 바이어스 회로에 대해 알아보기로 한다. 공통 에미터 증폭기에서는 입력신호 $v_i$는 베이스로 들어가고 출력신호 $v_o$는 콜렉터로 나온다. 에미터는 접지로서 공통이다.

### (a) 고정 바이어스 회로

고정 바이어스(base bias 또는 fixed bias)는 그림 5-1에서 베이스에 연결된 전원을 없애고 이를 저항 $R_B$를 통해서 $V_{CC}$에 연결하는 것이다. 이 고정 바이어스 회로가 그림 5-4에 주어져 있다.

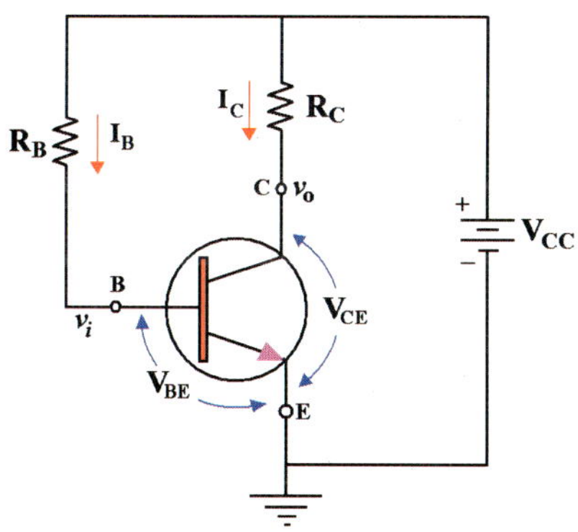


그림 5-4. 고정 바이어스 회로

고정 바이어스 회로에서 입력 부분에 Kirchoff 법칙을 적용하면

$$V_{CC} = I_B R_B + V_{BE} \tag{5-1}$$

을 얻는다. 따라서 $I_B = (V_{CC} - V_{BE})/R_B$로 주어진다. $V_{BE}$는 크게 변하지 않으므로(0.7 $V$) $V_{CC}$와 $R_B$를 정하면 베이스 전류 $I_B$는 고정된다. 따라서 그림 5-4의 바이어스 회로를 고정 바이어스라고 부른다. 식 5-1에서 베이스 전류는

$$I_B = \frac{V_{CC} - V_{BE}}{R_B} \tag{5-2}$$

이므로, 콜렉터 전류는 $I_C = \beta I_B$에서

$$I_C = \frac{\beta (V_{CC} - V_{BE})}{R_B} \tag{5-3}$$

과 같이 주어진다.

다음에는 그림 5-4의 출력 부분에 Kirchoff 법칙을 적용하면 $V_{CC} = I_C R_C + V_{CE}$이 되므로

$$V_{CE} = V_{CC} - I_C R_C \tag{5-4}$$

를 얻을 수 있다. 트랜지스터마다 $\beta$가 차이가 나고, 또한 $\beta$는 온도에 따라 변하므로 고정 바이어스 회로는 온도에 따른 바이어스의 안정성($I_C$는 $\beta$에 의존)이 떨어진다. 이러한 단점 때문에 고정바이어스 회로는 전류원으로 트랜지스터를 사용할 경우에는 거의 사용되지 않는다. 반면에 트랜지스터를 스위칭으로 사용할 경우에는 유용한 바이어스 회로이다.

dc 부하선(식 5-4)은 주어진 회로에서 모든 가능한 $I_C$와 $V_{CE}$의 조합을 준다. 그중에서 $V_{CE}$와 $I_C$축에서 만나는 점들을 알아보도록 하자(그림 5-5). 첫째, 부하선이 $V_{CE}$와 만나는 점은 $I_C = 0$이 되는 경우(차단점, cut-off)이므로 $V_{CE(off)} = V_{CC}$이다. 둘째, 부하선이 $I_C$축과 만나는 점은 $V_{CE} = 0$이 되는 경우(포화점, saturation)이므로 $I_{C(sat)} = V_{CC}/R_C$이다. 따라서 부하선은 두 점을 이은 직선으로서 그 기울기는 $-1/R_C$가 된다.

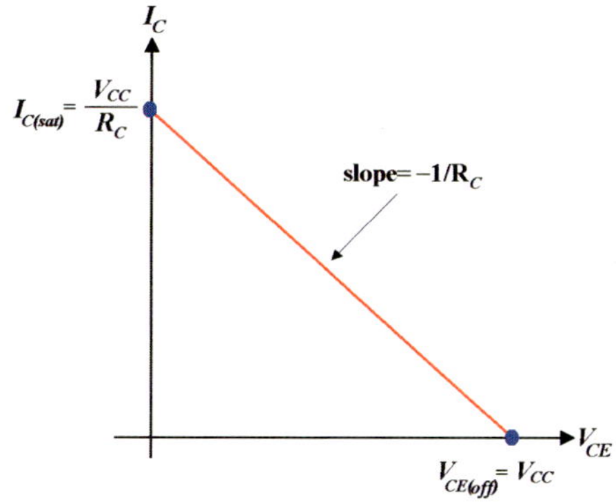


그림 5-5. 고정 바이어스의 부하선

다음에는 그림 5-6에 주어진 것과 같이 고정 바이어스 회로에서 에미터에 저항 $R_E$를 연결한 바이어스 회로에 대해 알아보기로 하자. 이 저항의 연결에 의해 트랜지스터의 교체나 온도에 따른 $\beta$의 변화에 대해 고정바이어스보다 훨씬 안정성 있는 바이어스 회로를 구성할 수 있다. 저항 $R_E$는 음의 되먹임(negative feedback)의 효과에 의해 Q점을 안정화시킨다.

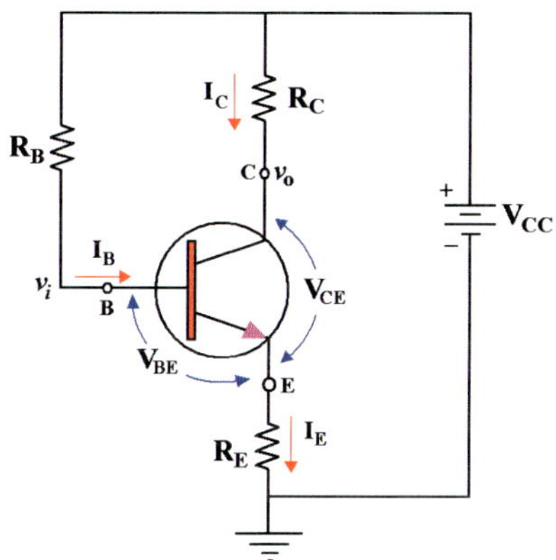


그림 5-6. 에미터 되먹임 바이어스 회로

입력 부분에 Kirchoff 법칙을 적용하면

$$V_{CC} = I_B R_B + V_{BE} + I_E R_E \tag{5-5}$$

와 같이 구해진다. 여기서 $V_{BE}$는 일정하다고 할 때, 온도에 의해 $\beta$가 증가하면 $I_C$가 증가한다.

$I_C = \alpha I_E \simeq I_E$이므로 $I_E$도 증가한다. 이에 따라 $I_E R_E$가 증가하면 식 5-4에서 보듯이 $V_{CC}$는 일정하므로 $I_B R_B$가 감소하게 된다. 따라서 $I_B$의 감소에 따라 $I_C$가 감소하게 되므로 동작점이 안정화된다. 트랜지스터를 바꿀 경우에도 $\beta$가 변하게 되는데 이때에도 위에서 언급한 과정에 의해 동작점이 안정된다.

식 5-5를 정리하면 베이스 전류는

$$I_B = \frac{V_{CC} - V_{BE}}{R_B + (\beta+1)R_E} \tag{5-6}$$

과 같이 구해진다. 이 식은 식 5-2에서 분모에 $(\beta+1)R_E$가 더해진 것과 같다. 이 항은 입력에서 보는 에미터 저항 $R_E$를 나타낸다. $I_C = \beta I_B$이므로

$$I_C = \frac{\beta(V_{CE} - V_{BE})}{R_B + (\beta+1)R_E} \simeq \frac{V_{CC} - V_{BE}}{R_E} \tag{5-7}$$

로 주어진다. 위와 같은 근사식이 되는 조건은 $(\beta+1)R_E \gg R_B$이다. 이 조건을 만족할 경우 $I_C$는 $\beta$에 무관하게 되어 동작점이 안정화된다. 위 조건을 만족하기 위해서는 $R_E$을 큰 것을 사용하거나 $R_B$를 작은 것을 사용하면 된다. 첫째, $R_E$가 큰 경우 식 5-6에서 보듯이 $I_B$가 아주 작아진다. 따라서 $V_{CC}$를 큰 값을 사용해야 된다. 둘째, $R_B$가 작은 경우 바이어스 회로에는 두 개의 다른 전원을 사용해야 되는 불편이 있다.

그림 5-6의 출력 부분에 Kirchoff 법칙을 적용하면 $V_{CC} = I_C R_C + V_{CE} + I_E R_E$이 구해지고, 또한 $I_E \simeq I_C$이므로

$$V_{CE} = V_{CC} - I_C(R_C + R_E) \tag{5-8}$$

과 같이 주어진다. 이에 따라 포화점($V_{CE} = 0$)의 전류는 $I_{C(sat)} = V_{CC}/(R_C + R_E)$으로 주어진다. 그림 5-7에 부하선이 주어져 있다.

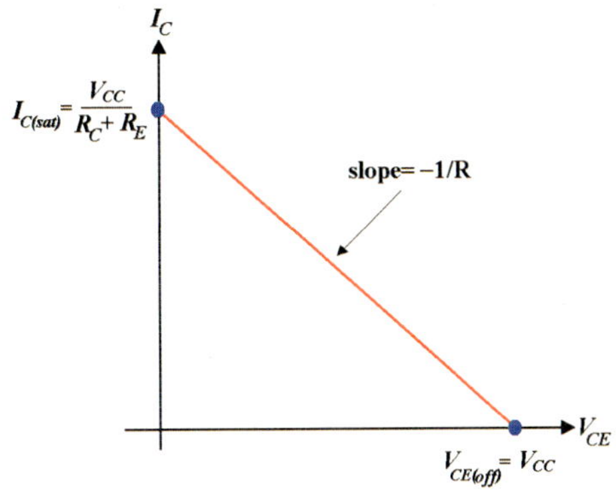


그림 5-7. 에미터 되먹임 바이어스 회로의 부하선

[예제 1] (a) 그림 5-4의 회로에서 $V_{CC} = 10\,V$, $R_B = 220k\Omega$, $R_C = 1k\Omega$이라고 할 때 동작점 $(I_C,\ V_{CE})$를 구하라. 그리고 $I_{C(sat)}$를 구하라. $\beta = 100$이고 $V_{BE} = 0.7\,V$라고 한다. 출력의 최대진동폭은 얼마인가?

(b) $\beta = 200$으로 바뀌면 동작점의 변화는 어떻게 되는가? 출력의 최대진동폭은 어떻게 바뀌나?

답. (a) 베이스 전류는 $I_B = (V_{CC} - V_{BE})/R_B = 42.2\mu A$이다. 따라서 동작점의 콜렉터 전류는 $I_C = \beta I_B = 4.2mA$이고 콜렉터-에미터 전압은 $V_{CE} = V_{CC} - I_C R_C = 5.8\,V$이다. 콜렉터의 포화점은 $I_{C(sat)} = V_{CC}/R_C = 10mA$이다. $V_{CE}$가 포화($V_{CE} = 0$)에 가까우므로 최대진동폭은 $2(V_{CE} - 0) = 11.6\,V$이다.

(b) $\beta = 200$으로 바뀌면 $I_B$는 변하지 않는다. 그러나 $I_C = 8.4\,mA$ (100% 증가), $V_{CE} = 1.6\,V$ (72% 감소)와 같이 변한다. $V_{CE}$가 포화($V_{CE} = 0$)에 가까우므로 최대진동폭은 $2(V_{CE} - 0) = 3.2\,V$이다.

[예제 2] (a) 예제 1과 같은 조건에서 에미터에 $2.2k\Omega$의 저항을 연결한 그림 5-6과 같은 회로에서 동작점 $(I_C,\ V_{CE})$를 구하라. 그리고 $I_{C(sat)}$를 구하라. 출력의 최대진동폭은 얼마인가?

(b) $\beta = 200$으로 바뀌면 동작점의 변화는 어떻게 되는가? 출력의 최대진동폭은 어떻게 바뀌나?

답. (a) 베이스 전류는 식 5-6과 같으므로 $I_B = 22\,\mu A$을 얻는다. 그리고 동작점의 콜렉터 전류는

$I_C = \beta I_B = 2.2mA$이고 콜렉터-에미터 전압은 $V_{CE} = V_{CC} - I_C R_C = 7.8\,V$이다. 콜렉터의 포화점은 $I_{C(sat)} = V_{CC}/R_C = 10mA$이다. $V_{CE}$가 차단($V_{CE} = V_{CC}$)에 가까우므로 최대진동폭은 $2(V_{CC} - V_{CE}) = 4.4\,V$이다.

(b) $\beta = 200$으로 바뀌면 $I_B = 14\mu A$이다. 그리고 $I_C = 2.8\,mA$ (27% 증가), $V_{CE} = 7.2\,V$ (7% 감소)와 같이 변한다. 이와 같이 에미터에 저항을 연결함으로써 동작점의 변화가 크게 줄어들었음을 볼 수 있다.

#### (b) 콜렉터 되먹임 바이어스 회로

콜렉터 되먹임 바이어스(feedback bias)는 콜렉터에서 일부분의 전압을 베이스에 되먹임시키는 회로이다. 그림 5-8은 콜렉터 되먹임 바이어스 회로를 보여 주고 있다.

입력 부분에 대해 Kirchoff 법칙을 적용하면

$$V_{CC} = I_C{}' R_C + I_B R_B + V_{BE} \tag{5-9}$$

를 얻는다. $V_{BE}$가 일정하다고 할 경우, 온도가 증가하면 $\beta$가 증가하고 이에 따라 $I_C$가 증가한다. 그리고 $I_C$가 증가하면 $R_C$에 떨어지는 전압강하($I_C{}' R_C \simeq I_C R_C$)가 증가되고, 이에 따라 식 5-9에서 보듯이 $V_{CC}$는 일정하므로 $I_B R_B$가 감소한다. 결국 베이스 전류 $I_B$가 감소함에 따라 콜렉터 전류 $I_C$가 감소하게 됨으로써 동작점이 안정화된다.

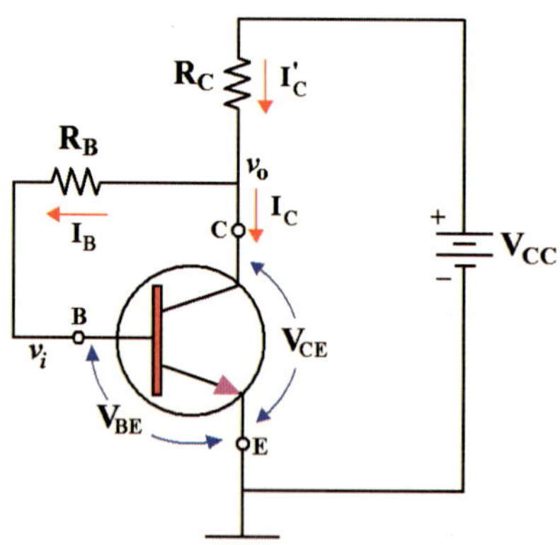


그림 5-8. 콜렉터 되먹임 바이어스 회로

식 5-9에서 $I_C' = I_C + I_B$와 $I_C = \beta I_B$를 이용하면 베이스 전류는

$$I_B = \frac{V_{CC} - V_{BE}}{R_B + (\beta + 1) R_C} \tag{5-10}$$

과 같이 구해진다. 그리고 $I_C = \beta I_B$이므로

$$I_C = \frac{\beta (V_{CC} - V_{BE})}{R_B + (\beta + 1) R_C} \tag{5-11}$$

로 주어진다. 위 식에서 $(\beta + 1) R_C \gg R_B$의 조건을 만족하면 $I_C$가 $\beta$에 무관하게 된다. 즉, 이때 $I_C \simeq (V_{CC} - V_{BE}) / R_C$이 된다. 이 조건은 $R_C$를 크게 하거나 $R_B$를 작게 만들면 만족된다. 첫째, $R_C$를 증가시키면 $V_{CC}$를 증가시켜야 된다. 둘째, $R_B$를 감소시키면 $R_C$에 전압이 많이 떨어지므로 $V_{CE}$가 감소하여 출력신호의 +와 − 사이의 진동폭이 좁아지게 된다. 따라서 위 조건에 맞는 적당한 값을 정하면 $I_C$가 $\beta$에 무관하게 된다.

출력 부분에 대해 Kirchoff 법칙을 적용하면, $V_{CC} = I_C' R_C + V_{CE}$이므로

$$V_{CE} = V_{CC} - (I_C + I_B) R_C \tag{5-12}$$

와 같이 구해진다. 이에 따라 포화점($V_{CE} = 0$)의 전류는 $I_{C(sat)} = V_{CC} / (R_C + R_E)$으로 주어진다. 콜렉터 되먹임 바이어스 회로의 부하선의 모양은 그림 5-7에 주어진 그림과 동일하다.

콜렉터 되먹임 바이어스 회로에서 에미터 되먹임 회로가 더해진 회로가 그림 5-9에 주어져 있다. 입력 부분에서 Kirchoff 법칙을 적용하면

$$V_{CC} = I_C' R_C + I_B R_B + V_{BE} + I_E R_E \tag{5-13}$$

이 구해진다. 식 5-13에서 $I_C' = I_C + I_B$, $I_C = \beta I_B$, $I_C' \simeq I_C$를 이용하면 베이스 전류는

$$I_B = \frac{V_{CC} - V_{BE}}{R_B + (\beta+1)R_C + \beta R_E} \qquad \text{(5-14)}$$

와 같이 구해진다. 그리고 $I_C = \beta I_B$이므로

$$I_C = \frac{\beta(V_{CC} - V_{BE})}{R_B + (\beta+1)R_C + \beta R_E} \qquad \text{(5-15)}$$

로 주어진다. 위 식에서 $\beta(R_C + R_E) \gg R_B$인 경우 $I_C = (V_{CC} - V_{BE})/(R_C + R_E)$와 같이 $\beta$와 무관하게 된다.

출력 부분에 대해 Kirchoff 법칙을 적용하면 $V_{CC} = I_C' R_C + V_{CE} + I_E R_E$이므로 $I_C' \simeq I_C$, $I_E \simeq I_C$를 이용하면

$$V_{CE} = V_{CC} - I_C(R_C + R_E) \qquad \text{(5-16)}$$

을 얻는다. 이에 따라 포화점($V_{CE} = 0$)의 전류는 $I_{C(sat)} = V_{CC}/(R_C + R_E)$으로 주어진다. 따라서 콜렉터 및 에미터 되먹임 바이어스 회로의 부하선의 모양은 그림 5-7에 주어진 그림과 동일하다.

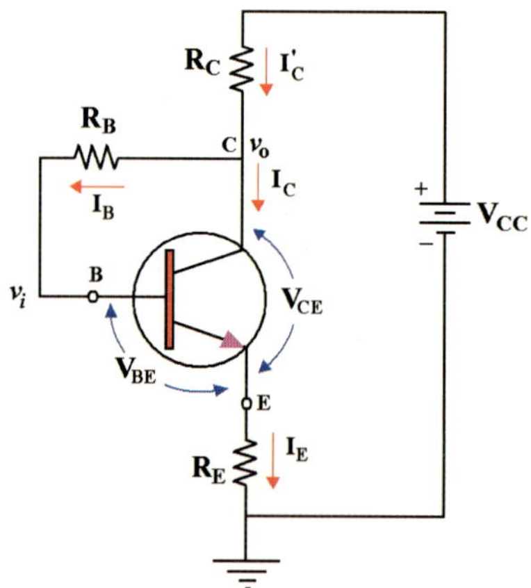


그림 5-9. 콜렉터 및 에미터 되먹임 바이어스 회로

[예제 3] (a) 그림 5-8의 회로에서 $V_{CC}=10V$, $R_B=220k\Omega$, $R_C=2.2k\Omega$이라고 할 때, 동작점 $(I_C,\ V_{CE})$를 구하라. 그리고 $I_{C(sat)}$를 구하라. $\beta=100$이고 $V_{BE}=0.7V$라고 한다. 출력의 최대진동폭은 얼마인가?

(b) $\beta=200$으로 바뀌면 동작점의 변화는 어떻게 되는가?

답. (a) 베이스 전류는 식 5-10을 이용하면 $I_B=21\mu A$이다. 그리고 동작점의 콜렉터 전류는 $I_C=\beta I_B=2.1mA$이고 콜렉터-에미터 전압은 $V_{CE}=V_{CC}-I_CR_C=5.4V$이다. 콜렉터의 포화점은 $I_{C(sat)}=V_{CC}/(R_C+R_E)=3.1mA$이다. $V_{CE}$가 차단($V_{CE}=V_{CC}$)에 가까우므로 최대진동폭은 $2(V_{CC}-V_{CE})=9.2V$이다.

(b) $\beta=200$으로 바뀌면 $I_B=14\mu A$로 변한다. 이에 따라 $I_C=2.8mA$ (33% 증가), $V_{CE}=3.8V$ (30% 감소)와 같이 변한다.

[예제 4] (a) 예제 3과 같은 조건에서 에미터에 $1k\Omega$의 저항을 연결한 그림 5-9와 같은 회로에서 동작점 $(I_C,\ V_{CE})$를 구하라. 그리고 $I_{C(sat)}$를 구하라. 출력의 최대진동폭은 얼마인가?

(b) $\beta=200$으로 바뀌면 동작점의 변화는 어떻게 되는가?

답. (a) 베이스 전류는 식 5-14를 이용하면 $I_B=17.2\mu A$이다. 그리고 동작점의 콜렉터 전류는 $I_C=\beta I_B=1.7mA$이고 콜렉터-에미터 전압은 $V_{CE}=V_{CC}-I_CR_C=4.5V$이다. 콜렉터의 포화점은 $I_{C(sat)}=V_{CC}/(R_C+R_E)=3.1mA$이다. $V_{CE}$가 포화($V_{CE}=0$)에 가까우므로 최대진동폭은 $2(V_{CC}-0)=9V$이다.

(b) $\beta=200$으로 바뀌면 $I_B=10.8\mu A$이다. 그리고 $I_C=2.2mA$ (29% 증가), $V_{CE}=3.1V$ (31% 감소)와 같이 변한다. 이와 같이 에미터에 저항을 연결함으로써 동작점의 변화가 조금 줄어들었음을 볼 수 있다.

[예제 5] (a) 그림 5-9의 회로에서 $V_{CC}=10V$, $R_B=22k\Omega$, $R_C=2.2k\Omega$, $R_E=1k\Omega$이라고 할 때 동작점 $(I_C,\ V_{CE})$를 구하라. 그리고 $I_{C(sat)}$를 구하라. $\beta=100$이고 $V_{BE}=0.7V$라고 한다.

(b) $\beta=200$으로 바뀌면 동작점의 변화는 어떻게 되는가?

**답.** (a) 베이스 전류는 식 5-14를 이용하면 $I_B = 27\mu A$이다. 그리고 동작점의 콜렉터 전류는 $I_C = \beta I_B = 2.7mA$이고 콜렉터-에미터 전압은 $V_{CE} = V_{CC} - I_C R_C = 4.1\,V$이다. 여기서 $\beta(R_C + R_E) \gg R_B$의 조건이 만족된다. 이때 근사식 $I_C = (V_{CC} - V_{BE})/(R_C + R_E)$을 이용하면 $I_C = 2.9mA$와 같이 식 5-14를 이용한 값과 크게 차이가 나지 않음을 볼 수 있다. 콜렉터의 포화점은 $I_{C(sat)} = V_{CC}/(R_C + R_E) = 3.1\,mA$이다.

(b) $\beta = 200$으로 바뀌면 $I_B = 14\mu A$로 변한다. 이에 따라 $I_C = 2.8\,mA$ (4% 증가), $V_{CE} = 3.8\,V$ (7% 감소)와 같이 변한다.

### (c) 전압나누기 바이어스 회로

전압나누기(voltage divider) 바이어스 회로는 안정한 바이어스를 주는 회로로서 트랜지스터 증폭기에 가장 널리 이용되고 있다. 그림 5-10에 전압나누기 바이어스 회로가 주어져 있다. 그림에서 보듯이 $R_2$에 떨어지는 전압에 의해 베이스-에미터가 순바이어스 상태로 유지된다. 그리고 전압나누기에 흐르는 전류가 베이스 전류보다 클 경우 베이스 전압이 베이스 전류의 변화에 관계없이 일정하게 유지된다. 그런데 베이스 전압이 일정하게 유지되더라도 콜렉터 전류가 $\beta$의 변화에 따라 변할 수 있으므로 에미터 되먹임 회로로써 동작점을 안정화시킨다.

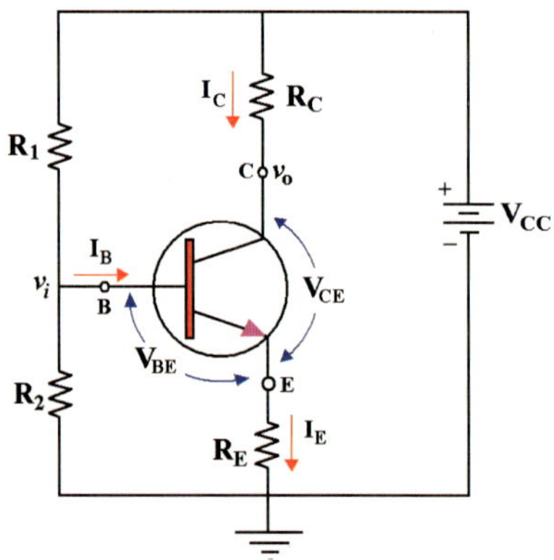


그림 5-10. 전압나누기 바이어스 회로

그림 5-10의 입력 부분은 Thevenin의 정리를 이용하면 그림 5-11과 같이 등가회로로 다시 그릴 수 있다. Thevenin의 저항은 전원을 없앤 후의 회로의 저항이므로 $R_1$과 $R_2$가 병렬로 되어 있는 것을 알 수 있다. 따라서 Thevenin의 저항은 $R_{Th} = R_1 \parallel R_2$이다. 여기서 $\parallel$는 병렬저항을

나타낸다. 다음에 Thevenin의 전압은 $V_{Th} = V_{R_2} = R_2 V_{CC} / (R_1 + R_2)$이다. 결국 Thevenin의 정리에 의한 등가회로는 그림 5-11의 오른쪽 그림으로 표현된다.

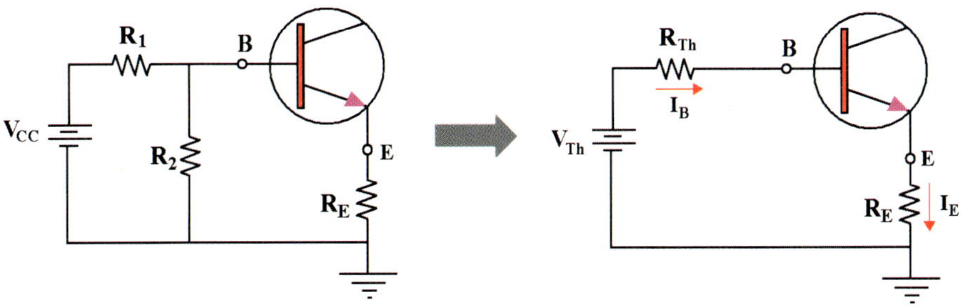


그림 5-11. 그림 5-10의 입력 부분에 Thevenin의 정리 적용하기

그림 5-11의 등가회로(그림 5-10의 입력 부분)에 Kirchoff 법칙을 적용하면

$$V_{Th} = I_B R_B + V_{BE} + I_E R_E \qquad (5\text{-}17)$$

을 얻는다. $I_E = (\beta + 1) I_B$를 이용하면 베이스 전류는

$$I_B = \frac{V_{Th} - V_{BE}}{R_{Th} + (\beta + 1) R_E} \qquad (5\text{-}18)$$

과 같이 구해진다. 그리고 $I_C = \beta I_B$에서 콜렉터 전류는

$$I_C = \frac{\beta (V_{Th} - V_{BE})}{R_{Th} + (\beta + 1) R_E} \qquad (5\text{-}19)$$

로 주어진다. 그리고 식 5-19의 분모에서

$$(\beta + 1) R_E \gg R_{Th} \qquad (5\text{-}20)$$

의 조건이 만족될 경우, 식 5-19는

$$I_C \simeq (V_{Th} - V_{BE})/R_E \tag{5-21}$$

과 같이 표현되므로, $I_C$가 $\beta$에 무관하게 되어 동작점이 안정화된다.

식 5-20에서 $(\beta+1)R_E \simeq \beta R_E$이므로 $\beta R_E \gg R_{Th}$로 고쳐 쓸 수 있다. 그리고 10배 정도이면 충분히 큰 값으로 간주될 수 있으므로 식 5-20의 조건은 $\beta R_E \geq 10R_{Th}$로 나타낼 수 있다. 그리고 $R_1 \gg R_2$이므로 $R_{Th} \simeq R_2$가 되고 이에 따라 식 5-20의 조건은

$$\beta R_E \geq 10R_2 \tag{5-22}$$

와 같이 고쳐 쓸 수 있다.

그림 5-10에서 출력 부분에 Kirchoff 법칙을 적용하면 $V_{CC} = I_C R_C + V_{CE} + I_E R_E$이고 $I_E \simeq I_C$이므로

$$V_{CE} = V_{CC} - I_C(R_C + R_E) \tag{5-23}$$

을 얻는다. 이에 따라 포화점($V_{CE} = 0$)의 전류는 $I_{C(sat)} = V_{CC}/(R_C + R_E)$으로 주어진다. 따라서 전압나누기 바이어스 회로의 부하선의 모양은 그림 5-7에 주어진 그림과 동일하다.

[예제 6] (a) 그림 5-10의 회로에서 $V_{CC} = 20\,V$, $R_1 = 49k\Omega$, $R_2 = 4.9k\Omega$, $R_C = 10\,k\Omega$, $R_E = 1\,k\Omega$이라고 할 때 동작점 $(I_C, V_{CE})$를 구하라. 그리고 $I_{C(sat)}$를 구하라. $\beta = 100$이고 $V_{BE} = 0.7\,V$라고 한다.
(b) $\beta = 200$으로 바뀌면 동작점의 변화는 어떻게 되는가?

답. (a) Thevenin 저항과 전압은 각각 $R_{Th} = 4.45k\Omega$, $V_{Th} = 1.82\,V$로 구해진다. 식 5-18을 이용하여 베이스 전류를 구하면 $I_B = 10.6\mu A$이다. 그리고 동작점의 콜렉터 전류는 $I_C = \beta I_B = 1.06mA$이고 콜렉터-에미터 전압은 $V_{CE} = V_{CC} - I_C R_C = 9.4\,V$이다. 콜렉터의 포화점은

$I_{C(sat)} = V_{CC}/(R_C + R_E) = 1.82\,mA$이다. 주어진 값에서 $R_1 \gg R_2$와 $\beta R_E \geq 10R_2$의 조건이 만족됨을 볼 수 있다. 따라서 식 5-21의 식을 사용하여 $I_C$를 구하면 $1.12\,mA$로서 식 5-19를 이용하여 구한 값인 $1.06mA$와 크게 차이가 없음을 볼 수 있다.

(b) $\beta = 200$으로 바뀌면 $I_B = 5.5\,\mu A$이다. 그리고 $I_C = 1.09\,mA$(3% 증가), $V_{CE} = 9.1\,V$ (3% 감소)와 같이 변한다. 이와 같이 전압나누기 바이어스는 $\beta$의 변화에 따라 동작점이 크게 변하지 않는 안정한 바이어스 회로임을 볼 수 있다.

## 2. 공통 베이스 바이어스 회로

공통 베이스 바이어스 회로에서는 베이스를 공통으로 사용한다. 대표적인 공통 베이스 바이어스 회로가 그림 5-12에 주어져 있다. 공통 베이스 회로에서는 입력은 에미터로 들어가고 출력은 콜렉터로 나온다.

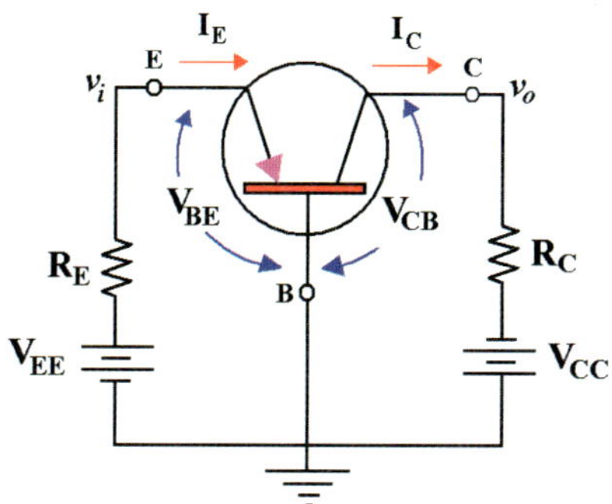


그림 5-12. 공통 베이스 바이어스 회로

입력 부분에 Kirchoff 법칙을 적용하면 $V_{EE} = I_E R_E + V_{BE}$이므로

$$I_E = \frac{V_{EE} - V_{BE}}{R_E} \tag{5-24}$$

를 얻는다. 큰 폐곡선에 대해 Kirchoff 법칙을 적용하면 $V_{EE} + V_{CC} = I_E R_E + V_{CE} + I_C R_C$을 얻고 $I_E \simeq I_C$이므로

$$V_{CE} = V_{EE} + V_{CC} - I_E (R_C + R_E) \tag{5-25}$$

와 같이 표현된다.

출력 부분에 Kirchoff 법칙을 적용하면

$$V_{CB} = V_{CC} - I_C R_C \tag{5-26}$$

을 얻는다. 이에 따라 포화점($V_{CB} = 0$)의 전류는 $I_{C(sat)} = V_{CC}/R_C$으로 주어진다. 부하선은 그림 5-13에 주어져 있다.

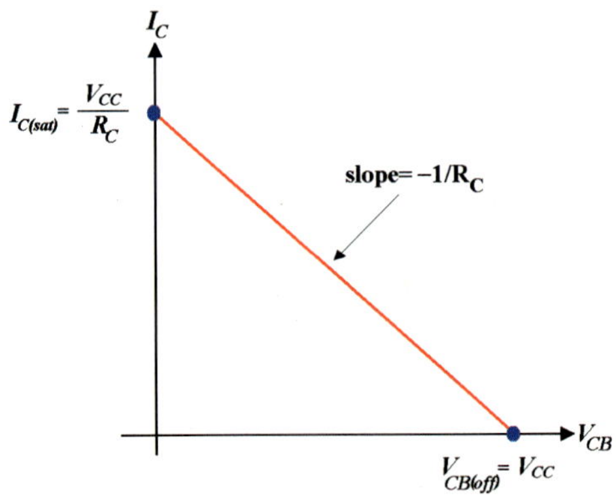


그림 5-13. 공통 베이스 회로의 부하선

[예제 7] 그림 5-12의 회로에서 $V_{CC} = 10\,V$, $V_{EE} = 5\,V$, $R_E = 1\,k\Omega$, $R_C = 1\,k\Omega$이라고 할 때 동작점 ($I_C$, $V_{CB}$)를 구하라. 그리고 $I_{C(sat)}$를 구하라. $\beta = 100$이고 $V_{BE} = 0.7\,V$라고 한다.

답. $I_C \simeq I_E = (V_{EE} - V_{BE})/R_E = 4.3\,mA$이다. $V_{CB} = V_{CC} - I_C R_C = 5.7\,V$로 계산된다. 따라서 동작점은 $(4.3\,mA, 5.7\,V)$이다.

### 3. 공통 콜렉터 바이어스 회로

공통 콜렉터 바이어스 회로에서는 콜렉터를 공통으로 사용한다. 대표적인 공통 콜렉터 바이어스 회로가 그림 5-14에 주어져 있다. 공통 콜렉터 회로에서는 입력은 베이스로 들어가고 출력은 에미터로 나온다.

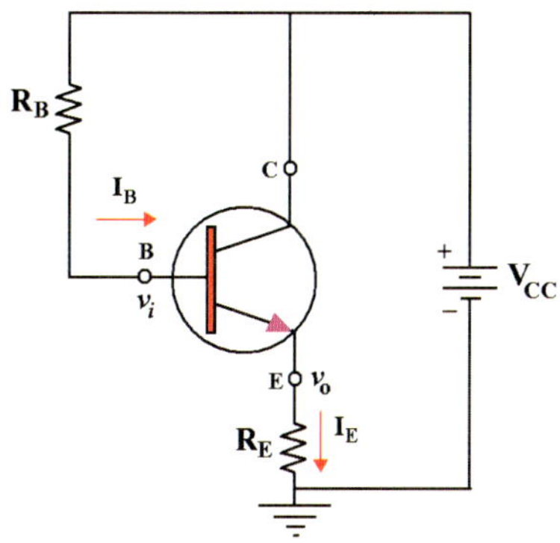


그림 5-14. 공통 콜렉터 바이어스 회로

입력 부분에 Kirchoff 법칙을 적용하면 $V_{CC} = I_B R_B + V_{BE} + I_E R_E$이고 $I_E = (\beta+1) I_B$이므로

$$I_B = \frac{V_{CC} - V_{BE}}{R_B + (\beta+1) R_E} \tag{5-27}$$

과 같이 구해진다. $I_C \simeq I_E$이다.

출력 부분에 Kirchoff 법칙을 적용하면 $V_{CC} = V_{CE} + I_E R_E$이므로

$$V_{CE} = V_{CC} - I_E R_E \tag{5-28}$$

과 같이 주어진다. 부하선은 그림 5-15에 주어져 있다.

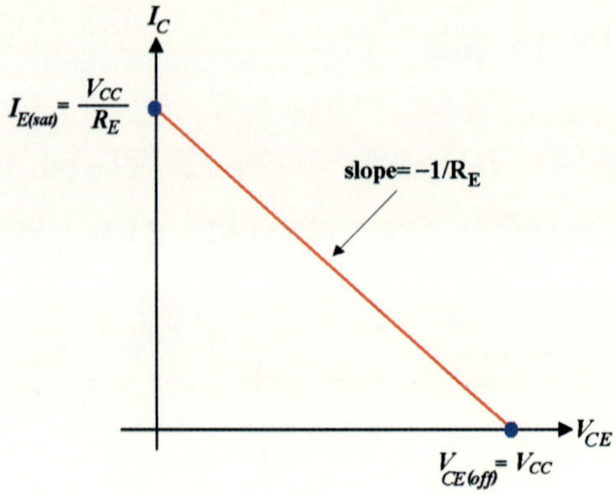


그림 5-15. 공통 콜렉터 부하선

[예제 8] 그림 5-14의 회로에서 $V_{CC} = 10\,V$, $R_E = 1\,k\Omega$, $R_B = 100\,k\Omega$이라고 할 때 동작점 $(I_E,\ V_{CE})$를 구하라. 그리고 $I_{E(sat)}$를 구하라. $\beta = 100$이고 $V_{BE} = 0.7\,V$라고 한다.

답. 식 5-27에서 $I_B = 46\,\mu A$이다. $I_E = (\beta+1)I_B = 4.7\,mA$이다. $V_{CB} = V_{CC} - I_E R_E = 5.3\,V$로 계산된다. 따라서 동작점은 $(4.7mA, 5.3\,V)$이다.

## II. FET 바이어스 회로

양극 접합트랜지스터는 전류로 제어되는 소자인 데 반해, FET는 전압으로 제어되는 소자이다. 따라서 양극 접합트랜지스터에서는 베이스 전류 $I_B$를 조절하여 소자가 원하는 지점(활동영역, active region)에서 작동되도록 하는 데 반해, FET에서는 게이트 전압 $V_{GS}$를 조절하여 원하는 지점(포화영역, saturation region)에서 소자가 동작하도록 만든다. 그리고 양극 접합트랜지스터의 입력과 출력 사이의 관계는 직선적인 데 반해($I_C = \beta I_B$), FET에서는 입력과 출력 사이에 제곱의 관계를 나타낸다. 즉, JFET와 공핍형(depletion) MOSFET에서는 입력전압 $V_{GS}$와 출력전류 $I_D$의 관계는

$$I_D = I_{DSS}\left(1 - \frac{V_{GS}}{V_P}\right)^2 \qquad (5\text{-}29)$$

로 주어지고, 증가형(enhancement) MOSFET에서는 $V_{GS} > V_T$의 영역에서

$$I_D = k(V_{GS} - V_T)^2 \qquad (5\text{-}30)$$

으로 표현된다. 여기서 $k$는 상수이고, $V_T$는 $V_{GS}$의 문턱전압(threshold voltage)이다.

FET의 입력저항은 아주 크기 때문에 게이트 전류는 기본적으로 0으로 둘 수 있다. 즉, $I_G = 0$이다. 그리고 양극 접합트랜지스터($I_C \simeq I_E$)에서와 마찬가지로 $I_D \simeq I_S$가 만족된다.

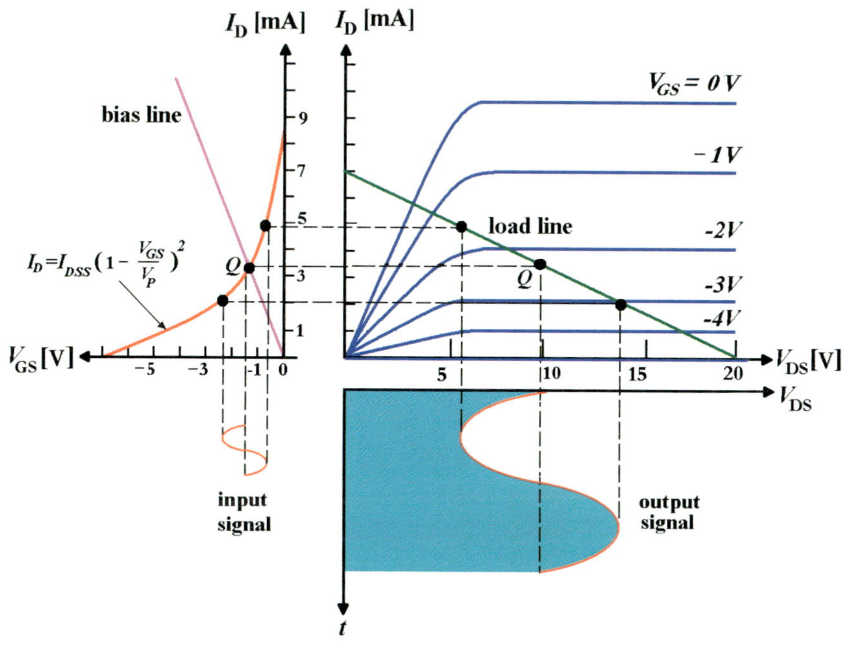


그림 5-16. JFET에서 동작점의 결정과 증폭작용

FET의 dc 바이어싱은 $V_{GS}$를 조절하여 $I_D$를 소자가 동작하기를 원하는 영역으로( $V_{DS}$가 포화 영역에 있도록) 만드는 것이다. 그림 5-16에 JFET의 입력 및 출력 특성곡선이 주어져 있다. 그리고 입력 특성곡선에는 바이어스 선이 함께 그려져 있고, 출력 부분에는 부하선(load line)이 그려져 있다. 여기서 바이어스 선(bias line)은 바이어스 회로에 의해 결정되며, 이 바이어스 선이 입력 특성곡선과 만나는 지점에서 Q점이 결정된다. Q점은 $(V_{GS}, I_D)$로 주어지며, $V_{GS}$의 조절에 의해 $I_D$가 결정됨을 볼 수 있다. 그리고 출력 부분의 회로에 의해 부하선이 결정되고, 이 부하선이 출력 특성곡선과 만나는 지점에 Q점인 $V_{DS}$가 결정된다. 이 $V_{DS}$는 출력 특성곡선의 포화영역(saturation region)에 존재하여야 한다. 그리고 그림에서와 같이 입력신호가 들어갈 경우, 출력에서 나오는 신호의 진폭이 신호의 찌그러짐이 없도록 하기 위해서는 Q점이 드레인에 공급하는 전압($V_{DD}$)의 중간에 오도록 하는 것이 좋다.

MOSFET와 JFET의 바이어스 회로는 큰 차이가 없다. 단지 동작점이 활동영역에 있기 위한 조건이 다르다. 즉, 동작점이 포화영역에 있기 위해서 JFET의 경우 $V_{DS} > |V_P|$의 조건을 만족하여야 한다. 반면에 증가형 MOSFET의 경우 동작점의 $V_{DS}$는 $V_{DS} > V_{GS} - V_T$의 조건이 만족되어야 포화영역에 존재한다.

FET를 이용한 증폭기는 공통으로 사용하는 단자에 따라 공통 소스, 공통 게이트, 공통 드레인 증폭회로가 있다.

공통 소스 증폭기에서는 게이트 단자로 입력신호가 들어가고 드레인 단자로 출력신호가 나온다. 소스 단자는 공통(common, 접지 또는 전원연결)으로 사용한다.

공통 게이트 증폭기에서는 소스 단자로 입력신호가 들어가고 드레인 단자로 출력신호가 나온다. 게이트는 공통으로 사용한다. 이 증폭기는 전류 버퍼(current buffer)나 전압 증폭에 사용된다. 증폭기의 전류 증폭률은 1에 가깝다.

공통 드레인 증폭기에서는 게이트 단자로 입력신호가 들어가고 소스 단자로 출력신호가 나온다. 드레인 단자는 공통으로 사용된다. 공통 드레인 증폭기의 전압 증폭률은 1에 가깝다. 이에 따라 게이트 전압의 변화는 소스 전압에 바로 전달된다. 이에 따라 공통 드레인 증폭기를 소스 따라가기 회로(source follower)라고도 부른다.

아래에서는 JFET와 MOSFET에 관해서 몇 가지 바이어스 회로에 대해 알아보도록 한다.

## 1. JFET 공통 소스 바이어스 회로

공통 소스 증폭기에서는 입력신호 $v_i$가 게이트 단자로 들어가고 출력신호 $v_o$가 드레인 단자로 나온다. 소스 단자는 공통(common, 접지 또는 전원연결)으로 사용한다. 전압증폭기로 가장 널리 사용되고 있는 것이 공통 소스 증폭기이다. 아래부터 공통 소스 증폭기를 위한 여러 가지 바이어스 회로에 대해 알아보기로 한다.

### (a) 고정 바이어스 회로

그림 5-17의 고정 바이어스 회로에서는 n-채널 JFET의 바이어스 전압 $V_{GS}$를 공급하기 위해 전원 $V_{GG}$를 사용한다. 이 전원에 의해 게이트가 소스에 대해 항상 -로 유지된다. 이렇게 고정된 전원에 의해 FET가 바이어스되기 때문에 이 회로를 고정 바이어스 회로라고 부른다. 그러나 게이트 전류가 0이므로 저항 $R_G$를 흐르는 전류는 없고, 또한 이 저항에 떨어지는 전압강하도 없다. 즉, 전원 $V_{GG}$는 n-채널 JFET의 바이어스 전압 $V_{GS}$를 공급하지만 전류는 형성하지 못한다. 교류증폭기에서는 축전기를 통해 교류신호를 입력시킨다(직류신호를 차단하기 위한 목적도 있음). 이때 저항을 통해 교류신호에 의한 전압강하가 발생하여 게이트에 입력되도록 저항 $R_G$가 연결되어 있는 것이다.

입력 부분에 Kirchoff 법칙을 적용하면 $-V_{GG}=I_G R_G+V_{GS}$이고 $I_G=0$이므로

$$V_{GS}=-V_{GG} \tag{5-31}$$

을 얻는다. 즉, 전원에 의해 게이트와 소스에는 항상 동일한(고정된) 바이어스 전압 $-V_{GG}$가 걸리게 된다. 그리고 드레인 전류 $I_D$는 식 5-31과 식 5-29를 통해 구할 수 있다. 이는 전류 $I_D$가 $V_{GS}$와 식 5-29에 의해 연관되어 있기 때문이다. 두 식이 만족하는 $I_D$의 값은 그림을 통해서도 얻을 수 있고, 두 식을 연립함으로써도 구할 수 있다. 두 식을 연립하면

$$I_D=I_{DSS}\left(1+\frac{V_{GG}}{V_P}\right)^2 \tag{5-32}$$

와 같이 구해진다. 그리고 그림 5-18에서와 같이 식 5-31로 표현되는 직선과 식 5-29로 표현되는 곡선이 만나는 지점을 구함으로써 드레인 전류를 구할 수도 있다.

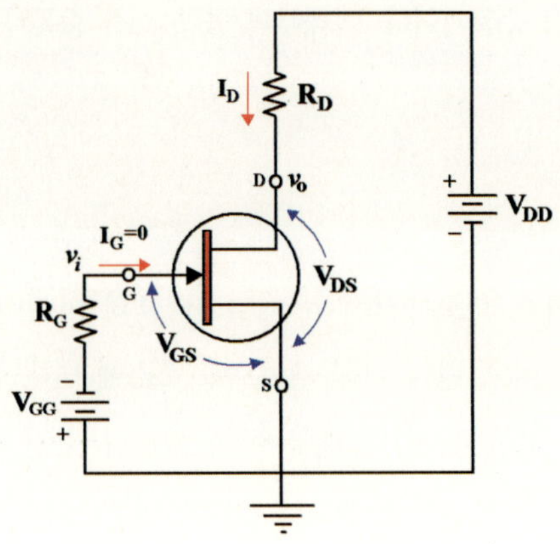


그림 5-17. 고정 바이어스 회로

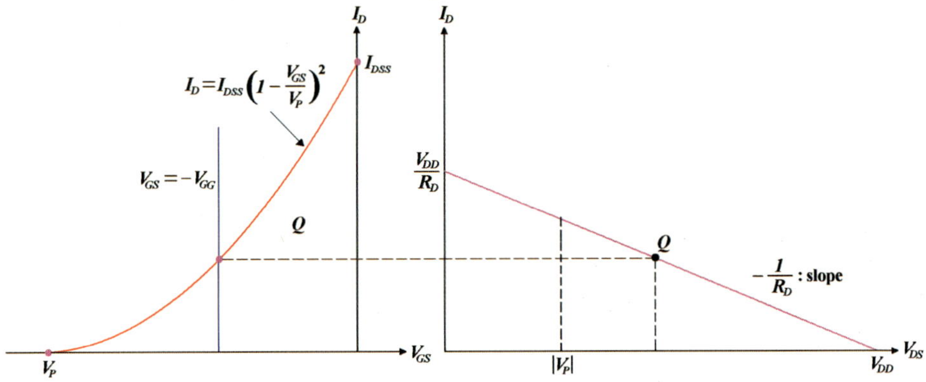


그림 5-18. 그래프를 통해 동작점의 드레인 전류 $I_D$ 및 전압 $V_{DS}$ 구하기

출력 부분에 Kirchoff 법칙을 적용하면 $V_{DD}= V_{DS}+I_D R_D$이므로 드레인-소스 전압은

$$V_{DS}= V_{DD}-I_D R_D \tag{5-33}$$

과 같이 구해진다. 이에 따라 JFET의 동작점 ($I_D$, $V_{DS}$)가 결정된다. 그림 5-18에 동작점이 표시되어 있다.

[예제 9] 그림 5-17의 고정 바이어스 회로에서 $R_D=2.2\,k\Omega$, $R_G=1M\Omega$, $V_{GG}=3\,V$, $V_{DD}=12\,V$일 때 동작점 ($I_D$, $V_{DS}$)를 구하라. JFET의 $I_{DSS}=10mA$, $V_P=-6\,V$라고 한다.

답. 식 5-32에서 $I_D = 2.5mA$로 구해진다. 그리고 식 5-33에서 $V_{DS} = 6.5V$이다. 여기서 $V_{DS} > V_P$이므로 동작점은 포화영역에 존재한다.

### (b) 자체 바이어스 회로

자체 바이어스(self bias) 회로는 JFET에서 널리 사용되고 있는 바이어스 회로이다. 그림 5-19에 자체 바이어스 회로가 주어져 있다.

입력 부분에 Kirchoff 법칙을 적용하면 $I_G R_G + V_{GS} + I_S R_S = 0$이고 $I_G = 0$, $I_S = I_D$이므로

$$V_{GS} = -I_D R_S \tag{5-34}$$

와 같이 주어진다. 이와 같이 저항 $R_S$에 떨어지는 전압강하에 의해 바이어스 전압 $V_{GS}$가 주어질 뿐, 외부에서 주어지는 전원이 없으므로 이 회로를 자체 바이어스 회로라고 부른다. 식 5-34와 5-29를 이용하면

$$I_D = I_{DSS}\left(1 + \frac{I_D R_S}{V_P}\right)^2 \tag{5-35}$$

와 같은 식이 구해진다. 이 식은 $I_D$에 대해 2차방정식이므로 이를 풂으로써 $I_D$를 구할 수 있다. 그리고 그림 5-20에서와 같이 식 5-34로 표현되는 직선과 식 5-29로 표현되는 곡선이 만나는 지점을 구함으로써 드레인 전류를 구할 수도 있다.

출력 부분에 Kirchoff 법칙을 적용하면 $V_{DD} = I_D R_D + V_{DS} + I_S R_S$이고, $I_S = I_D$이므로 드레인-소스 전압은

$$V_{DS} = V_{DD} - I_D (R_D + R_S) \tag{5-36}$$

과 같이 구해진다. 이에 따라 JFET의 동작점 ($I_D$, $V_{DS}$)가 결정된다. 그림 5-20에 동작점이 표시되어 있다.

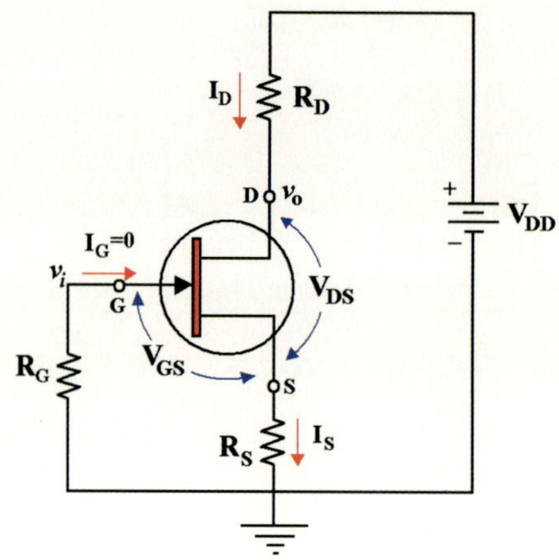


그림 5-19. 자체 바이어스 회로

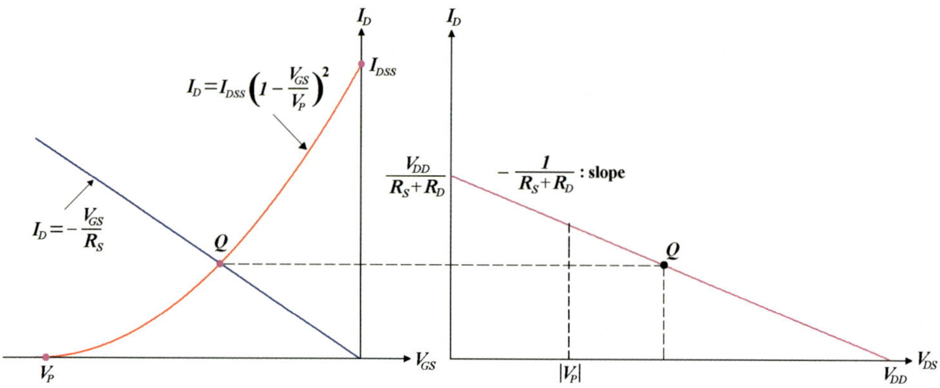


그림 5-20. 그래프를 통해 동작점의 드레인 전류 $I_D$ 및 전압 $V_{DS}$ 구하기

[예제 10] 그림 5-19의 자체 바이어스 회로에서 $R_D = 2k\Omega$, $R_G = 1M\Omega$, $R_S = 1k\Omega$, $V_{DD} = 21V$일 때 동작점 ($I_D$, $V_{DS}$)를 구하라. JFET의 $I_{DSS} = 10mA$, $V_P = -6V$라고 한다.

답. 식 5-35에 주어진 값들을 대입하여 2차방정식을 풀면 그 해는 $I_D = 2.82mA$ 또는 $14.08mA$가 구해진다. $I_{DSS} = 10mA$이므로 $I_D = 2.82mA$가 해가 된다. 이때 $V_{GS} = -2.82V$이다. 이 해는 그림으로 구한 그림 5-21과도 일치한다. 그리고 식 5-36에서 $V_{DS} = 12.54V$이다.

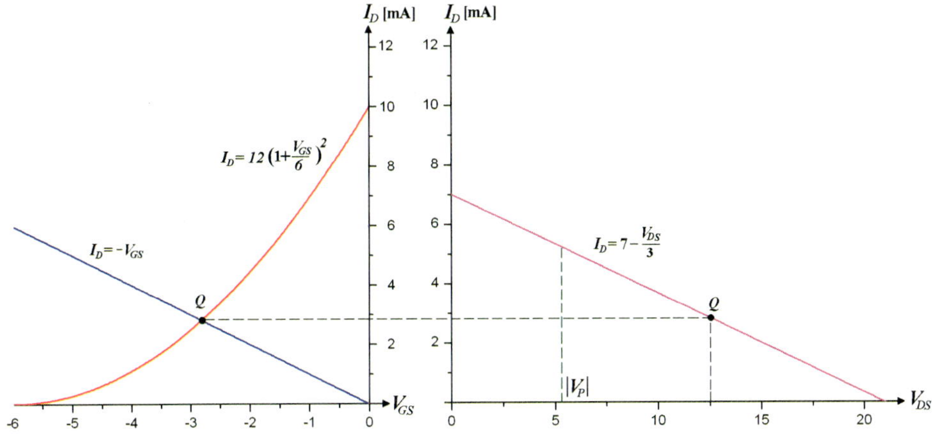


그림 5-21. 그래프를 통해 동작점의 드레인 전류 $I_D$ 및 전압 $V_{DS}$ 구하기

(c) 전압나누기 바이어스 회로

전압나누기 회로를 통해서 $V_{GS}$를 더 쉽게 조절할 수 있다. 그림 5-22에 전압나누기 회로를 이용한 바이어스 회로가 주어져 있다.

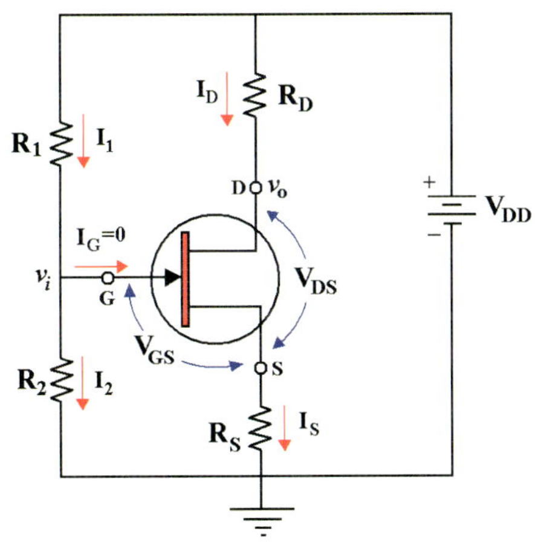


그림 5-22. 전압나누기 바이어스 회로

게이트 전류는 없으므로 $I_1 = I_2$이고, 게이트 전압은 전압나누기 회로에서

$$V_G = \frac{R_2 V_{DD}}{R_1 + R_2} \quad \textbf{(5-37)}$$

로 주어진다. 그리고 이 전압은 $R_2$에 떨어지는 전압과 같다. 즉, $V_G = I_2 R_2$이다.

입력 부분에 Kirchoff 법칙을 적용하면 $-I_2 R_2 + V_{GS} + I_S R_S = 0$이고, $I_S = I_D$이므로

$$V_{GS} = V_G - I_D R_S \quad \textbf{(5-38)}$$

을 얻는다. 여기서 $V_G = I_2 R_2$를 이용하였다. 식 5-38을 5-29에 대입하면

$$I_D = I_{DSS}\left(1 - \frac{V_G - I_D R_S}{V_P}\right)^2 \quad \textbf{(5-39)}$$

와 같이 구해진다. 이 식은 $I_D$에 대해 2차방정식이므로 이를 풂으로써 $I_D$를 구할 수 있다. 그리고 그림 5-23에서와 같이 식 5-38로 표현되는 직선과 식 5-29로 표현되는 곡선이 만나는 지점을 구함으로써 드레인 전류를 구할 수도 있다.

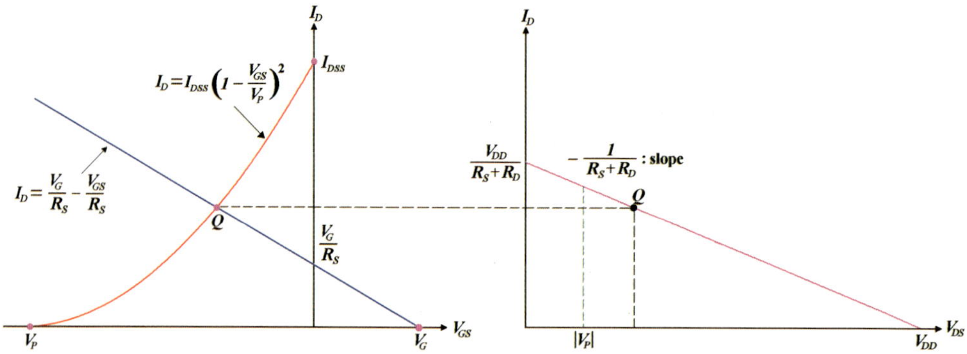


그림 5-23. 그래프를 통해 동작점의 드레인 전류 $I_D$ 및 전압 $V_{DS}$ 구하기

출력 부분에 Kirchoff 법칙을 적용하면 $V_{DD} = I_D R_D + V_{DS} + I_S R_S$이고, $I_S = I_D$이므로

$$V_{DS} = V_{DD} - I_D(R_D + R_S) \qquad (5\text{-}40)$$

으로 주어진다. 이에 따라 JFET의 동작점 ($I_D$, $V_{DS}$)가 결정된다. 그림 5-23에 동작점이 표시되어 있다.

[예제 11] 그림 5-22의 전압나누기 바이어스 회로에서 $R_1 = 2\,M\Omega$, $R_2 = 220\,k\Omega$, $R_D = 2.2\,k\Omega$, $R_S = 1\,k\Omega$, $V_{DD} = 21\,V$일 때 동작점 ($I_D$, $V_{DS}$)를 구하라. JFET의 $I_{DSS} = 10mA$, $V_P = -6$V 라고 한다.

답. 식 5-37을 이용하면 $V_G = 1.59\,V$가 구해진다. 식 5-39에 주어진 값들을 대입하여 2차방정식을 풀면 그 해는 $I_D = 3.85\,mA$ 또는 $14.8\,mA$가 구해진다. $I_{DSS} = 10mA$이므로 $I_D = 3.85\,mA$가 해가 된다. 이때 $V_{GS} = -2.26\,V$이다. 이 해는 그림으로 구한 그림 5-24와도 일치한다. 그리고 식 5-40에서 $V_{DS} = 8.6\,V$이다.

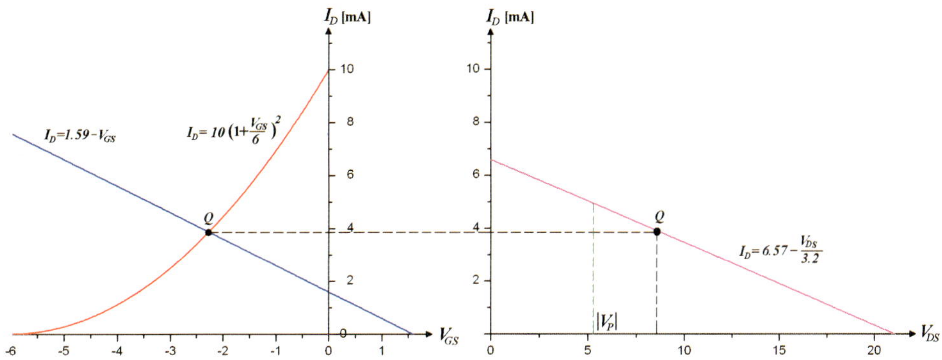


그림 5-24. 그래프를 통해 동작점의 드레인 전류 $I_D$ 및 전압 $V_{DS}$ 구하기

## 2. JFET 공통 드레인 바이어스 회로

공통 드레인 바이어스 회로에서는 입력 신호가 게이트로 들어가고 출력은 소스로 나온다. 드레인은 공통이다. 이는 양극 접합트랜지스터의 공통 콜렉터 바이어스 회로에 대응된다.

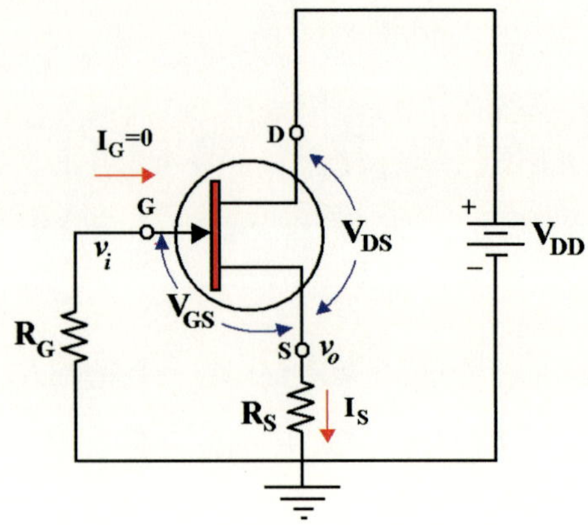


그림 5-25. 공통 드레인 바이어스 회로

입력 부분에 Kirchoff 법칙을 적용하면 $V_{GS}+I_S R_S=0$에서

$$V_{GS}=-I_S R_S \tag{5-41}$$

을 얻는다. $I_D \simeq I_S$이므로 위 식은 $V_{GS}=-I_D R_S$이 되고 이를 식 5-29에 대입하면

$$I_D = I_{DSS}\left(1+\frac{I_D R_S}{V_P}\right)^2 \tag{5-42}$$

와 같이 구해진다. 이 식은 $I_D$에 대해 2차방정식이므로 이를 풂으로써 $I_D$를 구할 수 있다. 그리고 그림 5-26에서와 같이 식 5-41로 표현되는 직선과 식 5-29로 표현되는 곡선이 만나는 지점을 구함으로써 드레인 전류를 구할 수도 있다.

$$V_{DS}=V_{CC}-I_D R_S \tag{5-43}$$

으로 주어진다. 이에 따라 JFET의 동작점 ($I_D$, $V_{DS}$)가 결정된다. 그림 5-26에 동작점이 표시되어 있다.

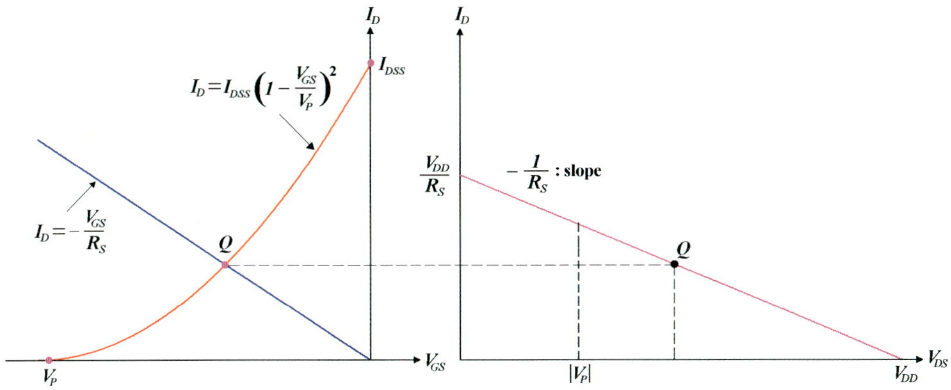


그림 5-26. 그래프를 통해 동작점의 드레인 전류 $I_D$ 및 전압 $V_{DS}$ 구하기

## 3. JFET 공통 게이트 바이어스 회로

공통 게이트 바이어스 회로에서는 입력 신호가 소스로 들어가고 출력은 드레인으로 나온다. 게이트는 공통이다. 이 바이어스 회로는 양극 접합트랜지스터의 공통 베이스 바이어스 회로에 대응된다.

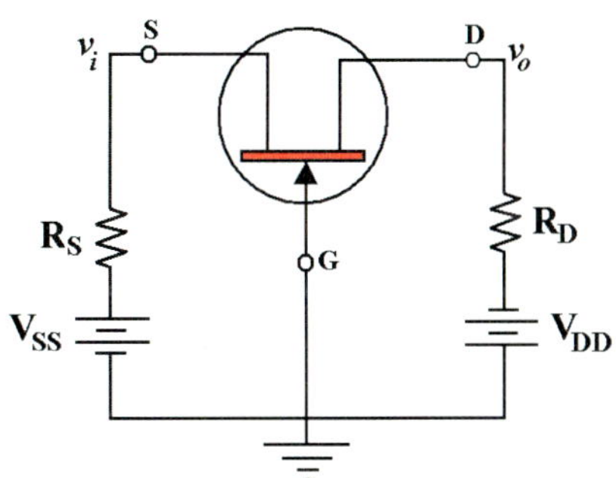


그림 5-27. 공통 게이트 바이어스 회로

입력 부분에 Kirchoff 법칙을 적용하면 $V_{SS}= I_S R_S+ V_{GS}$이고 $I_D = I_S$이므로

$$V_{GS} = V_{SS}- I_D R_S \tag{5-44}$$

를 얻는다. 식 5-44를 5-29에 대입하면

$$I_D = I_{DSS}\left(1 - \frac{V_{SS} - I_D R_S}{V_P}\right)^2 \tag{5-45}$$

와 같이 구해진다. 이 식은 $I_D$에 대해 2차방정식이므로 이를 풂으로써 $I_D$를 구할 수 있다. 그리고 그림 5-28에서와 같이 식 5-43으로 표현되는 직선과 식 5-29로 표현되는 곡선이 만나는 지점을 구함으로써 드레인 전류를 구할 수도 있다.

전체 폐회로에서 Kirchoff 법칙을 적용하면 $V_{DD} + V_{SS} = V_{DS} + (R_S + R_D)I_D$이므로

$$V_{DS} = (V_{DD} + V_{SS}) - I_D(R_D + R_S) \tag{5-46}$$

으로 주어진다. 이에 따라 JFET의 동작점 ($I_D$, $V_{DS}$)가 결정된다. 그림 5-28에 동작점이 표시되어 있다.

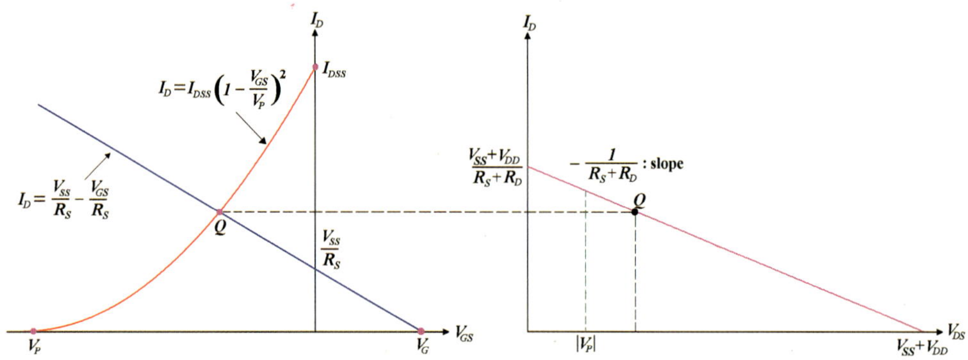


그림 5-28. 그래프를 통해 동작점의 드레인 전류 $I_D$ 및 전압 $V_{DS}$ 구하기

## 4. 공핍형 MOSFET의 전압나누기 바이어스 회로

공핍형 MOSFET의 바이어스 회로는 기본적으로 JFET의 바이어스 회로와 유사하다. 이는

MOSFET의 입력전압 $V_{GS}$와 출력전류 $I_D$의 관계(특성곡선)는 식 5-29와 같이 JFET와 비슷하기 때문이다. 단지 두 특성곡선의 차이점은 공핍형 MOSFET에서는 이 특성곡선이 $V_{GS}$가 양인 경우도 가능하고 $I_D$도 $I_{DSS}$ 이상의 값을 가질 수 있다는 것이다. 이에 따라 소자의 동작점도 이 영역에 존재할 수 있게 된다. 결과적으로 앞에서 논의한 바이어스 회로에 공핍형 MOSFET를 대체해도 MOSFET에 맞는 바이어스 회로가 될 수 있다.

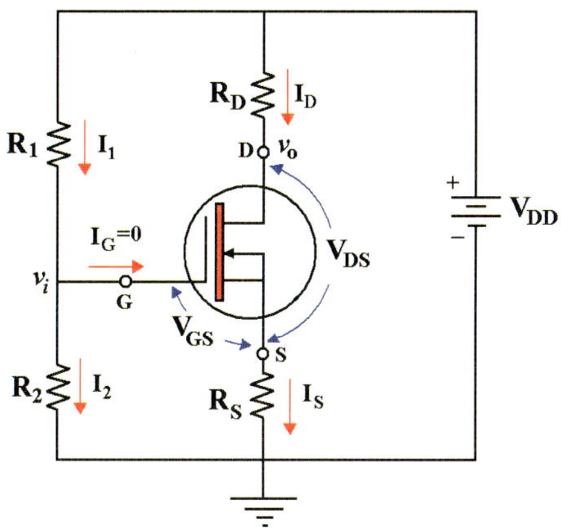


그림 5-29. 공핍형 MOSFET의 전압나누기 바이어스 회로

그림 5-29는 기본적으로 JFET의 전압나누기 바이어스 회로인 그림 5-22에서 JFET 대신에 공핍형 MOSFET를 대체한 것이다. 따라서 회로 해석도 JFET의 경우와 동일하다. 게이트 전압은 전압나누기 회로에서

$$V_G = \frac{R_2\, V_{DD}}{R_1 + R_2} \tag{5-47}$$

로 주어진다. 그리고 입력 부분에서

$$V_{GS} = V_G - I_D R_S \tag{5-48}$$

의 관계식을 얻는다. 식 5-48을 5-29에 대입하면

$$I_D = I_{DSS}\left(1 - \frac{V_G - I_D R_S}{V_P}\right)^2 \tag{5-49}$$

와 같이 구해진다. 이 식은 $I_D$에 대해 2차방정식이므로 이를 풂으로써 $I_D$를 구할 수 있다. 그리고 JFET에서와 같이 식 5-48로 표현되는 직선과 식 5-29로 표현되는 곡선이 만나는 지점을 구함으로써 드레인 전류를 구할 수도 있다. 그러나 그림 5-30에 보는 바와 같이 공핍형 MOSFET에서는 특성곡선에서 $V_{GS} > 0$인 부분도 가능하므로 $I_D > I_{DSS}$의 값도 가질 수 있다.

출력 부분에서도 JFET에서와 같이

$$V_{DS} = V_{DD} - I_D(R_D + R_S) \tag{5-50}$$

을 얻을 수 있다. 이에 따라 MOSFET의 동작점 ($I_D$, $V_{DS}$)가 결정된다. 그림 5-30에 동작점이 표시되어 있다.

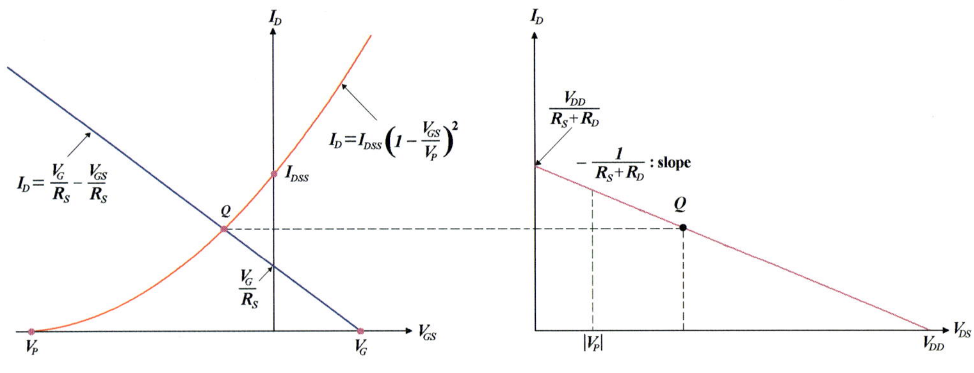


그림 5-30. 그래프를 통해 동작점의 드레인 전류 $I_D$ 및 전압 $V_{DS}$ 구하기

## 5. 증가형 MOSFET의 전압나누기 바이어스 회로

증가형 MOSFET의 특성곡선은 JFET나 공핍형 MOSFET와 다르다. 증가형 MSOFET의 특성곡선을 보면 전압 $V_{GS}$가 문턱전압(threshold voltage) $V_T$가 되기까지 게이트 전류 $I_D$가 0이다.

그리고 $V_{GS} > V_T$의 경우에는 식 5-25에서 보는 바와 같이 게이트 전류 $I_D$는 $V_{GS} - V_T$의 제곱에 비례한다. 비례상수 $k$는 소자에 따라 다른 상수값인데, 소자의 사양에는 특정 $V_{GS(on)}$에 대한 $I_{D(on)}$이 주어지기 때문에 이를 이용하여 상수값 $k$를 구할 수 있다. 그림 5-32에 증가형 MOSFET의 전압나누기 바이어스 회로가 주어져 있다.

게이트 전압은 전압나누기 회로에서

$$V_G = \frac{R_2 V_{DD}}{R_1 + R_2} \tag{5-51}$$

로 주어진다. 그리고 이 전압은 $R_2$에 떨어지는 전압과 같다. 즉, $V_G = I_2 R_2$이다.

입력 부분에 Kirchoff 법칙을 적용하면 $-I_2 R_2 + V_{GS} + I_S R_S = 0$이고, $I_S = I_D$이므로

$$V_{GS} = V_G - I_D R_S \tag{5-52}$$

를 얻는다. 여기서 $V_G = I_2 R_2$를 이용하였다. $V_{GS} > V_T$에 대해서 식 5-52를 5-30에 대입하면

$$I_D = k\,(V_{GS} - V_T)^2 = k(V_G - I_D R_S - V_T)^2 \tag{5-53}$$

과 같이 구해진다. 이 식은 $I_D$에 대해 2차방정식이므로 이를 풂으로써 $I_D$를 구할 수 있다. 그리고 그림 5-33에서와 같이 식 5-52로 표현되는 직선과 식 5-30으로 표현되는 곡선이 만나는 지점을 구함으로써 드레인 전류를 구할 수도 있다.

출력 부분에 Kirchoff 법칙을 적용하면 $V_{DD} = I_D R_D + V_{DS} + I_S R_S$이고, $I_S = I_D$이므로

$$V_{DS} = V_{DD} - I_D (R_D + R_S) \tag{5-54}$$

로 주어진다. 이에 따라 MOSFET의 동작점 $(I_D, V_{DS})$가 결정된다. 그림 5-33에 동작점이 표시되어 있다. MOSFET가 포화영역에 있기 위해서는 $V_{DS} > V_{GS} - V_T$의 조건을 만족해야 한다.

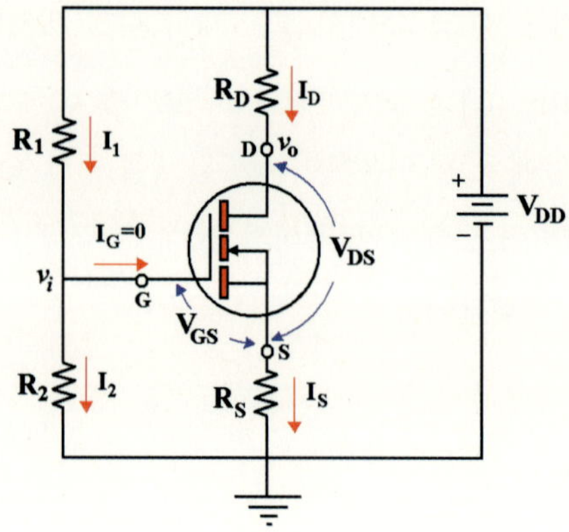


그림 5-31. 증가형 MOSFET의 전압나누기 바이어스 회로

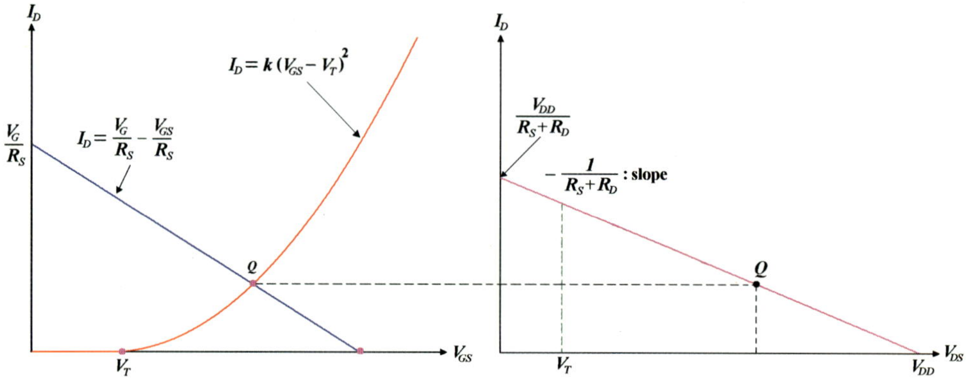


그림 5-32. 그래프를 통해 동작점의 드레인 전류 $I_D$ 및 전압 $V_{DS}$ 구하기

[예제 12] 그림 5-31의 전압나누기 바이어스 회로에서 $R_1 = 22\,M\Omega$, $R_2 = 10M\Omega$, $R_D = 3\,k\Omega$, $R_S = 1\,k\Omega$, $V_{DD} = 30\,V$일 때 동작점 ($I_D$, $V_{DS}$)를 구하라. MOSFET의 $k = 0.4\,mA/V^2$, $V_T = 5\,V$라고 한다.

답. 식 5-50을 이용하면 $V_G = 9.4\,V$가 구해진다. 식 5-52에 주어진 값들을 대입하여 2차방정식을 풀면 그 해는 $I_D = 2.1\,mA$ 또는 $9.2\,mA$가 구해진다. $9.2\,mA$는 맞지 않은 해이다. 이에 따라 $I_D = 2.1\,mA$가 해가 된다. 이때 $V_{GS} = 7.3\,V$이다. 이 해는 그림으로 구한 그림 5-33과도 일치한다. 그리고 식 5-54에서 $V_{DS} = 12.4\,V$이다.

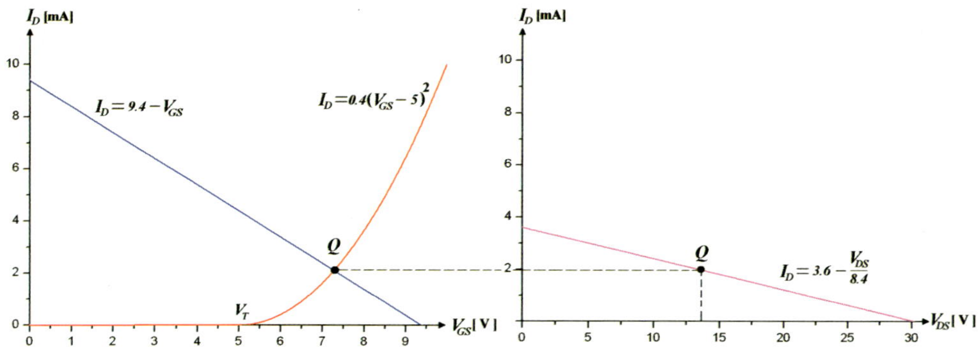


그림 5-33. 그래프를 통해 동작점의 드레인 전류 $I_D$ 및 전압 $V_{DS}$ 구하기

## 【연습문제】

문제 1. 아래 회로에서 다음을 구하라. 트랜지스터의 $\beta = 100$이다.

(a) dc 부하선을 구하라.

(b) Q점을 구하라. 출력의 최대진동폭을 구하라.

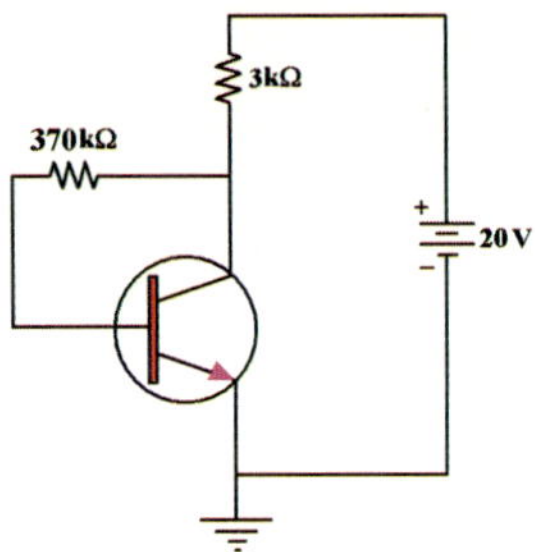


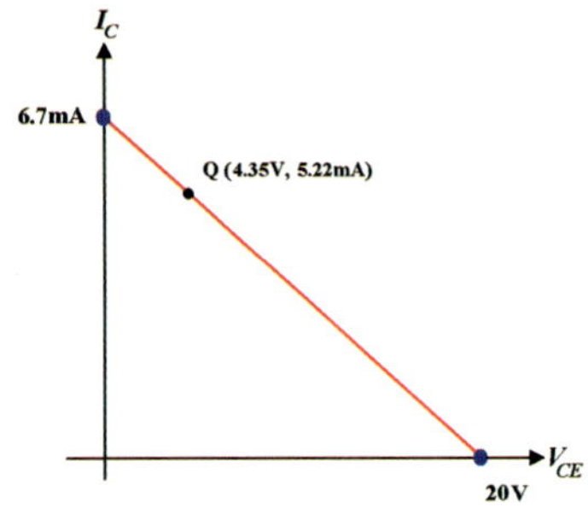


답. (a) $I_{C(sat)} = V_{CC}/R_C = 6.7\,mA$, $V_{CE(sat)} = V_{CC} = 20\,V$이다. 따라서 부하선은 그림과 같다.
(b) $I_C = \beta(V_{CC} - V_{BE})/R_B = 5.22\,mA$, $V_{CE} = V_{CC} - I_C R_C = 4.35\,V$이다. 따라서 Q점은 $(4.35\,V, 5.22\,mA)$이다. 그림에서와 같은 위치이다. $V_{CE}$가 포화($V_{CE} = 0$)에 가까우므로 최대진동폭은 $2(V_{CE} - 0) = 8.7\,V$이다.

문제 2. 아래 회로에 대해 Q점을 구하라. $\beta = 100$, $V_{BE} = 0.7\,V$이다. 출력의 최대진동폭을 구하라.

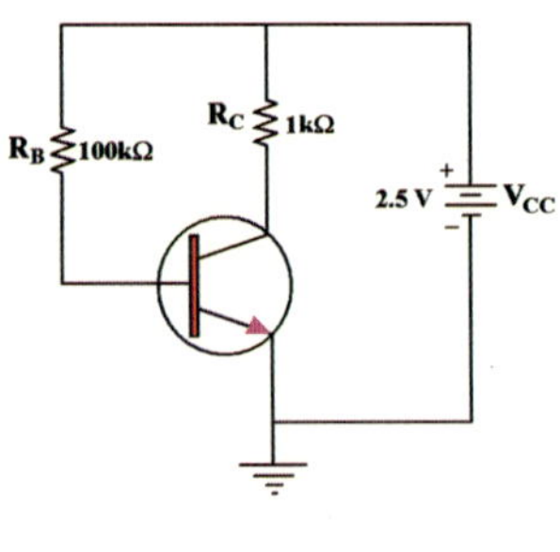


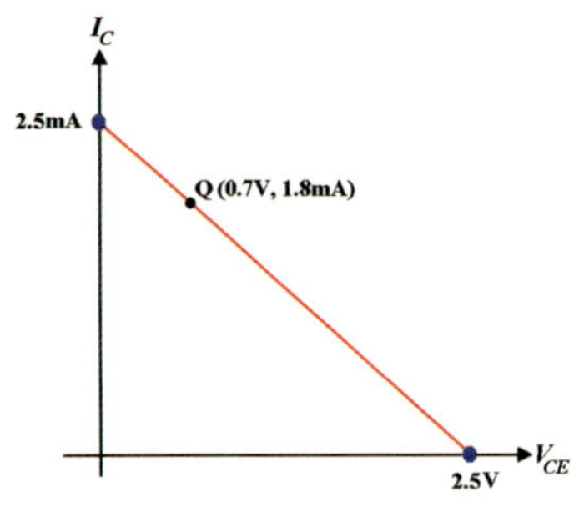

답. 입력에서 $V_{CC} = I_B R_B + V_{BE}$이므로 $I_B = 18\mu A$이고 $I_C = \beta_F I_B = 1.8mA$이다. 출력에서는 $V_{CC} = I_C R_C + V_{CE}$에서 $V_{CE} = 0.7V$이다. 활동영역의 끝 부분이다. Q점은 그림에서와 같다. $V_{CE}$가 포화($V_{CE} = 0$)에 가까우므로 최대진동폭은 $2(V_{CE} - 0) = 1.4V$이다.

문제 3. 아래 회로에 대해 Q점을 구하라. $\beta = 100$, $V_{BE} = 0.7V$이다. 출력의 최대진동폭을 구하라.

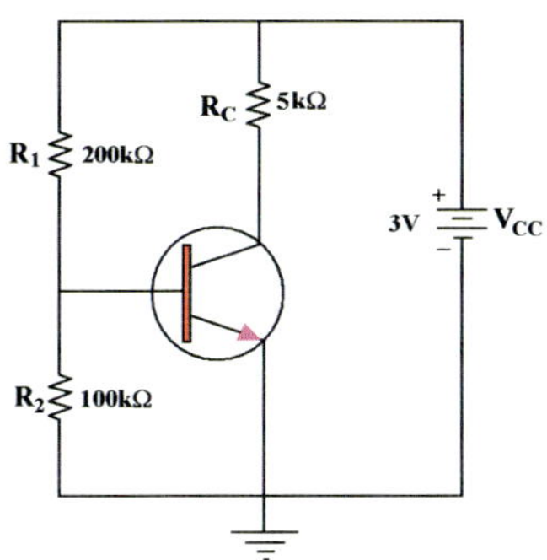


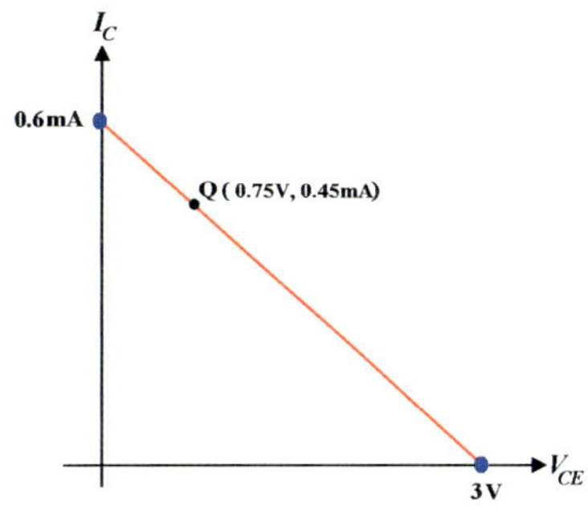


답. 입력에서는 $V_{Th} = R_2 V_{CC} / (R_1 + R_2) = 1V$이고 $R_{Th} = R_1 \parallel R_2 = 66.7k\Omega$이다. $V_{Th} = I_B R_{Th} + V_{BE}$이므로 $I_B = 4.5\mu A$이고 $I_C = \beta I_B = 0.45mA$이다. 출력에서는 $V_{CC} = I_C R_C + V_{CE}$에서 $V_{CE} = 0.75V$이다. Q점은 그림에서와 같다. $V_{CE}$가 포화($V_{CE} = 0$)에 가까우므로 최대진동폭은 $2(V_{CE} - 0) = 1.5V$이다.

문제 4. 아래 회로에 대해 Q점을 구하라. $\beta = 100$, $V_{BE} = 0.7V$이다. 출력의 최대진동폭을 구하라.

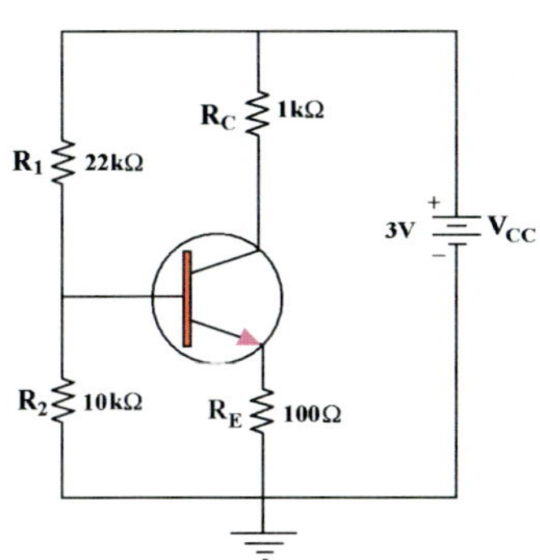


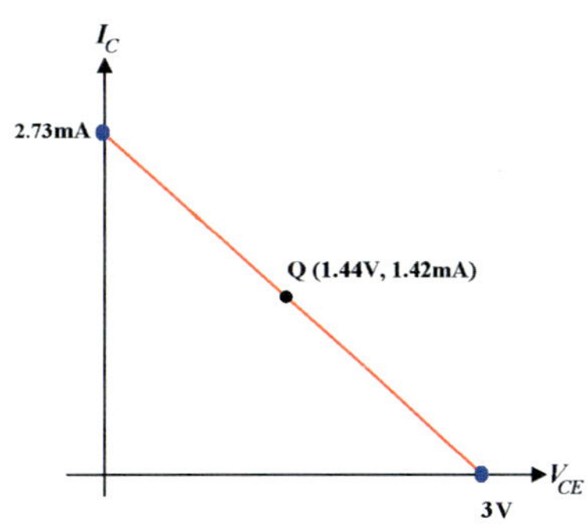

**답.** 입력에서는 $V_{Th}=R_2V_{CC}/(R_1+R_2)=0.94\,V$이고 $R_{Th}=R_1\parallel R_2=6.875k\Omega$이다. $V_{Th}=I_BR_{Th}+V_{BE}+I_ER_E$이고 $I_E=(\beta+1)I_B$이므로 $I_B=0.014\,mA$이고 $I_C=\beta I_B=1.42\,mA$이다. 출력에서는 $V_{CC}=I_CR_C+V_{CE}+I_ER_E$에서 $I_E=I_C$이므로 $V_{CE}=1.44\,V$이다. Q점은 그림에서와 같다. $V_{CE}$가 포화($V_{CE}=0$)에 가까우므로 최대진동폭은 $2(V_{CE}-0)=2.88\,V$이다.

**문제 5.** 아래 회로에 대해 Q점을 구하라. $\beta=100$, $V_{BE}=0.7\,V$이다. 출력의 최대진동폭을 구하라.

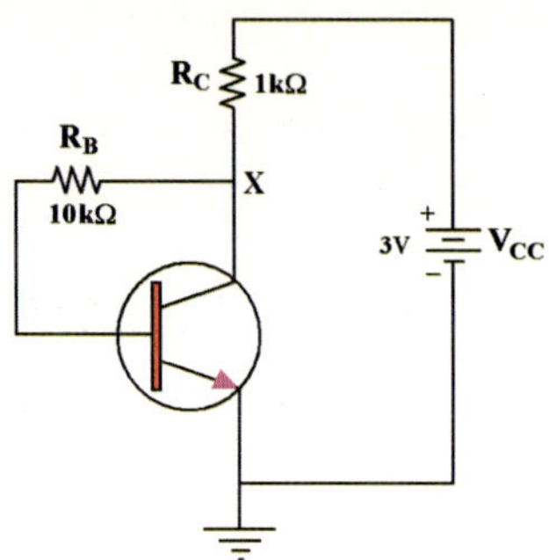


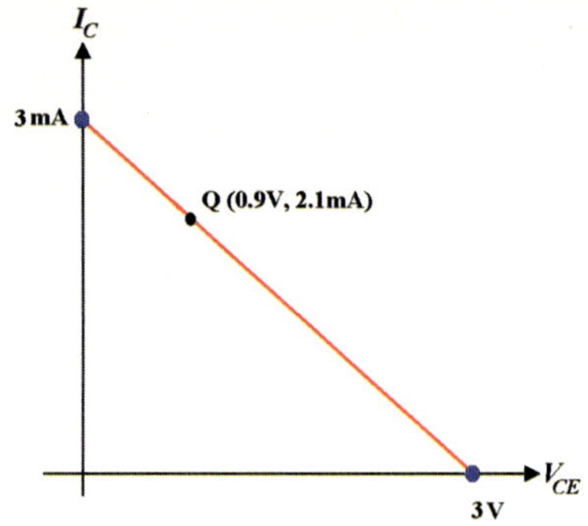


**답.** $V_X=V_{CC}-I_CR_C$이고 $V_X=I_BR_B+V_{BE}$이므로 두 식을 같이 놓아 $I_B$를 구하면 ($I_C=\beta I_B$를 이용) $I_B=21\mu A$이고 $I_C=\beta I_B=2.1\,mA$이다. 출력에서는 $V_{CC}=I_CR_C+V_{CE}$에서 $V_{CE}=0.9\,V$이다. Q점은 그림에서와 같다. $V_{CE}$가 포화($V_{CE}=0$)에 가까우므로 최대진동폭은 $2(V_{CE}-0)=1.8\,V$이다.

**문제 6.** 아래 회로에 대해 Q점을 구하라. $\beta=100$, $V_{BE}=0.7\,V$이다. 출력의 최대진동폭을 구하라.

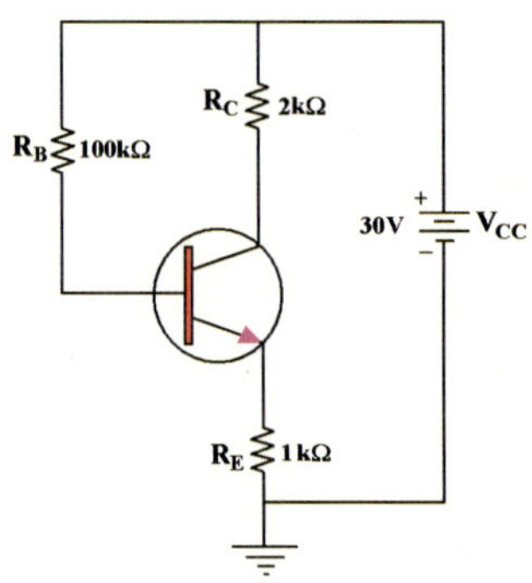


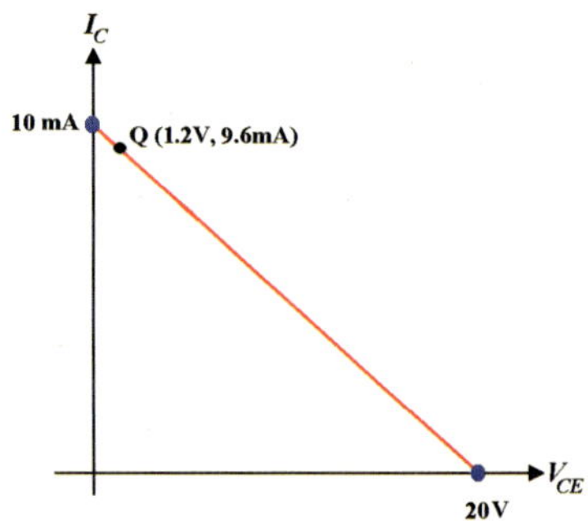

답. 입력에서는 $V_{CC} = I_B R_B + V_{BE} + I_E R_E$이다. $I_E = (\beta+1) I_B$이므로 $I_B = 96\mu A$이고 $I_C = \beta I_B = 9.6 mA$이다. 출력에서는 $V_{CC} = I_C(R_C + R_E) + V_{CE}$에서 $V_{CE} = 1.2V$이다. Q점은 그림에 주어져 있다. $V_{CE}$가 포화($V_{CE} = 0$)에 가까우므로 최대진동폭은 $2(V_{CE} - 0) = 2.4V$이다. Q점이 너무 포화점에 붙어 있어서 출력의 최대진동폭이 작은 것이 이 회로의 흠이다.

문제 7. 아래 JFET의 회로에서 동작점을 구하라. JFET의 $I_{DSS} = 10mA$이고 $V_P = -6V$이다. 출력의 최대진동폭을 구하라.

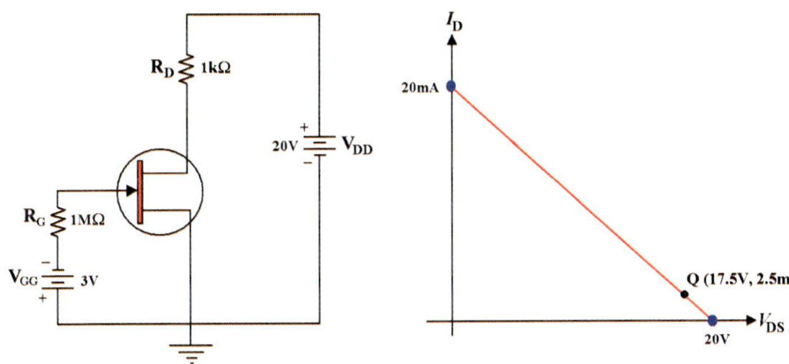


답. $V_{GS} = -V_{GG} = -3V$이므로 $I_D = I_{DSS}\left(1 - \frac{V_{GS}}{V_P}\right)^2 = 2.5mA$이다. 그리고 출력에서 $V_{DS} = V_{DD} - I_D R_D = 17.5V$이다. $V_{DS}$가 차단($V_{DS} = V_{DD}$)에 가까우므로 최대진동폭은 $2(V_{DD} - V_{DS}) = 5V$이다.

문제 8. 아래 JFET의 회로에서 동작점을 구하라. JFET의 $I_{DSS} = 10mA$이고 $V_P = -6V$이다. 출력의 최대진동폭을 구하라.

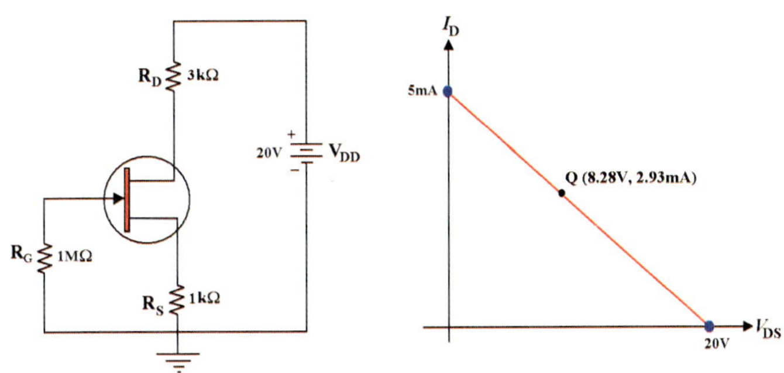

답. 입력에서 $V_{GS}+I_D R_S=0$이므로 $V_{GS}=-I_D R_S$이다. 이를 $I_D=I_{DSS}\left(1-\frac{V_{GS}}{V_P}\right)^2$에 대입하면 $I_D$에 대한 2차방정식을 얻고, 이를 풀면 $I_D=2.93\,mA, 10.9mA$를 얻는다. 이 중 조건에 맞는 해는 $2.93\,mA$이다. 그리고 출력에서 $V_{DS}=V_{DD}-I_D(R_D+R_S)=8.28\,V$이다. $V_{DS}$가 포화($V_{DS}=0$)에 가까우므로 최대진동폭은 $2(V_{DS}-0)=16.56\,V$이다.

문제 9. 증가형 MOSFET에 대한 아래 회로에서 MOSFET가 포화영역에 있기 위한 $R_D$의 최대값은 얼마인가? MOSFET의 $V_T=0.5\,V$이고 $k=1\,mA/V^2$이다.

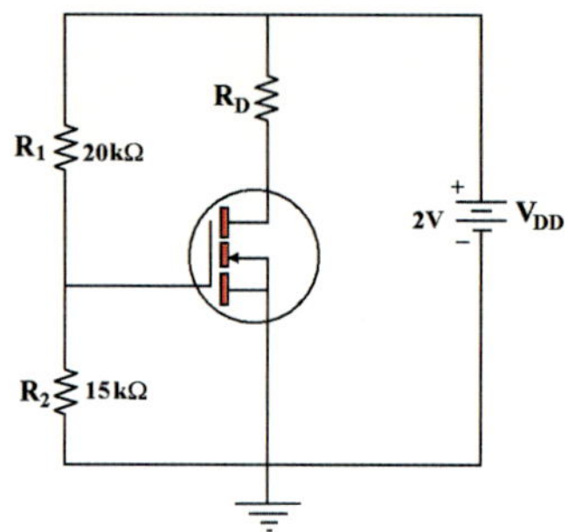


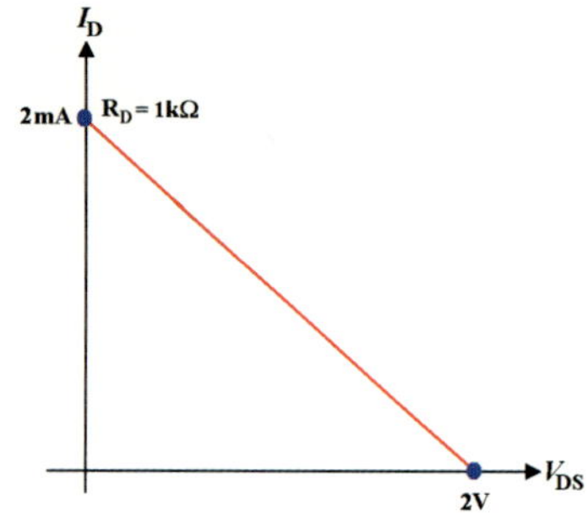


답. $V_{GS}=R_2V_{DD}/(R_1+R_2)=0.86\,V$이므로 $I_D=k(V_{GS}-V_T)^2=129.6\mu A$이다. 포화영역에 있을 조건은 $V_{DS}>V_{GS}-V_T$에서 $V_{DS}>0.36\,V$이다. 출력에서 $V_{DS}=V_{DD}-I_DR_D$이므로 최대의 저항은 $R_D=12.65\,k\Omega$이다. 위 그림에서는 $R_D=1k\Omega$일 때의 부하선이 주어져 있다.

문제 10. 증가형 MOSFET에 대한 아래 회로에서 Q점을 구하라. MOSFET의 $V_T=1\,V$이고 $k=12.5\mu A/V^2$이다. 출력의 최대진동폭을 구하라.

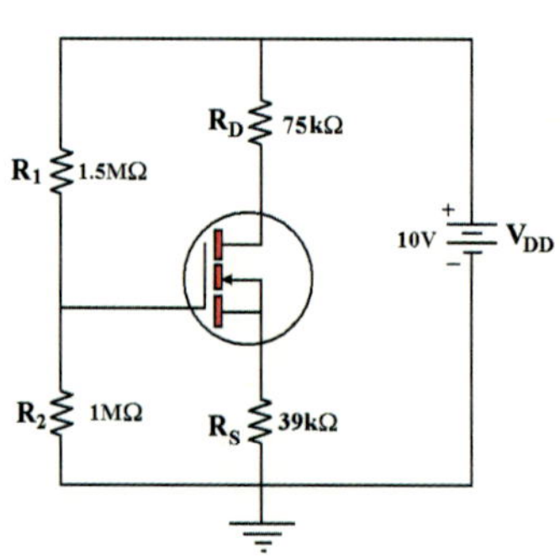


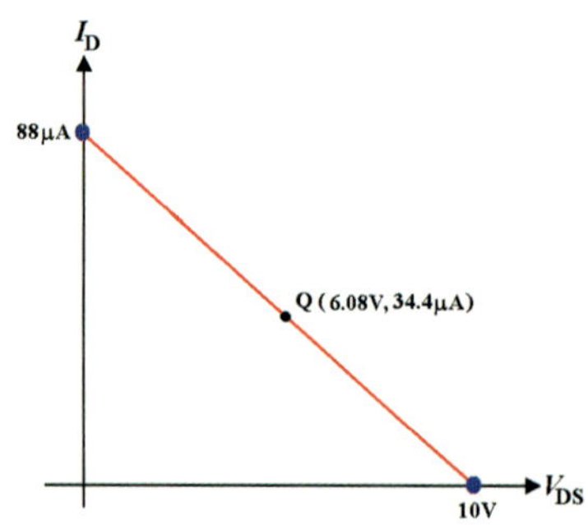

답. $V_{Th} = V_{GS} + I_D R_S$이고 $I_D = k(V_{GS} - V_T)^2$이다. 따라서 $V_{Th} = V_{GS} + k(V_{GS} - V_T)^2 R_S$이다. 주어진 값을 대입하여 $V_{GS}$를 구하면 $V_{GS} = -2.71\,V,\ 2.66\,V$이 구해진다. 이 중에서 $V_{GS} > V_T$의 조건을 만족하는 해는 $2.66\,V$이다. 이에 대응되는 $I_D$는 $34.4\,\mu A$이다. 출력에서는 $V_{DD} = V_{DS} + I_D(R_D + R_S)$에서 $V_{DS} = 6.08\,V$이다. 이 값은 포화영역에 있을 조건인 $V_{DS} > V_{GS} - V_T$을 만족한다. Q점은 그림에 주어져 있다. $V_{DS}$가 차단($V_{DS} = V_{DD}$)에 가까우므로 최대진동폭은 $2(V_{DD} - V_{DS}) = 7.84\,V$이다.

문제 11. 증가형 MOSFET에 대한 아래 회로에서 Q점을 구하라. MOSFET의 $V_T = 1\,V$이고 $k = 130\,\mu A/V^2$이다. 출력의 최대진동폭을 구하라.

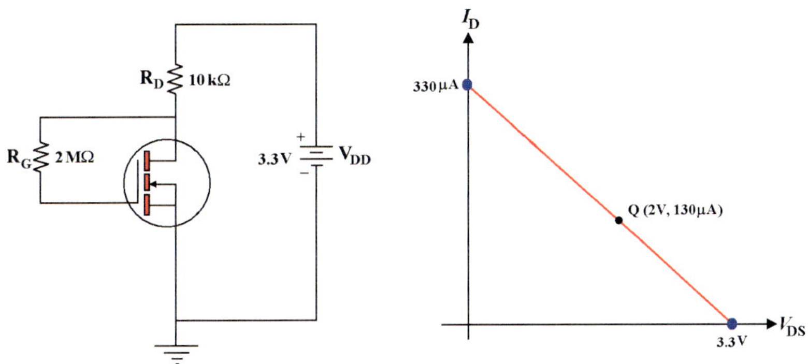


답. $I_G = 0$이므로 $V_{GS} = V_{DS}$이다. 그리고 출력에서 $V_{DD} = V_{DS} + I_D R_D$이므로 $V_{DS} = V_{GS} = V_{DD} - I_D R_D$이다. 따라서 $V_{GS} = V_{DD} - k(V_{GS} - V_T)^2 R_D$를 얻는다. 이 2차방정식을 풀면 해는 $V_{GS} = -0.77\,V,\ 2\,V$가 구해진다. 이 중에서 $V_{GS} > V_T$의 조건을 만족하는 해는 $2\,V$이다. 이에 대응되는 $I_D$는 $130\mu A$이다. 그리고 $V_{DS} = V_{GS} = 2\,V$이다. 이 값은 포화영역에 있을 조건인 $V_{DS} > V_{GS} - V_T$을 만족한다. Q점은 그림에 주어져 있다. $V_{DS}$가 차단($V_{DS} = V_{DD}$)에 가까우므로 최대진동폭은 $2(V_{DD} - V_{DS}) = 2.6\,V$이다.

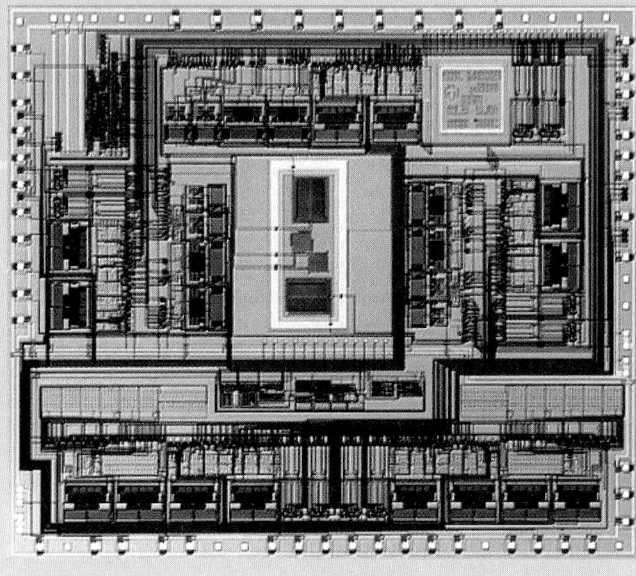

제6장

# 트랜지스터 증폭기 회로

# I. 트랜지스터의 소신호 모델

트랜지스터의 증폭회로에서는 트랜지스터에 dc 바이어싱(biasing)을 한 후 ac 신호를 입력하면 트랜지스터의 작용에 의해 ac 신호가 증폭된다. 이때 ac 신호에 대한 증폭률, 임피던스 등을 계산하려면 소신호에 대한 트랜지스터의 모델(등가회로)이 필요하다. 아래에서는 양극 접합트랜지스터와 FET의 소신호에 대한 등가회로, 즉 모델을 알아보기로 한다.

트랜지스터의 dc 바이어싱에 관련된 전류, 전압은 $V_{BE}$, $I_C$와 같이 모두 대문자로 표기한다. ac 신호에 대해서는 $v_{be}$, $i_c$와 같이 표현한다. dc와 ac를 같이 언급할 때는 $v_{BE}$, $i_C$와 같이 첨자를 대문자로 사용한다. 기본적으로 ac와 dc는 중첩의 원리에 따라 각각 따로 해석을 할 수 있다. 앞에서 dc 바이어싱에 대한 해석을 한 바 있는데, 이 장에서는 ac 신호의 증폭에 대해 알아본다.

다이오드의 경우 전류는 $I_D = I_S\left(e^{qV_D/kT}-1\right)$로 주어진다. 여기서

$$g_m = \frac{dI_D}{dV_D} = \frac{I_S q}{kT} e^{qV_D/kT} = \frac{q}{kT}(I_D + I_S) \simeq \frac{qI_D}{kT} \tag{6-1}$$

을 얻는다. 이를 상호콘덕턴스(transconductance)라고 부른다. 식 6-1의 마지막 과정에서 $I_D \gg I_S$을 이용하였다. 따라서 다이오드의 저항은

$$r_D = \frac{1}{g_m} = \frac{dV_D}{dI_D} = \frac{kT}{qI_D} = \frac{26\,mA}{I_D}\ [\Omega] \tag{6-2}$$

와 같이 구해진다. 여기서 $k = 1.38 \times 10^{-23} J/K$, $q = 1.6 \times 10^{-19} C$, $T = 300K$를 이용하였다.

## 1. 양극 접합트랜지스터의 소신호 모델

dc 바이어싱이 되어 있는 양극 접합트랜지스터에 ac 소신호가 입력된다고 하자. dc 바이어싱에 의해 트랜지스터는 동작점 Q에서의 전류, 전압의 값들인 $I_B, I_C, V_{BE}, V_{CE}$을 가진다. ac 신호가 입력될 경우 총전류와 총전압은 $i_B = I_B + i_b$, $v_{CE} = V_{CE} + v_{ce}$와 같이 Q값과 ac 신호의 합이 된다.

여기서 ac 신호에 관련된 $i_b, v_{ce}$는 Q값에 비해 아주 작은 값(소신호, small signal)이라고 하자. 함수 $f(x_0+\Delta x, y_0+\Delta y)$에서 $\Delta x, \Delta y$가 작을 경우 $(x_0, y_0)$ 근방에서 Taylor 전개를 하면

$$f(x_0+\Delta x, y_0+\Delta y) = f(x_0, y_0) + \left.\frac{\partial f}{\partial x}\right|_{x_0, y_0} \Delta x + \left.\frac{\partial f}{\partial y}\right|_{x_0, y_0} \Delta y + \cdots \quad \textbf{(6-3)}$$

과 같이 표현된다.

양극 접합트랜지스터에서의 4개의 변수 $i_B, i_C, v_{BE}, v_{CE}$는 독립적이지 않고 서로 연관되어 있다. 즉, $v_{BE}(i_B, v_{CE})$, $i_C(i_B, v_{CE})$와 같이 2개의 변수로 표현할 수 있다. 따라서 ac 신호가 작을 경우 Q점 $(I_B, V_{CE})$근방에서 Taylor 전개를 하면

$$v_{BE}(I_B+i_b, V_{CE}+v_{ce}) = v_{BE}(I_B, V_{CE}) + \left.\frac{\partial v_{BE}}{\partial i_B}\right|_Q i_b + \left.\frac{\partial v_{BE}}{\partial v_{CE}}\right|_Q v_{ce}$$

$$i_C(I_B+i_b, V_{CE}+v_{ce}) = i_C(I_B, V_{CE}) + \left.\frac{\partial i_C}{\partial i_B}\right|_Q i_b + \left.\frac{\partial i_C}{\partial v_{CE}}\right|_Q v_{ce} \quad \textbf{(6-4)}$$

로 얻을 수 있다. 위에서 편미분은 모두 Q점에서의 값을 나타낸다. 식 6-4에서 $v_{BE}(I_B, V_{CE}) = V_{BE}$, $i_C(I_B, V_{CE}) = I_C$이므로 $v_{BE} = V_{BE} + v_{be}$, $i_C = I_C + i_c$와 같이 표현된다. 따라서 ac 신호만에 대한 것은

$$v_{be} = \left.\frac{\partial v_{BE}}{\partial i_B}\right|_Q i_b + \left.\frac{\partial v_{BE}}{\partial v_{CE}}\right|_Q v_{ce} \equiv h_{ie}\, i_b + h_{re}\, v_{ce}$$

$$i_c = \left.\frac{\partial i_C}{\partial i_B}\right|_Q i_b + \left.\frac{\partial i_C}{\partial v_{CE}}\right|_Q v_{ce} \equiv h_{fe}\, i_b + h_{oe}\, v_{ce} \quad \textbf{(6-5)}$$

와 같이 표현된다. 여기서 $h$값들은 각각

$$h_{ie} = \left.\frac{\partial v_{BE}}{\partial i_B}\right|_Q, \; h_{re} = \left.\frac{\partial v_{BE}}{\partial v_{CE}}\right|_Q, \; h_{fe} = \left.\frac{\partial i_C}{\partial i_B}\right|_Q, \; h_{oe} = \left.\frac{\partial i_C}{\partial v_{CE}}\right|_Q \quad \textbf{(6-6)}$$

과 같이 정의된다.

식 6-5의 첫 번째 식에서 왼쪽이 전압이므로 오른쪽 항들은 모두 전압의 단위를 가져야 한다. 따라서 $h_{ie}$는 저항의 단위를 가져야 하고 $h_{re}$는 단위가 없어야 한다. 이 식을 만족하는 Kirchoff 회로는 그림 6-1과 같다. 즉, 베이스와 에미터 사이의 전압강하는 두 요소의 전압강하 $h_{ie}i_b$와 $h_{re}v_{ce}$의 합이다. 여기서 $h_{ie}$는 저항을 나타내고 $h_{re}v_{ce}$전압원(voltage source)으로 작용한다.

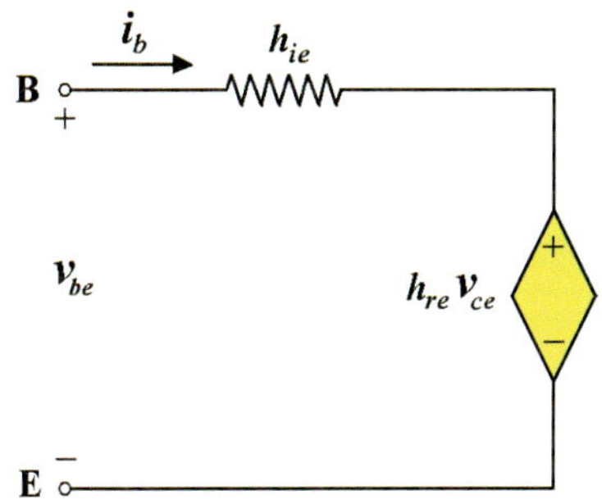


그림 6-1. 식 6-5의 첫 번째 식이 만족하는 Kirchoff 회로

식 6-5의 두 번째 식에서 왼쪽이 전류이므로 오른쪽 항들은 모두 전류의 단위를 가져야 한다. 따라서 $h_{fe}$는 단위가 없어야 하고 $h_{oe}$는 전도도(conductance)의 단위($1/\Omega$)가 되어야 한다. 이 식을 만족하는 Kirchoff 회로는 그림 6-2와 같다. 즉, 콜렉터를 흐르는 전류는 전류원(current source) $h_{fe}i_b$와 전류 $v_{ce}/h_{oe}$의 합이다.

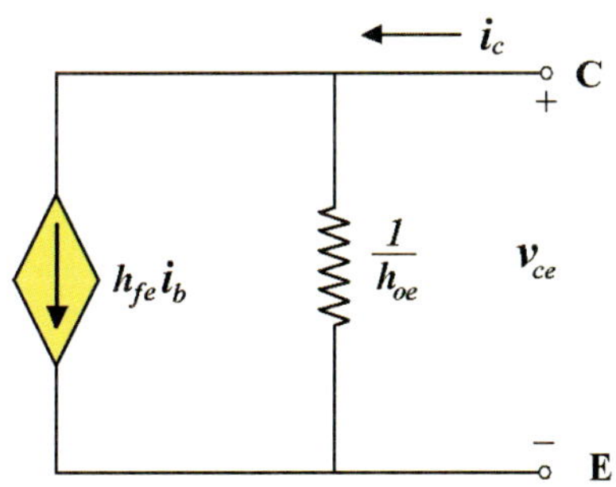


그림 6-2. 식 6-5의 두 번째 식이 만족하는 Kirchoff 회로

다음에 베이스-에미터(입력 부분)와 콜렉터-에미터(출력 부분) 단자를 합치게 되면 공통 에미터에서의 소신호 하이브리드 모델(hybrid model)이 만들어진다.

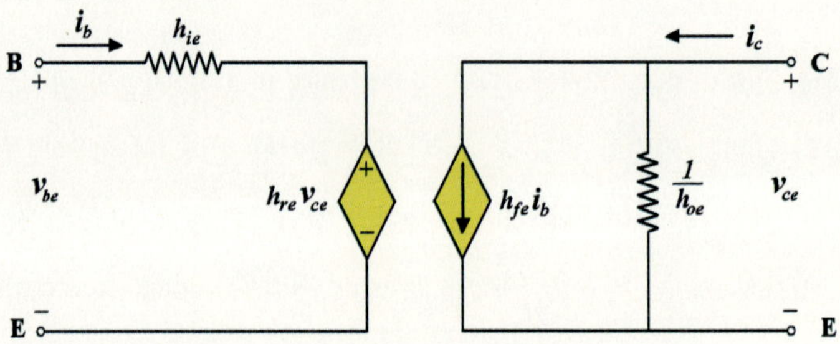


그림 6-3. 양극 접합트랜지스터 하이브리드 모델

위 하이브리드 모델에서 $h_{re}$가 매우 작으므로($10^{-4}$ 정도) 이를 무시한 모델을 하이브리드 $\pi$모델이라고 한다. 이 모델을 양극 접합트랜지스터의 증폭회로 해석에 많이 사용하고 있다. 이때 하이브리드 모델(그림 6-3)과 구분하기 위해서 계수를 달리 사용하는데, 이를 그림 6-4에 보여 주고 있다. 즉, $h_{ie}=r_\pi$, $h_{fe}=\beta$, $r_o=1/h_{oe}$ 등으로 대체하였다. 여기서 $\beta$는 dc 전류 증폭률과 동일하다.

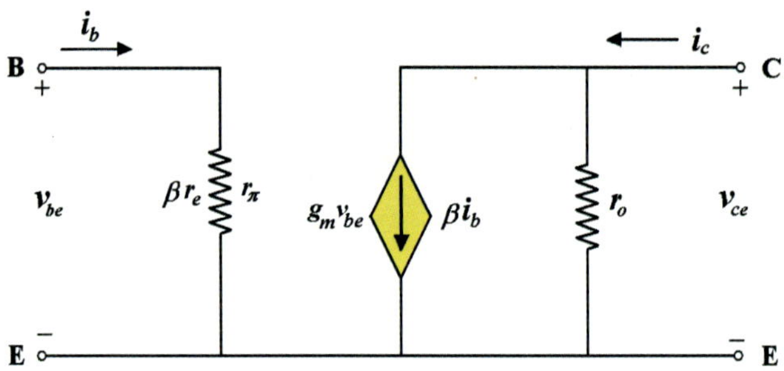


그림 6-4. 하이브리드 $\pi$ 모델

콜렉터 전류는 $i_C=I_S\left(e^{qv_{BE}/kT}-1\right)\simeq I_S e^{qv_{BE}/kT}$로 주어지고 $i_B=i_C/\beta$, $i_E=\alpha i_C$이므로 상호컨덕턴스는

$$g_m=\left.\frac{\partial i_C}{\partial v_{BE}}\right|_Q=\frac{i_c}{v_{be}}=\frac{qI_S}{kT}e^{qv_{BE}/kT}=\frac{qi_C}{kT} \tag{6-7}$$

과 같이 주어진다. 그리고 $r_\pi$와 $r_e$는 각각

$$r_\pi = h_{ie} = \left.\frac{\partial v_{BE}}{\partial i_B}\right|_Q = \frac{v_{be}}{i_b} = \frac{\beta}{g_m}$$

$$r_e = \left.\frac{\partial v_{BE}}{\partial i_E}\right|_Q = \frac{v_{be}}{i_e} = \frac{\alpha}{g_m} \simeq \frac{1}{g_m} \qquad (6\text{-}8)$$

과 같이 표현되므로 $r_\pi = (1+\beta)r_e \simeq \beta r_e$와 같이 구해진다. 여기서 $\beta \gg 1$을 이용하였다. 이의 결과가 그림 6-4에 주어져 있다.

공통 에미터 회로에서 양극 접합트랜지스터의 등가회로를 더 쉽게 이해하기 위해서 그림 6-5와 같은 과정을 생각해 보자. 여기서 입력 부분은 pn 접합이므로 다이오드로 생각할 수 있고, 이 다이오드는 전류 $i_e$가 흐를 때 $r_e = 26mV/i_e$인 저항으로 대체할 수 있다. 그리고 베이스에 $i_b$의 전류가 입력되면 콜렉터에는 $i_c = \beta i_b$의 전류가 흐른다. 따라서 콜렉터 부분은 전류원(current source)으로 대체할 수 있다. 그런데 이 등가회로가 입력과 출력이 연결되어 복잡하게 보이기 때문에 이를 분리시킬 필요가 있다. 베이스 쪽으로 볼 때 임피던스는 $Z_i = v_{be}/i_b$이고, $v_{be} = i_e r_e = (1+\beta)\, i_b r_e$이므로 $Z_i = (1+\beta)r_e \simeq \beta r_e$가 된다. 따라서 그림 6-5와 같이 양극 접합트랜지스터 공통 에미터 회로의 등가회로가 구해진다. 이는 그림 6-4에 주어진 하이브리드 $\pi$모델과 동일하다는 것을 볼 수 있다.

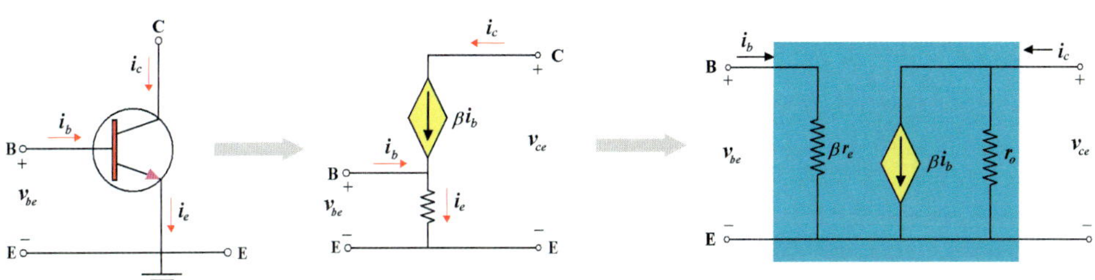


그림 6-5. 양극 접합트랜지스터의 공통 에미터 회로의 등가회로

공통 베이스 회로의 등가회로도 동일하게 구성할 수 있다. 베이스-에미터 접합을 다이오드로 대체한다. 여기서 다이오드를 저항 $r_e$로 바꾼다. 이 경우 입력 임피던스는 $Z_i = v_{eb}/i_e$이고, $v_{eb} = i_e r_e$이므로 $Z_i = r_e$가 된다. 그림 6-6에는 출력 임피던스 $r_0$를 고려하여 등가회로를 완성하였다.

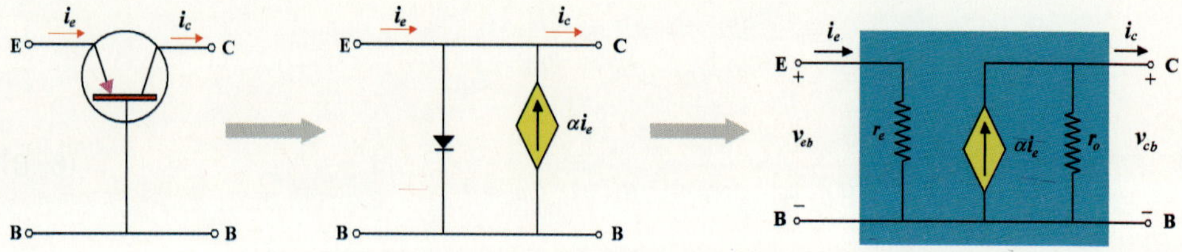


그림 6-6. 양극 접합트랜지스터의 공통 베이스 회로의 등가회로

## 2. JFET의 소신호 모델

공통 소스 회로에서 JFET와 MOSFET는 게이트-소스 전압의 변화에 따라 드레인-소스의 전류가 바뀐다. 즉, FET는 전압제어소자이다. dc 바이어싱이 되어 있는 FET에 ac 신호가 입력되면 드레인-소스 전압은 dc 바이어싱 전압과 ac 신호전압의 합으로서

$$v_{GS} = V_{GS} + v_{gs} \tag{6-9}$$

로 표현된다. 이 전압의 변화에 따라 드레인-소스 전류가 바뀌는데, 이 또한 dc 바이어싱 전류와 증폭된 ac 전류의 합으로서

$$i_D = I_D + i_d \tag{6-10}$$

과 같이 표현된다.

ac 신호를 아주 작다고 가정하면 이를 동작점 Q 근방에서 Taylor 전개를 할 수 있다. 드레인 전류는 $i_D(v_{GS}, v_{DS})$와 같이 두 변수로 표시할 수 있고 Q점은 $(V_{GS}, V_{DS})$이므로

$$i_D = I_D + \left.\frac{\partial i_D}{\partial v_{GS}}\right|_Q v_{gs} + \left.\frac{\partial i_D}{\partial v_{DS}}\right|_Q v_{ds} + \cdots \tag{6-11}$$

과 같이 전개할 수 있다. 여기서 $\left.\frac{\partial i_D}{\partial v_{GS}}\right|_Q \equiv g_m$으로서 상호컨덕턴스이고, $\left.\frac{\partial i_D}{\partial v_{DS}}\right|_Q \equiv g_o$는 출력 부분의 컨덕턴스이다. 따라서 식 6-11에서 ac 신호에 대한 부분은

$$i_d = g_m v_{gs} + g_o v_{ds} \qquad (6\text{-}12)$$

와 같이 표현된다. 여기서 $g_o = 1/r_o$로서 출력저항으로 표현할 수 있다. 식 6-12는 FET의 출력 부분의 Kirchoff 법칙을 나타낸다. 입력 부분은 임피던스가 $\infty$이므로 열린회로(open circuit)에 해당한다. 따라서 FET의 등가회로는 그림 6-7과 같이 나타낼 수 있다.

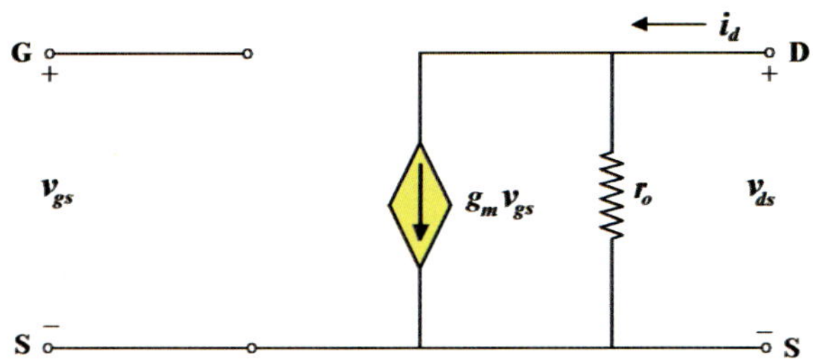


그림 6-7. 공통 소스회로의 FET의 등가회로

JFET의 경우 $I_D = I_{DSS}\left(1 - \frac{V_{GS}}{V_P}\right)^2$으로 주어지므로 상호컨덕턴스는

$$g_m = \frac{\Delta I_D}{\Delta V_{GS}} = \frac{2\,I_{DSS}}{|V_P|}\left(1 - \frac{V_{GS}}{V_P}\right) \qquad (6\text{-}13)$$

와 같이 구해진다. 출력 임피던스는 $V_{DS}$에 대한 $I_D$의 특성곡선에서 $r_o = \frac{1}{g_o} = \left.\frac{\Delta I_D}{\Delta V_{DS}}\right|_Q$ 와 같이 구해진다. 이 출력 임피던스가 충분히 크면 열린회로가 되어 등가회로가 훨씬 간단해진다.

공핍형 MOSFET의 경우는 기본적으로 JFET와 동일하다. 반면에 증가형 MOSFET의 경우에는 $I_D = k(V_{GS} - V_T)^2$이므로 상호컨덕턴스는

$$g_m = \left.\frac{\Delta I_D}{\Delta V_{GS}}\right|_Q = 2k(V_{GS} - V_T) \qquad (6\text{-}14)$$

로 주어진다.

# II. 양극 접합트랜지스터를 이용한 소신호 증폭기

양극 접합트랜지스터를 이용한 증폭기는 공통으로 사용하는 단자에 따라 공통 에미터, 공통 베이스, 공통 콜렉터 증폭회로가 있다.

공통 에미터 증폭기는 전압증폭기(voltage amplifier)로 널리 사용되고 있다. 베이스 단자로 입력신호가 들어가고 콜렉터 단자로 출력신호가 나온다. 에미터 단자는 공통(common, 접지 또는 전원연결)으로 사용한다.

공통 베이스 증폭기에서는 에미터 단자로 입력신호가 들어가고 콜렉터 단자로 출력신호가 나온다. 베이스는 공통으로 사용한다. 이 증폭기는 전류 버퍼(current buffer)나 전압 증폭에 사용된다. 이 증폭기의 전류 증폭률은 1에 가깝다. 공통 에미터 증폭기 앞에 공통 베이스 증폭기를 둠으로써 높은 입력 임피던스와 차단(isolation, 출력에서 입력으로 되먹임을 차단)에 사용된다.

공통 콜렉터 증폭기에서는 베이스 단자로 입력신호가 들어가고 에미터 단자로 출력신호가 나온다. 콜렉터 단자는 공통으로 사용된다. 이 증폭기의 전압 증폭률은 1에 가깝다. 베이스 전압의 변화가 에미터 전압에 바로 전달되어, 에미터 따라가기 회로(emitter follower)라고도 부른다.

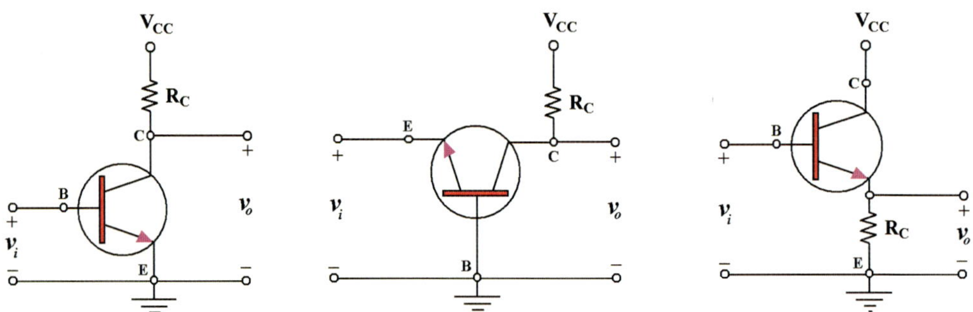


그림 6-8. 세 종류의 양극 접합트랜지스터 증폭기

## 1. 공통 에미터 증폭기

공통 에미터 증폭기에서는 베이스 단자로 입력신호가 들어가고 콜렉터 단자로 출력신호가 나온다. 에미터 단자는 공통(common, 접지 또는 전원연결)으로 사용한다. 공통 에미터 증폭기는 전압증폭기로 가장 널리 사용되고 있다. 여러 가지 바이어스 회로에 대한 소신호 증폭 해석에 대해 알아보도록 한다.

(a) **고정 바이어스 회로 증폭기**

고정 바이어스 형태로 바이어싱된 증폭회로가 그림 6-9의 왼쪽 그림에 주어져 있다. 그리고 직류전원을 모두 없애고 축전기를 제거한 후 트랜지스터를 소신호 모델로 대체한 것이 그림 6-9의 오른쪽 그림이다.

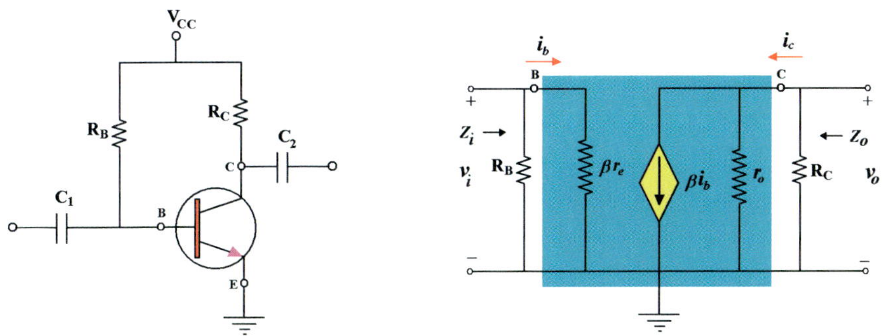


그림 6-9. 고정 바이어스 증폭회로와 소신호 등가회로

입력 임피던스는 $R_B$와 $\beta r_e$가 병렬로 연결되어 있으므로 $Z_i = (R_B \parallel \beta r_e)$로 주어진다. 그리고 $\beta r_e \gg R_B$인 경우 $Z_i \simeq \beta r_e$로 된다. 출력 임피던스는 $Z_o = (R_C \parallel r_o)$인데 $r_o$가 클 경우 $Z_o \simeq R_C$이다.

출력은 $v_o = -\beta i_b (R_C \parallel r_o)$로 주어진다. 그런데 $i_b = v_i/(\beta r_e)$이므로 전압 증폭률은

$$A_v = \frac{v_o}{v_i} = -\frac{(R_C \parallel r_o)}{r_e} = -g_m (R_C \parallel r_o) \qquad (6\text{-}15)$$

와 같이 주어진다. 여기서 $r_e = 1/g_m$을 이용하였다. 그리고 $r_o$가 $R_C$보다 아주 큰 경우 위 식은 $A_v = -R_C/r_e$와 같이 표현된다.

**[예제 1]** 그림 6-9의 회로에서 $V_{CC} = 10\,V$, $R_B = 220k\Omega$, $R_C = 1k\Omega$이라고 할 때 $Z_i, Z_o, A_v$를 구하라. $\beta = 100$이고 $V_{BE} = 0.7\,V$라고 한다.

**답.** 입력 임피던스는 $Z_i = (R_B \parallel \beta r_e)$이므로 먼저 $r_e$를 구해야 된다. 베이스 전류는 $I_B = (V_{CC} - V_{BE})/R_B = 42.2\mu A$와 같이 구해지고 에미터 전류는 $I_E = (\beta+1)I_B = 4.27mA$이므로 $r_e = 26m\,V/I_E = 6.1\,\Omega$이다. 따라서 $Z_i = 606\Omega$이고, $Z_o \simeq R_C = 1k\Omega$이다. 전압 증폭률은 $A_v = -R_C/r_e = -164$이다.

(b) 우회 축전기가 있는 전압나누기 바이어스 회로 증폭기

우회(bypass) 축전기가 있는 전압나누기 바이어스 형태로 바이어싱된 증폭회로가 그림 6-10의 왼쪽 그림에 주어져 있다. 그리고 직류전원을 모두 없애고 축전기를 제거한 후 트랜지스터를 소신호 모델로 대체한 것이 그림 6-10의 오른쪽 그림이다. 여기서 $C_E$가 충분히 큰 경우 교류 임피던스 $(1/\omega C_E)$가 저항 $R_E$보다 훨씬 작으므로 저항은 단락(short)시킬 수 있다.

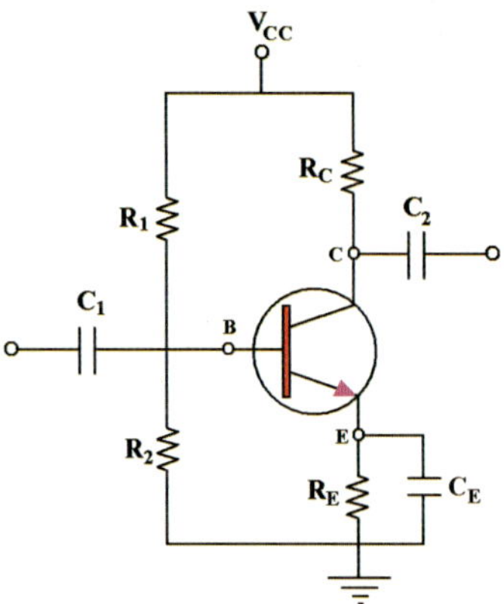


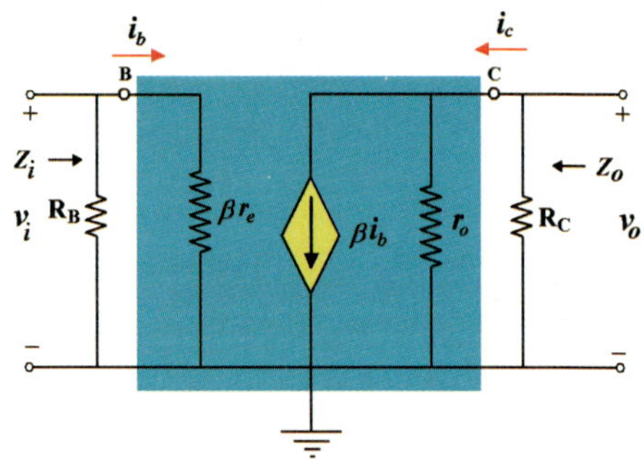


그림 6-10. 우회 축전기가 있는 전압나누기 바이어스 증폭기

전압나누기 바이어스 증폭기는 $R_B = (R_1 \parallel R_2)$로 두면 기본적으로 고정바이어스 증폭회로와 등가회로가 동일하다. 따라서 증폭률도 식 6-15로 주어진다.

**[예제 2]** 그림 6-10의 회로에서 $V_{CC} = 20\,V$, $R_1 = 49k\Omega$, $R_2 = 4.9k\Omega$, $R_C = 10\,k\Omega$, $R_E =$

$1k\Omega$이라고 할 때 $Z_i, Z_o, A_v$를 구하라. 우회 축전기 $C_E = 200\mu F$가 에미터 저항에 연결되어 있다. $\beta = 100$이고 $V_{BE} = 0.7V$라고 한다.

**답.** $R_B = 4.45k\Omega$이다. $V_B = R_2 V_{CC}/(R_1 + R_2) = 1.8V$이다. $V_{BE} = V_B - V_E$이므로 $V_E = 1.12V$이다. 따라서 $I_E = V_E/R_E = 1.12mA$이고 $r_e = 26mV/I_E = 23.2\Omega$이다. $Z_i = (R_B \parallel \beta r_e) = 1.52k\Omega$이다. 그리고 $Z_o \simeq R_C = 10k\Omega$이다. 전압 증폭률은 $A_v = -R_C/r_e = -431$이다.

### (c) 우회 축전기가 없는 전압나누기 바이어스 회로 증폭기

우회 축전기가 없는 전압나누기 바이어스 형태로 바이어싱 된 증폭회로가 그림 6-11의 왼쪽 그림에 주어져 있다. 그리고 직류전원을 모두 없애고 축전기를 제거한 후 트랜지스터를 소신호 모델로 대체한 것이 그림 6-11의 오른쪽 그림이다. 이 회로의 경우 우회 축전기가 없기 때문에 등가회로에 $R_E$가 연결되어 있다.

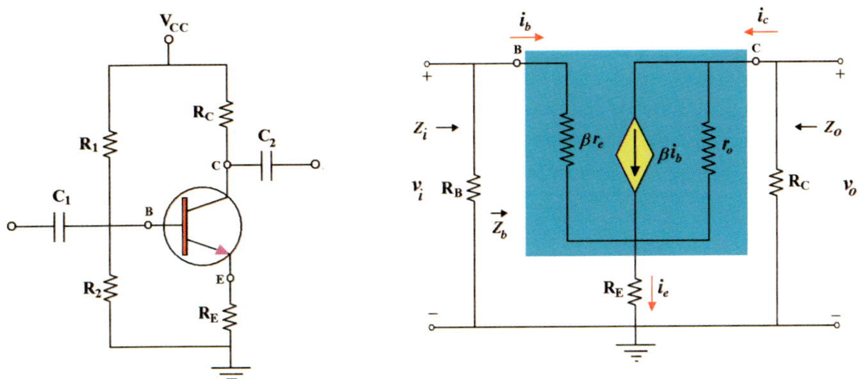


그림 6-11. 우회 축전기가 없는 전압나누기 바이어스 증폭기

입력 부분에 Kirchoff 법칙을 적용하면

$$v_i = i_b \beta r_e + i_e R_E = [\beta r_e + (\beta + 1) R_E] i_b \qquad (6\text{-}16)$$

을 구할 수 있다. 여기서 $i_e = (\beta + 1) i_b$를 사용하였다. 그리고 $\beta \gg 1$이고 $r_e$가 $R_E$에 비해

아주 작으면 $v_i \simeq \beta R_E$와 같이 근사가 된다. 이에 따라 $Z_b = v_i/i_b \simeq \beta R_E$와 같이 구할 수 있다. 결과적으로 입력 임피던스는 $Z_i \simeq (R_B \parallel \beta R_E)$와 같이 주어진다. 반면에 출력 임피던스는 $Z_o = (r_o \parallel R_C)$와 같이 주어진다. 그리고 $r_o$가 클 경우 $Z_o \simeq R_C$이다.

출력은 $r_o$가 충분히 클 경우 $v_o = -\beta i_b R_C$와 같이 주어진다. 식 6-16을 이용하면

$$v_o = -\beta R_C \frac{v_i}{\beta r_e + (\beta+1) R_E} \simeq -\frac{v_i R_E}{r_e + R_E} \qquad \textbf{(6-17)}$$

로 표현된다. 여기서 $\beta \gg 1$을 이용하였다. 따라서 전압 증폭률은

$$A_v = \frac{v_o}{v_i} = -\frac{R_C}{r_e + R_E} \simeq -\frac{R_C}{R_E} \qquad \textbf{(6-18)}$$

을 구할 수 있다. 여기서 $r_e$가 $R_E$보다 작다고 가정하였다. 위 식에서 볼 수 있듯이 전압 증폭률이 트랜지스터의 특성 값에 의존하지 않음을 볼 수 있다. 즉, 전압 증폭률은 사용한 저항 $R_C$와 $R_E$에만 관련되어 있다.

[예제 3] 그림 6-11의 회로에서 $V_{CC} = 20\,V$, $R_1 = 49k\Omega$, $R_2 = 4.9k\Omega$, $R_C = 10\,k\Omega$, $R_E = 1\,k\Omega$이라고 할 때 $Z_i, Z_o, A_v$를 구하라. 이 예에서는 예제 2와 달리 우회 축전기가 에미터에 연결되어 있지 않다. $\beta = 100$이고 $V_{BE} = 0.7\,V$라고 한다.

**답.** 직류 해석은 예제 2와 동일하다. $R_B = 4.45k\Omega$이고 $Z_i = (R_B \parallel \beta R_E) = 4.26k\Omega$이다. 그리고 $Z_o \simeq R_C = 10k\Omega$이다. 전압 증폭률은 $A_v = -R_C/R_E = -10$이다. $r_e = 23.2\Omega$이므로 $R_E = 1\,k\Omega$보다 훨씬 작음을 확인할 수 있다.

## 2. 공통 콜렉터 증폭기

공통 콜렉터 증폭회로가 그림 6-12의 왼쪽 그림에 주어져 있다. 그리고 직류전원을 모두

없애고 축전기를 제거한 후 트랜지스터를 소신호 모델로 대체한 것이 그림 6-12의 오른쪽 그림이다. 공통 콜렉터 증폭기에서 입력신호가 베이스로 들어가는 것은 공통 에미터 증폭기와 동일하지만 출력이 에미터로 나오는 것은 공통 에미터 증폭기의 경우와 다르다.

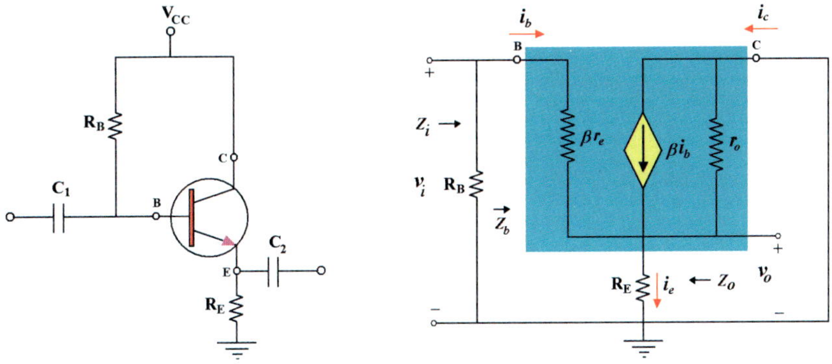


그림 6-12. 공통 콜렉터 증폭기

입력 부분에 Kirchoff 법칙을 적용하면

$$v_i = i_b\beta r_e + i_e R_E = [\beta r_e + (\beta+1)R_E]i_b \tag{6-19}$$

를 구할 수 있다. 여기서 $i_e = (\beta+1)i_b$를 사용하였다. 그리고 $\beta \gg 1$이면 $v_i \simeq \beta(r_e + R_E)$와 같이 표현된다. 이에 따라 $Z_b = v_i/i_b \simeq \beta(r_e + R_E)$와 같이 구할 수 있다. 또한 $r_e$가 $R_E$에 비해 아주 작으면 입력 임피던스는 $Z_i \simeq (R_B \parallel \beta R_E)$와 같이 주어진다.

에미터 전류 $i_e = (\beta+1)i_b$이고 $i_b = v_i/Z_b$이므로 식 6-19를 이용하면

$$i_e = (\beta+1)i_b = \frac{\beta+1}{Z_b}v_i \simeq \frac{v_i}{r_e + R_E} \tag{6-20}$$

과 같이 구해진다. 출력은 $v_o = i_e R_E$이므로 전압 증폭률은

$$A_v = \frac{v_o}{v_i} = \frac{R_E}{r_e + R_E} \simeq 1 \tag{6-21}$$

로 주어진다. 여기서 $r_e$가 $R_E$보다 아주 작다고 가정하였다. 이와 같이 공통 콜렉터 증폭기는 전압 증폭률이 1로서 베이스에 입력신호를 출력으로 그대로 전달해 준다. 따라서 이를 에미터 따라가기 회로라고도 부른다.

식 6-20는 그림 6-13과 같이 표현된다. 출력 임피던스는 입력 신호를 0으로 줄 경우이므로 그림 6-13에서 출력 임피던스는 $Z_o = (R_E \parallel r_e) \simeq r_e$로 주어진다. 여기서 $r_e \ll R_E$를 이용하였다.

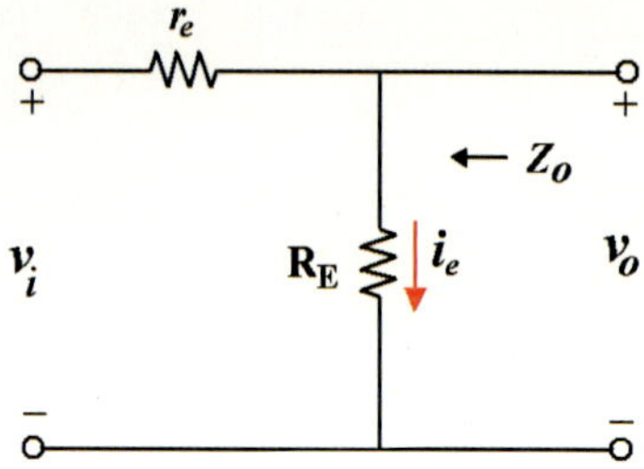


그림 6-13. 에미터 전류

[예제 4] 그림 6-12의 회로에서 $V_{CC} = 10\,V$, $R_B = 220k\Omega$, $R_E = 1k\Omega$이라고 할 때 $Z_i$, $Z_o$, $A_v$를 구하라. $\beta = 100$이고 $V_{BE} = 0.7\,V$라고 한다.

답. 베이스 전류는 $I_B = (V_{CC} - V_{BE})/(R_B + \beta R_E) = 29\,\mu A$로 구해진다. 그리고 $I_E = (\beta + 1)$ $I_B = 2.94mA$이므로 $r_e = 26\,mV/I_E = 8.86\,\Omega$이다. 따라서 $Z_i \simeq (R_B \parallel \beta R_E) = 606\Omega$이다. 그리고 $Z_o \simeq r_e = 8.86\Omega$이다. 전압 증폭률은 $A_v = R_E/(r_e + R_E) \simeq 1$이다.

## 3. 공통 베이스 증폭기

공통 베이스 증폭회로(pnp 트랜지스터)가 그림 6-14의 왼쪽 그림에 주어져 있다. 그리고 직류전원을 모두 없애고 축전기를 제거한 후 트랜지스터를 소신호 모델로 대체한 것이 그림 6-14의 오른쪽 그림이다. 공통 베이스 증폭기에서는 입력신호는 에미터로 들어가고 출력은 콜렉터를 통해 나온다.

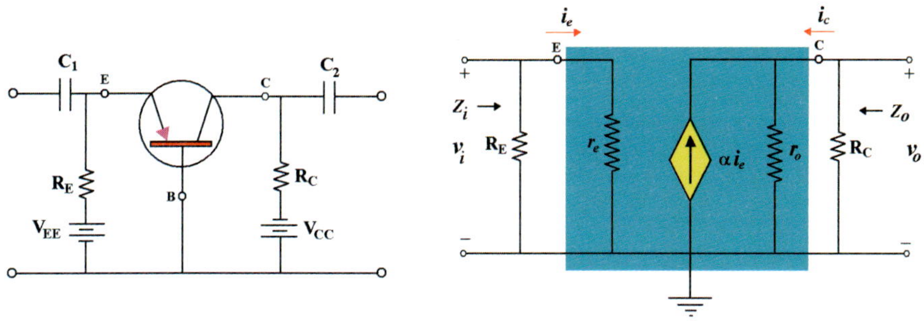


그림 6-14. 공통 베이스 증폭기

입력 임피던스는 $Z_i = (R_E \parallel r_e)$이다. 그리고 출력 임피던스는 $Z_o = (R_C \parallel r_o) \simeq R_C$로 주어진다. 출력은 $r_o$가 클 경우 $v_o \simeq \alpha I_e R_C$이고 $v_i = v_i / r_e$이므로 전압 증폭률은

$$A_v = \frac{v_o}{v_i} = \frac{\alpha R_C}{r_e} \simeq \frac{R_C}{r_e} = g_m R_C \qquad (6\text{-}22)$$

와 같이 구해진다. 여기서 $\alpha \simeq 1$을 이용하였다.

$R_E \gg r_e$인 경우 입력전류는 $i_i = i_e$이고 출력전류는 $i_o = i_c = \alpha i_b$이므로 전류 증폭률은

$$A_i = \frac{i_o}{i_i} = -\alpha \simeq -1 \qquad (6\text{-}23)$$

로 주어진다. 따라서 공통 베이스 증폭기는 전압 증폭은 있지만 전류 증폭은 없음을 알 수 있다.

[예제 5] 그림 6-14의 회로에서 $V_{EE} = 5\,V$, $V_{CC} = 10\,V$, $R_E = 5k\Omega$, $R_C = 10k\Omega$이라고 할 때 $Z_i, Z_o, A_v$를 구하라. $\beta = 100$이고 $V_{BE} = 0.7\,V$라고 한다.

답. $I_E = (V_{EE} - V_{BE}) / R_E = 0.86mA$와 같이 구해진다. $r_e = 26m\,V / I_E = 30\Omega$이다. 따라서 $Z_i = (R_E \parallel r_e) \simeq 30\Omega$이다. 그리고 $Z_o \simeq R_C = 10k\Omega$이다. 전압 증폭률은 $A_v = R_C / r_e = 333$이다. 전류 증폭률은 $A_i \simeq -1$이다.

# III. JFET를 이용한 소신호 증폭기

JFET를 이용한 증폭기는 공통으로 사용하는 단자에 따라 공통 소스, 공통 게이트, 공통 드레인 증폭회로가 있다.

공통 소스 증폭기는 전압증폭기(voltage amplifier)로 사용되고 있다. 게이트 단자로 입력신호가 들어가고 드레인 단자로 출력신호가 나온다. 소스 단자는 공통(common, 접지 또는 전원연결)으로 사용한다.

공통 게이트 증폭기에서는 소스 단자로 입력신호가 들어가고 드레인 단자로 출력신호가 나온다. 게이트는 공통으로 사용한다. 이 증폭기는 전류 버퍼(current buffer)나 전압 증폭에 사용된다. 증폭기의 전류 증폭률은 1에 가깝다.

공통 드레인 증폭기에서는 게이트 단자로 입력신호가 들어가고 소스 단자로 출력신호가 나온다. 드레인 단자는 공통으로 사용된다. 공통 드레인 증폭기의 전압 증폭률은 1에 가깝다. 이에 따라 게이트 전압의 변화는 소스 전압에 바로 전달된다. 이에 따라 공통 드레인 증폭기를 소스 따라가기 회로(source follower)라고도 부른다.

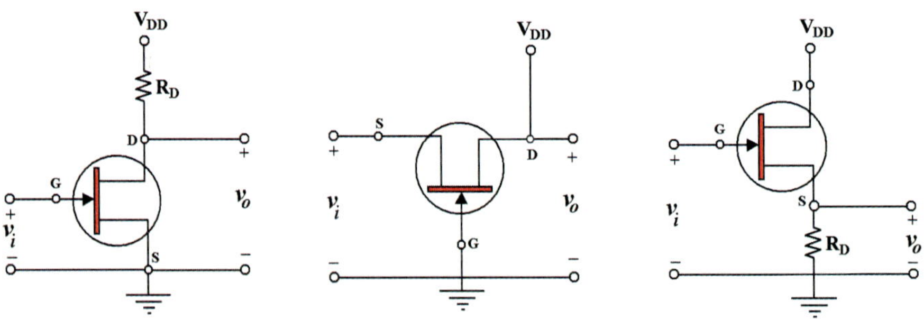


그림 6-15. 세 종류의 JFET 증폭기

## 1. 공통 소스 증폭기

공통 소스 증폭기에서는 게이트 단자로 입력신호가 들어가고 드레인 단자로 출력신호가 나온다. 소스 단자는 공통(common, 접지 또는 전원연결)으로 사용한다. 공통 소스 증폭기는 전압증폭기로 가장 널리 사용되고 있다. 여러 바이어스 회로에 대한 공통 소스 증폭기에 대한 소신호 해석에 대해 알아보도록 한다.

(a) 자체 바이어스 회로 공통 소스 증폭기

자체 바이어스(self bias) 회로로 바이어싱 된 공통 소스 증폭기의 회로가 그림 6-15의 왼쪽 그림에 주어져 있다. 그리고 직류전원을 모두 없애고 축전기를 제거한 후 FET를 소신호 모델로 대체한 것이 그림 6-16의 오른쪽 그림(우회 축전기 $C_S$가 있는 경우)이다. 공통소스 증폭기에서는 입력신호는 게이트로 들어가고 출력은 드레인을 통해 나온다.

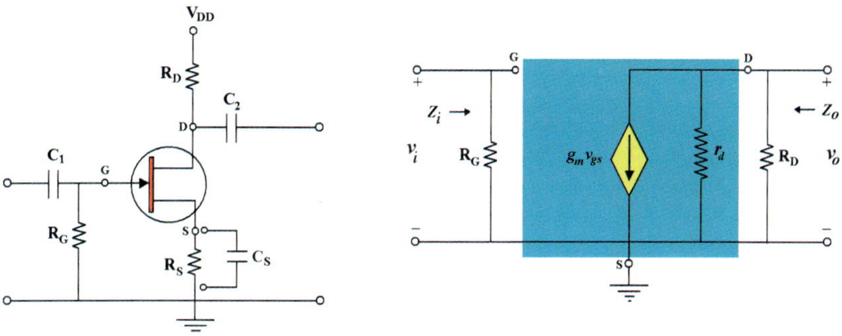


그림 6-16. 자체 바이어어싱 된 공통소스 증폭기

우회 축전기 $C_S$가 있는 경우 저항 $R_S$는 단락(short)된다. 이에 따라 입력 임피던스는 $Z_i = R_G$이고 출력 임피던스는 $Z_o = (r_d \parallel R_D)$이다. 그리고 $r_d$가 $R_D$에 비해 아주 크면 $Z_o \simeq R_D$로 근사할 수 있다.

출력은 $v_o = -g_m v_{gs}(r_d \parallel R_D)$이고 $v_i = v_{gs}$이므로 전압 증폭률은

$$A_v = \frac{v_o}{v_i} = -g_m(r_d \parallel R_D) \simeq -g_m R_D \quad (6\text{-}24)$$

와 같이 구해진다. 여기서 $r_d \gg R_D$를 이용하였다.

우회 축전기가 없는 경우의 등가회로는 그림 6-17에 주어져 있다. 이 등가회로에서 $r_d$의

효과는 무시하였다. 입력 임피던스는 $Z_i = R_G$이다. 그리고 출력 임피던스를 구하기 위해서 입력 $v_i$를 0으로 두면 $g_m v_{gs}$도 0이 되므로 출력 임피던스는 $Z_o = R_D$가 된다.

입력 부분에서 $v_i = v_{gs} + g_m v_{gs} R_S$이고 출력 부분에서는 $v_o = -g_m v_{gs} R_D$이므로 전압 증폭률은

$$A_v = \frac{v_o}{v_i} = -\frac{g_m R_D}{1 + g_m R_S} \qquad (6\text{-}25)$$

로 구해진다.

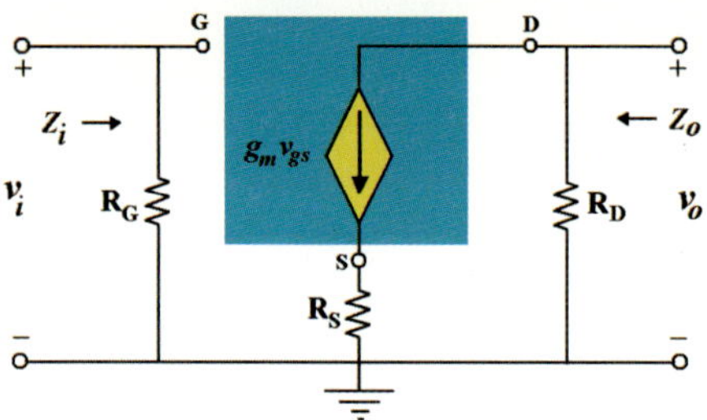


그림 6-17. 우회 축전기가 없는 자체 바이어싱 된 공통 소스 증폭기

[예제 6] 그림 6-16의 자체 바이어스 공통 소스 증폭회로에서 $R_D = 2k\Omega$, $R_G = 1M\Omega$, $R_S = 1k\Omega$, $V_{DD} = 21V$일 때 $Z_i, Z_o, A_v$를 구하라. JFET의 $I_{DSS} = 10mA$, $V_P = -6V$라고 한다.

답. 식 5-35에 주어진 값들을 대입하여 2차방정식을 풀면 그 해는 $I_D = 2.82mA$ 또는 $14.08mA$가 구해진다. $I_{DSS} = 10mA$이므로 $I_D = 2.82mA$가 해가 된다. 이때 $V_{GS} = I_D R_S = -2.82V$이므로 $g_m = \frac{2I_{DSS}}{|V_P|}\left(1 - \frac{V_{GS}}{V_P}\right)$에서 $g_m = 1.8mS$이다. 입력 임피던스는 $Z_i = R_G = 1M\Omega$이고 $Z_o = R_D = 2k\Omega$이 된다. 전압 증폭률은 $A_v = -g_m R_D / (1 + g_m R_S) = -1.27$이다.

### (b) 전압나누기 바이어스 회로 공통 소스 증폭기

전압나누기 바이어스 회로로 바이어싱 된 공통 소스 증폭기의 회로가 그림 6-18의 왼쪽 그림에 주어져 있다. 그리고 직류전원을 모두 없애고 축전기를 제거한 후 FET를 소신호 모델로 대체한 것이 그림 6-18의 오른쪽 그림(우회 축전기 $C_S$가 있는 경우)이다. 공통 소스 증폭기에서는

입력신호는 게이트로 들어가고 출력은 드레인을 통해 나온다.

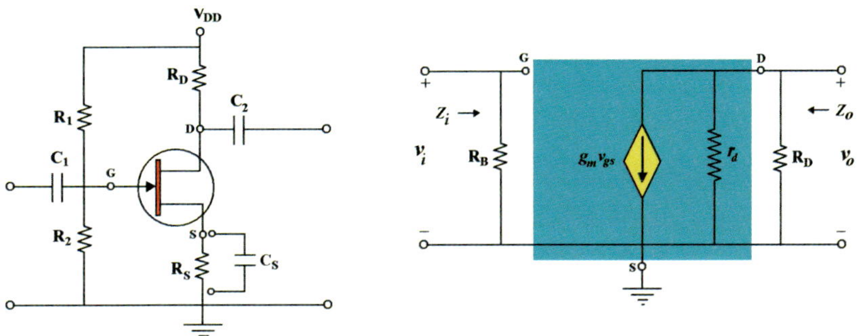


그림 6-18. 전압나누기 바이어싱 된 공통 소스 증폭기

그림 6-18의 등가회로는 그림 6-16의 등가회로에서 $R_G$를 $R_B = (R_1 \parallel R_2)$로 바꾼 경우와 동일하다. 이에 따라 입력 임피던스에 대한 표현이 $Z_i = R_B = (R_1 \parallel R_2)$로 달라지고 나머지 식들은 동일하게 된다. 즉, 우회 축전기가 있는 경우 전압 증폭률은

$$A_v = \frac{v_o}{v_i} = -g_m(r_d \parallel R_D) \simeq -g_m R_D \qquad (6\text{-}26)$$

과 같이 주어진다. 그리고 우회 축전기가 없는 경우(등가회로는 그림 6-19)의 전압 증폭률은

$$A_v = \frac{v_o}{v_i} = -\frac{g_m R_D}{1 + g_m R_S} \qquad (6\text{-}27)$$

과 같이 표현된다.

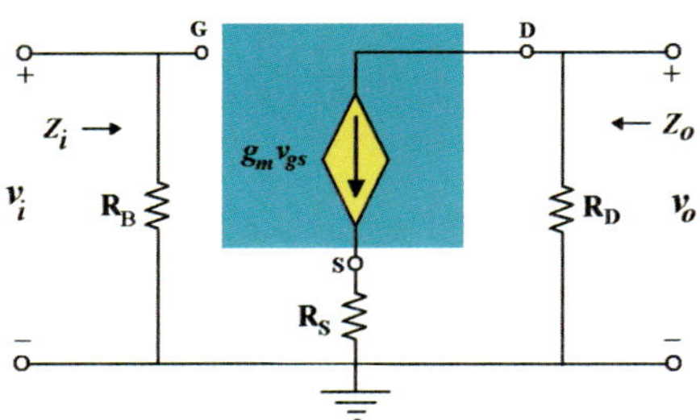


그림 6-19. 우회 축전기가 없는 전압나누기 바이어싱 된 공통 소스 증폭기

[예제 7] 그림 6-18의 전압나누기 바이어스 공통 소스 증폭회로에서 $R_1 = 2\,M\Omega$, $R_2 = 220\,k\Omega$, $R_D = 2.2\,k\Omega$, $R_S = 1\,k\Omega$, $V_{DD} = 21\,V$일 때 $Z_i, Z_o, A_v$를 구하라. JFET의 $I_{DSS} = 10mA$, $V_P = -6\,V$라고 한다. 우회 축전기 ($200\mu F$)가 있는 경우와 없는 경우의 전압 증폭률의 차이는 무엇인가?

답. $V_G = R_2 V_{DD}/(R_1 + R_2) = 1.59\,V$이다. 식 5-39에 주어진 값들을 대입하여 2차방정식을 풀면 그 해는 $I_D = 3.85\,mA$ 또는 $14.8\,mA$가 구해진다. $I_{DSS} = 10mA$이므로 $I_D = 3.85\,mA$가 해가 된다. 이때 $V_{GS} = -2.26\,V$이다. 그리고 $g_m = \frac{2I_{DSS}}{|V_P|}\left(1 - \frac{V_{DS}}{V_P}\right)$에서 $g_m = 4.6mS$이다. 입력 임피던스는 $Z_i = (R_1 \parallel R_2) = 198k\Omega$이고 $Z_o \simeq R_D = 2.2k\Omega$이 된다. 우회 축전기가 있는 경우 전압 증폭률은 $A_v = -g_m R_D = -10.12$이고, 우회 축전기가 없는 경우 전압 증폭률은 $A_v = -g_m R_D/(1 + g_m R_S) = -1.66$이다.

## 2. 공통 게이트 증폭기

공통 게이트 증폭회로가 그림 6-20의 왼쪽에 주어져 있다. 그리고 직류전원을 모두 없애고 축전기를 제거한 후 FET를 소신호 모델로 대체한 것이 그림 6-20의 오른쪽 그림이다. 공통 게이트 증폭기에서는 입력신호는 소스로 들어가고 출력은 드레인을 통해 나온다. 공통 게이트 증폭회로에서는 입력과 출력 부분이 서로 차단되어 있지 않다. 게이트가 접지되어 있기 때문이다.

입력 임피던스를 구하기 위해 $v_o = 0$으로 두면 입력전류는 $i_i = i_d = g_m v_{gs}$이다. 따라서 $Z_i = v_{gs}/i_i = 1/g_m$이다. 그리고 출력 임피던스의 경우 입력 $v_i$를 0으로 두면 $g_m v_{gs}$도 0이 되므로 $Z_o = (r_d \parallel R_D) \simeq R_D$로 된다.

입력은 $v_i = -v_{gs}$이다. 출력을 구하기 위해서 $r_o$를 흐르는 전류를 $i_r$이라고 하면 전류의 연속에서 $i_r + g_m v_{gs} = -i_d$를 구할 수 있다. 여기서 $i_r = (v_o - v_i)/r_o$이고 $i_d = v_o/R_D$이므로 이 관계식들을 위 전류의 식에 대입하면

$$\frac{v_o - v_i}{r_o} - g_m v_i = -\frac{v_o}{R_D} \qquad (6\text{-}28)$$

을 얻는다. 식 6-28의 양변에 $v_i$로 나누어주고 $A_v = v_o/v_i$를 이용하면 전압 증폭률은

$$A_v = \frac{\frac{1}{r_o} + g_m}{\frac{1}{r_o} + \frac{1}{R_D}} \simeq g_m R_D \qquad (6\text{-}29)$$

와 같이 구해진다. 여기서 $r_o \gg R_D$를 이용하였다.

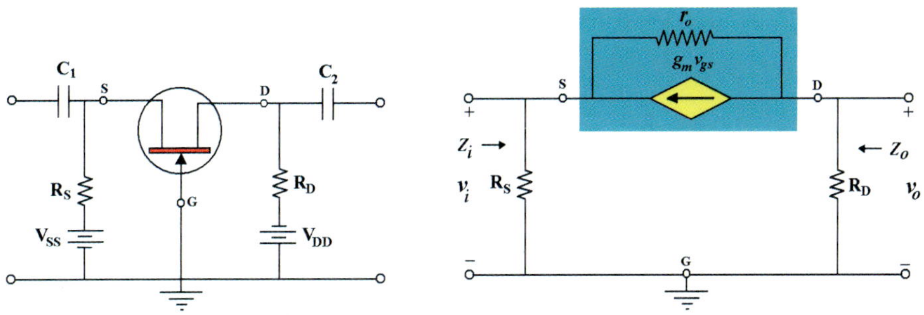


그림 6-20. 공통 게이트 증폭회로

## 3. 공통 드레인 증폭기

공통 드레인 증폭회로가 그림 6-21의 왼쪽 그림에 주어져 있다. 그리고 직류전원을 모두 없애고 축전기를 제거한 후 FET를 소신호 모델로 대체한 것이 그림 6-21의 오른쪽 그림이다. 공통 드레인 증폭기에서는 입력신호는 게이트로 들어가고 출력은 소스를 통해 나온다. 그리고 그림 6-21의 등가회로를 다시 간략히 그린 것이 그림 6-22에 주어져 있다.

입력 임피던스는 $Z_i = R_G$이다. 출력은 $v_o = g_m v_{gs}(r_d \parallel R_S)$로 표현되고, $v_{gs} = v_i - v_o$이므로 $v_o = g_m(v_i - v_o)(r_d \parallel R_S)$로 주어진다. 양변에 $v_i$로 나누어주고 $A_v = v_o / v_i$를 이용하면 전압 증폭률은

$$A_v = \frac{v_o}{v_i} = \frac{g_m(r_d \parallel R_S)}{1 + g_m(r_d \parallel R_S)} \simeq \frac{R_S}{R_S + 1/g_m} \simeq 1 \qquad (6\text{-}30)$$

과 같이 구할 수 있다. 여기서 $r_d \gg R_S$를 가정하였고 마지막 표현에서는 $R_S \gg 1/g_m$을 이용하였다. $A_v = 1$이므로 공통 드레인 증폭기에서 출력은 입력과 동일하다. 따라서 이 증폭기를 소스 따라가기 증폭기(source follower)라고 부른다.

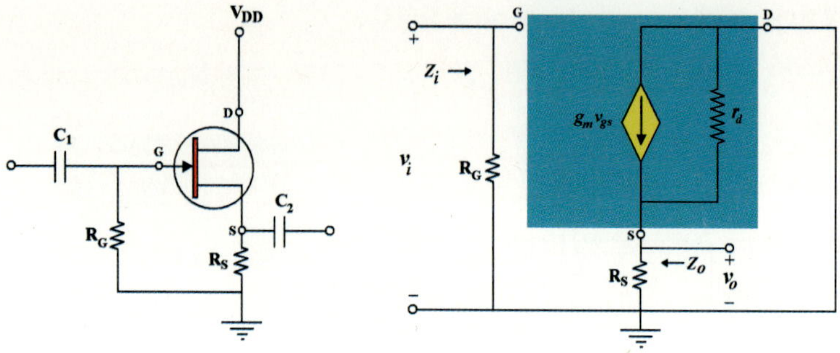


그림 6-21. 공통 드레인 증폭회로

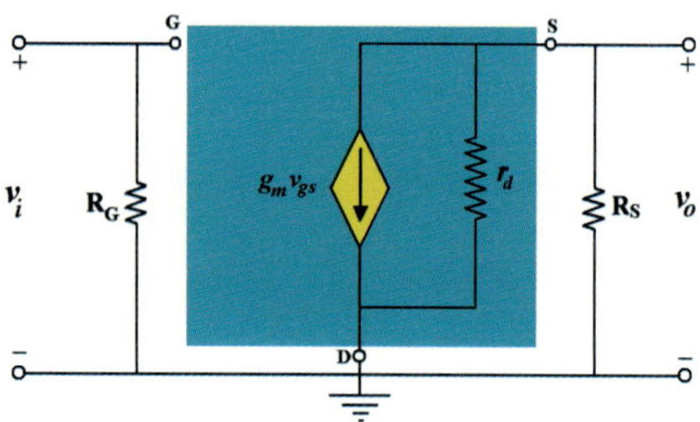


그림 6-22. 공통 드레인 증폭회로의 등가회로

식 6-30은 그림 6-23와 같이 전압나누기 회로로 표현할 수 있다. 이에 따라 출력 임피던스는 $Z_o = (R_S \parallel (1/g_m)) \simeq 1/g_m$로 주어진다.

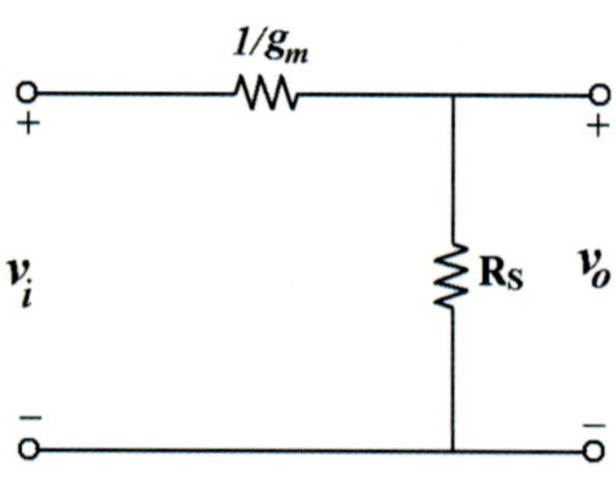


그림 6-23. 식 6-30을 전압나누기 회로로 표현한 그림

# IV. MOSFET를 이용한 증폭기

MOSFET를 이용한 증폭기의 해석은 기본적으로 JFET를 이용한 증폭회로의 해석과 동일하다. 그림 6-24에 공핍형 MOSFET를 이용한 증폭회로와 그 등가회로가 주어져 있다. 입력 임피던스는 $Z_i = R_B = (R_1 \parallel R_2)$이고 출력 임피던스는 $Z_o = (r_d \parallel R_D) \simeq R_D$이다. 입력은 $v_i = v_{gs}$이고 출력은 $v_o = -g_m v_{gs}(r_d \parallel R_D)$이므로 전압 증폭률은

$$A_v = \frac{v_o}{v_i} = -g_m(r_d \parallel R_D) \simeq -g_m R_D \qquad (6\text{-}31)$$

과 같이 주어진다.

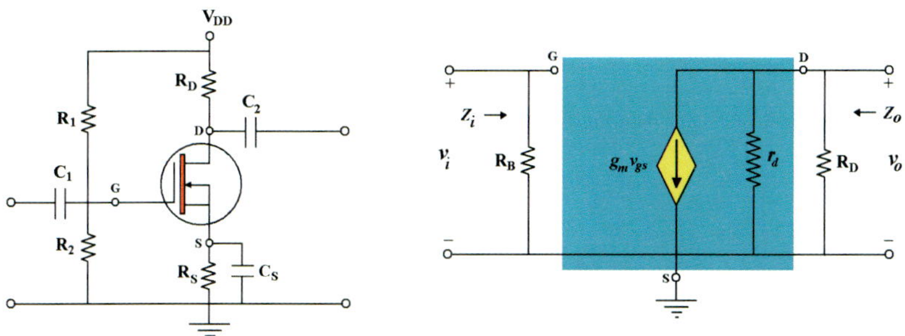


그림 6-24. 공핍형 MOSFET 공통 소스 증폭회로

그림 6-25에 증가형 MOSFET를 이용한 공통 소스 증폭회로가 주어져 있다. 전압 증폭률은 식 6-31에 주어진 것과 동일하다.

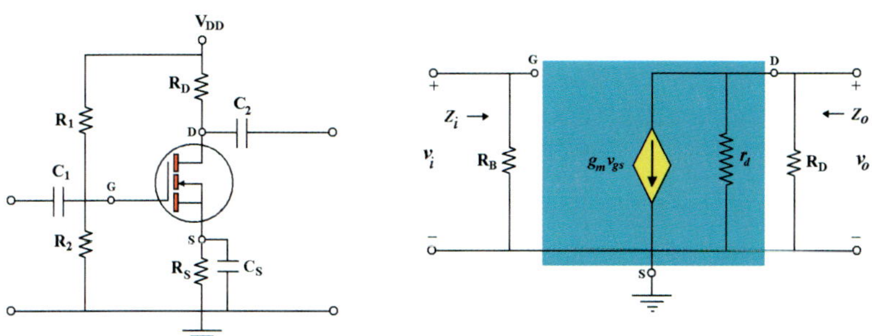


그림 6-25. 증가형 MOSFET를 이용한 공통 소스 증폭회로

## V. 전력증폭기

소신호 증폭기는 작은 입력신호를 크게 만드는 전압증폭기(voltage amplifiers)이다. 반면에 스피커나 모터 등을 작동시키기 위해서는 높은 전류를 주는 증폭기가 필요하다. 이러한 용도로 사용하는 증폭기가 전력증폭기(power amplifiers)이다. 즉, 높은 전력(전압×전류)을 주는 증폭기이다.

전력증폭기는 dc 전원을 ac 신호의 전력으로 변환해 부하에 전달하는 것이다. 이 증폭기의 효율(efficiency)은 공급 dc 전력 $P_i$에 대한 트랜지스터가 부하에 전달한 전력 $P_o$에 대한 비이다. 즉,

$$\eta = \frac{P_o}{P_i} \times 100(\%) \tag{6-32}$$

와 같이 정의된다.

전력증폭기는 회로의 구조, 특히 (공통 에미터 증폭기에서) 베이스 바이어스 전압의 값에 따라 구별한다. A급 전력증폭기에서는 트랜지스터가 항상 활동영역에 바이어스 되어 있어서 입력신호 모양과 동일한 형태의 출력신호가 증폭되어 나온다. 즉, Q점이 입력전원의 중앙 근방에 위치하고 있어서 플러스와 마이너스의 입력신호가 차단영역이나 포화영역에 들어감이 없이 입력신호의 모양이 그대로 출력으로 나오게 된다. 그런데 A급 전력증폭기의 경우 입력신호가 0인 경우에도 바이어스 전류는 항상 흐른다. 즉, 입력신호의 유무에 관계없이 항상 바이어스가 되어 있다. 이에 따라 A급 전력증폭기에서는 신호의 찌그러짐(distortion)이 없으나 효율이 크지 않은 단점이 있다. B급 전력증폭기에서는 두 개의 상보적인 트랜지스터를 이용한다. 즉, npn과 pnp 형태의 두 개의 트랜지스터를 사용한다. 따라서 플러스 신호는 한 트랜지스터가 담당하고, 마이너스 신호는 다른 트랜지스터가 담당하게 된다. 따라서 각 트랜지스터는 입력신호의 한 주기의 반은 활동영역에 있고 나머지 반은 차단영역에 존재한다. B급 전력증폭기에서는 트랜지스터에 바이어스 전압을 공급하지 않는다. 그러므로 신호가 베이스-에미터 전압인 $0.7\,V$ 이상이 되어야만 콜렉터 전류가 형성된다. 이에 따라 입력신호가 0이면 트랜지스터에서는 전력이 소비되지 않으므로 높은 효율을 준다. 그러나 입력이 $0.7\,V$ 이하가 되면 콜렉터 전류가 형성되지 못하므로 한 트랜지스터가 off 되고 다른 트랜지스터가 on 되는 시간 사이에 전환 찌그러짐(crossover distortion)이 발생할 수 있다. AB급 전력증폭기에서는 두 개의 상보적인 트랜지스터를 이용하는 것은 B급 전력증폭기와 같으나, 입력신호가 없을 때 트랜지스터가 차단영역 가까이에 존재하도록 (완전히 차단되지 않고) 바이어스 전압을 베이스에 공급하는 것이 B급 전력증폭기와 다르다. 이에 따라 전환 찌그러짐 현상을 없앨 수 있다. 즉, 입력신호가 없을 때라도 아주 작은 콜렉터 전류가 흐르도록 만듦으로써 $0.7V$ 이하의 입력신호도 증폭이 되는 것이다. 그림 6-26에 각 전력증폭기의 입력신호와 출력신호의 모양이 주어져 있다. B급과 AB급의 출력신호에서는 하나의 트랜지스터에서 나오는 신호만 보여 주고 있다. 마이너스의 입력신호는 또 다른 트랜지스터가 증폭하며, 전체 신호는 두 트랜지스터에서 나오는 신호의 합이 된다.

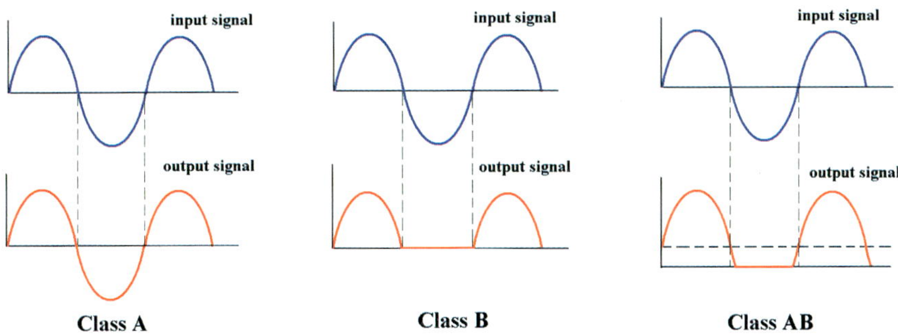


그림 6-26. 각 전력증폭기에서 나오는 출력신호의 모양

## 1. A급 전력증폭기

전압증폭기는 소신호($mV$ 정도)의 전압을 크게 증폭시키는 역할을 하는 데 반해서 전력증폭기는 부하에 되도록 많은 전력을 공급하는 역할을 한다. 전력증폭기의 출력에 연결되는 부하는 수$\Omega$의 스피커 등이므로 콜렉터에 센 전류가 흐르게 된다. 이에 따라 전력증폭기에 이용되는 트랜지스터는 소신호 전압증폭기에 사용되는 트랜지스터보다 더 높은 전압과 전력에 견디는 트랜지스터들이다. A급 전력증폭기로 가장 많이 사용되는 구조는 전압증폭기에 가장 많이 이용되는 공통 에미터 증폭기의 구조와 동일하다(그림 6-27). 단지 트랜지스터만 전력증폭용으로 사용되는 트랜지스터로 대체한 것이다. 그림 6-27에는 dc와 ac 부하선이 주어져 있다. Q점은 $(V_{CEQ}, I_{CQ})$이고 $r_C$는 $R_C \parallel R_L$을 나타낸다. 그리고 $R_L$은 부하의 저항을 나타낸다.

그림 6-27에 주어진 A급 전력증폭기의 효율에 대해 알아보자. 전원에서 공급되는 dc 전력은

$$P_i(dc) = V_{CC} I_{CQ} \tag{6-33}$$

으로 주어진다. $I_{CQ}$는 Q점의 콜렉터 전류이다. Q점은 $V_{CC}$의 중앙에 놓았을 때 최대로 출력(swing)이 가능하다. 이때 $V_{CEQ} = V_{CC}/2$이고 최대전류는 $I_{CQ} = (V_{CC}/2)/R_L$가 된다. 따라서 식 6-33에서 주어지는 전원이 회로에 공급하는 전력은 $P_i(dc) = V_{CC}^2/2R_L$와 같이 구해진다.

입력 ac 신호가 들어가면 부하에 전압이 발생한다. 임의의 시간 $t$에서 부하의 전압이 $v_o(t) = V_P \sin\omega t$로 표현된다면, 평균 전력은

$$P_o(ac) = \frac{v_{o,s}^2}{R_L} = \frac{1}{R_L}\frac{1}{T}\int_0^T V_P^2 \sin^2\left(\frac{2\pi t}{T}\right) dt = \frac{V_P^2}{2R_L} = \frac{V_{CC}^2}{8R_L} \tag{6-34}$$

로 구해진다. 여기서 $V_P$의 최대값은 Q점이 중앙에 놓일 경우인 $V_{CC}/2$이다. 따라서 식 6-33과 6-34를 식 6-32에 대입하면

$$\eta = \frac{P_o}{P_i} = \frac{V_{CC}^2/8R_L}{V_{CC}/2R_L} = 25\% \tag{6-35}$$

를 얻는다. 즉, A급 전력증폭기의 최대효율은 25%임을 알 수 있다.

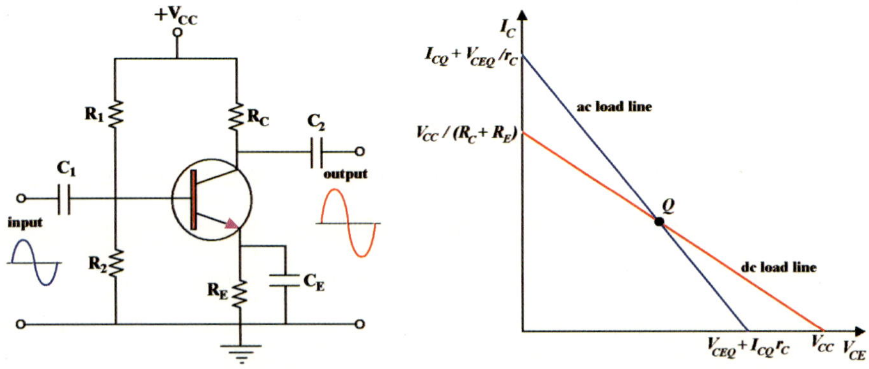


그림 6-27. A급 공통 에미터 전력증폭기 및 부하선

그림 6-28에 하나의 트랜지스터를 사용하는 대신에 두 트랜지스터 짝(Darlington pair)을 사용함으로써 더 센 전류를 부하에 줄 수 있는 전력증폭기의 구조가 있다. 이 두 트랜지스터 짝의 장점은 입력 임피던스가 크고 출력 임피던스가 작다는 것이다. 이에 따라 출력의 전력 손실이 줄어든다. 전류 증폭률도 두 트랜지스터의 곱이 되므로 큰 콜렉터 전류를 줄 수 있다.

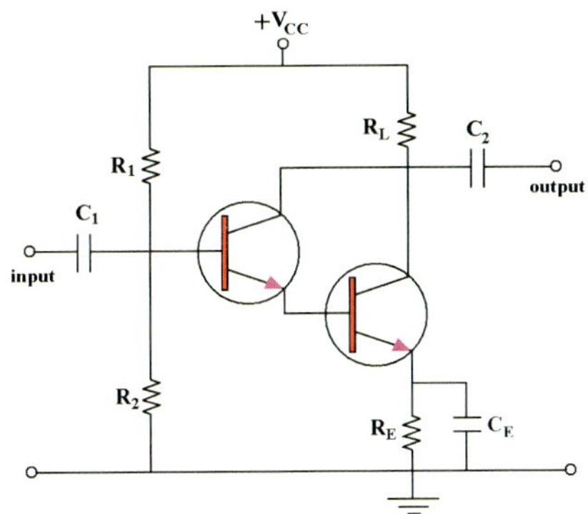


그림 6-28. Darlington pair(짝)를 이용한 전력증폭기

변압기를 이용함으로써 전력증폭기의 효율을 높일 수 있다. 그림 6-29에 변압기가 연결된 전력증폭기가 있다. 그림에서 보듯이 변압기의 1차코일이 콜렉터에 연결되어 있고 2차코일이 부하에 연결되어 있다. 변압기의 1차코일의 저항은 0이므로 $V_{CE} = V_{CC} - I_C R_C$에서 $R_C = 0$이므로 $V_{CEQ} = V_{CC}$가 된다. 이에 따라 dc 부하선은 그림 6-29의 오른쪽 그림과 같이 $y$-축과 평행한 선이 된다. 다음에 ac 부하선에 대해 알아보자. 부하저항은 변압기의 2차코일과 연결되어 있다. 이 부하저항을 1차코일에서 볼 때의 저항을 구해 보도록 한다. 1차코일에서 보는 부하저항을 $R_L{}'$은

$$\frac{R_L{}'}{R_L} = \frac{Z_1}{Z_2} = \frac{V_1/I_1}{V_2/I_2} = \frac{V_1}{V_2}\,\frac{I_2}{I_1} = \left(\frac{N_1}{N_2}\right)^2 \qquad (6\text{-}36)$$

과 같이 주어진다. 여기서 $V_1/V_2 = N_1/N_2$, $I_2/I_1 = N_2/N_1$을 이용하였다. 따라서 1차코일에서 보는 부하의 저항은 $R_L' = (N_1/N_2)^2 R_L$와 같다. 이에 따라 ac 부하선은 Q점을 지나고 기울기가 $-1/R_L{}'$인 직선을 그리면 된다. 전류가 줄어들면 이 감소를 방해하는 방향으로 1차코일에 전류가 발생한다(Lentz의 법칙). 따라서 $V_{CE}$와 $I_{CQ}$의 최대값은 각각 $2V_{CC}$와 $2I_{CQ}$가 된다.

평균제곱근(root mean square) 콜렉터 전압과 전류는 각각

$$V_{CE(s)}=\frac{V_{CE(\max)}-V_{CE(\min)}}{2\sqrt{2}}=\frac{2V_{CC}-0}{2\sqrt{2}}$$

$$I_{CE(s)}=\frac{I_{CQ(\max)}-I_{CQ(\min)}}{2\sqrt{2}}=\frac{2I_{CQ}-0}{2\sqrt{2}} \quad (6\text{-}37)$$

로 주어진다. 따라서 부하에 공급되는 전력은

$$P_o(ac)=V_{CE(\text{rms})}I_{CE(\text{rms})}=\frac{V_{CC}I_{CQ}}{2} \quad (6\text{-}38)$$

이다. 반면에 dc 전원이 공급하는 전력은 $P_i(dc)=V_{CC}I_{CQ}$이므로 변압기를 이용한 전력증폭기의 효율은

$$\eta_{\max}=\frac{P_o(ac)}{P_i(dc)}\times 100=50\% \quad (6\text{-}39)$$

와 같이 주어진다. 위 식에서 최대효율($\eta_{\max}$)이라고 표시한 것은 변압기의 코일 등이 완전하다고 가정하였기 때문이다. 이와 같이 변압기를 이용함으로써 전력증폭기의 효율을 높일 수 있으나, 변압기가 들어가므로 증폭기의 크기가 커지게 되는 단점이 있다. 따라서 효율을 높이기 위해서는 두 개의 트랜지스터를 이용하는 B급 증폭기가 선호되고 있다.

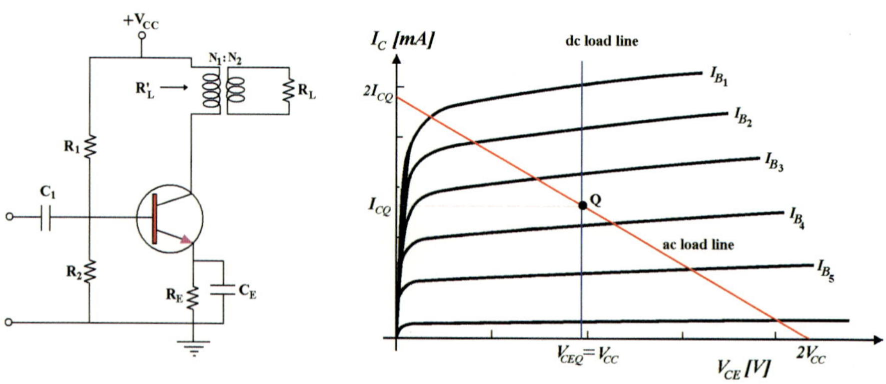


그림 6-29. 변압기를 이용한 전력증폭기

## 2. B급 전력증폭기

A급 전력증폭기의 낮은 효율을 개선하기 위해 두 개의 트랜지스터를 사용하는 증폭기가 B급 증폭기이다. 주로 상보적인 기능을 하는 npn과 pnp 트랜지스터를 사용한다. 한 트랜지스터는 플러스 반 파장을 증폭하고 나머지 트랜지스터가 마이너스 반 파장을 증폭한다. 그림 6-30에 B급 전력증폭기의 구조가 주어져 있다.

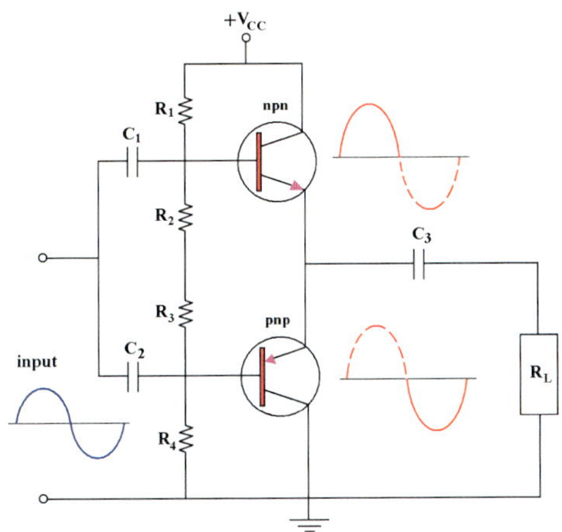

그림 6-30. B급 전력증폭기

B급 전력증폭기의 효율을 계산해 보자. A급 전력증폭기에서는 입력신호의 유무에 관계없이 항상 바이어스 전압이 주어진다. 그러나 B급 전력증폭기에서는 입력신호가 들어갈 경우에만 콜렉터에 전류가 발생한다. 반 주기 동안 하나의 트랜지스터에 공급되는 전원의 전력을 계산해 보자. 입력신호에 의해 콜렉터 전류 $i_C = i_{\max}\ \sin\omega t$가 발생한다고 하자. 여기서 $i_{\max} = V_P / R_L$이고 $v_{out} = V_P\ \sin\omega t$이다. 그러면 전원($V_{CC}$)에서 하나의 트랜지스터에 주어지는 평균 전력은

$$P_i^1(dc) = \frac{V_{CC}}{T}\int_0^{T/2} i_{\max}\sin\left(\frac{2\pi t}{T}\right)dt = \frac{V_{CC}\,V_P}{\pi R_L} \qquad \textbf{(6-40)}$$

과 같이 구해지므로 두 개의 트랜지스터에 공급되는 평균전력은 $P_i(dc) = 2(V_{CC}\,V_P)/(\pi R_L)$

이다. 그리고 부하의 출력 전력은 $P_o(ac) = V_P^2 / 2R_L$로 주어진다. 따라서 B급 전력증폭기의 효율은

$$\eta = \frac{\pi}{4} \frac{V_P}{V_{CC}} \times 100\,(\%) \qquad \textbf{(6-41)}$$

로 주어진다. 위 식에서 최대의 효율은 $V_P \simeq V_{CC}$가 될 때이므로 B급 전력증폭기의 최대 효율은 78.5%이다.

B급 전력증폭기의 단점은 하나의 트랜지스터에서 다른 트랜지스터로 역할이 바뀔 때 발생하는 출력의 찌그러짐(crossover distortion)이다. 이러한 문제점을 해결하기 위한 방법으로써 두 트랜지스터를 차단영역보다 조금 높은 전압으로 바이어싱을 한다. 이러한 전력증폭기를 AB급 전력증폭기라고 부른다. 이 AB급 전력증폭기에서는 각 트랜지스터의 베이스에 $0.7\,V$ 정도의 전압으로 바이어싱을 한다. 두 개의 다이오드로 바이어싱을 한 AB급 전력증폭기 회로가 그림 6-31에 주어져 있다. 두 다이오드가 입력신호가 없는 경우에도 $0.7\,V$를 트랜지스터의 각 베이스에 공급함으로써 두 트랜지스터를 활동영역에 둔다. 이 경우 입력신호가 없을 때 콜렉터 전류는 A급 전력증폭기보다 훨씬 작으므로 AB급 전력증폭기는 높은 효율을 준다.

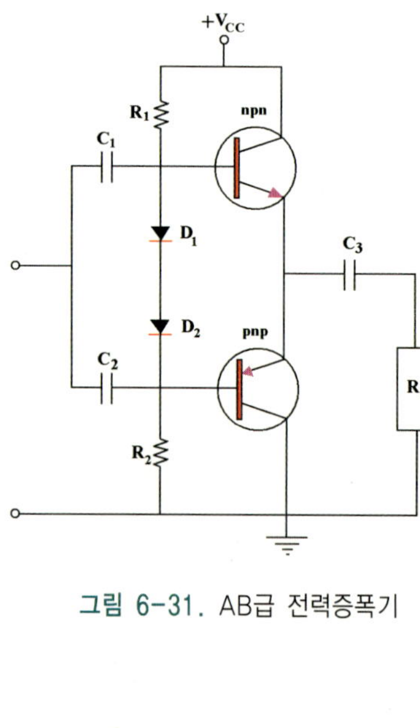


그림 6-31. AB급 전력증폭기

# VI. 증폭기의 진동수 응답

증폭기에 입력되는 신호의 진동수에 따라 증폭률이 변한다. 이는 증폭기에서 사용한 축전기와 트랜지스터 자체의 정전용량 때문이다. 증폭기에 사용하는 축전기로는 직류차단용(coupling) 축전기와 우회용(bypass) 축전기가 있다. 이 직류차단용 축전기의 용량은 $\mu F$ 영역이다. 반면에 트랜지스터의 접합 부분의 정전용량은 $pF$ 영역이다. 축전기의 임피던스는 $1/j\omega C$로 주어진다. 따라서 저주파(low frequency) 영역에서 증폭률의 변화는 외부 축전기에 의하고 고주파(high frequency) 영역에서의 증폭률의 변화는 트랜지스터 자체의 정전용량 때문에 발생한다.

축전기와 저항의 연결인 그림 6-32와 같은 RC 필터회로(부록 참조)에서 축전기의 임피던스는 $1/j\omega C$로 주어지므로 증폭률은

$$A_v \equiv \frac{v_o}{v_i} = \frac{1}{\sqrt{1+\dfrac{1}{\omega^2 R^2 C^2}}} \qquad (6-42)$$

와 같이 주어진다. 증폭률이 $1/\sqrt{2}$ 이 되는 진동수는

$$f_L = \frac{1}{2\pi RC} \qquad (6-43)$$

이다. 이를 차단진동수(cutoff frequency) 또는 $-3dB$ 진동수라고 부른다. $dB$ 단위는 $dB = 20\log A_v$와 같이 정의된다. 이에 따라 $v_o/v_i = 1/\sqrt{2}$ 일 때 $-3dB$임을 알 수 있다.

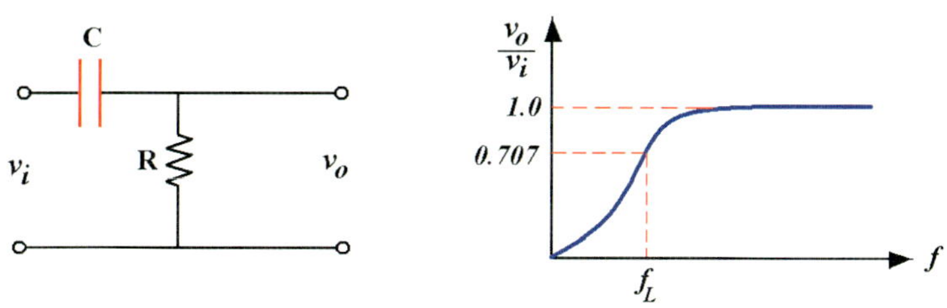


그림 6-32. RC필터 회로

증폭기의 진동수 응답은 대체로 그림 6-33과 같이 나타낼 수 있다. 이는 일정 진동수폭 영역의 통과 응답(band pass response) 현상을 보인다. 낮은 차단진동수는 직류차단용 및 우회축전기에 의해 결정된다. 직류차단 및 우회축전기가 없다면 낮은 차단진동수는 직류($f = 0$)까지 연장된다.

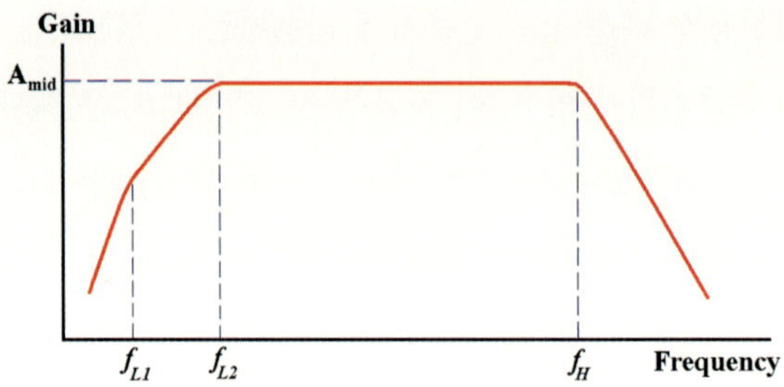


그림 6-33. 증폭기의 진동수 응답

## 1. 낮은 진동수 영역에서의 진동수 응답

낮은 진동수 영역에서의 진동수 응답은 직류차단 및 우회축전기에 의해 결정된다. 그림 6-34에 일반적인 증폭기의 모양을 보여 주고 있다. 입력 부분의 직류차단 축전기 $C_1$과 출력 부분의 직류차단 축전기 $C_2$가 있다. 이들의 정전용량은 $\mu F$ 영역이므로 이들이 낮은 진동수에서의 차단진동수를 결정한다. 또한 그림 6-35와 같은 증폭기에서는 에미터에 연결되는 우회축전기가 있는데, 이 축전기도 낮은 진동수 영역의 차단진동수를 결정한다.

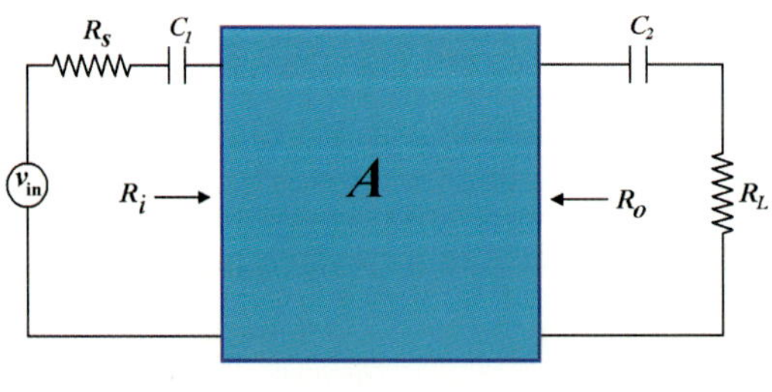


그림 6-34. 일반적인 증폭기의 개념도

입력 직류차단 축전기 $C_1$에 의한 차단진동수는

$$f_{C_1} = \frac{1}{2\pi C_1 (R_s + R_i)} \tag{6-44}$$

와 같이 주어진다. 여기서 $R_i$는 증폭기의 입력저항을 나타낸다. 그림 6-35와 같은 증폭기에서 $R_i = R_1 \parallel R_2 \parallel \beta r_e$를 나타낸다.

출력 직류차단 축전기 $C_2$에 의한 차단진동수는

$$f_{C_2} = \frac{1}{2\pi C_1 (R_L + R_o)} \tag{6-45}$$

와 같이 주어진다. 여기서 $R_o$는 증폭기의 출력저항을 나타낸다. 그림 6-35와 같은 증폭기에서 $R_o = R_C \parallel r_o \simeq R_C$를 나타낸다.

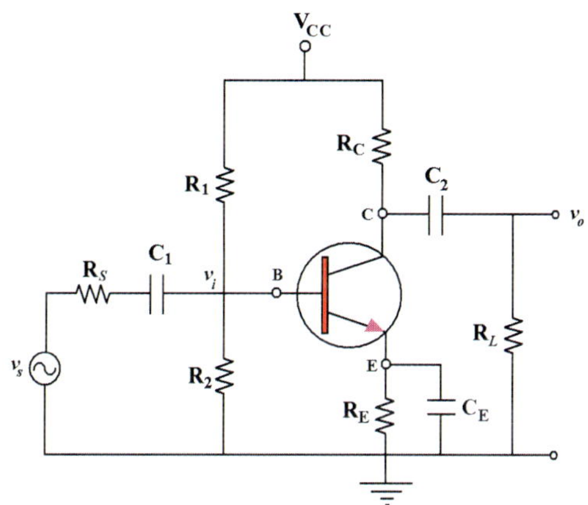


그림 6-35. 공통에미터 증폭기

우회축전기 $C_E$에 의해서도 낮은 진동수의 입력신호의 증폭률이 줄어드는데, 이에 관련된 차단진동수는

$$f_{C_E} = \frac{1}{2\pi R_e C_E} \tag{6-46}$$

과 같이 표현할 수 있다. 위 식에서 $R_e$는 에미터에서 입력 부분을 볼 때의 저항으로서 $R_e = R_E \parallel (R_s'/\beta_F + r_e)$로 주어진다. 여기서 $R_s' = R_s \parallel R_1 \parallel R_2$이다.

축전기의 임피던스는 $1/j\omega C$로 표현된다. 직류인 경우($\omega = 0$) 임피던스가 무한대가 되므로 신호는 축전기를 통과하지 못한다(직류 차단). 즉, $\omega = 0$인 직류신호에 대해 증폭률은 0이 된다. 입력신호의 진동수가 점점 커지게 되면 임피던스는 점차 줄어든다. 이에 따라 증폭률도 증가한다. 축전기가 단락될 정도가 되는 진동수 이상에서는 증폭률이 최대값으로 안정화된다(mid band). 이러한 진동수가 낮은 영역에서의 증폭률의 모양이 그림 6-33에 주어져 있다. 예를 들어, 그림 6-35의 증폭기의 증폭률은 $A_v = -R_C/(r_e + R_E)$로 주어진다. 최대증폭률(mid band)을 알아보자. 최대의 증폭률은 $R_E = 0$이 될 때이고 이는 저항 $R_E$가 축전기 $C_E$에 의해 우회될 경우이다. 즉, 낮은 진동수의 입력신호에서는 에미터 저항은 우회가 되지 않으나 입력신호의 진동수가 높아지면 에미터 저항은 우회축전기에 의해 우회됨으로써 $R_E = 0$가 0이 되므로 증폭기는 최대의 증폭률을 가지게 된다(mid band 영역).

위에서 언급한 3개의 축전기에 의해 증폭기의 낮은 진동수에서의 진동수 응답의 특징이 결정된다. 그러나 중간 진동수 영역(mid band)에 들어가기 직전에 차단진동수가 있는 축전기의 효과가 가장 크다고 할 수 있다. 그림 6-33에 두 개의 차단진동수가 있는데 중간 진동수 영역에 들어가기 직전에 있는 차단진동수 $f_{L_2}$을 가지는 축전기가 차단진동수 $f_{L_1}$를 가지는 축전기보다 증폭기의 낮은 진동수 영역의 진동수 응답의 특징을 결정한다고 할 수 있다.

[예제 8] 그림 6-35의 회로에서 $R_s = 1k\Omega$, $R_1 = 50k\Omega$, $R_2 = 10k\Omega$, $R_E = 1k\Omega$, $R_C = 3k\Omega$, $R_L = 2k\Omega$, $C_1 = 10\mu F$, $C_2 = 2\mu F$, $C_E = 30\mu F$, $V_{CC} = 20\,V$라고 하자. 그리고 트랜지스터의 $\beta$는 100이고 $r_o$는 무한대라고 가정한다. 각 축전기에 관련된 차단진동수를 구하라.

답. $R_i = R_1 \parallel R_2 \parallel \beta r_e$이다. 여기서 $r_e$를 구하기 위해서는 $I_E$를 알아야 한다. 베이스 전압은 $V_B = R_2 V_{CC}/(R_1 + R_2) = 3.33\,V$이므로 $I_E = V_B/R_E = 2.6mA$이다. $r_e = 26mV/2.6mA = 9.87\Omega$이다. 이에 따라 $R_i = 0.88k\Omega$이다. 따라서 $f_{C_1} = 1/[2\pi(R_s + R_i)C_1] = 8.46Hz$를 얻는다. 그리고 출력 부분의 축전기에 대한 차단진동수는 $f_{C_2} = 1/[2\pi(R_C + R_L)C_2] = 15.9Hz$와 같이 구해진다. 그리고 $R_s' = R_s \parallel R_1 \parallel R_2 = 0.89k\Omega$이므로 $R_e = [R_E \parallel (R_s'/\beta + r_e)] = 18.4\Omega$이다. 따라서 에미터 축전기에 의한 차단진동수는 $f_{C_E} = 1/[2\pi R_e C_E] = 288.47Hz$이다. 따라서 중간 진동수 영역에

가장 가까운 것은 에미터 축전기에 의한 차단진동수이다. 증폭기의 증폭률은 $A = -(R_C \parallel R_L)/r_e = -122$이다.

FET에 대한 진동수 응답도 양극 접합트랜지스터의 경우와 동일하다. 그림 6-36의 증폭기를 보면 입력 축전기에 의한 차단진동수는

$$f_{C_1} = \frac{1}{2\pi(R_s + R_i)C_1} \tag{6-47}$$

과 같이 주어진다. 여기서 $R_i = R_G$이다. $R_G \gg R_s$인 경우 $f_{C_1} = 1/[2\pi R_G C_1]$으로 된다.
출력 축전기에 의한 차단진동수는

$$f_{C_2} = \frac{1}{2\pi(R_o + R_L)C_2} \tag{6-48}$$

과 같이 주어진다. 여기서 $R_o = R_D \parallel r_d \simeq R_D$이다.

소스 축전기에 의한 차단진동수는

$$f_{C_s} = \frac{1}{2\pi R_{eq} C_s} \tag{6-49}$$

와 같이 주어진다. 여기서 $r_d$가 아주 큰 경우 $R_{eq} = R_{\text{in}} \parallel (1/g_m)$이 된다.

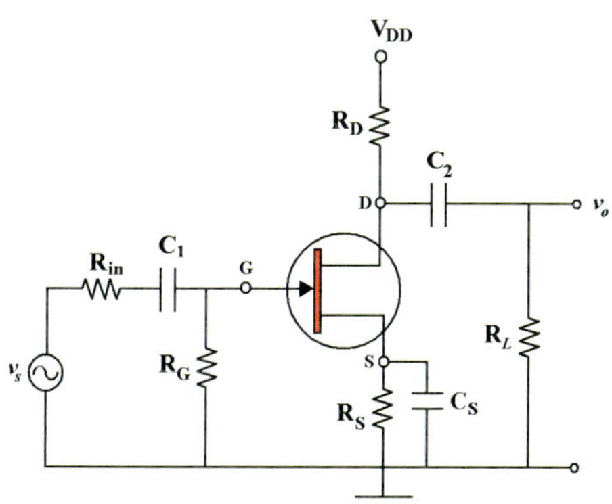


그림 6-36. 공통 소스 FET 증폭기

[예제 9] 그림 6-36과 같은 증폭기에서 $R_G = 1M\Omega$, $R_D = 3k\Omega$, $R_S = 1k\Omega$, $R_{in} = 1k\Omega$, $R_L = 2k\Omega$, $C_1 = 0.1\mu F$, $C_2 = 1\mu F$, $C_S = 1\mu F$을 사용하였다. 그리고 FET는 $I_{DSS} = 6mA$, $V_P = -6\,V$이고 $V_{DD} = 15\,V$이다. 각 축전기에 의한 차단진동수를 구하라.

답. 입력 축전기에 대한 차단진동수는 $f_{C_1} = 1/[2\pi(R_{in} + R_G)C_1] = 1.59Hz$와 같이 구해진다. 출력 축전기에 대한 차단진동수는 $f_{C_2} = 1/[2\pi(R_D + R_L)C_2] = 31.85Hz$이다. 소스 축전기에 대한 차단진동수를 구하기 위해서는 우선 $g_m$을 구해야 된다. $I_D = I_{DSS}(1 - V_{GS}/V_P)^2$와 $V_{GS} = -I_D R_S$를 연립하여 풀면 $I_D = 2.29mA$를 얻는다. 그리고 $V_{GS} = -2.29\,V$이다. 따라서 $g_m = dI_D/dV_{GS} = [2I_{DSS}/V_P](1 - V_{GS}/V_P) = 1.24\,mS$와 같이 구해진다. 그리고 $R_{eq} = R_S \parallel (1/g_m) = 447\Omega$이다. 따라서 $f_{C_S} = 1/[2\pi R_{eq} C_S] = 356Hz$와 같이 구해진다. 증폭률은 $A = -g_m(R_D \parallel R_L) = -1.49$이다.

## 2. 높은 진동수 영역에서의 진동수 응답

양극 접합트랜지스터는 두 개의 pn 접합이다. 공간전하영역 양단의 전하 분포는 축전기 구조와 동일하다. 따라서 베이스와 에미터 사이의 정전용량에 관련된 축전기 $C_\pi$, 베이스와 콜렉터 사이의 정전용량에 관련된 축전기 $C_\mu$를 생각할 수 있다. 그리고 콜렉터와 기판(substrate) 사이에도 정전용량이 존재하므로 이에 관련된 축전기 $C_{CSb}$가 존재한다. 이에 따라 입력신호의 높은 진동수 영역에서의 양극 접합트랜지스터 모델이 그림 6-37과 같이 수정된다.

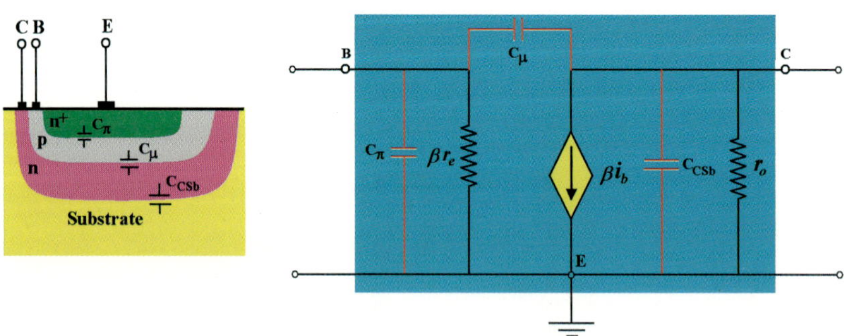


그림 6-37. 높은 진동수의 입력에 대한 양극 접합트랜지스터의 모델

FET의 경우에도 여러 정전용량 성분이 포함되어 있다. MOSFET의 경우 게이트와 채널 사이에 정전용량이 있다. 그리고 소스와 기판 사이 및 드레인과 기판 사이에 정전용량이 존재한다. 그런데 FET의 모델에는 채널이 포함되어 있지 않으므로 게이트와 채널 사이의 정전용량을 게이트와 소스 사이의 축전기 $C_{GS}$와 게이트와 드레인 사이의 축전기 $C_{GD}$에 분배한다. 그리고 기판과 관련된 축전기를 $C_{DSb}$로 표시하면 그림 6-38과 같은 높은 진동수의 입력신호에 관련된 FET 모델을 얻을 수 있다.

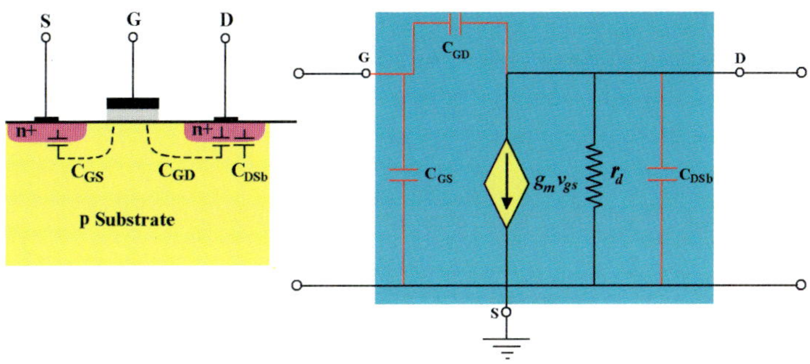


그림 6-38. 높은 진동수의 입력에 대한 FET의 모델

그림 6-37과 38에는 접지되지 않은 축전기($C_\mu$와 $C_{GD}$)가 있어서 회로의 해석에 어려움이 있다. 이를 해결하기 위해 Miller의 정리를 이용한다. 그림 6-39에서와 같이 접지되지 않은 임피던스 $Z$가 점(node) P와 Q에 연결되어 있다. 이 임피던스를 그림의 오른쪽과 같은 접지된 임피던스 $Z_1$과 $Z_2$로 표시하고자 한다. 점 P에서 왼쪽 그림에서의 전류와 오른쪽 등가회로에서의 전류는 같아야 된다. 즉, $(V_i - V_o)/Z = V_i/Z_1$이어야 한다. 마찬가지로 Q점에서도 $(V_2 - V_1)/Z = V_o/Z_2$를 얻는다. 점 P에서 Q로의 전압 증폭률을 $A = V_o/V_i$라고 두면

$$Z_1 = \frac{Z}{1-A}$$

$$Z_2 = \frac{Z}{1-1/A} \qquad (6-50)$$

과 같이 주어진다. 이를 Miller의 정리라고 한다. 그림 6-37과 6-38과 같이 임피던스가 축전기일 경우 $Z$ 대신에 $1/\omega C$를 대입하면 된다. 즉,

$$C_1 = (1-A)\,C$$

$$C_2 = (1-1/A)\,C \qquad \textbf{(6-51)}$$

과 같이 표현된다.

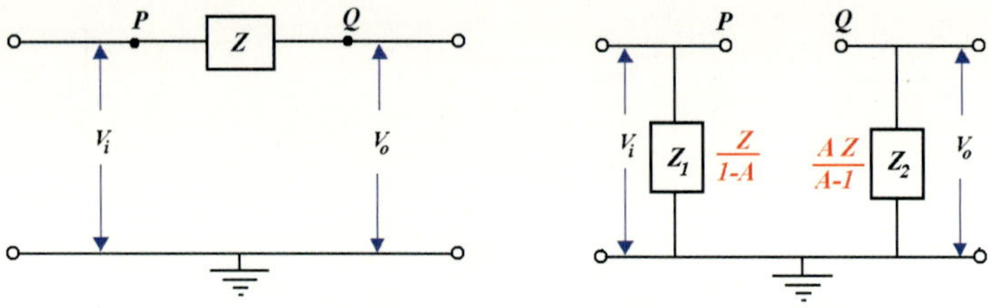


그림 6-39. Miller의 정리

높은 진동수의 입력신호에 대한 공통 에미터 증폭회로의 모델은 그림 6-40과 같이 나타낼 수 있다. 이를 Miller의 정리를 사용하여 접지된 축전기의 형태로 바꾼 것이 그림 6-41이다. 증폭기의 증폭률을 $A=-g_m R_L$로 나타내면 이 그림에서 $C_x = C_\mu(1+g_m R_L)$, $C_y = C_\mu(1+1/g_m R_L)$와 같이 주어진다. 여기서 $r_o \gg R_L$을 가정하였다.

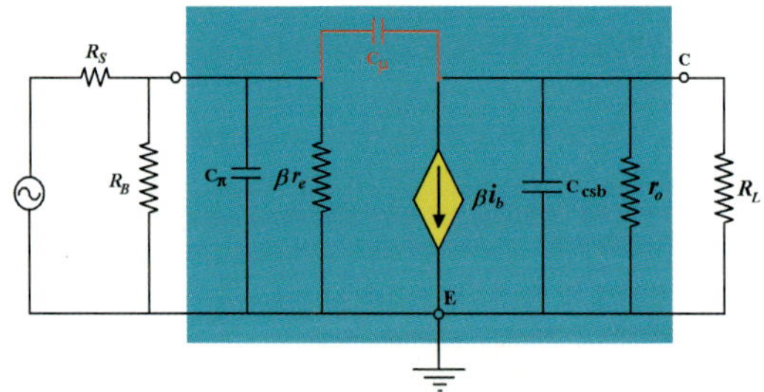


그림 6-40. 공통 에미터 증폭회로의 모델

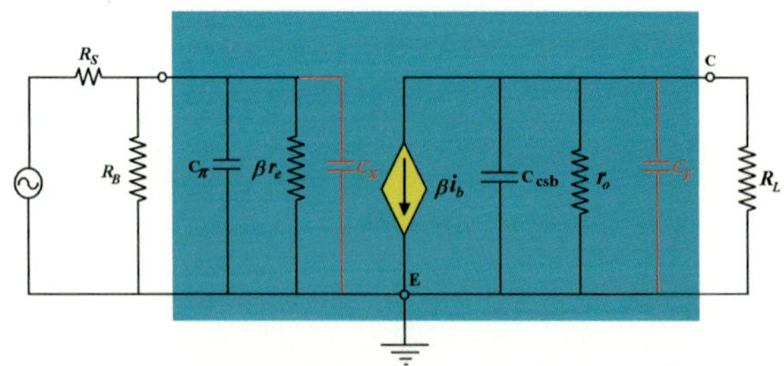


그림 6-41. Miller의 정리를 사용하여 그림 6-40을 접지된 축전기로 고친 그림

그림 6-41의 입력 부분의 저항은 $R_i = (R_s \parallel R_B \parallel \beta r_e)$이고 정전용량은 $C_i = C_\pi + C_x$이다. 따라서 차단진동수는

$$f_{H1} = \frac{1}{2\pi R_i C_i} = \frac{1}{2\pi(R_B \parallel R_s \parallel \beta r_e)[C_\pi + C_\mu(1+g_m R_L)]} \quad (6\text{-}52)$$

와 같이 주어진다. 마찬가지로 출력 부분의 저항은 $R_o = (R_L \parallel r_o) \simeq R_L$이고 정전용량은 $C_o = C_{CSb} + C_y$이므로 차단진동수는

$$f_{H2} = \frac{1}{2\pi R_o C_o} = \frac{1}{2\pi R_L\left[C_{CSb} + C_\mu\left(1 + \frac{1}{g_m R_L}\right)\right]} \quad (6\text{-}53)$$

과 같이 표현된다. 식 6-52와 6-53은 모두 FET에도 동일하게 적용된다. 이 경우 식 6-52에서 저항은 $(R_s \parallel R_B)$이고 $C_\pi$는 $C_{GS}$로 대체해야 한다. 그리고 $C_\mu$는 $C_{GD}$이다. 식 6-53에서는 $C_{CSb}$는 $C_{DSb}$, $C_\mu$는 $C_{GD}$이다.

**[예제 10]** 그림 6-35의 회로에서 $R_s = 1k\Omega$, $R_1 = 50k\Omega$, $R_2 = 10k\Omega$, $R_E = 1k\Omega$, $R_C = 3k\Omega$, $R_L = 2k\Omega$, $C_1 = 10\mu F$, $C_2 = 2\mu F$, $C_E = 30\mu F$, $V_{CC} = 20V$라고 하자. 그리고 트랜지스터의 $\beta$는 100이고 $r_o$는 무한대라고 가정한다. 각 부분의 정전용량은 $C_\pi = 30pF$, $C_\mu = 5pF$, $C_{CSb} = 1pF$라고 한다. 높은 진동수에서의 차단진동수를 구하라.

**답.** 예제 8과 같은 조건이므로 $R_i = 0.88k\Omega$이다. 그리고 입력 부분의 정전용량 $C_i = C_\pi + C_x$은 $A = -122$이므로 $C_i = 645pF$이다. 따라서 식 6-52에서 입력 부분에 의한 차단진동수는 $f_{H1} = 280kHz$이다. 마찬가지로 $f_{H2} = 13.3MHz$를 구할 수 있다.

**[예제 11]** 그림 6-36과 같은 증폭기에서 $R_G = 1M\Omega$, $R_D = 3k\Omega$, $R_S = 1k\Omega$, $R_{\text{in}} = 1k\Omega$, $R_L = 2k\Omega$, $C_1 = 0.1\mu F$, $C_2 = 1\mu F$, $C_S = 1\mu F$을 사용하였다. 그리고 FET는 $I_{DSS} = 6mA$, $V_P = -6V$이고 $V_{DD} = 15V$이다. 각 부분의 정전용량은 $C_{GD} = 5pF$, $C_{GS} = 3pF$, $C_{DSb} =$

$1pF$라고 한다. 높은 진동수에서의 차단진동수를 구하라.

답. 예제 9에서 입력저항은 $R_i = (R_{\text{in}} \parallel R_G) = 999\Omega$이고 $C_i = C_{GS} + G_{GD}(1-A) = 15.5pF$이다. 따라서 입력 부분에 의한 차단진동수는 $f_{H1} = 1/[2\pi R_i C_i] = 10.3\,MHz$와 같이 구해진다. 출력저항은 $R_o = (R_D \parallel R_L) = 1.2k\Omega$이고 정전용량은 $C_o = C_{DSb} + C_{GD}(1-1/A) = 9.4pF$이므로 차단진동수는 $f_{H1} = 1/[2\pi R_o C_o] = 14\,MHz$이다.

## 【연습문제】

문제 1. 아래 공통 에미터 증폭회로에서 입력 임피던스, 출력 임피던스, 전압 증폭률을 구하라. $\beta = 100$, $V_{BE} = 0.7\,V$이고 $r_o = \infty$라고 가정한다.

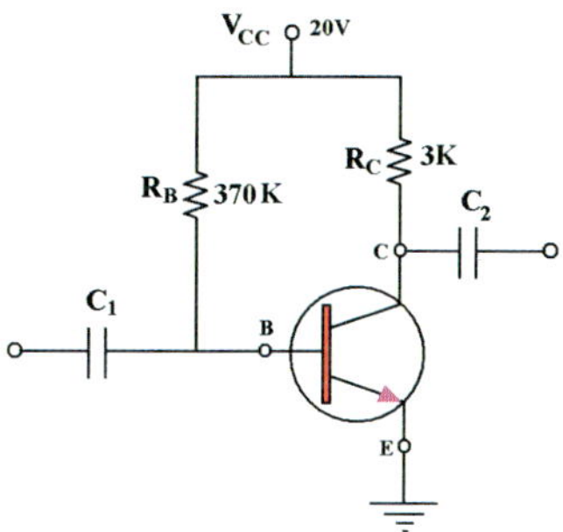


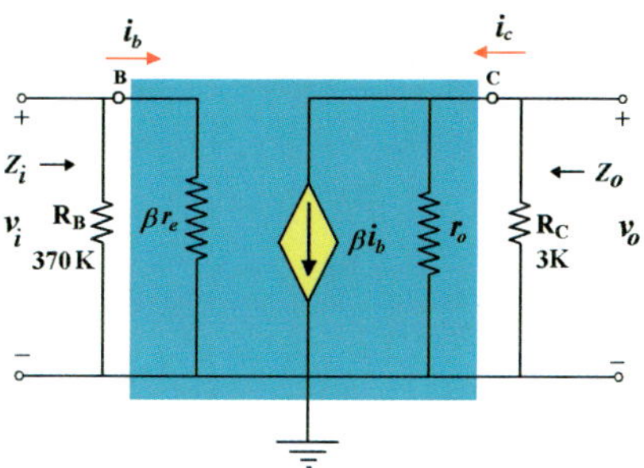


답. $I_B = (V_{CC} - V_{BE})/R_B = 52\,\mu A$이고 $I_E = (\beta + 1)I_B = 5.25mA$이므로 $r_e = 26\,mV/I_E = 4.95\Omega$이다. $Z_i = (R_B \parallel \beta r_e) = 606\Omega$, $Z_o \simeq R_C = 1k\Omega$이다. 전압 증폭률은 $A_v = -R_C/r_e = -606$이다.

문제 2. 아래 공통 에미터 증폭회로에서 입력 임피던스, 출력 임피던스, 전압 증폭률을 구하라. $\beta = 100$, $V_{BE} = 0.7\,V$이고 $r_o = \infty$라고 가정한다.

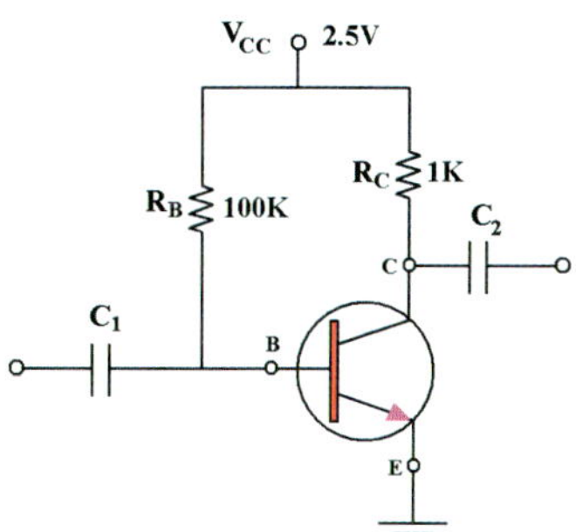


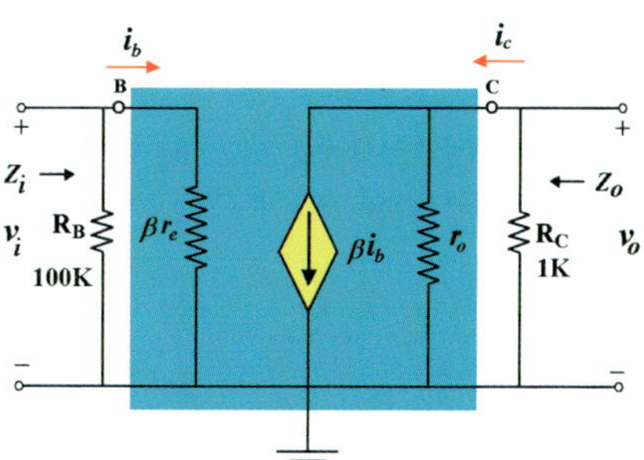

**답.** 입력에서 $V_{CC} = I_B R_B + V_{BE}$이므로 $I_B = 18\mu A$이고 $I_E = (\beta+1)I_B = 1.8mA$이다. $r_e = 26mV/I_E = 14.4\Omega$이다. $Z_i = (R_B \parallel \beta r_e) = 1.42k\Omega$, $Z_o \simeq R_C = 1k\Omega$이다. 전압 증폭률은 $A_v = -R_C/r_e = -69$이다.

**문제 3.** 아래 공통 에미터 증폭회로에서 입력 임피던스, 출력 임피던스, 전압 증폭률을 구하라. $\beta = 100$, $V_{BE} = 0.7V$이고 $r_o = \infty$라고 가정한다.

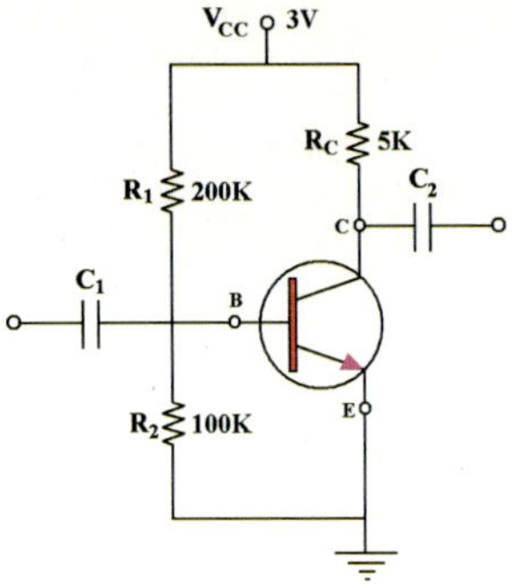


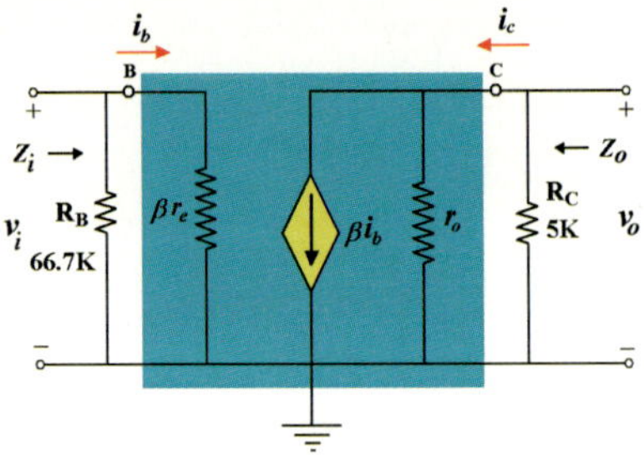


**답.** $V_B = R_2 V_{CC}/(R_1 + R_2) = 1V$, $R_B = R_1 \parallel R_2 = 66.7k\Omega$이다. $V_B = I_B R_B + V_{BE}$에서 $I_B = 4.5\mu A$이므로 $I_E = (\beta+1)I_B = 0.45mA$이다. 따라서 $r_e = 26mV/I_E = 58\Omega$이다. $Z_i = (R_B \parallel \beta r_e) = 5.34k\Omega$, $Z_o \simeq R_C = 1k\Omega$이다. 전압 증폭률은 $A_v = -R_C/r_e = -86$이다.

**문제 4.** 아래 공통 에미터 증폭회로에서 입력 임피던스, 출력 임피던스, 전압 증폭률을 구하라. $\beta = 100$, $V_{BE} = 0.7V$이고 $r_o = \infty$라고 가정한다. 큰 용량의 우회 축전기 $C_E$가 있는 경우와 없는 경우의 전압 증폭률의 차이를 구하라.

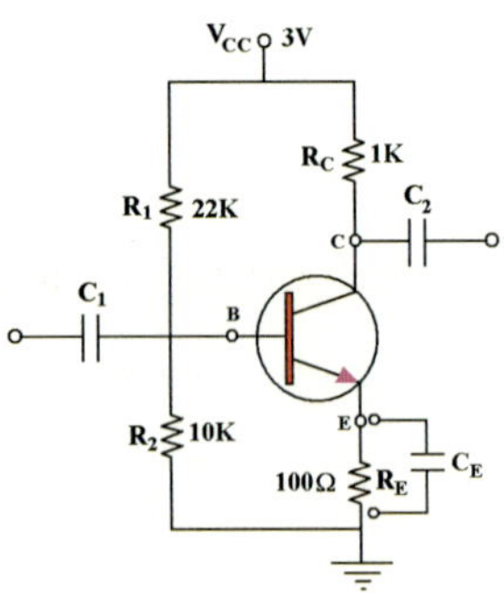


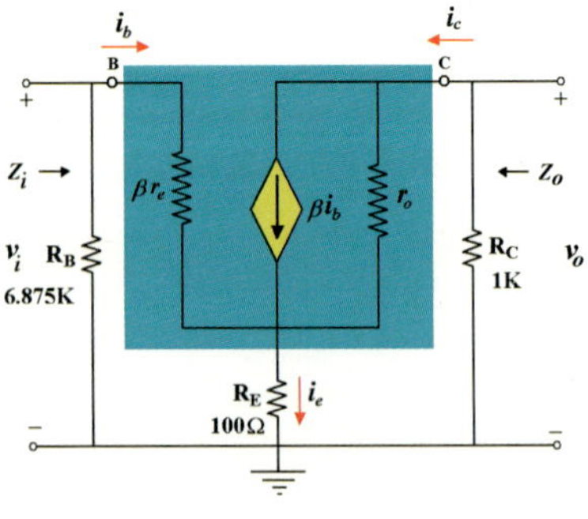

답. $V_B = R_2 V_{CC}/(R_1+R_2) = 0.94V$, $R_B = R_1 \parallel R_2 = 6.875k\Omega$이다. $V_B = I_B R_B + V_{BE} + I_E R_E$이고 $I_E = (\beta+1)I_B$이므로 $I_B = 0.014mA$이고 $I_E = (\beta+1)I_B = 1.42mA$이다. 따라서 $r_e = 26mV/I_E = 18.3\Omega$이다. $Z_i = (R_B \parallel \beta r_e) = 1.45k\Omega$, $Z_o \simeq R_C = 1k\Omega$이다. 전압 증폭률은 우회 축전기가 있는 경우 $A_v = -R_C/r_e = -55$이다. 우회 축전기가 없는 경우 전압 증폭률은 $A_v = -R_C/R_E = -10$이다.

문제 5. 아래의 회로에서 다음을 구하라.

(a) Q점을 결정하라. 부하선에서 Q점의 위치를 표시하라. 출력의 최대진동폭은 얼마인가?

(b) 입력, 출력 임피던스와 전압, 전류 증폭률을 구하라. $r_o = \infty$라고 가정한다. 그리고 $\beta = 100$이다.

(c) 에미터 축전기가 없는 경우, 위 값들은 어떻게 되는가?

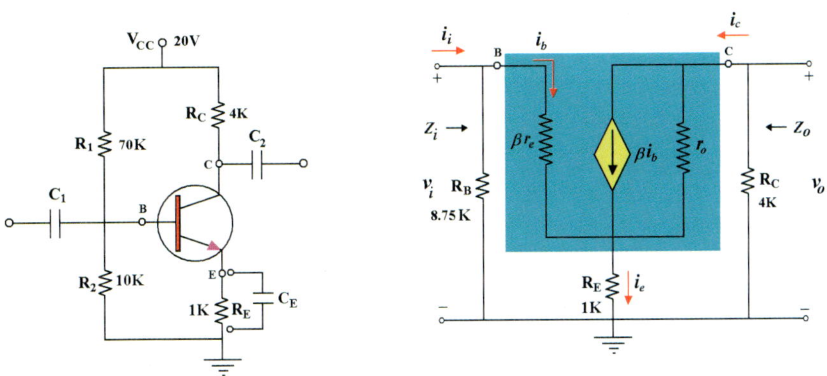


답. (a) 베이스 전압은 $V_B = R_2 V_{CC}/(R_1+R_2) = 2.5V$이다. 그리고 에미터 전압은 $V_E = V_B - V_{BE} = 1.8V$이다. 따라서 에미터 전류는 $I_E = V_E/R_E = 1.8mA$이다. $I_C \simeq I_E$이므로 $I_{CQ} = 1.8mA$이다. $V_{CC} = I_C R_C + V_{CE} + I_E R_E$에서 $V_{CEQ} = V_{CC} - (R_C + R_E)I_{CQ} = 11V$이다. Q점의 부하에서의 위치는 아래의 그림에 표시되어 있다.

(b) $r_e = 26/I_E = 14.44\Omega$이다. 따라서 입력 임피던스는 $Z_i = (R_1 \parallel R_2) \parallel \beta r_e = 1.24k\Omega$이고 출력 임피던스는 $Z_o = (r_o \parallel R_C) \simeq R_C = 4k\Omega$이다. 전압 증폭률은 $A_v = -R_C/r_e = -277$이다. $i_b = i_i R_B/(R_B + \beta r_e)$, $i_o = \beta i_b$이므로 $A_i = i_o/i_i = \beta R_B/(R_B + \beta r_e) = 85$이다. 여기서 $R_B = (R_1 \parallel R_2) = 8.75k\Omega$이다.

(c) 에미터 축전기가 없는 경우, $A_v = -R_C/R_E = -4$이다.

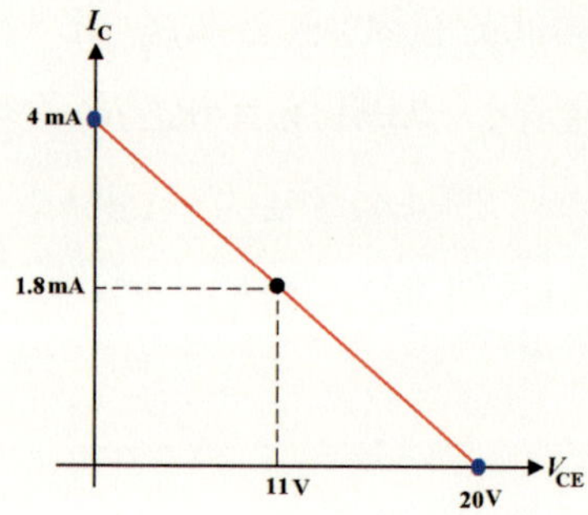


**문제 6.** 아래 에미터 따라가기(emitter follower) 회로에서 다음을 구하라. 입력, 출력 임피던스와 전압, 전류 증폭률을 구하라. $r_o = \infty$ 라고 가정한다. 그리고 $\beta = 100$이다.

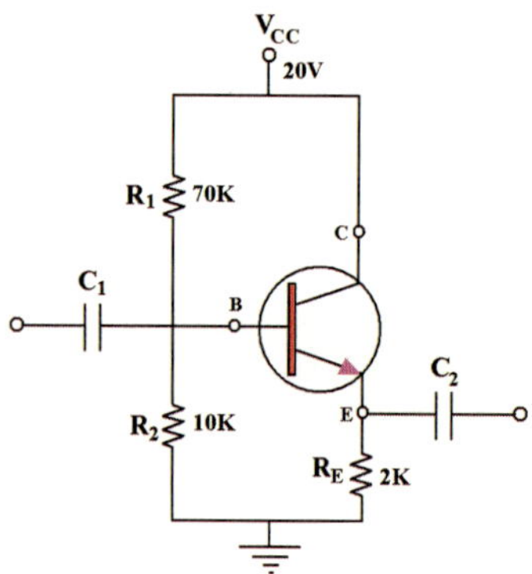


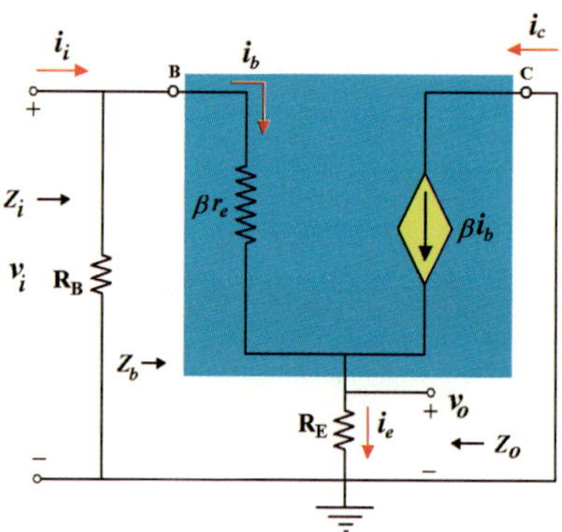


**답.** 베이스 전압이 $V_B = R_2 V_{CC} / (R_1 + R_2) = 2.5\,V$이므로 에미터 전압은 $V_E = V_B - V_{BE} = 1.8\,V$이다. 그리고 에미터 전류는 $I_E = V_E / R_E = 0.9\,mA$이다. 따라서 $r_e = 26 / I_E = 28.89\,\Omega$이다. $i_e = (\beta + 1) i_b$이므로 그림에서 $v_i = (\beta r_e) i_b + R_E (\beta + 1) i_b$이다. 그런데 $i_b = v_i / Z_b$이므로 위 식에서 $Z_b = \beta r_e + (\beta + 1) R_E$을 구할 수 있다. 출력은 $v_o = R_E (\beta + 1) i_b$이므로 위 $v_i$에 대한 식에서 $v_i = (\beta r_e) v_i / Z_b + v_o$를 얻고 $A_v = v_o / v_i$를 이용하면 $A_v = v_o / v_i = (Z_b - \beta r_e) / Z_b$를 구할 수 있다. 따라서 $A_v = (\beta + 1) R_E / [\beta r_e + (\beta + 1) R_E]$를 얻는다. $\beta \gg 1$이므로 전압 증폭률은 $A_v \simeq R_E / (r_e + R_E) = 0.986$와 같이 구해진다. 전류 증폭률은 $A_i = i_o / i_i = (\beta + 1) i_b / (v_i / Z_i)$로 주어지므로 $A_i = -(\beta + 1) Z_i / Z_b = (\beta + 1)(R_B \parallel Z_b) / Z_b$이다. 따라서 $A_i = -(\beta + 1) R_B / (R_B + Z_b) = -4.13$으로 구해진다. 여기서 $R_B = (R_1 \parallel R_2)$이다. 입력 임피던스는 $Z_i = (R_1 \parallel R_2) \parallel Z_b$에서 $Z_i = 8.39 k\Omega$이다. $i_e = (\beta + 1) i_b = (\beta + 1) v_i / Z_b$인데 $Z_b = \beta r_e + (\beta + 1) R_E$이

므로 $i_e \simeq v_i/(r_e + R_E)$로 근사된다. 이는 저항 $r_e$와 $R_E$의 전압나누기 회로이고 출력 임피던스는 $v_i = 0$일 때 두 저항이 병렬도 연결되어 있으므로 $Z_o = (r_e \parallel R_E) = 28.48\Omega$이다. 이와 같이 에미터 따라가기 회로는 전압 증폭률이 1에 가깝고 입력 임피던스는 크고 출력 임피던스는 작으므로 버퍼 (buffer) 증폭기로 많이 이용된다.

**문제 7.** 아래의 회로에서 다음을 구하라.

(a) Q점을 결정하라. 부하선에서 Q점의 위치를 표시하라. 출력의 최대진동폭은 얼마인가?

(b) 입력, 출력 임피던스와 전압, 전류 증폭률을 구하라. $r_o = \infty$ 라고 가정한다. 그리고 $\beta = 100$이다.

(c) 에미터 축전기가 없는 경우 위 값들은 어떻게 되는가?

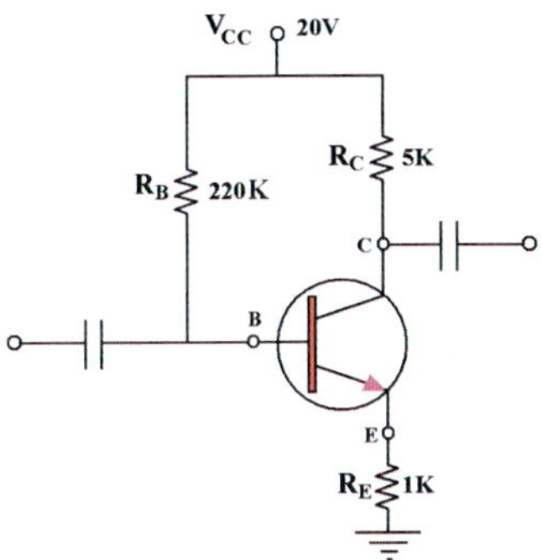


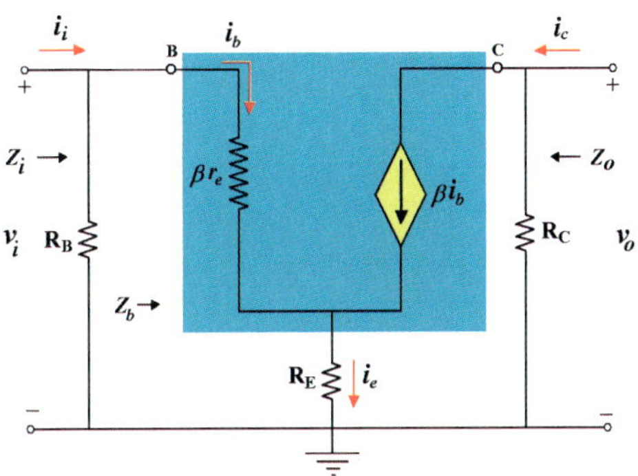


**답.** (a) $V_{CC} = I_B R_B + I_E R_E + V_{BE}$와 $I_E = (\beta+1)I_B$에서 $I_B = \dfrac{V_{CC} - V_{BE}}{R_B + (\beta+1)R_E} = 19.1\mu A$이다. 따라서 $I_E = (\beta+1)I_B = 1.93mA$이다. Q점의 전류는 $I_{CQ} \simeq I_E = 1.93mA$이고, 전압은 $V_{CC} = I_C R_C + V_{CE} + I_E R_E$에서 $V_{CEQ} = 8.42V$이다. Q점의 위치는 아래 그림에서와 같다.

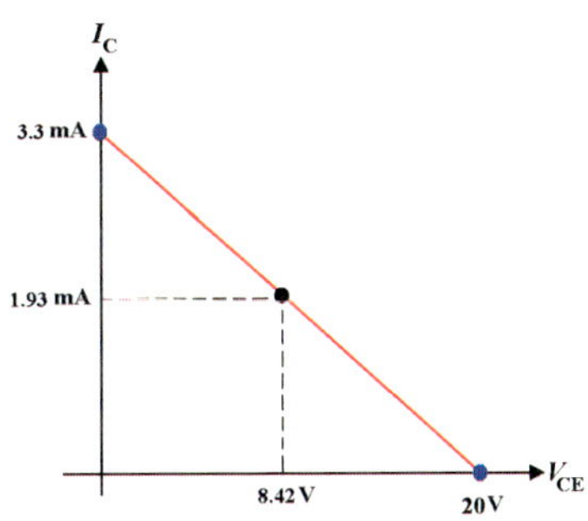

(b) $r_e = 26/I_E = 13.49\Omega$이다. 입력 임피던스는 $Z_i = R_B \parallel Z_b$이다. 여기서 $Z_b$는 $v_i = \beta r_e i_b + R_E(\beta+1)i_b$에서 $Z_b = \beta r_e + (\beta+1)R_E = 102.35k\Omega$이다. 따라서 $Z_i = 69.85k\Omega$이다. 출력 임피던스는 $Z_o = (r_o \parallel R_C) \simeq R_C = 5k\Omega$이다. 출력은 $v_o = -\beta i_b R_C = \frac{-\beta v_i R_C}{\beta r_e + (\beta+1)R_E} \simeq -\frac{v_i R_C}{r_e + R_E}$이므로 전압 증폭률은 $A_v = \frac{v_o}{v_i} \simeq -\frac{R_C}{r_e + R_E} \simeq -5$이다. $i_i = v_i/Z_i$와 $i_o = -\beta i_b$에서 $A_i = i_o/i_i = -\frac{\beta i_b Z_i}{v_i}$이다. 그리고 $i_b = v_i/Z_b$이고 $Z_i = R_B \parallel Z_b$이므로 $A_i = -\frac{\beta R_B}{R_B + \beta r_e + (\beta+1)R_E} = -68.25$이다.

(c) 에미터에 우회축전기가 있는 경우 $v_o = -\beta i_b R_C$에서 $v_i = \beta r_e i_b$이므로 $v_o = -\beta(v_i/\beta r_e)R_C$가 되고 $A_v = -R_C/r_e = -371.2$로 구해진다. 그리고 $i_b = i_i R_B/(R_B + Z_b)$, $i_o = \beta i_b$이므로 $A_i = i_o/i_i = -\beta R_B/(R_B + Z_b) = -99.4$이다. 이 경우 $Z_b = \beta r_e$를 이용하였다.

**문제 8.** 아래 JFET의 공통 소스 증폭회로에서 입력 임피던스, 출력 임피던스, 전압 증폭률을 구하라. 큰 용량의 우회 축전기 $C_S$가 있는 경우와 없는 경우의 전압 증폭률의 차이를 구하라. JFET의 $I_{DSS} = 10mA$이고 $V_P = -6V$이고 $r_o = \infty$라고 가정한다.

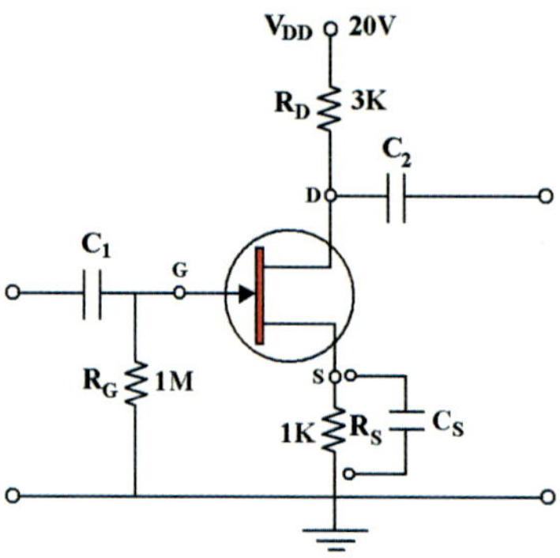


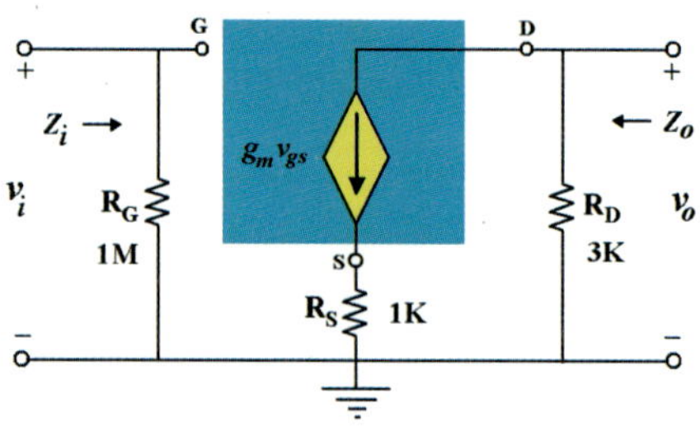


**답.** 입력에서 $V_{GS} + I_D R_S = 0$이므로 $V_{GS} = -I_D R_S$이다. 이를 $I_D = I_{DSS}\left(1 - \frac{V_{GS}}{V_P}\right)^2$에 대입하면 $I_D$에 대한 2차방정식을 얻고 이를 풀면 $I_D = 2.93mA, 10.9mA$를 얻는다. 이 중 조건에 맞는 해는 $2.93mA$이다. 따라서 $V_{GS} = -2.93V$이므로 $g_m = \frac{2I_{DSS}}{|V_P|}\left(1 - \frac{V_{GS}}{V_P}\right)$에서 $g_m = 1.7mS$이다. 입력 임피던스는 $Z_i = R_G = 1M\Omega$이고 $Z_o = R_D = 3k\Omega$이 된다. 우회 축전기가 없는 경우 전압 증폭률은 $v_i = v_{gs} + g_m v_{gs} R_S$, $v_o = -g_m v_{gs} R_D$이므로 $A_v = -g_m R_D/(1 + g_m R_S) = -1.89$이다. 우회 축전기가 있는 경우 $v_i = v_{gs}$, $v_o = -g_m v_{gs} R_D$이므로 $A_v = -g_m R_D = -5.1$이다.

문제 9. 아래 증가형 MOSFET의 공통 소스 증폭회로에서 입력 임피던스, 출력 임피던스, 전압 증폭률을 구하라. MOSFET의 $V_T = 1\,V$이고 $k = 12.5\mu A/V^2$이다. $r_d = \infty$라고 가정한다.

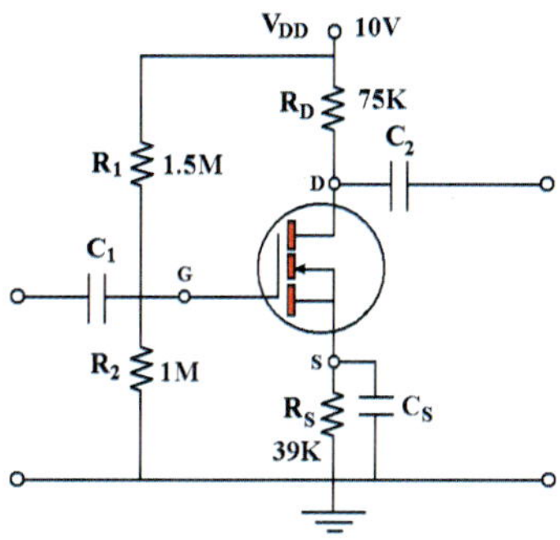


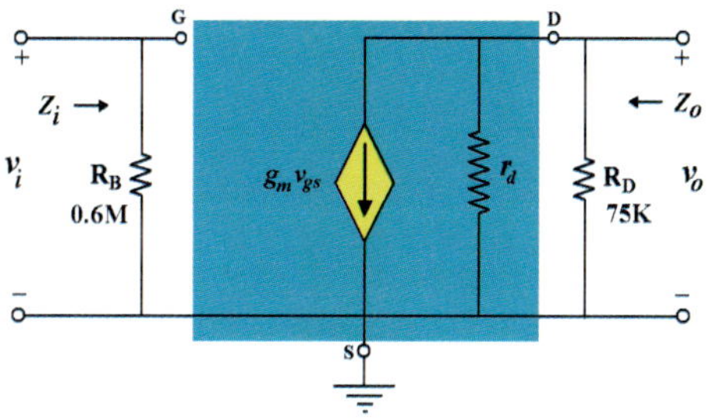


답. $I_D = k(V_{GS} - V_T)^2$이고 $V_G = V_{GS} + I_D R_S$이므로 $V_G = V_{GS} + k(V_{GS} - V_T)^2 R_S$이다. $V_G = R_2 V_{DD}/(R_1 + R_2) = 4\,V$이다. 다른 주어진 값들을 대입하여 $V_{GS}$를 구하면 $-2.71\,V$와 $2.66\,V$가 구해진다. 이 중에서 $V_{GS} > V_T$의 조건을 만족하는 해는 $V_{GS} = 2.66\,V$이다. $g_m = dI/dV_{GS} = 2k(V_{GS} - V_T)$이므로 $g_m = 41.5\,\mu S$이다. 전압 증폭률은 $A_v = -g_m R_D = -3$이다.

문제 10. 아래의 회로에서 다음을 구하라.

(a) Q점을 결정하라. 부하선에서 Q점의 위치를 표시하라. 출력의 최대진동폭은 얼마인가?

(b) 입력, 출력 임피던스와 전압, 전류 증폭률을 구하라. $r_d = \infty$라고 가정한다. 그리고 $I_{DSS} = 12mA$, $V_P = -3\,V$이다.

(c) 소스에 축전기가 없는 경우 위 값들은 어떻게 되는가?

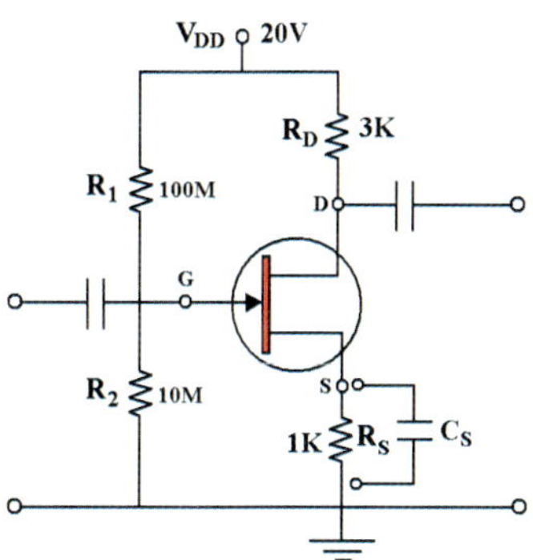


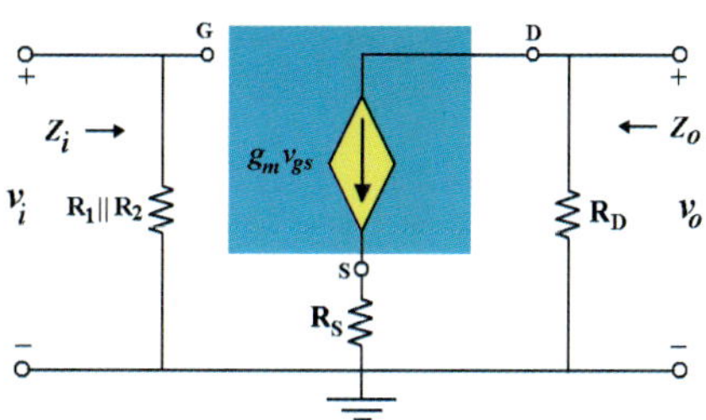

**답.** (a) $V_G = R_2 V_{DD}/(R_1+R_2) = 1.82\,V$이고 $V_G = V_{GS} + I_D R_S$이므로 $V_{GS} = 1.82 - I_D$이다. 이를 $I_D = I_{DSS}(1 - V_{GS}/V_P)^2$에 대입하여 $I_D$를 구하면 $I_{DQ} = 3.33mA$이다. 따라서 $V_{GSQ} = -1.51\,V$이다. 그리고 출력 부분에서 $V_{DS} = V_{DD} - I_D(R_D + R_S)$이므로 $V_{DSQ} = 6.68\,V$이다. 부하선에서의 Q점은 아래 그림에서와 같다. 진동폭은 $13.36\,V$이다.

(b) 입력 임피던스는 $Z_i = R_1 \parallel R_2 = 9.09M\Omega$이고, 출력 임피던스는 $Z_o = r_d \parallel R_D \simeq R_D = 3k\Omega$이다. $v_{gs} = v_i$이고 $v_o = -g_m v_{gs}(r_d \parallel R_D) \simeq -g_m R_D$이므로 $A_v = v_o/v_i = -g_m R_D$이다. $g_m = g_{m0}(1 - V_{GSQ}/V_P)$이고 $g_{m0} = 2I_{DSS}/|V_P| = 8mS$이므로 $g_m = 3.97mS$이다. 따라서 $A_v = -11.92$이다.

(c) 소스에 축전기가 없는 경우 $v_i = v_{gs} + g_m v_{gs} R_s$이고 $v_o = -g_m v_{gs} R_D$이므로 $A_v = \frac{v_o}{v_i} = -\frac{g_m R_D}{1+g_m R_S}$이다. 이에 따라 이 경우 전압 증폭률은 $A_v = 2.4$이다.

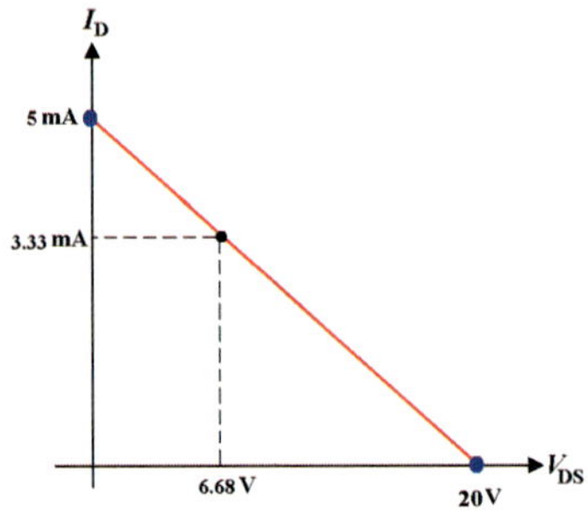


**문제 11.** 아래 증가형 MOSFET의 증폭회로(드레인 되먹임 바이어스)에서 다음을 구하라.

(a) Q점을 구하라.

(b) 입력 임피던스, 출력 임피던스, 전압 증폭률을 구하라. MOSFET의 $V_T = 3\,V$이고 $k = 0.3 \times 10^{-3}\,A/V^2$이다. 그리고 $y_{os} = 20\mu S$이다.

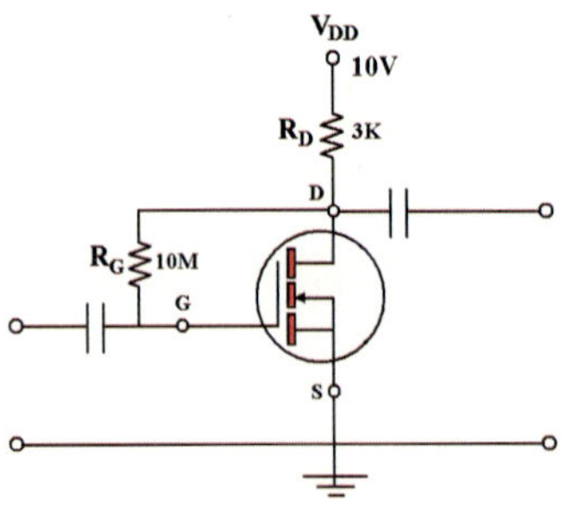


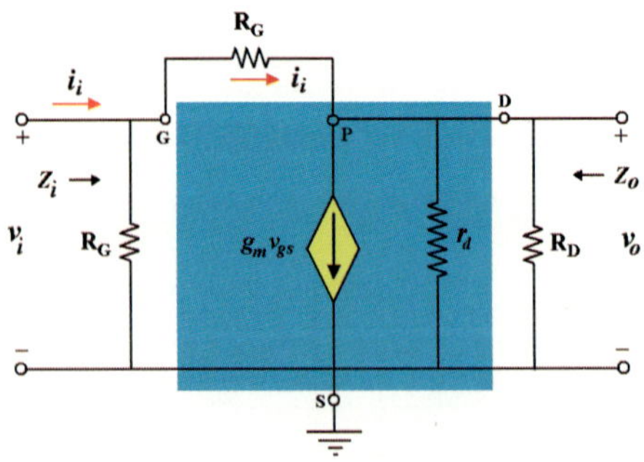

답. (a) Q점을 구해 보자. $I_G = 0$이므로 $V_{DS} = V_{GS}$이고, 출력 부분에서는 $V_{DS} = V_{DD} - I_D R_D$이므로 $V_{GS} = V_{DD} - I_D R_D$이다. $I_D = k(V_{GS} - V_T)^2 = k(V_{DD} - I_D R_D - V_T)^2$에 주어진 값을 대입하면 $I_{DQ} = 1.57mA$가 구해진다. 그리고 $V_{GSQ} = V_{DD} - I_{DQ} R_D = 5.29\,V$이다.

(b) $g_m = 2k(V_{GSQ} - V_T) = 1.37mS$이다. 입력 임피던스의 표현을 구해 보자. P점에서 전류의 연속성에서 $i_i = g_m v_{gs} + v_o/(r_d \parallel R_D)$을 얻는다. $v_{gs} = v_i$이므로 $v_o = (r_d \parallel R_D)(i_i - g_m v_i)$와 같이 구해진다. 이 식을 $i_i = (v_i - v_o)/R_G$에 대입하여 정리하면 $v_i[1 + g_m(r_d \parallel R_D)] = i_i[R_G + (r_d \parallel R_D)]$이므로 입력 임피던스는 $Z_i = \frac{v_i}{i_i} = \frac{R_G + (r_d \parallel R_D)}{1 + g_m(r_d \parallel R_D)}$를 얻는다.

$R_G \gg (r_d \parallel R_D)$, $r_d \gg R_D$를 만족하는 경우 입력 임피던스는 $Z_i \simeq R_G/(1 + g_m R_D)$가 된다. 문제에서 $r_d = 1/y_{os} = 33.33k\Omega$이므로 위 조건을 만족한다. 따라서 입력 임피던스는 $1.97M\Omega$이다. 다음에는 전압 증폭률의 표현을 구해 보자. 식 $v_o = (r_d \parallel R_D)(i_i - g_m v_i)$에 $i_i = (v_i - v_o)/R_G$을 대입하여 $v_o$와 $v_i$의 관계를 구해 보자. 대입하여 정리하면 $v_o\left[1 + \frac{(r_d \parallel R_D)}{R_G}\right] = v_o\left[\frac{1}{R_G} - g_m\right](r_d \parallel R_D)$를 얻는다. 따라서 전압 증폭률은 $A_v = \frac{v_o}{v_i} = \frac{(1 - g_m R_D)(r_d \parallel R_D)}{R_G + (r_d \parallel R_D)}$로 주어진다. $R_G \gg (r_d \parallel R_D)$, $r_d \gg R_D$를 만족하는 경우 전압 증폭률은 $A_v \simeq -g_m R_D$로 표현된다. 따라서 회로의 전압 증폭률은 4.11이다.

문제 12. 아래 증폭회로의 증폭률을 10이 되도록 하기 위한 $R_D$의 값을 구하라. $V_{GSQ} = V_P/3$이 되도록 바이어스를 준다고 하자. JFET는 $I_{DSS} = 10mA$, $V_P = -3\,V$, $y_{os} = 20\mu S$라고 한다.

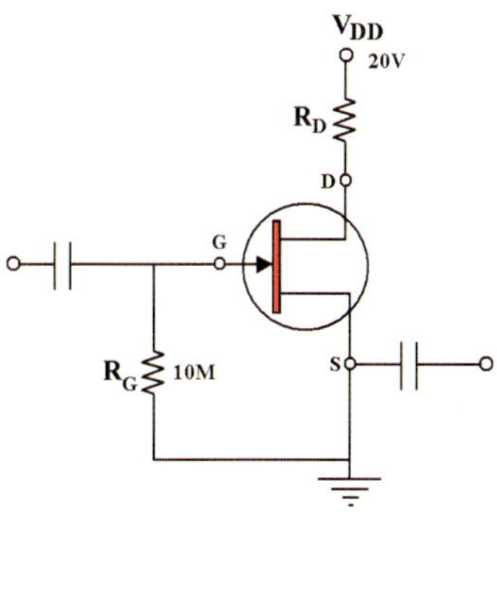


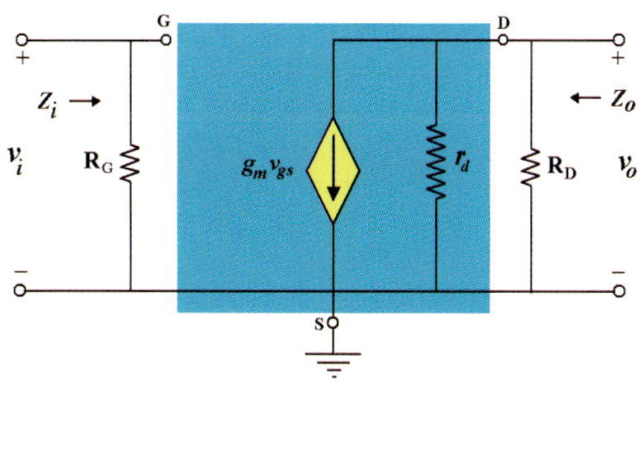


답. $r_d = 1/y_{os} = 50k\Omega$이고 $V_{GSQ} = V_P/3 = -1\,V$이다. $I_{DQ} = I_{DSS}(1 - V_{GSQ}/V_P)^2 = 4.44mA$이다. $g_{m0} = 2I_{DSS}/|V_P| = 6.67mS$이고 $g_m = g_{m0}(1 - V_{GSQ}/V_P) = 4.45mS$이다. $A_v = -g_m$

$(r_d \parallel R_D) = 10$에서 $(r_d \parallel R_D) = 2.25k\Omega$이므로 $R_D = 2.35k\Omega$으로 구해진다.

**문제 13.** 그림과 같은 전력증폭기의 최대효율을 구하라.

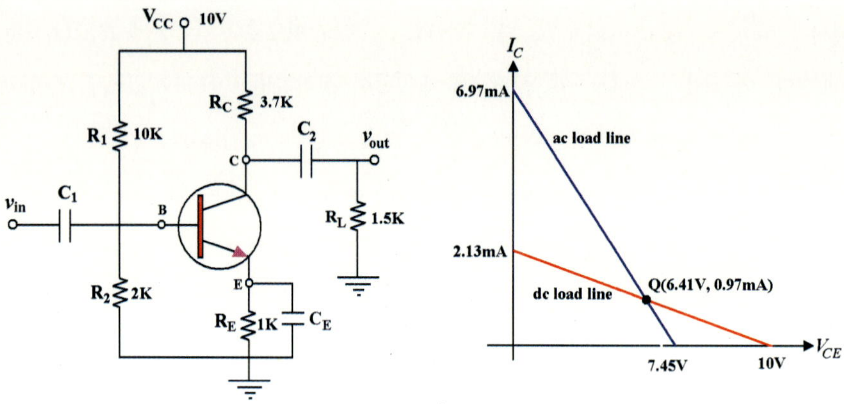


**답.** 직류 바이어스에 관련된 전류 및 전압을 구해보기로 하자. 직류 포화전류($V_{CE} = 0$일 때)는 $I_{C(sat)} = V_{CC}/(R_C + R_E) = 2.13mA$이다. 그리고 직류 차단전압($I_C = 0$일 때)은 $V_{CE(off)} = V_{CC} = 10\,V$이다. 베이스에서의 전압은 $V_B = R_2 V_{CC}/(R_1 + R_2) = 1.67\,V$이다. 따라서 에미터 전압은 $V_E = V_B - V_{BE} = 0.97\,V$이고 에미터 전류는 $I_E = I_{CQ} = V_E/R_E = 0.97mA$이다. 그리고 $V_{CEQ} = V_{CC} - I_{CQ}R_C = 6.41\,V$이다. 따라서 Q점은 $(6.41\,V, 0.97mA)$이다. 다음에는 교류 등가회로에서 부하저항은 $r_o = R_L \parallel R_C = 1.07k\Omega$으로 주어진다. 이에 따라 포화전류는 $I_{C(sat)} = I_{CQ} + V_{CEQ}/r_o = 6.97mA$이다. 그리고 $V_{CC(off)} = V_{CEQ} + I_{CQ}r_o = 7.45\,V$이다. 출력의 최대진동폭은 $V_{P-P} = 2I_{CQ}\,r_o = 2.08\,V$이다. 따라서 부하에 주어지는 전력은 $P_o(dc) = V_{P-P}^2/8R_L = 0.36m\,W$이다. 그리고 전원에서 회로에 공급되는 전력은 $P_i(dc) = V_{CC}(I_B + I_C) = 18m\,W$이다. 여기서 $I_B = V_{CC}/(R_1 + R_2) = 0.83mA$를 이용하였다. 결과적으로 전력증폭기의 효율은 $\eta = P_o/P_i \times 100(\%) = 2\%$이다. 트랜지스터에 소비되는 전력은 $P_Q = V_{CEQ}I_{CQ} = 6.22m\,W$이다.

**[참고]** 출력의 진동폭: 출력의 진동폭은 Q점의 위치에 따라 다르다. 그림과 같이 Q점이 ac 부하선의 중앙보다 아래쪽에 있을 경우 peak 출력은 $I_{CQ}r_o$가 된다. 반면에 Q점이 ac 부하선의 중앙보다

위쪽에 있을 경우에는 peak의 출력은 $V_{CEQ}$가 된다. 위의 예에서는 Q점이 ac 부하선의 중앙보다 아래쪽에 있으므로 peak 출력이 $I_{CQ}r_o$가 됨을 볼 수 있다.

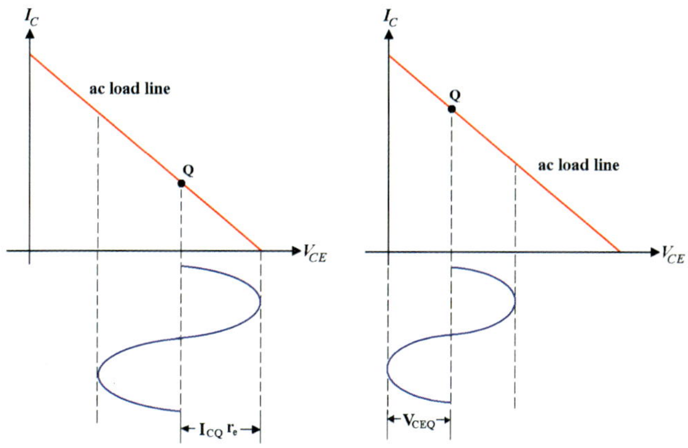


문제 14. 그림과 같은 전력증폭기의 최대효율을 구하라.

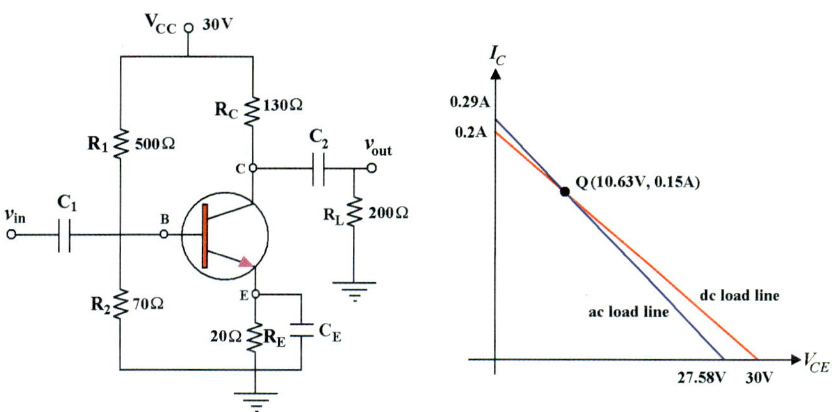


답. 직류 바이어스에 관련된 전류 및 전압을 구해보기로 하자. 직류 포화전류는($V_{CE}=0$일 때) $I_{C(sat)}=V_{CC}/(R_C+R_E)=0.2A$이다. 그리고 직류 차단전압($I_C=0$일 때)은 $V_{CE(off)}=V_{CC}=30V$이다. 베이스에서의 전압은 $V_B=R_2V_{CC}/(R_1+R_2)=3.68V$이다. 따라서 에미티 전압은 $V_E=V_B-V_{BE}=2.98V$이고 에미터 전류는 $I_E=I_{CQ}=V_E/R_E=0.15A$이다. 그리고 $V_{CEQ}=V_{CC}-I_{CQ}R_C=10.63V$이다. 따라서 Q점은 $(10.63V, 0.15A)$이다. 다음에는 교

류 등가회로에서 부하저항은 $r_o = R_L \parallel R_C = 113\Omega$으로 주어진다. 이에 따라 포화전류는 $I_{C(sat)} = I_{CQ} + V_{CEQ}/r_o = 0.29A$이다. 그리고 $V_{CC(off)} = V_{CEQ} + I_{CQ}r_o = 27.58\,V$이다. 출력의 최대진동폭은 $V_{P-P} = 2V_{CEQ} = 21.26\,V$이다. 따라서 부하에 주어지는 전력은 $P_o(dc) = V_{P-P}^2 / 8R_L = 0.28\,W$이다. 그리고 전원에서 회로에 공급되는 전력은 $P_i(dc) = V_{CC}(I_B + I_C) = 6.07\,W$이다. 여기서 $I_B = V_{CC}/(R_1 + R_2) = 0.53A$를 이용하였다. 결과적으로 전력증폭기의 효율은 $\eta = P_o/P_i \times 100(\%) = 4.6\%$이다. 트랜지스터에 소비되는 전력은 $P_Q = V_{CEQ}I_{CQ} = 1.59\,W$이다.

**문제 15.** 그림과 같은 에미터 따라가기(공통 콜렉터) 전력증폭기에 대한 최대효율을 구하라.

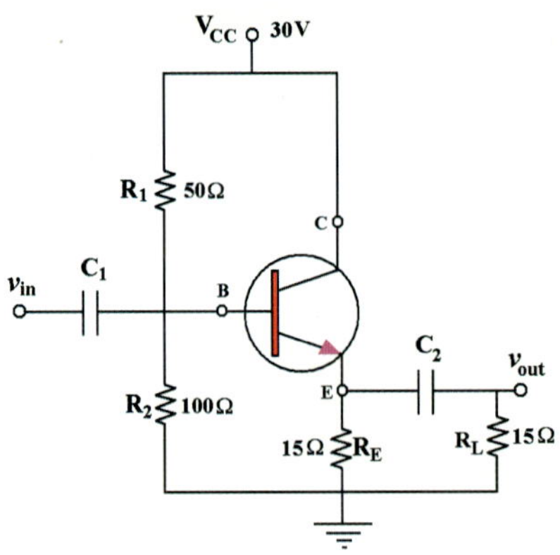


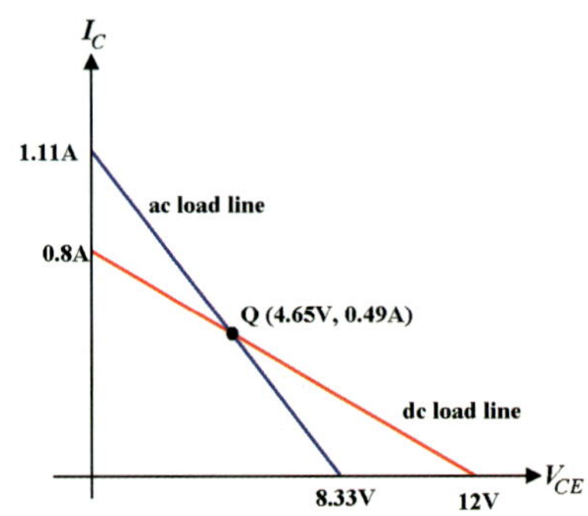


**답.** 직류 바이어스에 관련된 전류 및 전압을 구해보기로 하자. 직류 포화전류는($V_{CE} = 0$일 때) $I_{C(sat)} = V_{CC}/R_E = 0.8A$이다. 그리고 직류 차단전압($I_C = 0$일 때)은 $V_{CE(off)} = V_{CC} = 12\,V$이다. 베이스에서의 전압은 $V_B = R_2V_{CC}/(R_1 + R_2) = 8\,V$이다. 따라서 에미터 전압은 $V_E = V_B - V_{BE} = 7.3\,V$이고 에미터 전류는 $I_E = I_{CQ} = V_E/R_E = 0.49A$이다. 그리고 $V_{CEQ} = V_{CC} - I_ER_E = 4.65\,V$이다. 따라서 Q점은 $(4.65\,V, 0.49A)$이다. 다음에는 교류 등가회로에서 부하저항은 $r_o = R_L \parallel R_E = 7.5\Omega$으로 주어진다. 이에 따라 포화전류는 $I_{C(sat)} = I_{CQ} + V_{CEQ}/r_o = 1.11A$이다. 그리고 $V_{CC(off)} = V_{CEQ} + I_{CQ}r_o = 8.33\,V$이다. Q점이 ac 부하선의 중앙보다 밑에 존재한다. 따라서 출력의 최대진동폭은 $V_{P-P} = 2I_{CQ}r_o = 7.35\,V$이다. 따라서 부하에 주어지는 전력은 $P_o(dc) = V_{P-P}^2/8R_L = 0.45\,W$이다. 그리고 전원에서 회로에 공급되는 전력은 $P_i(dc) = V_{CC}(I_B + I_{CQ}) = 2.65\,W$이다. 여기서 $I_B = V_{CC}/(R_1 + R_2) = 0.08A$를 이용하였

다. 결과적으로 전력증폭기의 효율은 $\eta = P_o/P_i \times 100(\%) = 17\%$ 이다. 트랜지스터에 소비되는 전력은 $P_Q = V_{CEQ} I_{CQ} = 2.28\,W$이다.

문제 16. 아래 회로에서 다음을 구하라.

(a) $I_{CQ}$, $V_{CEQ}$를 구하여 $r_e$를 결정하라.

(b) $A_{v,\,mid} = v_o/v_i$를 구하라.

(c) $A_v = v_o/v_s$를 구하라.

(d) $f_{Ls}, f_{Lc}, f_{Le}$를 구하라. 저주파에 대한 차단 진동수는 얼마인가? $\beta = 120$이다.

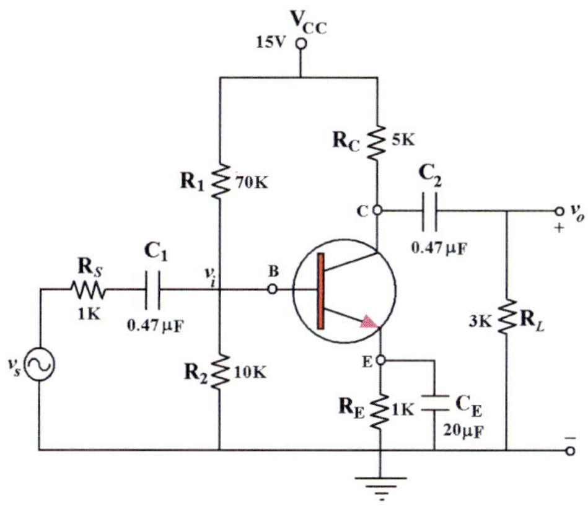


답. (a) $V_B = R_2 V_{CC}/(R_1 + R_2) = 1.88\,V$이다. 따라서 $I_E = (V_B - V_{BE})/R_E = 1.18mA$이고 $r_e = 26/I_E = 22\Omega$이다.

(b) $A_{v,mid} = -(R_C \parallel R_L)/r_e = -85.23$이다.

(c) $A_{v_s} = \dfrac{v_o}{v_s} = \dfrac{v_i}{v_s}\dfrac{v_o}{v_i} = Z_i/(Z_i + R_s)A_v$이다. $Z_i = (R_1 \parallel R_2 \parallel \beta r_e) = 2.03k\Omega$이므로 $A_{v_s} = -57.05$이다.

(d) $f_{Ls} = \dfrac{1}{2\pi(R_s + R_i)C_s} = 111.81Hz$, $f_{Lc} = \dfrac{1}{2\pi(R_C + R_L)C_C} = 42.34Hz$, $f_{Le} = \dfrac{1}{2\pi R_e C_E}$에서 $R_s{}' = R_s \parallel R_1 \parallel R_2 = 0.90k\Omega$, $R_e = R_E \parallel (R_s{}'/\beta + r_e) = 28.62\Omega$이므로 $f_{Le} = 278.19\,Hz$이다. 차단 진동수는 위 중에서 가장 큰 값인 $278.19Hz$이다.

문제 17. 아래 회로에 대해 다음을 답하라.

(a) Q점 $I_{DQ}$, $V_{GSQ}$, $V_{DSQ}$을 구하라. 부하선을 그리고, Q점을 표시하라. 출력의 최대진동폭은

몇 $V$인가?

(b) $A_{v,mid} = v_o/v_i$를 구하라.

(c) $A_v = v_o/v_s$를 구하라.

(d) $f_{Lg}, f_{Ls}, f_{Lc}$를 구하라. 저주파에 대한 차단 진동수는 얼마인가? 트랜지스터는 $I_{DSS} = 6mA$, $V_P = -6V$의 값을 가지고 $r_d = \infty$라고 가정한다.

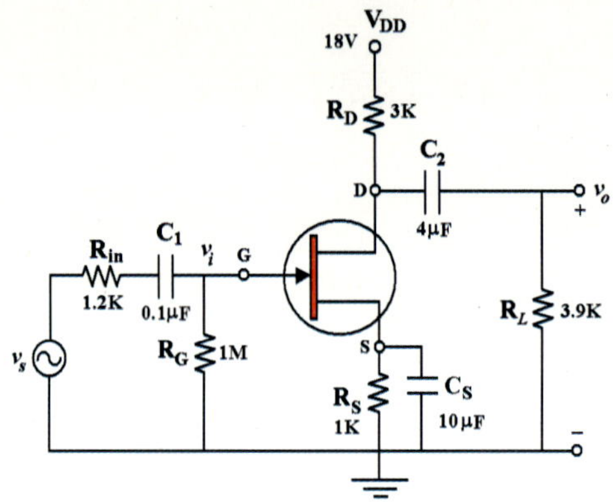


답. (a) $V_{GS} + I_D R_S = 0$에서 $V_{GS} = -I_D R_S$이다. 이를 $I_D = I_{DSS}\left(1 - \frac{V_{GS}}{V_P}\right)^2$에 대입하면 $I_D = I_{DSS}\left(1 + \frac{I_D R_S}{V_P}\right)^2$가 되고, 주어진 값을 대입하여 $I_D$에 대한 2차방정식을 풀면 $I_{DQ} = 2.29mA$를 구할 수 있다. 그리고 $V_{GSQ} = -I_{DQ} R_S = -2.29V$이고 $V_{DSQ} = V_{DD} - I_{DQ}(R_S + R_D) = 8.84V$로 구해진다. 부하선에서 Q점은 아래 그림에서와 같다. 중간 지점보다 작으므로 최대진동폭은 $2V_{DSQ} = 17.68V$이다.

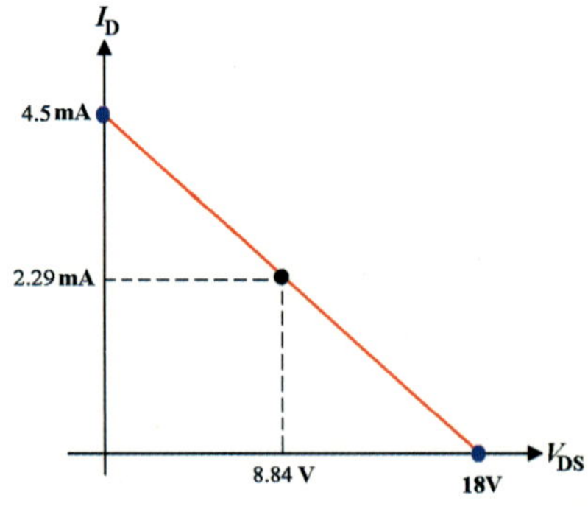

(b) $A_{v,mid} = -g_m(R_D \parallel R_L)$에서 먼저 $g_m$을 구해야 한다. $g_{m0} = \frac{2I_{DSS}}{|V_P|} = 2mS$이고 $g_m = g_{m0}\left(1 - \frac{V_{GSQ}}{V_P}\right) = 1.24mS$이다. 따라서 $A_v = -2.10$이다.

(c) $A_{v_s} = \frac{v_o}{v_s} = \frac{v_i}{v_s}\frac{v_o}{v_i} = Z_i/(Z_i + R_s)A_v$이다. $Z_i = R_G = 1M\Omega$이므로 $A_{v_s} = -2.10$이다. 즉, $A_{v,mid}$ $A_{v,mid} = A_v$이다.

(d) $f_{Lg} = \frac{1}{2\pi(R_s + R_i)C_G} = 1.59Hz$, $f_{Lc} = \frac{1}{2\pi(R_D + R_L)C_C} = 9.95Hz$, $f_{Ls} = \frac{1}{2\pi R_{eq}C_S}$에서 $R_{eq} = \left(R_s \parallel \frac{1}{g_m}\right) = 0.5k\Omega$이므로 $f_{Ls} = 35.70\,Hz$이다. 차단진동수는 위의 값 중에서 가장 큰 값인 $35.70Hz$이다.

**문제 18.** 아래 회로에서 각 진동수 영역에서의 차단진동수를 구하라. 트랜지스터의 $\beta$는 100이고 $r_o$는 무한대라고 가정한다. 그리고 각 부분의 정전용량은 $C_\pi = 30pF$, $C_\mu = 5pF$, $C_{CSb} = 1pF$라고 한다.

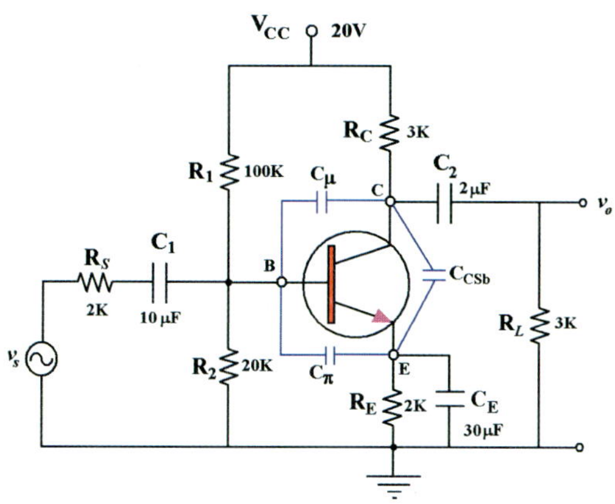


**답.** 첫째, 입력신호의 낮은 진동수에서의 진동수 응답에 대해 알아보도록 하자. 입력저항은 $R_i = R_1 \parallel R_2 \parallel \beta r_e$이다. 여기서 $r_e$를 구하기 위해서는 $I_E$를 알아야 한다. 베이스 전압은 $V_B = R_2\,V_{CC}/(R_1 + R_2) = 3.33\,V$이므로 $I_E = V_E/R_E = 1.67mA$이다. 그리고 $r_e = 26m\,V/1.67\,mA = 15.57\Omega$이므로 $R_i = 1.46k\Omega$이다. 따라서 $f_{C_1} = 1/[2\pi(R_s + R_i)C_1] = 46Hz$를 얻는다. 그리고 출력 부분의 축전기에 대한 차단진동수는 $f_{C_2} = 1/[2\pi(R_C + R_L)C_2] = 13Hz$와 같이 구해진다. $R_s' = R_s \parallel R_1 \parallel R_2 = 1.78k\Omega$이므로 $R_e = [R_E \parallel (R_s'/\beta + r_e)] = 32.85\Omega$이다. 따라서 에미터 축전기에 의한 차단진동수는 $f_{C_E} = 1/[2\pi R_e C_E] = 162Hz$이다. 결과적으로 중간진동수 영역에 가장 가까운 것은 에미터 축전기에 의한 차단진동수이다. 증폭기의 증폭률은

$A = -(R_C \parallel R_L)/r_e = -96$이다.

둘째, 입력신호의 높은 진동수에서의 진동수 응답에 대해 알아보도록 하자. 입력저항은 위에서 계산한 $R_i = 1.46k\Omega$이다. 그리고 입력 부분의 정전용량 $C_i = C_\pi + C_\mu(1-A) = 515pF$이다. 따라서 입력 부분에 의한 차단진동수는 $f_{H1} = 211kHz$이다. 출력 부분의 정전용량은 $C_o = C_{CSb} + C_\mu(1-1/A) = 6pF$이다. 그리고 출력저항은 $R_o = (R_L \parallel r_o) \simeq R_L = 3k\Omega$이다. 따라서 $f_{H2} = 8.8\,MHz$이다.

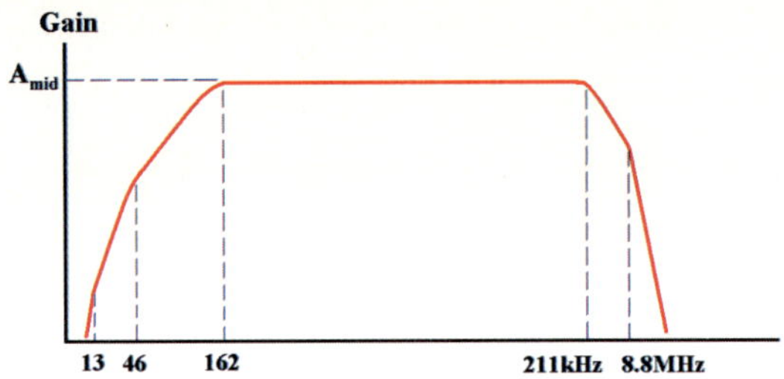

**제7장**

# 연산증폭기

## 1. 연산증폭기

연산증폭기(operational amplifier)는 증폭기를 IC(integrated circuit, 집적회로)로 꾸민 것이다. 입력 임피던스가 크고, 출력 임피던스가 작으며, 증폭률이 아주 큰 특징을 가지는 증폭기로 집적된 것이다. 연산증폭기 중에서 가장 널리 이용되고 있는 741에는 20개의 트랜지스터, 11개의 저항, 1개의 축전기가 크기 $3mm \times 3mm$에 집적되어 있다. 이 증폭기의 전압이득은 $10^5$ 정도이고 입력 임피던스는 $2M\Omega$, 출력 임피던스는 $25 \sim 75\Omega$ 정도이다. 그림 7-1에 741증폭기의 회로도와 핀(pin) 구조가 주어져 있다. 핀 구조 그림에서 왼쪽 상단에 있는 점을 1로 두고 시계 반대 방향으로 계속 번호를 붙여 나가면 그림에서 주어진 바와 같은 역할을 갖는 핀들이 있다. 741증폭기는 두 개의 입력 단자와 1개의 출력 단자를 가지고 있는데 입력 단자 중에 하나는 출력이 입력과 같은 부호를 가지는 것이고(+, non-inverting input), 다른 하나는 출력이 입력과 반대 부호를 가지는 것(−, inverting input)이다. 그리고 외부전원으로 $15V$가 주어지므로 출력은 $\pm 15V$ 영역 내의 값을 가진다.

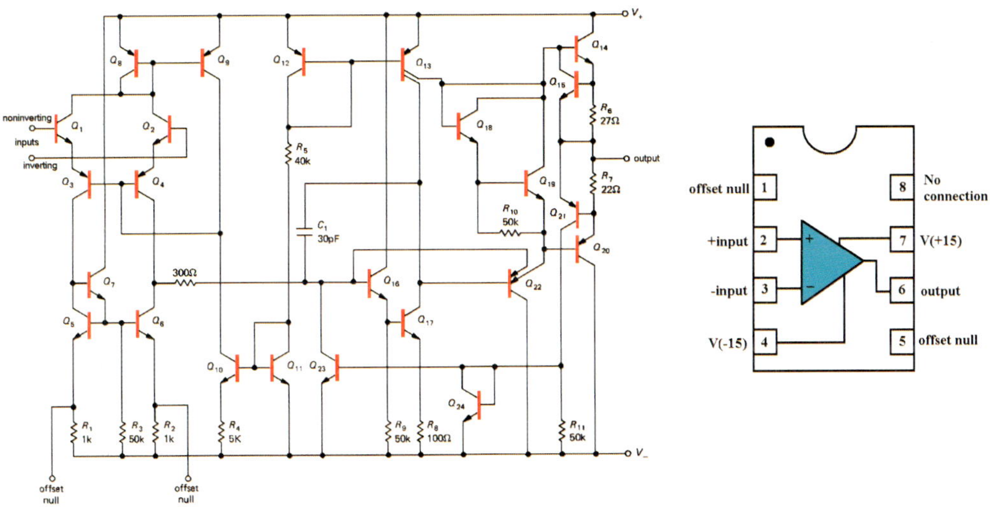


그림 7-1. 연산증폭기 741의 회로도와 핀 구조

연산증폭기라고 이름이 붙여진 이유는 연산증폭기가 적분, 미분, 합 등의 연산에 사용되었기 때문이다. 특히 아날로그 컴퓨터의 연산에 응용되었고 미분방정식을 푸는 데 이용되었다. 지금은 디지털 컴퓨터 시스템이 발달하였기 때문에 컴퓨터 연산에는 더 이상 사용되지 않고 증폭, 필터, 아날로그-디지털 컨버터 등에 널리 응용되고 있다.

## 2. 되먹임회로

연산증폭기에 입력 신호만을 입력 단자에 연결할 경우 전압이득이 너무 커서 아무리 작은 입력신호에 대해서도 출력이 전원전압의 범위를 넘어가게 된다. 이러한 문제점은 되먹임(feedback) 회로를 구성함으로써 해결할 수 있다. 되먹임회로는 출력의 일정 부분을 입력 부분에 다시 넣어주는 역할을 한다.

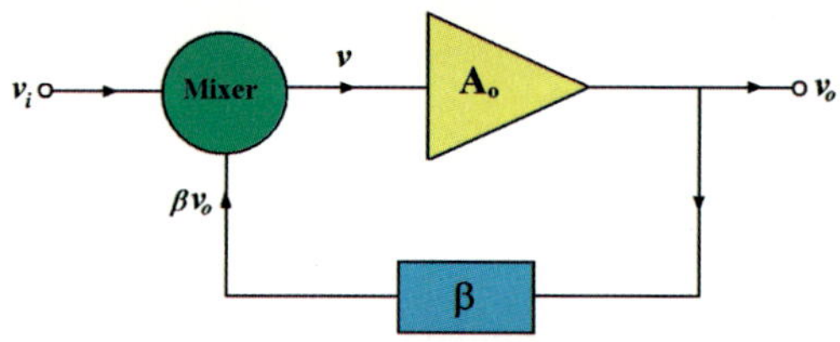


그림 7-2. 되먹임회로의 연결

그림 7-2는 전압이득이 $A_0$인 증폭기에 되먹임률 $\beta$인 되먹임회로를 연결한 것을 보여 주고 있다. 혼합기에서 나오는 신호 $v$는 입력신호 $v_i$와 되먹임신호 $\beta v_o$의 합이므로 $v = v_i + \beta v_o$와 같이 주어진다. 여기서 되먹임률 $\beta$는 0에서 1 사이의 값을 가진다. $v_o = A_0 v$를 위 식에 대입하면 전압이득 $A$는

$$A = \frac{v_o}{v_i} = \frac{A_0}{1 - \beta A_0} \tag{7-1}$$

과 같이 구해진다. 식 7-1은 되먹임회로를 가진 증폭기가 일반적으로 만족하는 증폭률의 표현이다. 여기서 $A_0$는 연산증폭기의 열린 이득(open loop gain)이고, 되먹임회로를 가진 경우의 이득 $A$는 닫힌 이득(closed loop gain)이라 부른다. 식 7-1에서 되먹임이 양이고 $\beta A_0 = 1$을 만족시키면 $A$는 무한대가 된다. 이는 입력이 없는 상태에서도 출력을 줄 수 있다는 것을 의미한다.

이를 양의 되먹임(positive feedback)이라 부르고 sin파, 톱날파 등의 신호를 만드는 오실레이터(oscillator)의 기본적인 개념을 준다. 반면에 음의 되먹임(negative feedback)의 경우 $\beta$가 음이므로 입력신호에서 얼마간의 신호가 빠진 신호가 증폭기에 투입된다. 그리고 연산증폭기에서는 $A_0$가 워낙 크므로 $\beta A_0 \gg 1$의 조건이 만족되어, 전압이득은 식 7-1에서

$$A \approx -\frac{1}{\beta} \tag{7-2}$$

와 같이 표현된다. 식 7-2는 아주 중요한 의미를 가지고 있다. 왜냐하면, 되먹임률 $\beta$를 바꿈으로써 증폭기의 이득을 쉽게 선택할 수 있기 때문이다. 즉, 되먹임률 $\beta$는 전압나누기 회로(voltage divider)에서 저항(회로소자 중 가장 안정된 값을 주는 소자)의 비(ratio)로서 조절할 수 있기 때문에 안정된 증폭률의 증폭기를 꾸밀 수 있다.

또 다른 되먹임회로의 장점은 증폭기의 진동수 응답(신호의 진동수에 따른 전압이득의 변화)을 향상시킨다는 것이다. 대부분 증폭기의 진동수 응답은 높은 진동수 영역에서 심각하다. 즉, 높은 진동수 영역에서 이득은 급격히 떨어지는 경향을 보인다. 이것은 대부분 높은 진동수 영역에서 회로 내부의 축전기의 영향이 증가하기 때문이다. 음의 되먹임을 이용하여 증폭기의 진동수 특성을 개선할 수 있다. 그림 7-3에 741 연산증폭기의 진동수 특성의 되먹임률 $\beta$에 따른 변화를 보여 주고 있다. 이 그림에서 열린 이득의 진동수 특성이 음의 되먹임에 의해 어떻게 개선되는가를 잘 볼 수가 있다. 되먹임률을 증가시킴으로써 전압이득은 감소되나 진동수 특성은 점점 좋아지고 있는 것을 볼 수 있다.

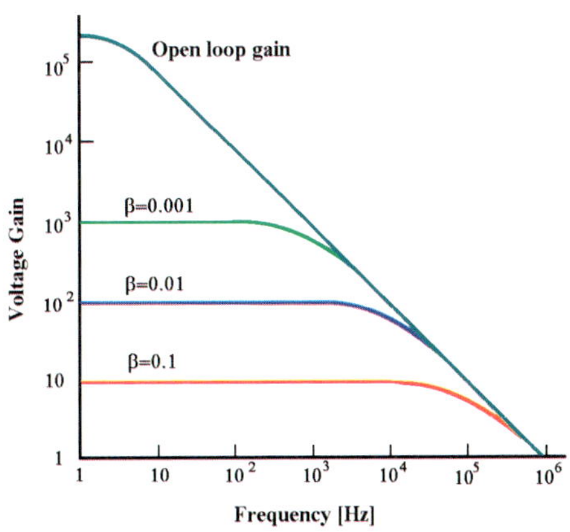


그림 7-3. 되먹임회로에 의한 연산증폭기의 진동수 특성의 향상

## 3. 연산증폭기의 이상적인 모델

연산증폭기를 그림 7-4와 같이 표현할 때 이상적인 경우에는 다음과 같은 성질을 가진다. 첫째, 연산증폭기는 무한대의 전압이득(open loop gain)을 가진다. 이는 두 입력 단자에 들어가는 입력의 차이가 아무리 작다고 할지라도 출력은 포화(전원의 전압)된다. 따라서 출력은 어떻게 해서든지 두 입력 사이의 전압차를 없애려 하는 경향이 있기 때문에 연산증폭기의 두 입력 사이에는 전압 차이가 존재하지 않는다. 둘째, 입력 임피던스가 무한대이다. 따라서 입력 단자를 통해 연산증폭기 안으로 흘러들어가는 전류는 없다. 셋째, 출력 임피던스는 0이다. 이에 따라 출력 부분에 연결하는 부하(load)를 조절함으로써 전류를 제어할 수 있다. 넷째, 진동수 폭(frequency response)이 무한대이다. 이는 어떠한 진동수의 신호라도 동일한 전압이득(무한대)으로 증폭할 수 있다는 것을 뜻한다. 다섯째, offset 전압이 0이다. 이는 두 입력 단자에 연결되는 신호의 전압 차이가 없을 경우 출력은 0이 됨을 나타낸다. 위와 같은 이상적인 모델은 실제 연산증폭기의 특성과는 차이가 난다. 그러나 연산증폭기를 포함하는 회로의 해석이나 회로의 구성에 있어서 위의 이상적인 모델은 아주 유용하고, 또한 대부분의 경우 이 모델을 이용하여 얻은 회로 해석의 결과는 실제적인 회로의 행태와 유사하다.

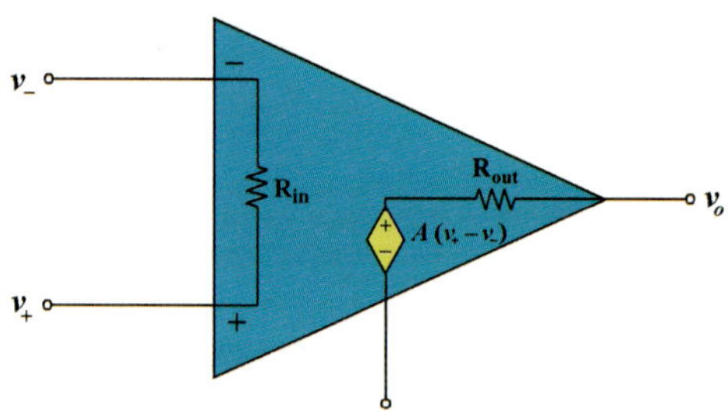


그림 7-4. 연산증폭기의 모델

연산증폭기를 포함하는 회로의 해석에서 전압과 전류에 관련하여 다음과 같은 두 가지의 규칙(rule)을 알면 아주 편리하다. 이는 위에 언급한 이상적인 모델이 나타내는 결과이다. 첫째는 전류의 규칙으로서 연산증폭기 안으로 흘러들어가는 전류는 없다는 것이다. 둘째는 전압의 규칙으로서 offset 전압이 0이라는 것이다. 이는 두 입력에서의 전압이 동일하다는 것을 나타낸다. 즉, 두 입력 단자의 신호를 각각 $v_1, v_2$라고 두면 출력은 $v_o = A(v_1 - v_2)$와 같이 표현된다.

이 식은 $v_1 - v_2 = v_o / A$로 고쳐 쓸 수 있고, 증폭률 $A$가 무한대이므로 $v_1 = v_2$가 된다. 따라서 두 입력에서의 전압은 동일하게 되는 것이다.

## 4. 연산증폭기의 기본 회로

연산증폭기를 이용한 기본 회로로서 비반전증폭기(noninverting amplifier)와 반전증폭기(inverting amplifier)가 있을 수 있다. 이는 입력신호가 각각 비반전 단자와 반전 단자에 입력되는 경우를 나타낸다. 두 경우 모두 출력의 일부를 입력 단자로 되먹임시킨다.

그림 7-5에 비반전증폭기 회로가 주어져 있다. $R_2$에 의해 출력의 일부가 입력으로 되먹임되고 있다. 전압의 규칙에 따라 두 입력에서의 전압 $v_1$과 $v_2$는 동일하다. $v_1 = v_i$이고 $v_2$는 $R_1, R_2$의 전압나누기 회로에서 $v_2 = R_2 v_o / (R_1 + R_2)$로 주어진다. 따라서 증폭률은

$$A = \frac{v_o}{v_i} = 1 + \frac{R_2}{R_1} \tag{7-3}$$

로 구해진다.

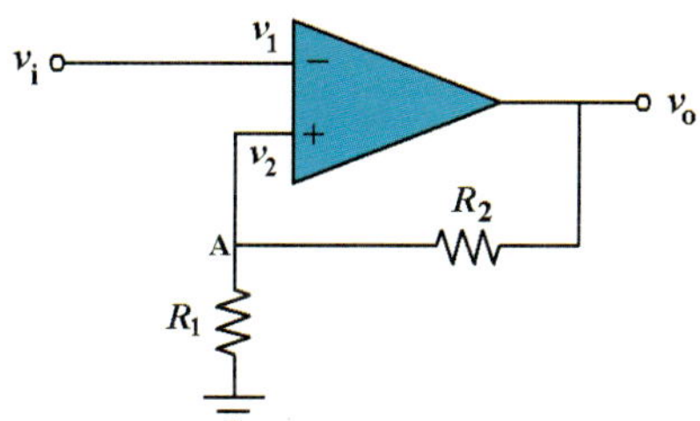


그림 7-5. 비반전증폭기 회로

비반전증폭기에서 저항 $R_1$과 $R_2$ 위치에 복잡한 교류소자들이 같이 연결되어 있는 경우(그림 7-6)에도 이상적인 연산증폭기의 경우 증폭률은

$$A = \frac{v_o}{v_i} = 1 + \frac{Z_2}{Z_1} \tag{7-4}$$

와 같이 주어진다.

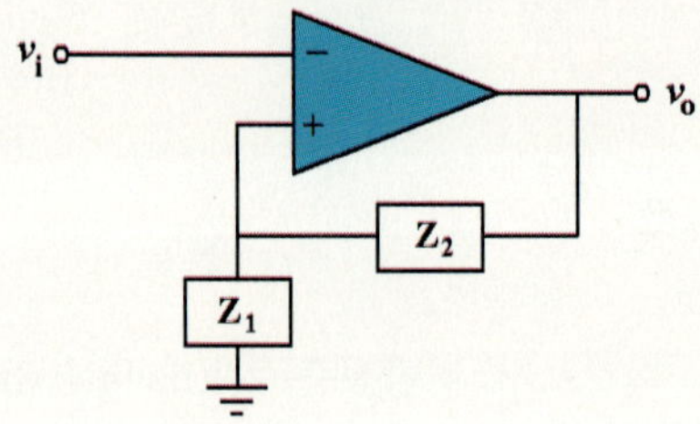


그림 7-6. 임피던스가 연결된 비반전증폭기 회로

그림 7-7에 반전증폭기 회로가 주어져 있다. 이 회로에서 전압의 규칙을 적용하면 A와 B 지점의 전압은 동일하여야 한다. B지점은 접지되어 있으므로 A지점도 접지와 같아야 한다. 그러나 이의 의미는 A지점이 B지점과 같이 접지되었다기보다는 접지된 것과 동일하다는 의미인 가상접지(virtual ground) 상태임을 나타낸다. 다음에 전류의 규칙을 적용하면 연산증폭기 안으로 흘러들어가는 전류는 없으므로 $R_1$과 $R_2$를 흐르는 전류는 같아야 된다. $R_1$을 흐르는 전류는 $v_i/R_1$이고 $R_2$를 흐르는 전류는 $-v_o/R_2$이므로 증폭률은

$$A=\frac{v_o}{v_i}=-\frac{R_2}{R_1} \tag{7-5}$$

와 같이 구해진다. 여기서 증폭률이 −이므로 반전증폭기라고 부른다. 반전증폭기의 입력 임피던스는 $R_1$이다. 이는 비반전증폭기의 경우 입력 임피던스가 무한대인 것과 대비된다. 반전증폭기의 증폭률을 높이기 위해서는 작은 값의 $R_1$을 사용해야 하는데, 이 경우 입력 임피던스가 줄어들게 된다. 이에 따라 반전증폭기는 비반전증폭기에 비해 많이 사용되지 않는 편이다.

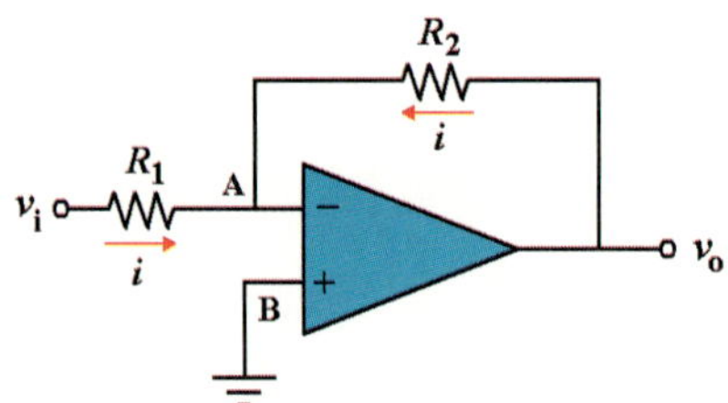


그림 7-7. 반전증폭기 회로

반전증폭기에서 저항 $R_1$과 $R_2$ 위치에 복잡한 교류소자들이 같이 연결되어 있는 경우(그림 7-8)에도 이상적인 연산증폭기의 경우 증폭률은

$$A = \frac{v_o}{v_i} = -\frac{Z_2}{Z_1} \tag{7-6}$$

과 같이 주어진다.

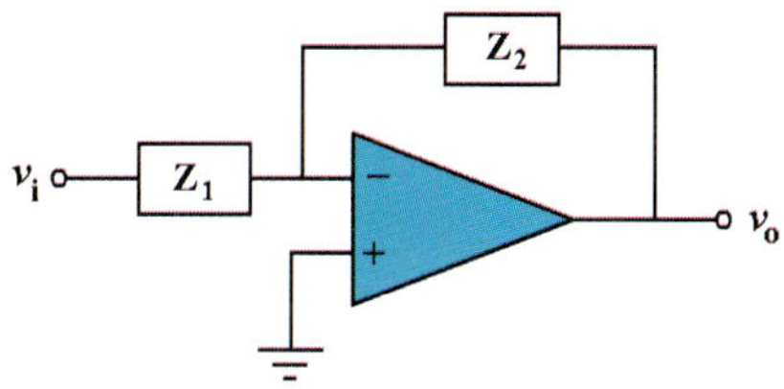


그림 7-8. 임피던스가 연결된 반전증폭기 회로

## 5. 연산증폭기를 이용한 연산회로

연산증폭기를 이용한 여러 연산회로에 대해 알아보도록 하자. 적분기, 미분기, 합, 차 등의 연산을 하는 연산회로를 연산증폭기를 이용하여 구성할 수 있다.

### (a) 적분기 회로

그림 7-9에 적분기 회로가 주어져 있다. 전압의 규칙에서 A지점은 가상접지가 된다. 그리고 전류의 규칙에서 R과 C를 흐르는 전류는 동일하다. R을 흐르는 전류는 $v_i/R$이고 C를 흐르는 전류는 $i = -dq/dt = -Cdv_o/dt$와 같이 주어진다. 여기서 $q = Cv_o$를 사용하였다. 따라서 두 전류를 같게 두면 출력은

$$v_o = -\frac{1}{RC}\int_0^t v_i\, dt \tag{7-7}$$

과 같이 주어진다. 이는 출력은 입력을 적분한 것과 동일함을 보여 준다. 이에 따라 이 회로를 적분기 회로라고 부른다.

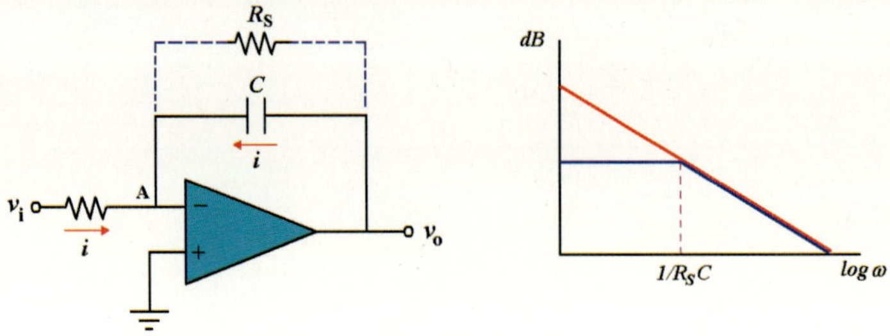


그림 7-9. 적분기 회로

입력이 저주파인 경우 축전기의 임피던스가 아주 커지므로($1/2\pi fC$) 증폭률이 크게 증가할 수 있다. 이를 방지하기 위해 축전기에 저항 $R_S$를 병렬로 연결하기도 한다. 이 경우 입력파의 진동수가 $f \gg f_C$인 경우 적분기로 작동되고, $f \ll f_C$인 경우 $A = - R/R_S$인 증폭기로 작용한다. 여기서 $f_C = 1/(2\pi R_S C)$를 나타낸다. 그림 7-9의 오른쪽 그림(진동수 응답)에서 보듯이 축전기에 저항 $R_S$를 병렬로 연결하는 경우 저역통과필터(low pass filter)의 역할을 함을 볼 수 있다.

(b) 미분기 회로

그림 7-10에 미분기 회로가 주어져 있다. 전압의 규칙에서 A지점은 가상접지가 된다. 그리고 전류의 규칙에서 $R$과 $C$를 흐르는 전류는 동일하다. $R$을 흐르는 전류는 $-v_o/R$이고 $C$를 흐르는 전류는 $i = dq/dt = Cdv_i/dt$와 같이 주어진다. 여기서 $q = Cv_i$를 사용하였다. 따라서 두 전류를 같게 두면 출력은

$$v_o = - RC\frac{dv_i}{dt} \tag{7-8}$$

과 같이 주어진다. 이는 출력은 입력을 미분한 것과 동일함을 보여 준다. 이에 따라 이 회로를 미분기 회로라고 부른다.

증폭기의 증폭률은 $R/Z_C$로 주어진다. 여기서 $Z_C = 1/2\pi fC$이므로 출력 전압은 입력 진동수가 커질수록 커진다. 이에 따라 높은 진동수의 잡음 신호가 크게 증폭될 수 있다. 이를 방지하기 위해 축전기에 저항 $R_S$를 직렬로 연결하기도 한다. 이렇게 할 경우 높은 진동수의 입력일 때에 $(Z_c = 0)$ 증폭률은 $-R/R_S$로 제한된다. 즉, $f \gg f_C$인 경우 증폭률이 $-R/R_S$인 단순한 증폭기로 작동하고 $f \ll f_C$인 경우 미분기로 작용한다. 그림 7-10의 오른쪽 그림(진동수 응답)에서 보듯이 축전기에 저항 $R_S$를 병렬로 연결하는 경우 고역통과필터(high pass filter)의 역할을 함을 볼 수 있다.

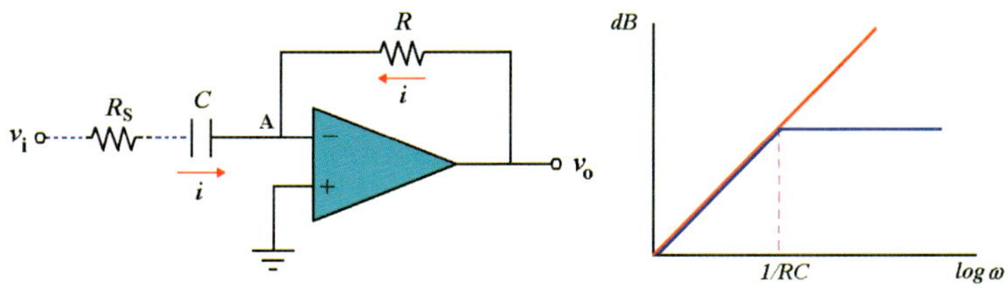


그림 7-10. 미분기 회로

(c) 차(差)증폭기

그림 7-11은 비반전증폭기와 반전증폭기 회로의 혼합으로서 $v_1$은 $-$입력에 $v_2$는 $+$입력으로 들어가게 구성되었다. 이 경우 두 입력 $v_1, v_2$의 차이가 증폭되어 $v_o$에 나타난다. 연산증폭기의 전압 규칙에서 A점과 B점의 전압은 같다. A점의 전압은 $R_1, R_2$가 전압나누기 회로를 형성하므로

$$v_A = \frac{R_2}{R_1 + R_2} v_2 = v_B \qquad (7-9)$$

이고, 이는 $v_B$와 같다. 그리고 전류의 규칙에서 $R_1$과 $R_2$를 흐르는 전류는 동일하여야 한다. $R_1$을 흐르는 전류는 $(v_1 - v_B)/R_1$이고 $R_2$를 흐르는 전류는 $-(v_o - v_B)/R_2$이므로 이 두 전류를 같게 놓고 식 7-9를 이용하면 출력은

$$v_o = -\frac{R_2}{R_1}(v_1 - v_2) \qquad \textbf{(7-10)}$$

을 얻을 수 있다. 결국 차증폭기는 두 신호의 차이 $v_1 - v_2$을 증폭률 $A = -R_2/R_1$을 가지고 증폭하는 회로임을 알 수 있다.

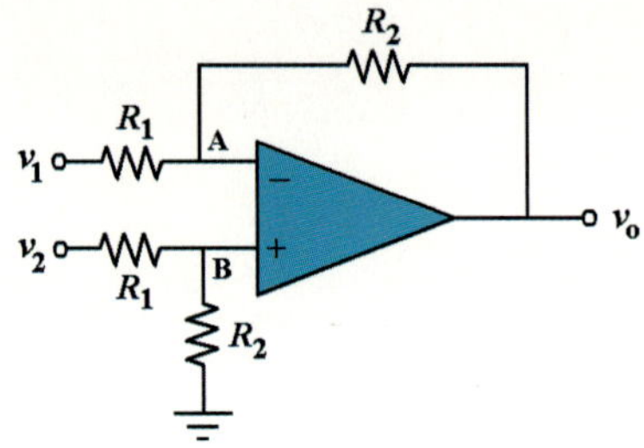


그림 7-11. 연산증폭기를 이용한 차증폭기의 회로

(d) 합(合)증폭기

그림 7-12에는 합증폭기 회로가 주어져 있다. 전압의 규칙에서 점 A는 가상접지이다. 전류의 규칙에서 $i_1 + i_2 = i_3$을 얻는다. $i_1 = v_1/R_1$, $i_2 = v_2/R_2$이고 $i_3 = -v_o/R_3$이므로 출력은

$$v_o = -\frac{R_3}{R_1}(v_1 + v_2) \qquad \textbf{(7-11)}$$

과 같이 두 입력신호의 합을 준다.

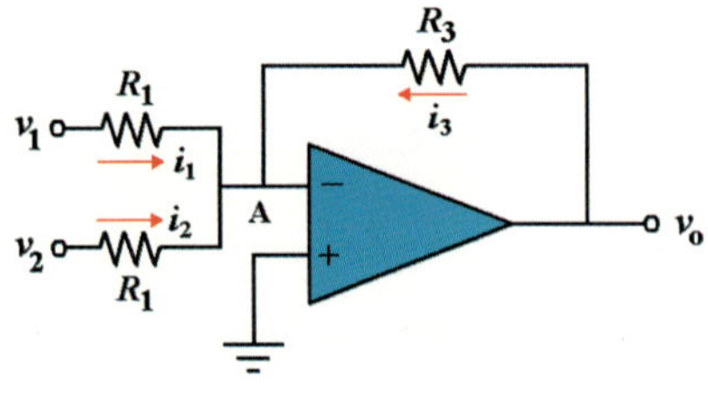


그림 7-12. 합 증폭기 회로

(e) 로그(log) 증폭기

그림 7-13에 로그 증폭기(logarithmic amplifier) 회로가 주어져 있다. 되먹임회로로 양극접합트랜지스터를 사용하고 있다. 트랜지스터 대신에 다이오드를 사용할 수도 있다. 점 A는 가상접지이다. 전류의 규칙에서 R을 흐르는 전류 $i$와 트랜지스터의 콜렉터 전류 $i_C$는 동일하다. $i = v_i / R$이고 $i_C = -I_{C0}\left(e^{ev_o/kT} - 1\right) \simeq -I_{C0}e^{ev_o/kT}$이므로 출력은

$$v_o = -\frac{kT}{e}\ln\frac{v_i}{I_{C0}R} \tag{7-12}$$

와 같이 주어진다. 이와 같이 출력은 입력의 로그로 표현됨을 볼 수 있다. 로그 증폭기는 입력신호가 크게 변하는 경우에 유용하게 사용될 수 있다. 약한 신호는 크게 증폭되고 큰 신호는 로그로 표현되므로 출력의 크기가 줄어들어 관찰된다.

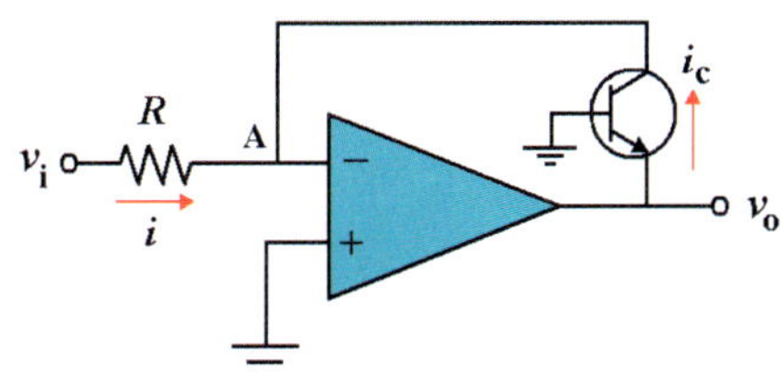


그림 7-13. 로그 증폭기 회로

## 6. 연산증폭기의 응용회로

연산증폭기는 여러 회로에 응용된다. 이 절에서는 능동필터(active filter) 회로, 진동회로(oscillator)에 연산증폭기가 어떻게 응용되는지에 대한 것만을 보도록 한다.

(a) 능동필터 회로

필터회로는 특정 진동수 영역의 신호 부분을 차단하거나 통과시키는 역할을 한다. 저역통과필터(low pass filter)는 특정한 진동수보다 낮은 신호는 통과시키고 그보다 높은 진동수 신호는

차단한다. 반면에 고역통과필터(high pass filter)는 특정 진동수 이상의 신호를 통과시키고 그보다 낮은 진동수의 신호는 차단한다. 그리고 대역통과필터(band pass filter)는 특정 진동수 영역대의 신호만 통과시키고 그렇지 않은 신호는 차단한다. 이외에 특정 진동수 영역만을 배제하는 대역차단필터(band reject filter) 등도 사용된다. 필터회로는 저항, 축전기, 인덕터 등 수동소자(passive device)를 이용하여 구성할 수 있다. 여기서 수동소자라는 것은 외부 전원에만 의존하는 소자를 말한다. 이에 반해 외부 전원에만 의존하지 않는 트랜지스터, 연산증폭기 등을 능동소자(active device)라고 부른다. 특히 인덕터는 집적회로를 꾸미는 데 장애가 되는 소자 중의 하나이다. 이 인덕터 대신에 능동소자를 이용하여 필터회로를 구성할 수 있다. 이 절에서는 연산증폭기를 이용한 능동필터에 대해 알아보도록 하자.

첫째, 저역통과필터 회로에 대해 알아보도록 하자. 그림 7-14에 저역통과필터의 회로가 주어져 있다. 축전기와 저항이 병렬로 연결되어 있으므로 이 병렬 임피던스는 축전기의 임피던스 $X_C$와 저항 $R_o$의 병렬합이다. 낮은 진동수 영역에서는 축전기의 임피던스가 아주 크므로 병렬 임피던스는 $R_o$가 되어 회로는 증폭률 $-R_o/R_i$인 반전증폭기와 동일하게 된다. 신호의 진동수가 커짐에 따라 축전기의 임피던스가 감소하여 병렬 임피던스가 줄어듦으로써 증폭률이 감소하게 된다. 이러한 신호의 진동수에 따른 증폭률의 변화가 그림 7-14의 오른쪽 그림에 주어져 있다.

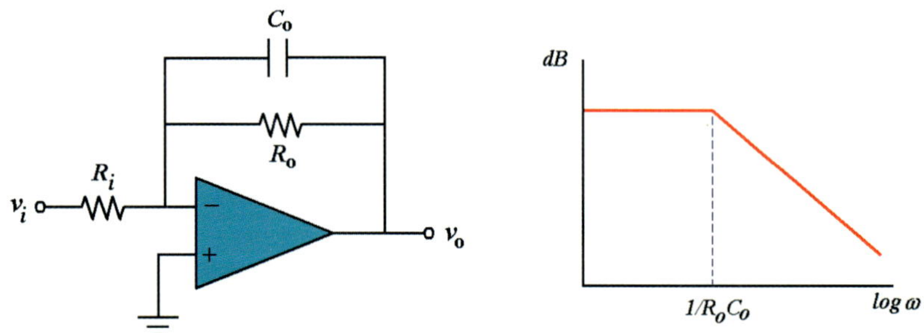


그림 7-14. 저역통과필터의 회로

축전기의 교류 임피던스는 $1/jwC$로 주어진다. 그림 7-14는 반전증폭기이므로 증폭률은

$$\frac{v_o}{v_i} = -\frac{Z_o}{Z_i} = -\frac{(1/jwC_o \parallel R_o)}{R_i} = -\frac{R_o}{R_i}\frac{1}{1+j\omega R_o C_o} \quad (7\text{-}13)$$

과 같이 주어진다. 일반적으로 위 진동수에 따른 증폭률의 크기 변화에 관심이 있으므로

$$\left|\frac{v_o}{v_i}\right| = \left|\frac{R_o + 1/j\omega C_o}{R_i}\right| = \frac{R_o}{R_i}\frac{1}{\sqrt{1+\omega^2 R_o^2 C_o^2}} \tag{7-14}$$

를 구할 수 있다. 여기서 위상의 변화는 관심이 없으므로 구하지 않았다. 이 식은 $\omega \ll 1/R_o C_o$, 즉, $\omega R_o C_o \ll 1$인 경우 증폭률은 $R_o/R_i$로 주어지고, $\omega \gg 1/R_o C_o$ 즉, $\omega R_o C_o \gg 1$인 경우 증폭률은 0에 접근한다. 따라서 그림 7-14의 필터회로는 진동수가 $\omega_C = 1/R_o C_o$보다 작은 신호는 통과시키고 이보다 큰 진동수의 신호는 차단하는 저역통과필터의 역할을 함을 볼 수 있다.

둘째, 고역통과필터 회로에 대해 알아보도록 하자. 그림 7-15에 고역통과필터의 회로가 주어져 있다. 축전기와 저항이 직렬로 연결되어 있으므로 이 직렬 임피던스는 $X_C + R_i$이다. 높은 진동수 영역에서는 축전기의 임피던스가 아주 작아진다. 이에 따라 직렬 임피던스는 $R_i$가 되므로 회로의 증폭률은 $-R_o/R_i$로 일정하게 된다. 반면에 진동수가 작아지게 되면 축전기의 임피던스 $X_C$가 커짐으로써 축전기와 저항의 직렬 임피던스가 증가하기 때문에 증폭률이 줄어든다. 이러한 신호의 진동수에 따른 증폭률의 변화가 그림 7-15의 오른쪽 그림에 주어져 있다.

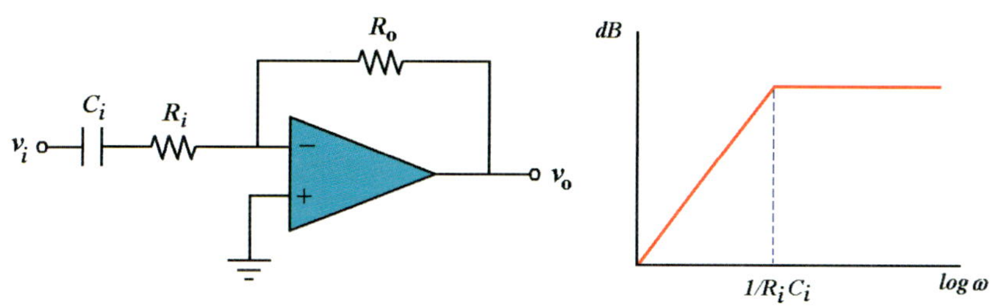


그림 7-15. 고역통과필터의 회로

축전기의 교류 임피던스는 $1/jwC$로 주어진다. 그림 7-15는 반전증폭기이므로 증폭률은

$$\frac{v_o}{v_i} = -\frac{Z_o}{Z_i} = -\frac{R_o}{R_i + 1/j\omega C_i} \tag{7-15}$$

와 같이 주어진다. 일반적으로 위 진동수에 따른 증폭률의 크기 변화에 관심이 있으므로

$$\left|\frac{v_o}{v_i}\right| = \left|\frac{R_o}{R_i + 1/j\omega C_i}\right| = \frac{R_o}{R_i}\frac{1}{\sqrt{1+\frac{1}{\omega^2 R_i^2 C_i^2}}} \tag{7-16}$$

을 구할 수 있다. 여기서 위상의 변화는 관심이 없으므로 구하지 않았다. 이 식은 $\omega \gg 1/R_iC_i$, 즉, $\omega R_i C_i \gg 1$인 경우 증폭률은 $R_o/R_i$로 주어지고, $\omega \ll 1/R_iC_i$, 즉 $\omega R_i C_i \ll 1$인 경우 0에 접근한다. 따라서 그림 7-15의 필터회로는 진동수가 $\omega_C = 1/R_iC_i$보다 큰 신호는 통과시키고 이보다 작은 진동수의 신호는 차단하는 고역통과필터의 역할을 함을 볼 수 있다.

셋째, 대역통과필터 회로에 대해 알아보도록 하자. 그림 7-16에 대역통과필터 회로가 주어져 있다. 이 회로는 저역통과필터와 고역통과필터 회로의 조합임을 알 수 있다. 이 필터회로는 $1/R_iC_i < \omega < 1/R_oC_o$ 사이의 진동수를 가진 신호를 통과시키는 회로이다.

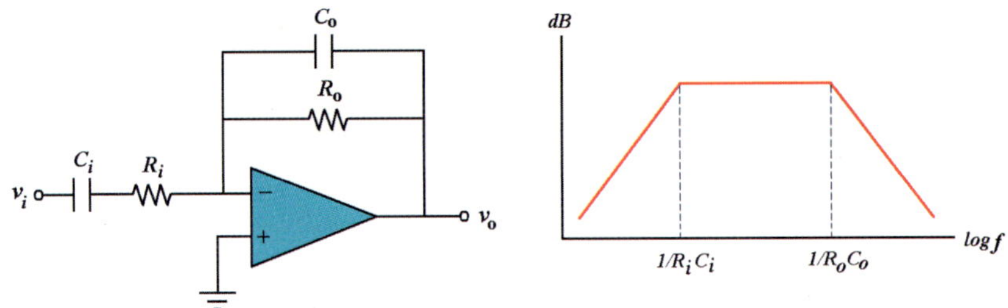


그림 7-16. 대역통과필터 회로의 구성

지금까지는 1차(first order) 필터회로에 대해 알아보았다. 2차 이상의 필터회로는 위 필터회로를 여러 개 직렬로 연결한 것이다. 이렇게 함으로써 기울기가 큰(steeper roll-off) 필터특성을 얻을 수 있다. 예를 들어, 저항과 축전기로 된 저역통과필터 회로에서 기울기가 $-20dB/dec$라고 한다면, 두 개의 저역통과필터 회로를 직렬로 연결함으로써 기울기를 $-40dB/dec$로 만들 수 있다. 위에서 $-20dB/dec$의 의미는 진동수가 10배 증가할 때 증폭률이 10배 감소한다는 것을 뜻한다. 그림 7-17에 대역통과필터 2개를 직렬로 연결한 것을 보여 주고 있다. 필터 진동수에서 기울기가 더 커진 것을 볼 수 있다.

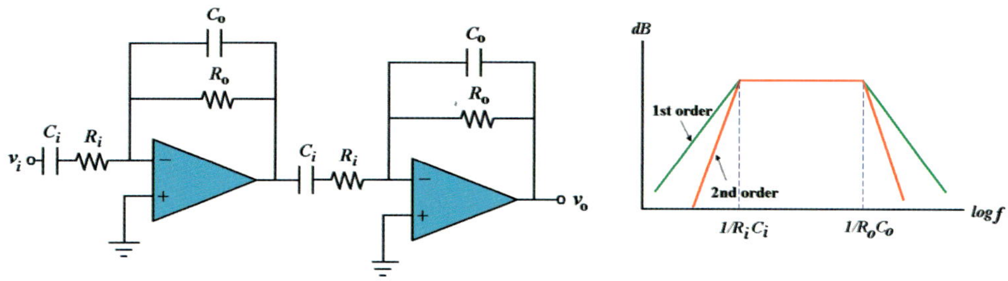


그림 7-17. 2차 대역통과필터 회로의 구성

(b) 진동회로

식 7-1에서 $\beta A_0 = 1$인 경우 증폭률이 무한대가 된다. 이에 따라 입력이 존재하지 않는 경우에도 출력이 발생한다. 따라서 양의 되먹임(positive feedback)을 통해 진동을 발생시킬 수 있는 조건이 $\beta A_0 = 1$이 된다. 여기서 $A_0$는 되먹임시키는 증폭기의 증폭률이고 $\beta$는 되먹임률이다.

그림 7-18에 위상이동진동회로(phase-shift oscillator)가 주어져 있다. 이 회로에서 증폭기의 증폭률은 $A_o = -R_2/R_1$이다. 되먹임이 연산증폭기의 반전입력으로 들어가므로(증폭률이 $-$임) $\beta A_0 = 1$을 만족하기 위해서는 $\beta$가 음이어야 되며 이는 $v_x$와 $v_o$ 사이에 180°의 위상 차이가 나야 함을 뜻한다. 이 회로는 세 개의 저항 R과 축전기 C로 구성되어 있다. 이들에 의해 전체적으로 $v_x$와 $v_o$ 사이에 180°의 위상 차이가 나게 된다. 이 조건이 만족되는 진동수의 값을 구해 보기로 하자.

그림에서 보듯이 $v_x = -i_1 R$로 주어진다. 또한 그림에 표시되어 있는 세 개의 폐회로에 Kirchhoff 법칙을 적용하면

$$
\begin{aligned}
& i_1 R + i_1 X_C + (i_1 - i_2) R = 0 \\
& (i_2 - i_1) R + i_2 X_C + (i_2 - i_3) R = 0 \\
& (i_3 - i_2) R + i_3 X_C + v_o = 0
\end{aligned}
\qquad (7\text{-}17)
$$

을 얻을 수 있다. 여기서 $X_C = 1/j\omega C$를 나타낸다. 첫 번째 식에서 $i_2$를 구하고 이를 두 번째 식에 적용하면 $i_3$를 구할 수 있다. 즉,

$$i_2 = \frac{i_1}{R}(2R+X_C) = -\frac{v_x}{R^2}(2R+X_C)$$

$$i_3 = -\left(\frac{3R^2+X_C^2+4RX_C}{R^2}\right)v_x \qquad \text{(7-18)}$$

와 같이 구해진다. 위 첫 번째 식을 구하는 데 $i_1 = -v_x/R$을 사용하였다. 그리고 출력은 식 7-17의 세 번째 식에서 $v_0 = -i_3(R+X_C)+i_2R$이므로

$$v_o = (R+X_C)\left(\frac{3R^2+X_C^2+4RX_C}{R^3}\right)v_x - \frac{v_x}{R^2}(2R+X_C) \qquad \text{(7-19)}$$

와 같이 표현된다. 그리고 $v_x$와 $v_o$의 비는

$$\frac{v_x}{v_o} = \frac{R^3}{R^3+5RX_C^2+6R^2X_C+X_C^3} = \frac{R^3}{R^3-\frac{5R}{\omega^2C^2}-j\left(\frac{6R^2}{\omega C}-\frac{1}{\omega^3C^3}\right)} \qquad \text{(7-20)}$$

과 같이 구해진다. 위 식을 구하는 데 $X_C = 1/j\omega C$을 대입하였다. $v_x$와 $v_o$의 위상이 180°가 되기 위해서는 허수 항이 0이 되어야 한다. 이의 조건을 위해서는

$$f = \frac{\omega}{2\pi} = \frac{1}{2\pi\sqrt{6}\,RC} \qquad \text{(7-21)}$$

을 만족하여야 한다. 이 값이 그림 7-18에 주어진 진동회로가 진동하는 진동수에 해당된다. 그리고 이 조건을 만족할 때 $v_x$와 $v_o$의 비는

$$\frac{v_x}{v_o} = -\frac{1}{29} \equiv \beta \qquad \text{(7-22)}$$

와 같이 주어진다. 이 값은 $\beta A_0 = 1$을 만족하는 되먹임률을 나타낸다. 따라서 진동이 되기

위해서는 처음에는 $|\beta A_0| > 1$이 되어야 하나, 안정한 진동 상태에서는 $|\beta A_0| = 1$의 조건을 만족한다. 증폭기의 증폭률이 계속적으로(연산증폭기의 비선형지역으로 증가) 증가하는 것을 방지하기 위해서 Zener 다이오드 두 개를 그림과 같이 직렬로 연결한다. 양의 신호에서 앞쪽 Zener 다이오드는 전도되고 뒤쪽 다이오드는 거꾸로 연결되어 있으므로 특정 전압 이상(Zener voltage) 올라가면 전도되어 $R_S$와 $R_2$가 병렬로 연결되어 증폭률[$-(R_2 \parallel R_S)/R_1$]을 떨어뜨려 증폭률을 안정시킨다. 마찬가지로 음의 신호에서는 뒤쪽 다이오드가 전도되고 앞쪽 다이오드는 거꾸로 연결되어 있으므로 특정 전압 이하(－값)로 내려가지 않도록 방지한다. 여기서 $R_2$를 변화시켜 진동 조건을 맞춘다.

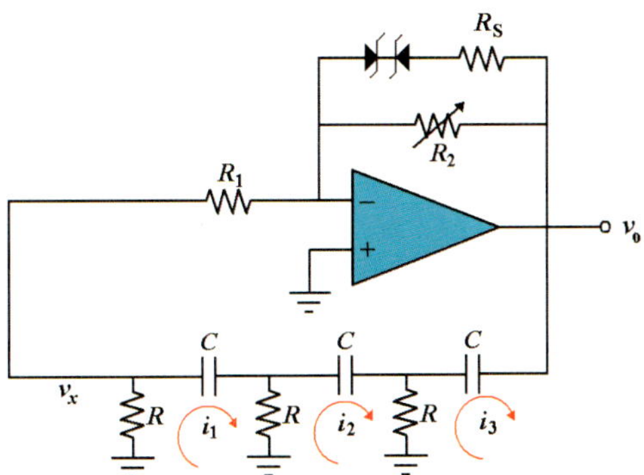


그림 7-18. 위상이동진동회로의 구성

그림 7-19에 Wien Bridge 진동회로가 주어져 있다. 저항 R과 축전기 C의 직렬회로와 병렬회로에 의해 출력이 입력으로 되먹임된다. 직렬회로의 임피던스는 $Z_1 = R + X_C$이고 병렬회로의 임피던스는 $Z_2 = RX_C/(R + X_C)$이다. 여기서 $X_C = 1/j\omega C$로서 축전기의 임피던스를 나타낸다. 이 회로에서 $Z_1$과 $Z_2$가 전압나누기 구조를 하고 있으므로 $v_x = Z_2 v_o/(Z_1 + Z_2)$이다. 이에 따라

$$\frac{v_x}{v_o} = \frac{Z_2}{Z_1 + Z_2} = \frac{1}{3 + j\left(\omega RC - \dfrac{1}{\omega RC}\right)} \tag{7-23}$$

을 구할 수 있다. 위 식은 되먹임률 $\beta$에 대한 것이다. 따라서 진동 조건을 만족시키기 위해서는 허수 부분이 0이 되어야 한다. 따라서 진동은 $f = 1/2\pi RC$에서 발생한다. 그리고 이때 $v_x/v_o$

$=1/3$이 된다. 따라서 $\beta A_0 = 1$을 만족하기 위해서는 $A_0 = 3$이 되어야 한다. 이 증폭률은 $A_0 = -R_2/R_1$으로 주어진다. 위상진동회로에서와 같이 일정한 진폭의 진동을 얻기 위해서 그림 7-19에는 Zener 다이오드를 연결한 것을 볼 수 있다.

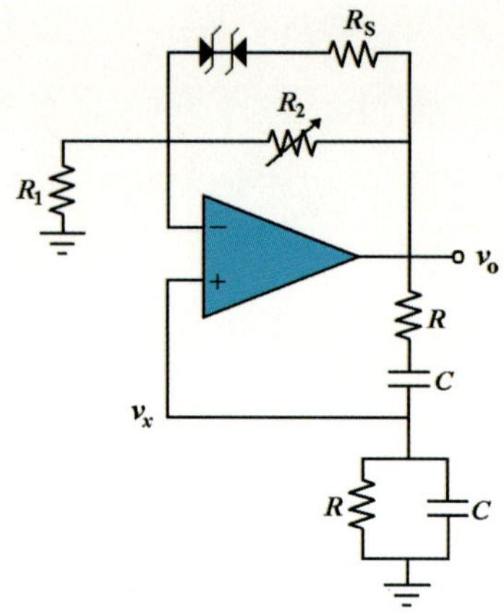


그림 7-19. Wien Bridge 진동회로의 구성

## 7. 연산증폭기의 비이상적인 성질

위에서 연산증폭기의 회로를 해석하는 데 연산증폭기가 이상적인 성질을 가진다고 가정하였다. 그러나 실제로 연산증폭기는 비이상적인(nonideal) 성질을 보일 수 있다. 이에 대해 알아보도록 하자.

(a) dc offset 전압

이상적인 연산증폭기에서는 두 입력이 동일할 경우 출력이 없다. 그러나 실제의 연산증폭기에서는 두 입력이 동일하더라도 출력이 0이 되지 않는다. 연산증폭기의 출력을 0으로 만드는 입력차이 $V_{os}$를 offset 전압이라고 부른다. offset 전압이 발생하는 이유는 두 입력을 이루는 소자들이 정확히 일치하는 특성을 가지고 있지 않기 때문이다. 예를 들어 두 입력 단자에 있는 트랜지스터의 베이스-에미터 전압이 약간 다를 경우 offset 전압이 발생된다. offset 전압은 두 입력의 차이에서 발생하므로 양이나 음이 될 수 있다. 그림 7-20에는 출력을 0으로 만들기 위해서는 비반전입력에 offset 전압 $V_{os}$이 필요하다는 것을 보여 주고 있다. 증폭회로에서 이 offset 전압이 입력신호와 같이 증폭되기 때문에 이에 의해 연산증폭기가 포화될 수도 있다. 예를 들어, 반전 증폭기에서 offset 전압 $V_{os}$와 입력신호 $v_i$가 동시에 증폭되어 $v_o = -R_2(V_{os}+v_i)/R_1$이 된다. 여기서 offset 전압이 클 경우 출력이 전원전압($\pm 15\,V$)보다 커지게 되면 연산증폭기는 포화된다. offset 전압은 대체로 $2mV$이지만 최대 $6mV$가 될 수도 있다. 따라서 작은 입력신호에 대해서는 offset 전압을 고려하여야 한다. offset 전압은 1과 5번 사이에 가변저항을 연결하여 제거할 수 있다.

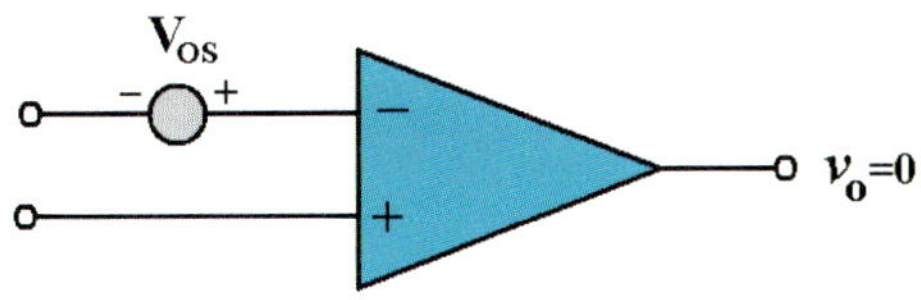


그림 7-20. offset 전압

(b) 입력 바이어스 전류

이상적인 연산증폭기의 경우 입력 임피던스가 무한대이므로 입력으로 흐르는 전류는 없다고 했으나 실제의 연산증폭기에서는 작은 전류가 두 입력 안으로 흘러들어 갈 수 있다. 이 전류가 전압으로 전환되어 연산증폭기에 의해 증폭될 수 있다. 두 입력 단자의 입력 바이어스 전류는 비슷한 값을 가지지만 다를 수 있다. 이 입력 바이어스 전류의 차이를 입력 offset 전류(input offset current)라고 부른다.

연산증폭기 741의 경우 입력 바이어스 전류는 $80nA$ 정도이다. 입력 단자를 FET를 사용하는 연산증폭기의 경우 이 값은 수$pA$가 된다. 그리고 입력 단자에 MOSFET를 사용하는 연산증폭기에서는 입력 바이어스 전류가 $0.01pA$인 것도 있다. 그러나 입력 바이어스가 작은 연산증폭기의 경우 속도가 빠르지 않기 때문에 문제가 될 수 있다.

두 입력 단자의 입력 바이어스 전류의 차이가 입력 offset 전류라고 하였는데 741의 경우 이 값은 $10nA$ 정도가 된다. 이 전류의 차이에 의해 두 입력의 전압 차이가 발생할 수 있다. 이에 따라 두 입력 단자에서의 전압이 같다는 이상적인 경우와 다르게 된다.

(c) 입력 및 출력 임피던스

연산증폭기의 입력 임피던스는 이상적인 경우 무한대라고 하였는데 실제의 연산증폭기는 유한한 값을 가진다. 그러나 연산증폭기의 입력 임피던스는 741의 경우 한 입력이 접지되었을 경우 $2M\Omega$으로 여전히 크다. 입력 단자에 FET를 사용한 연산증폭기의 경우 이 값은 $10^{12}\Omega$이 된다. 그러나 입력 임피던스는 음의 되먹임(negative feedback)회로에 의해서 높아지므로 큰 문제는 아니다. 출력 임피던스도 0이 아닌 값을 가진다. 741의 경우, 출력 임피던스는 약 $75\Omega$이다.

(d) 유한한 bandwidth 및 slew rate

이상적인 연산증폭기에서는 모든 진동수의 신호에 대한 증폭률이 같다고 가정하였다. 이는 무한한 bandwidth를 뜻한다. 그러나 실제의 연산증폭기는 유한한 bandwidth를 가진다. 741의 경우 진동수 $100kHz$에서부터 $6dB/octave$로 증폭률이 감소한다. 그리고 $1MHz$에서 증폭률이 1이 된다. 따라서 연산증폭기의 bandwidth는 $1MHz$이다.

slew rate는 시간에 따른 입력신호의 변화에 대한 증폭기의 반응속도를 나타낸다. 그림 7-22에서와 같은 계단 모양의 입력신호에 대해 출력신호가 동일한 계단 모양으로 나온다면 slew rate는 ∞가 된다. 그러나 실제의 연산증폭기에서의 출력은 그림 7-22와 같은 반응을 보인다. 여기서 slew rate는 $\Delta V/\Delta t$로 주어진다. 741의 경우 slew rate는 대략 $0.5\,V/\mu s$이다.

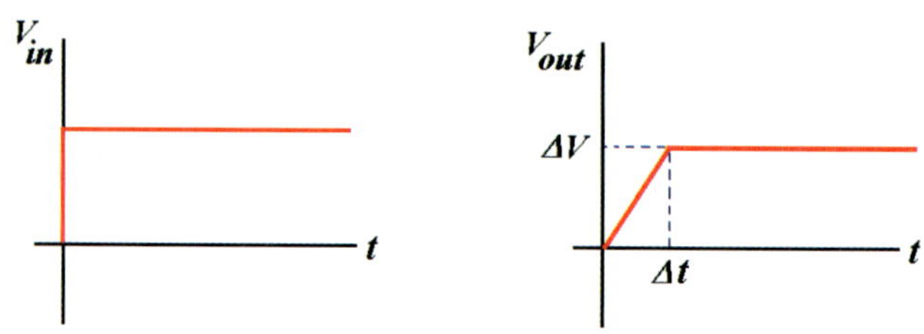


그림 7-21. slew rate의 정의

표 7-1. 이상적인 연산증폭기와 741연산증폭기의 특성

| Parameter | Ideal op amp | 741 op amp |
|---|---|---|
| Voltage gain | ∞ | $10^5$ |
| Input offset current | 0 | $10nA$ |
| Offset voltage | 0 | $2mA$ |
| Bandwidth | ∞ | $1MHz$ |
| Slew rate | ∞ | $0.5\,V/\mu s$ |
| Input impedance | ∞ | $2M\Omega$ |
| Output impedance | 0 | $75\Omega$ |

## 【연습문제】

문제 1. 그림과 같은 증폭기에서는 $v_i = v_o$이므로 증폭률이 1인 증폭기(unity gain buffer)이다. 만약 연산증폭기의 증폭률이 무한대가 아니고 1,000이라면 입력에 1 $V$가 입력되면 출력은 얼마가 되겠는가?

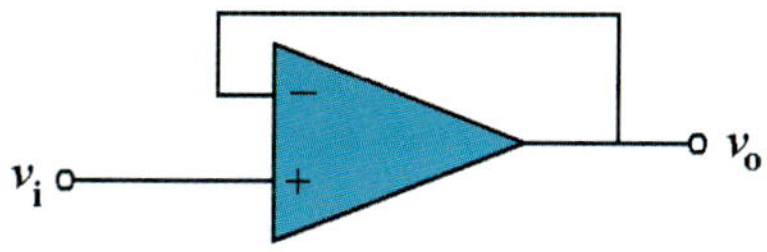


답. $v_o = A_0(v_i - v_o)$이므로 $v_o = A_0 v_i/(1+A_0) = 0.9999\,V$이다. 즉, 증폭률이 1에 가깝다.

문제 2. 그림 7-5의 비반전증폭기에서 연산증폭기의 증폭률이 유한하다면($A_0$) 증폭률은 얼마나 될까?

답. $A_0(v_1 - v_2) = v_o$이다. 그리고 $v_1 = v_i$이고 $v_2 = R_2 v_o/(R_1 + R_2)$이므로

$$A = \frac{v_o}{v_i} = \frac{A_o}{1 + R_2 A_0/(R_1 + R_2)} \tag{7-24}$$

로 주어진다. 위 식에서 $A_0$가 무한대가 될 경우 $A = 1 + R_1/R_2$가 됨을 볼 수 있다.

문제 3. 그림 7-7의 반전증폭기에서 연산증폭기의 증폭률이 유한하다면($A_0$) 증폭률은 얼마나 될까?

답. $R_1$을 흐르는 전류는 $(v_i - v_A)/R_1$이고 $R_2$를 흐르는 전류는 $(v_A - v_o)/R_2$이다. 위 두 전류가 동일하므로 $(v_i - v_A)/R_1 = (v_A - v_o)/R_2$이다. 그리고 $v_o = A_0(v_A - v_B) = -A_0 v_A$이므로, 이를 위 식에 대입하여 증폭률을 구하면

$$A=\frac{v_o}{v_i}=-\frac{1}{1/A_0+R_1/R_2(1+1/A_0)} \quad (7-25)$$

로 주어진다. 위 식에서 $A_0$가 무한대가 될 경우 $A=-R_1/R_2$가 됨을 볼 수 있다.

**문제 4.** 그림 7-9와 같은 적분기에서 $v_i=-1V$, $R=10k\Omega$, $C=1nF$인 경우 $100\mu s$ 후의 출력은 얼마일까?

**답.** $v_o=-\frac{1}{RC}\int_0^t v_i\,dt$에서 $v_i$가 상수이므로 $v_o=-v_it/RC$이다. 주어진 값을 대입하면 $v_o=1V$로 구해진다.

**문제 5.** 아래 그림과 같은 회로에서 저항이 $R_1=1k\Omega$, $R_2=2k\Omega$, $R_3=3k\Omega$, $R_4=4k\Omega$, $R_5=5k\Omega$이고 입력신호 $v_i=1V$일 때 출력을 구하라.

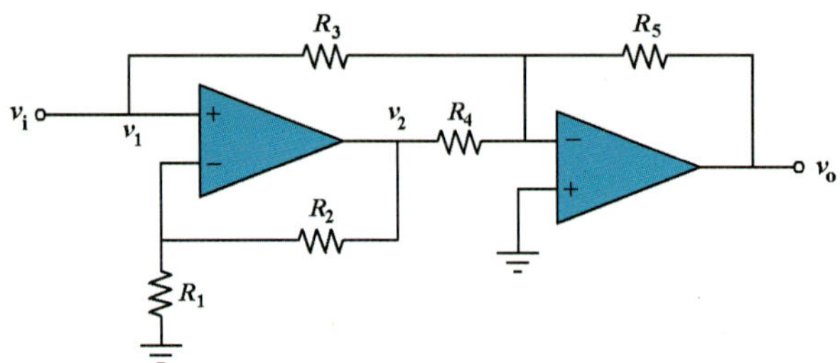


**답.** 위 회로에서 첫 번째 연산증폭기 회로는 비반전증폭기이고 이의 출력 $v_2$가 $R_4$를 통해 두 번째 연산증폭기의 반전 입력 단자에 입력된다. 이와 동시에 $R_3$를 통해 입력 $v_1=v_i$가 반전 입력 단자에 입력된다. 따라서 위 회로는 아래 그림과 같은 합증폭기에 해당된다.

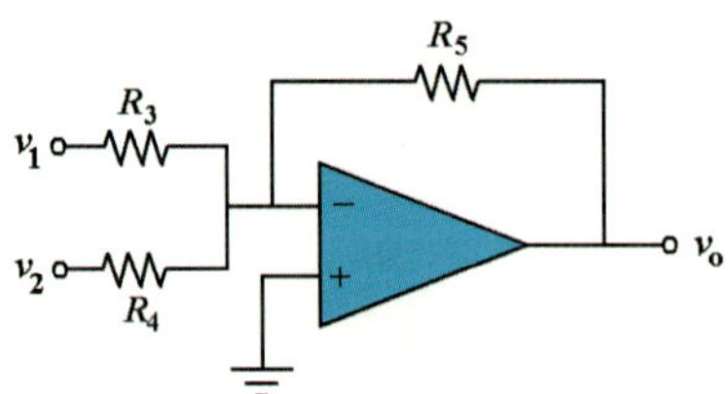

이에 따라 출력은 $v_o = -R_5(v_1/R_3 + v_2/R_4)$와 같이 구해진다. $v_2 = (1+R_1/R_2)v_i = 3\,V$이므로 $v_2 = 65/12\ V$이다.

문제 6. 아래 회로는 차증폭기를 개선한 것으로 계측증폭기(instrumentation)이라고 부른다. 출력을 구하라.

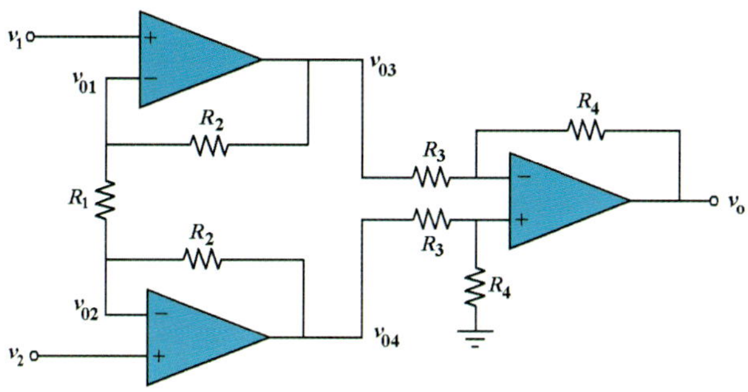


답. 이상적인 연산증폭기의 경우 $v_{01} = v_1$, $v_{02} = v_2$이므로 $R_1$을 흐르는 전류는 $i_1 = (v_1 - v_2)/R_1$이다. 그리고 연산증폭기 안으로 전류가 흐르지 못하므로 이 모든 전류는 $R_2$로 흐른다. 앞의 두 연산증폭기의 출력은 두 신호 $v_1, v_2$의 증폭의 합이므로

$$v_{01} = \left(1 + \frac{R_2}{R_1}\right)v_1 - \frac{R_2}{R_1}v_2$$

$$v_{02} = \left(1 + \frac{R_2}{R_1}\right)v_2 - \frac{R_2}{R_1}v_1 \tag{7-26}$$

을 얻는다. 그리고 오른쪽 연산증폭기에는 차증폭기의 구조가 되어 있으므로 출력은

$$v_o = \frac{R_4}{R_3}\left(1 + \frac{2R_2}{R_1}\right)(v_2 - v_1) \tag{7-27}$$

으로 주어진다. 위 식은 차증폭의 증폭률이 $\frac{R_4}{R_3}\left(1+\frac{2R_2}{R_1}\right)$로 주어짐을 볼 수 있다.

**문제 7.** 아래 그림과 같은 비반전증폭회로를 이용한 저역필터 회로의 특성을 그려보라.

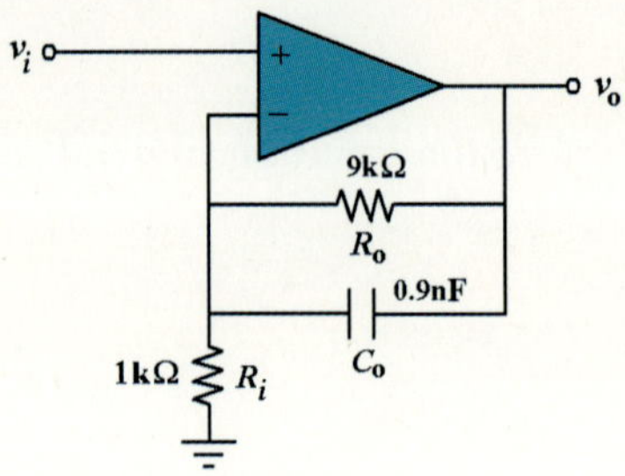


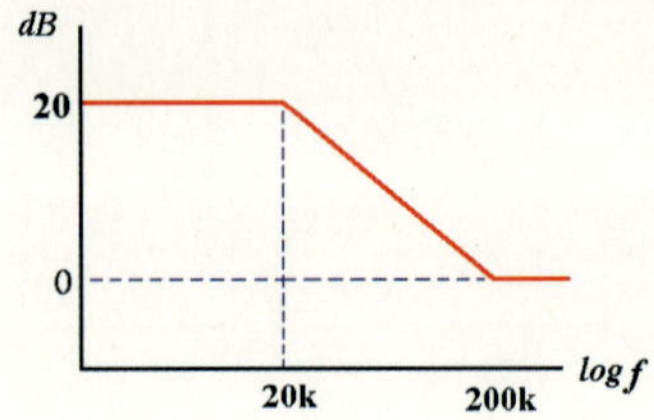


**답.** 위 회로의 증폭률은

$$\frac{v_o}{v_i}=1+\frac{Z_2}{Z_1}=1+\frac{(R_o \parallel 1/j\omega C_o)}{R_i}=1+\frac{R_o}{R_i}\frac{1}{1+j\omega R_o C_o} \tag{7-28}$$

로 주어진다. 위 식에서 $\omega R_o C_o \gg 1$인 경우 증폭률은 1에 접근한다. 따라서 진동수가 아주 높은 영역에서는 증폭률은 $0dB$에 접근한다. 반면에 $\omega R_o C_o \ll 1$인 경우 증폭률은 $1+R_o/R_i=10$에 접근한다. 이에 따라 진동수가 $1/2\pi R_o C_o = 20kHz$ 이하에서 증폭률은 $20dB$가 된다.

**문제 8.** 아래 그림과 같은 비반전증폭회로를 이용한 고역필터 회로의 특성을 그려보라.

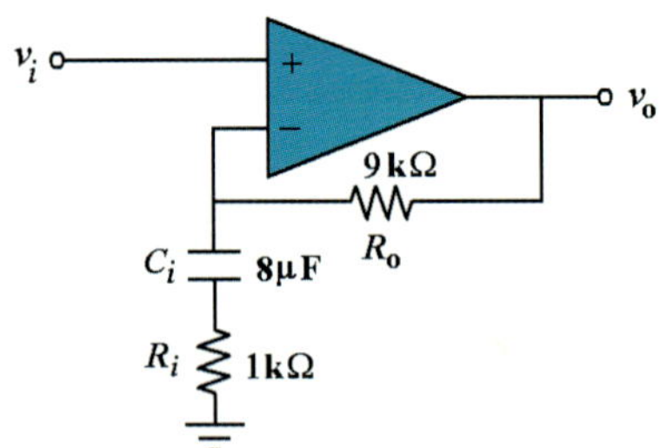


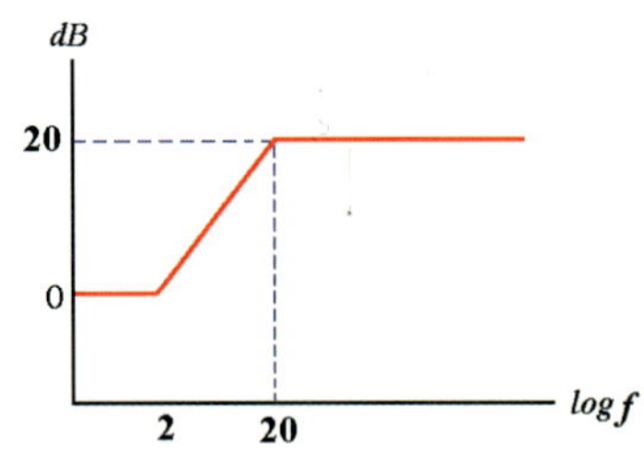


**답.** 위 회로의 증폭률은

$$\frac{v_o}{v_i}=1+\frac{Z_2}{Z_1}=1+\frac{R_o}{R_i+1/j\omega C_i}=1+\frac{R_o}{R_i}\frac{1}{1+1/j\omega R_i C_i} \tag{7-29}$$

로 주어진다. 위 식에서 $\omega R_i C_i \ll 1$인 경우 증폭률은 1에 접근한다. 따라서 진동수가 아주 작은 영역에서는 증폭률은 $0dB$에 접근한다. 반면에 $\omega R_i C_i \gg 1$인 경우 증폭률은 $1 + R_o / R_i = 10$에 접근한다. 이에 따라 진동수가 $1/2\pi R_i C_i = 20Hz$ 이하에서 증폭률은 $20dB$가 된다.

문제 9. 아래 그림과 같은 비반전증폭회로를 이용한 대역필터 회로의 특성을 그려보라.

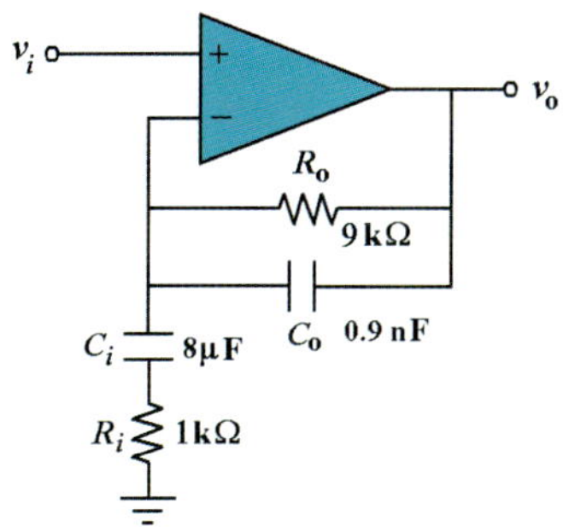


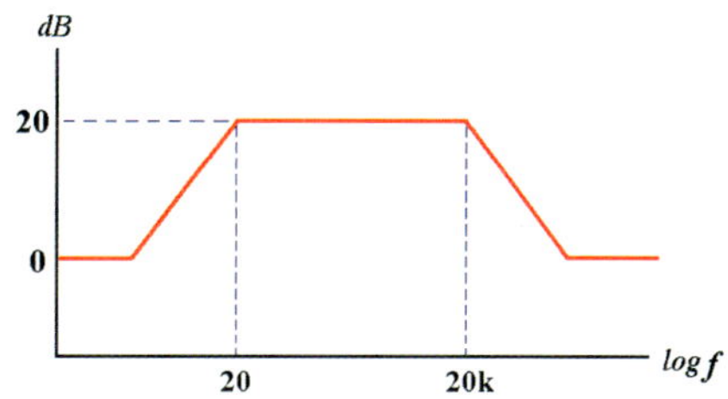


답. 위 회로는 문제 7과 8의 조합이므로, 진동수가 $20Hz$에서 $20kHz$ 사이인 신호를 통과시키는 대역통과필터이다.

문제 10. 그림과 같은 간단한 비교기(Schmitt trigger)의 작동에 대해 설명하라.

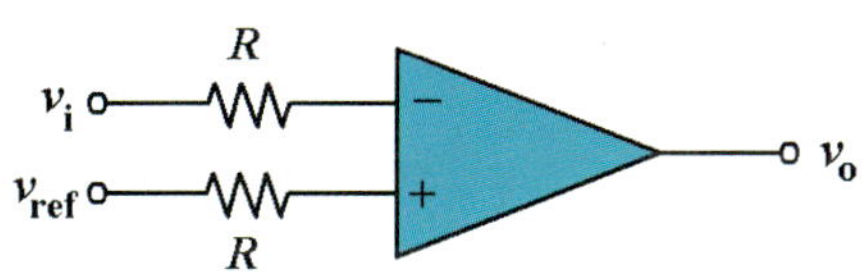


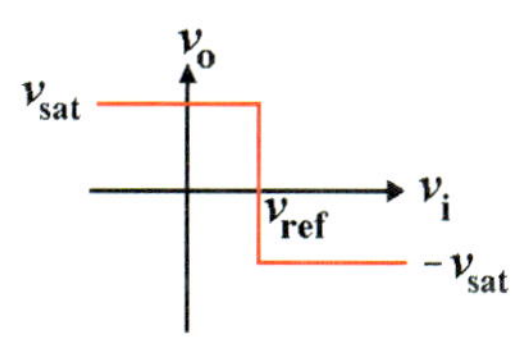


답. $v_i > v_{ref}$인 경우 $v_o = -v_{sat}$이고, $v_i < v_{ref}$인 경우 $v_o = +v_{sat}$이 된다. $v_{ref}$를 기준으로 다른 출력을 주고 있다.

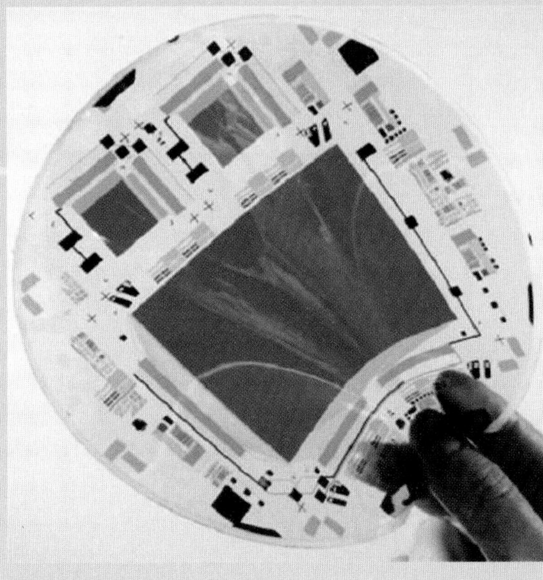

제8장

# 디지털 회로의 기초

## 1. 디지털 게이트

디지털 회로에서는 기본적으로 on(1의 상태)과 off(0의 상태)로 모든 수를 표시하여 2진법으로 계산을 한다. 신호의 크기에 있어서는 5.7 *V*(Si pn 접합의 전압 0.7 *V*를 포함. 이를 생략할 경우 5 *V*) 이상이면 1의 상태를, 그 이하이면 0의 상태를 나타낸다. 디지털 회로는 기본적으로 게이트(gate)라고 부르는 소자(building block)들의 조합이다. 즉, OR, AND, NOT 게이트들이 그 기본적인 소자가 된다. 따라서 아무리 복잡한 디지털 회로라도 모두 이 세 게이트들의 조합으로 이루어져 있다. 게이트는 DDL(Diode-Diode Logic), DTL(Diode-Transistor Logic), TTL(Transistor-Transistor Logic), MOS-TTL, CMOS logic(Complementary MOS logic) 등 여러 종류가 있다. 이들 logic 게이트들은 다이오드나 트랜지스터를 이용하여 위 게이트들의 기능을 보이도록 회로를 구성한 것이다.

그림 8-1에 DDL AND와 OR 게이트가 주어져 있다. OR 게이트에서는 A와 B 입력 중에 하나라도 1이면 그에 연결되어 있는 다이오드는 on 상태가 되고 이에 따라 저항 R에 전류가 흐르게 된다. 따라서 출력은 1의 상태가 된다. 두 입력이 모두 0이면 두 다이오드는 off 상태가 되므로 출력은 0이 된다. AND 게이트에서는 두 입력 중에 어느 하나라도 0이면 저항 R에 전류가 흐르고 이에 따라 저항에 떨어지는 전압과 전원의 전압이 크기는 같고 방향은 반대이므로 출력은 0의 상태가 된다. 두 입력이 모두 1이면 두 다이오드는 off 상태가 되므로 출력은 1이 된다.

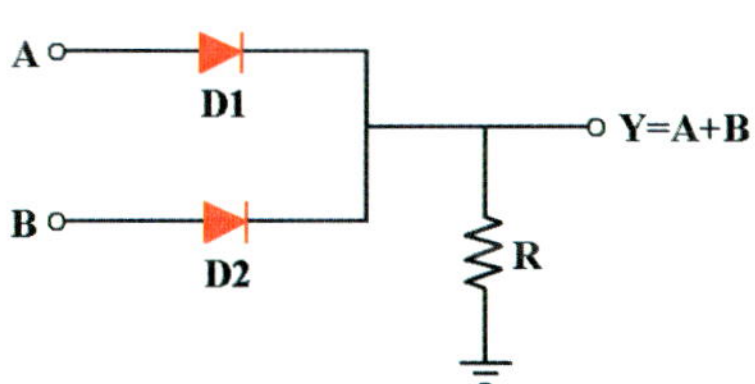


| A | B | D1 | D2 | Y |
|---|---|---|---|---|
| 0 | 0 | off | off | 0 |
| 0 | 1 | off | on | 1 |
| 1 | 0 | on | off | 1 |
| 1 | 1 | on | on | 1 |

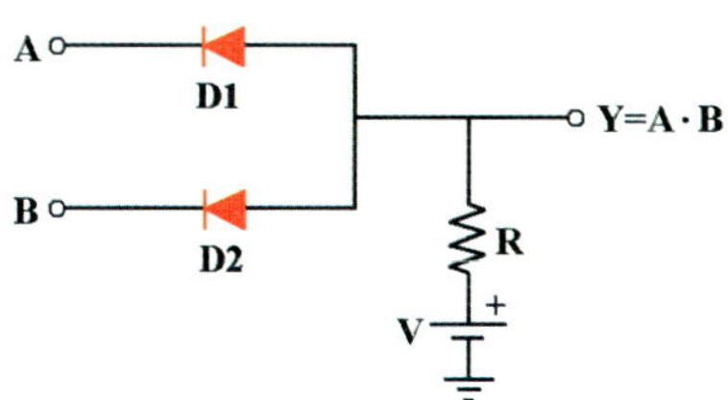


| A | B | D1 | D2 | Y |
|---|---|---|---|---|
| 0 | 0 | on | on | 0 |
| 0 | 1 | on | off | 0 |
| 1 | 0 | off | on | 0 |
| 1 | 1 | off | off | 1 |

그림 8-1. DDL OR과 AND 게이트의 구조

그림 8-2에 트랜지스터 NOT 게이트와 DTL NOR, NAND 게이트가 주어져 있다. 첫째, 트랜지스터 NOT 게이트에서는 입력이 0이면 트랜지스터는 off 상태가 되므로 저항에 전류가 흐르지 않고(전압강하가 없음) 이에 따라 출력은 1로 관찰된다. 반면에 입력이 1이면 트랜지스터는 on 상태가 되므로 저항에 전류가 흐르고 모든 전원의 전압이 저항에 떨어져서 출력은 0으로 관찰된다. 둘째, NOR 게이트는 그림 8-1의 OR 게이트의 뒤에 NOT 게이트를 연결하여 NOR의 기능을 하도록 만든 것이다. 마찬가지로 NAND 게이트도 그림 8-1의 AND 게이트의 뒤에 NOT 게이트를 연결하여 NAND의 기능을 하도록 만든 것이다. 그림 8-2의 아래에는 각 게이트의 기호가 주어져 있다.

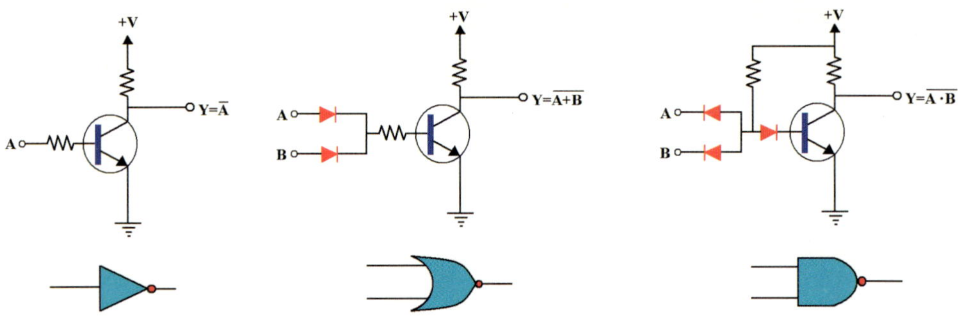


그림 8-2. DTL 게이트의 구조

그림 8-3에 NMOS를 이용한 게이트가 주어져 있다. NMOS는 n-채널 MOSFET를 말한다. NMOS 대신에 PMOS(p-채널 MOSFET)를 사용할 수도 있다. 이러한 게이트 구조는 1970년대에 많이 사용되었다. 그러다가 1980년대에 CMOS 구조가 나옴으로써 NMOS 또는 PMOS 게이트 구조는 CMOS 게이트로 완전히 대체되었다. 그림에서 MOSFET는 모두 증가형 MOSFET이다. NMOS는 n-채널이 만들어지고 p형 기판을 사용한다. 그림에서 화살표 방향은 p에서 n으로 향한다. NMOS는 입력이 1일 경우 n-채널이 만들어져서 on 상태가 된다. 그리고 입력이 0이면 off 상태가 된다. 첫째, NOT 게이트에서는 입력이 0이면 NMOS는 off 상태가 되므로 저항에 전류가 흐르지 않아서 출력은 1로 관찰된다. 반면에 입력이 1이면 NMOS는 on 상태가 된다. 따라서 저항에 전류가 흐르고 모든 전원의 전압이 저항에 전압강하로 이용됨으로써 출력은 0이 된다. 둘째, NAND 게이트는 두 개의 NMOS를 직렬로 연결한 것이다. 두 NMOS 중에 어느 하나라도 off 상태가 되면 저항에 전류가 흐르지 않는다. 이에 따라 출력은 1이 된다.

반면에 두 입력이 모두 1이 되면 두 NMOS는 on 상태가 되므로 저항에 전류가 흐르고 모든 전압은 저항의 전압강하로 사용된다. 이에 따라 출력은 0이 된다. 이와 같이 그림 8-3의 중간 그림은 NAND의 역할을 함을 볼 수 있다. 셋째, NOR 게이트는 두 개의 NMOS를 병렬로 연결한 것이다. 이렇게 연결함으로써 두 NMOS 중의 어느 하나라도 on 상태가 되면 저항에 전류가 흐르고 출력은 0으로 관찰된다. 즉, 두 입력 중의 어느 하나라도 1이면 저항에 전류가 흐르게 되고 출력은 0이다. 반면에 두 입력이 모두 0이면 두 NMOS는 off 상태가 되고 저항에 전류가 흐르지 않아 출력은 1로 관찰된다. 이와 같이 세 번째 구조는 NOR의 기능을 함을 볼 수 있다.

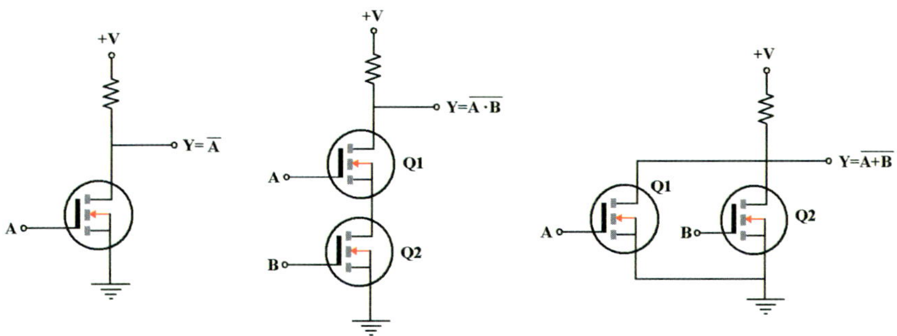


그림 8-3. NMOS 게이트 구조

그림 8-3에서 저항 대신에 트랜지스터로 대체할 수 있다. 그리고 NMOS 대신에 PMOS를 이용함으로써 NOT, NOR, NAND 게이트를 구성할 수 있다. 또한 그림 8-4와 같이 그 뒤에 NMOS를 연결함으로써 AND 또는 OR 게이트를 형성할 수도 있다.

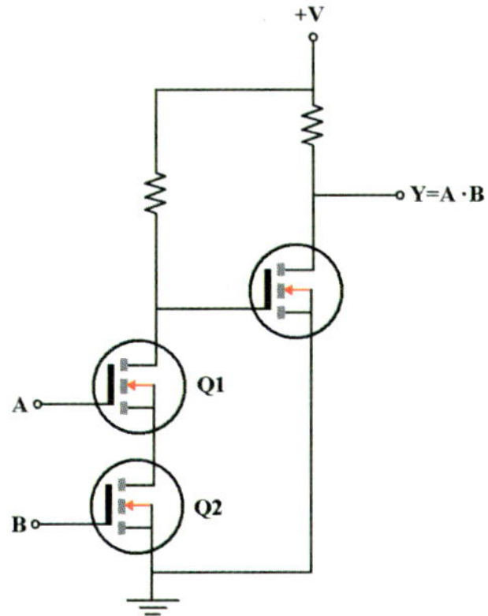


그림 8-4. NMOS AND 게이트의 구조

CMOS는 서로 보충적인(complementary) n-채널(p형 기판, 화살표는 안쪽 방향)과 p-채널(n형 기판, 화살표는 바깥쪽 방향) MOSFET로 구성되어 있다. CMOS는 상태의 전환(0에서 1 또는 1에서 0으로의 전환) 이외에서는 전력이 거의 소비되지 않으므로 디지털회로에서 대부분 CMOS 구조를 사용하게 되었다. 그림 8-5에 CMOS를 이용한 NOT(inverter) 게이트가 주어져 있다. 입력이 0이면 NMOS(Q2)는 off 상태가 되고 PMOS(Q1)는 on 상태가 된다. Q2가 off 상태이므로 출력은 1이다. 반면에 입력이 1이면 NMOS(Q2)는 on 상태가 되고 PMOS(Q1)는 off 상태가 된다. Q2가 on이므로 출력은 0이다.

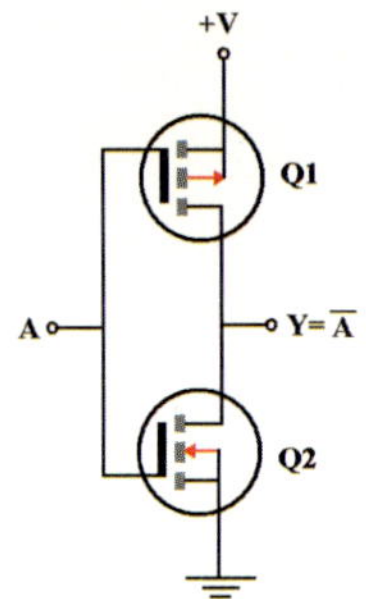


| A | Q1 | Q2 | Y |
|---|---|---|---|
| 0 | on | off | 1 |
| 1 | off | on | 0 |

그림 8-5. CMOS NOT 게이트의 구조

그림 8-6에는 CMOS NAND 게이트가 주어져 있다. 출력에 NMOS Q3와 Q4가 직렬로 연결되어 있으므로 이 두 NMOS가 모두 on이 될 경우에만 출력은 0이 된다. 즉, 두 입력이 모두 1이 되는 경우 출력은 0이 된다. 그렇지 않을 경우 Q3와 Q4 중에 하나만 on이 되므로 출력은 1이 된다. 이와 같이 그림 8-6은 NAND의 기능을 나타내고 있다.

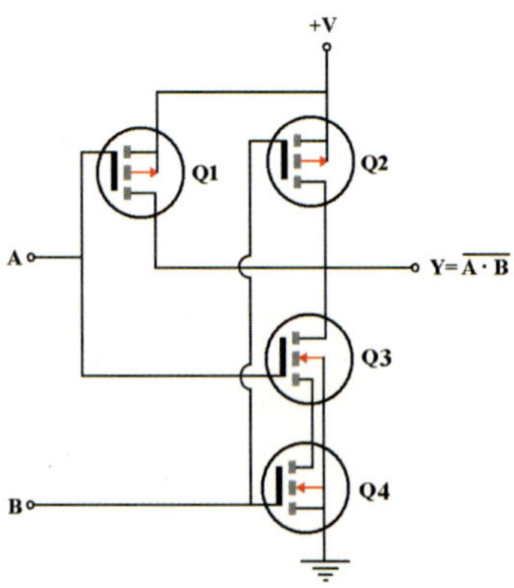


| A | B | Q1 | Q2 | Q3 | Q4 | Y |
|---|---|---|---|---|---|---|
| 0 | 0 | on | on | off | off | 1 |
| 0 | 1 | on | off | off | on | 1 |
| 1 | 0 | off | on | on | off | 1 |
| 1 | 1 | off | off | on | on | 0 |

그림 8-6. CMOS NAND 게이트의 구조

그림 8-7에는 CMOS NOR의 구조가 주어져 있다. 출력에 NMOS Q3와 Q4가 병렬로 연결되어 있으므로, 이 두 NMOS 중에 어느 하나라도 on이 될 경우에 출력은 0이 된다. Q3와 Q4가 모두 off가 되어야만 출력이 1의 상태가 된다. 이와 같이 그림 8-7은 NOR의 기능을 나타내고 있다.

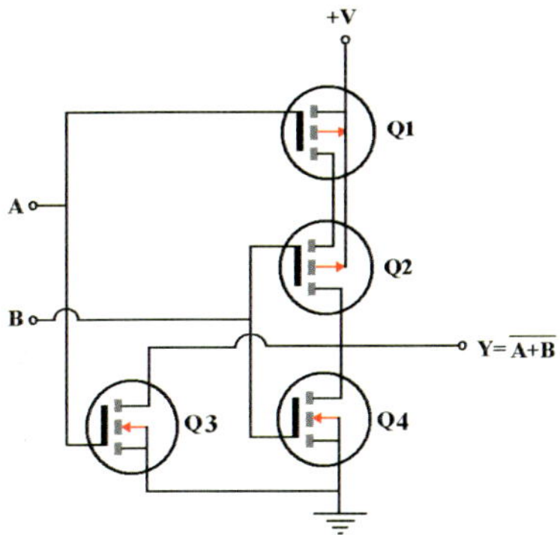


| A | B | Q1 | Q2 | Q3 | Q4 | Y |
|---|---|---|---|---|---|---|
| 0 | 0 | on | on | off | off | 1 |
| 0 | 1 | on | off | off | on | 0 |
| 1 | 0 | off | on | on | off | 0 |
| 1 | 1 | off | off | on | on | 0 |

그림 8-7. CMOS NOR 게이트의 구조

그림 8-8에 NAND 게이트에 NOT 게이트를 연결함으로써 AND 게이트를 구성한 것을 보여주고 있다. 마찬가지로 NOR 게이트의 뒤에 NOT 게이트를 연결함으로써 OR 게이트를 구성할 수 있다.

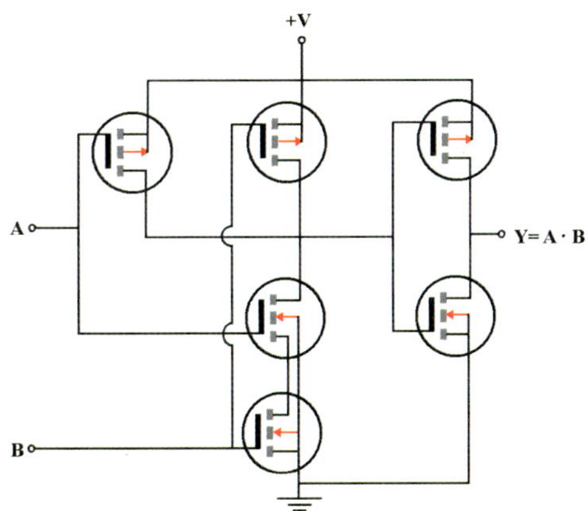


그림 8-8. CMOS AND 게이트의 구조

## 2. 조합 논리회로

논리 게이트들을 결합하여 여러 가지 기능을 하도록 구성할 수 있다. 그중에서 현재의 입력신호에 따라 출력이 결정되는 회로를 조합 논리회로(combinational logic circuit)라고 한다. 반면에 과거의 입력을 기억하고 이에 따라 출력이 과거 및 현재의 입력에 의존하는 논리회로가 있다. 이 회로들은 순차적인 입력에 따라 작동되므로 순차 논리회로(sequential logic circuit)라고 부른다. 이 절에서는 조합 논리회로인 2진법 사칙계산에 관련된 논리회로에 대해 알아보도록 한다.

### (1) 2진법 덧셈

2진법 덧셈에서는 다음과 같은 4가지의 연산이 있을 수 있다. 즉, $0+0=0$, $0+1=1$, $1+0=1$, $1+1=10$ 등이다. 마지막 연산에서는 두 개의 수(bit)가 나온다. 하나는 합(sum)인 0이고 나머지 하나는 올림수(carry)인 1이다. 위 4개의 연산에서 합은 두 수가 다를 경우에만 출력이 1이 되고, 두 입력이 같을 경우에는 출력이 0이 된다. 이러한 연산에 사용되는 논리회로가 XOR 게이트이다. XOR의 연산은 $A \oplus B = \overline{A} \cdot B + A \cdot \overline{B}$로 표현된다. 그리고 XOR 논리회로의 구성은 그림 8-9에 주어져 있다.

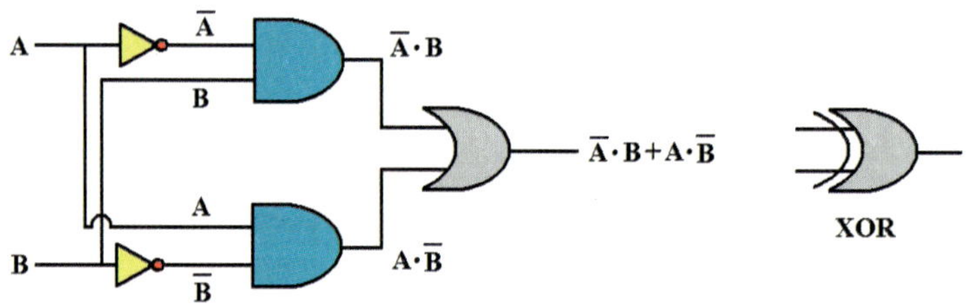


그림 8-9. XOR 게이트의 구성

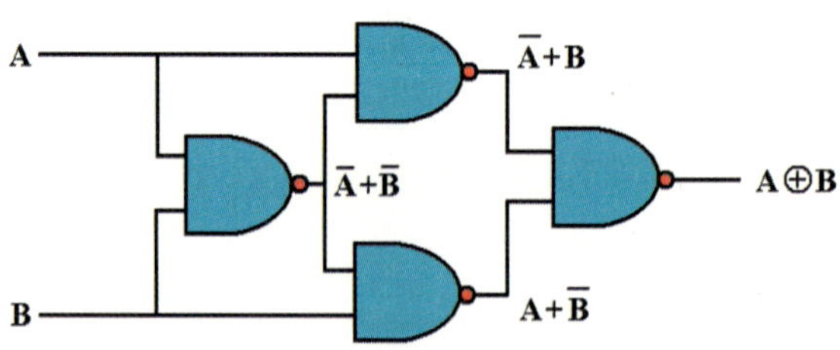


그림 8-10. 4개의 NAND 게이트를 이용한 XOR 게이트의 구성

그림 8-9와 같이 XOR 게이트를 구성하기 위해서는 NOT, AND, OR 게이트가 모두 있어야 되므로 불편할 수 있다. 이에 따라 그림 8-10과 같이 4개의 NAND 게이트가 있는 NAND 게이트 IC 패키지(package)를 사용하여 XOR 게이트를 구성할 수도 있다.

위에서 언급한 2진법에서의 4가지의 연산은 표 8-1과 같이 나타낼 수 있다. 1 + 1의 경우에만 올림수가 있음을 볼 수 있다.

표 8-1. 2진법 덧셈의 4가지 연산

| Input | | Output | |
|---|---|---|---|
| A | B | Sum | Carry |
| 0 | 0 | 0 | 0 |
| 0 | 1 | 1 | 0 |
| 1 | 0 | 1 | 0 |
| 1 | 1 | 0 | 1 |

표 8-1의 연산에서 합(sum)은 XOR 게이트에 의해 이루어진다. 반면에 올림수(carry)는 AND 게이트에 의해 실행된다. 이에 따라 그림 8-11과 같은 논리회로를 구성할 수 있다. 이 회로에서 두 입력 A와 B가 모두 1인 경우 AND에 의해 올림수가 1이 됨을 볼 수 있다.

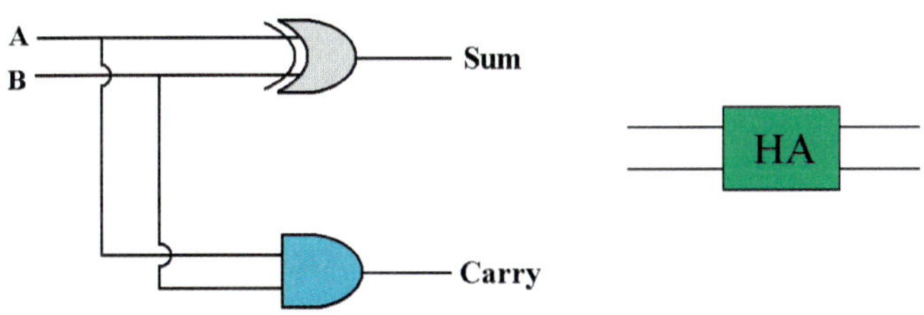


그림 8-11. half-adder 논리회로의 구성

그림 8-11과 같은 회로에서는 아래 자리에서 올라오는 올림수를 계산할 수 없다. 이에 따라 이 회로를 half-adder라고 부른다. 그림 8-12와 같은 회로를 구성함으로써 아래 자리에서 올라오는 올림수를 처리할 수 있다. 이 논리회로를 full-adder라고 부른다. full-adder에는 3개의 입력 단자와 2개의 출력 단자가 존재한다.

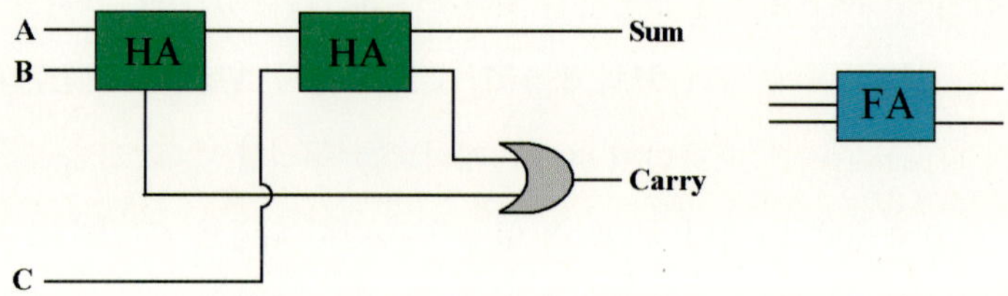


그림 8-12. full-adder 논리회로의 구성

그림 8-13에는 4자리 수의 덧셈을 할 수 있는 논리회로가 주어져 있다. 그림 8-12는 1자리(bit)의 덧셈만이 가능하나 그림 8-13과 같이 4개의 adder 회로를 조합함으로써 4bit(2진법의 4자리의 수)까지 합산할 수 있는 adder를 구성할 수 있다. 이 그림에서는 1111(십진법으로 15)의 입력 A와 1111의 입력 B가 더해졌을 경우 11110(십진법으로 30)의 결과가 얻어짐을 보여 주고 있다.

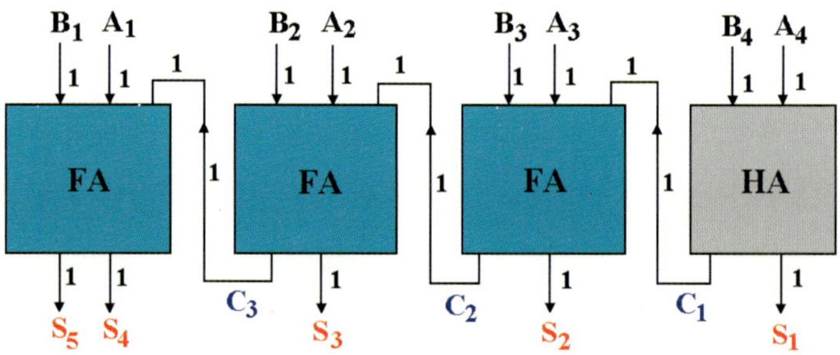


그림 8-13. 4-bit adder의 구성

(2) 이(二)의 보수를 이용한 2진법의 덧셈과 뺄셈 방법

뺄셈에서는 0 − 0 = 0, 1 − 0 = 1, 1 − 1 = 0, 0 − 1 = 1의 경우가 있을 수 있다. 여기서 마지막 연산은 위 자리에서 1을 빌려서 빼준 것이다. 이러한 연산 대신에 2진법 계산에서 adder 회로를 그대로 뺄셈에도 이용할 수는 없는가? 간편한 방법에는 A − B의 계산에서 우선 B를 음의 수(− B)로 고쳐서 adder 회로를 이용하여 A + (− B)의 덧셈을 함으로써 A − B를 구현할 수 있다.

최상위 비트(most significant bit, MSB)가 1인 수들이 음의 수에 해당된다고 정의할 수 있다. 예를 들어, 4-비트 수에 대한 음의 수는 표 8-2에서와 같이 정의된다. 이렇게 할 경우 음의 수를 쉽게 식별할 수 있다. 즉, 최상위 비트가 1이면 음이고, 반면에 최상위 비트가 0이면 양이 된다. 이처럼 최상위 비트는 그 수가 음이냐 또는 양이냐를 결정하므로 이를 sign bit이라고도 한다.

동일한 크기의 양의 수와 음의 수가 어떻게 연관되어 있는지를 보도록 하자. 예를 들어, 0110을 생각해 보자. 이는 10진법으로는 +6에 해당되는 2진법의 수이다. 이에 대응되는 -6에 대한 2진법의 표현을 구하기 위해서 우선 0110의 각 비트를 바꾼다. 즉, 1001을 얻는데, 이를 원래 수 (+6)의 일(一)의 보수(one′s complement)라고 부른다. 다음에 위 결과에 1을 더하면 1010을 얻는다. 이는 표 8-2에서 보듯이 -6에 해당된다. 이렇게 구한 수를 원래 수의 이(二)의 보수(two′s complement)라고 부른다.

다음에는 0에 해당되는 이(二)의 보수를 구해보자. 4-비트 0은 0000으로 표현된다. 일(一)의 보수는 1111이다. 여기에 1을 더하면 이(二)의 보수가 된다. 이는 10000이다. 그런데 4-비트의 수는 4자리까지만 있으므로 최상위 비트인 1을 버려야 된다, 즉, 0000의 이(二)의 보수로서 0000을 얻는다. 이는 0의 음의 수는 또한 0이 됨을 보여 주고 있다.

표 8-2. 4-비트 수에 대한 음의 수의 정의 [이(二)의 보수]

| Binary | Unsigned decimal | Signed decimal |
|---|---|---|
| 0000 | 0 | 0 |
| 0001 | 1 | 1 |
| 0010 | 2 | 2 |
| 0011 | 3 | 3 |
| 0100 | 4 | 4 |
| 0101 | 5 | 5 |
| 0110 | 6 | 6 |
| 0111 | 7 | 7 |
| 1000 | 8 | -8 |
| 1001 | 9 | -7 |
| 1010 | 10 | -6 |
| 1011 | 11 | -5 |
| 1100 | 12 | -4 |
| 1101 | 13 | -3 |
| 1110 | 14 | -2 |
| 1111 | 15 | -1 |

음의 수 체계에서의 연산에서 overflow가 발생할 수 있다. overflow는 계산 결과가 잘못된 sign bit을 가질 때 발생한다. 예를 들어, 두 개의 양의 수인 +8과 +7을 더하는 경우를 생각해

보자. 결과는 +15가 되어야 한다. 2진법 계산에서 +8은 1000로 나타내고, +7은 0111로 표현된다. 이 두 수를 더하면 1111을 얻는다. 그런데 음의 수의 정의에 의해 1111은 +15가 아니라 -1에 해당된다. 이는 더한 수가 음의 수의 체계에서는 정의되지 않기 때문이다. 이러한 문제는 비트의 수를 증가시키면 해소된다. 즉, 8-비트 수에 대한 음의 수의 체계에서 수의 영역은 -128에서 +127까지이다. 그리고 16-비트의 수에서는 -32,768에서 +32,767까지이고, 32-비트의 수에서는 $-2.14\times10^9$에서 $+2.14\times10^9$까지 등 비트의 수를 증가시킴으로써 늘일 수 있다.

이(二)의 보수를 이용한 덧셈에서 sign bit보다 큰 비트가 나올 경우, 이를 무시하면 항상 옳은 결과를 얻을 수 있다. 즉, 양의 두 수의 합인 $2+4=6$의 계산에서 $0010+0100=0110$과 같은 옳은 결과를 얻는다. 마찬가지로 음의 두 수의 합인 $(-2)+(-4)=(-6)$의 계산에서도 4-비트보다 큰 1(올림수)을 무시하면 $1110+1100=1010$과 같은 옳은 결과를 얻을 수 있다. 앞에서 언급하였듯이 overflow가 일어날 수 있는데, 부호가 다른 두 수의 합에서는 결코 overflow가 일어나지 않는다. 반면에 부호가 같은 두 수의 합에서는 4-비트의 체계에서보다 큰 수가 나올 수 있기 때문에 overflow가 발생할 수 있다. 즉, $0100+0101=1001$에서 $4+5=9$가 나와야 되나 -7이 나왔다. 이는 4-비트에서 9가 없기 때문이다. 마찬가지로 $1100+1011=0111$(올림수 1은 무시)에서도 $(-4)+(-5)=(-9)$가 되어야 하나 4-비트의 수에서는 -9는 없기 때문에 잘못된 결과인 +7을 얻음을 볼 수 있다. overflow가 생기는 경우에는 더해 주는 두 수의 sign bit과 더한 수의 sign bit이 다를 경우에 발생함을 볼 수 있다.

다음에는 이(二)의 보수를 이용한 뺄셈에 대해 알아보도록 하자. 예를 들어, $2-5$의 경우를 생각해 보자. 먼저 -5에 대한 이(二)의 보수를 구해보자. 5는 2진법으로 0101이므로 일(一)의 보수는 1010이다. 따라서 이(二)의 보수는 이 수에 1을 더하면 1011과 같이 얻어진다. 따라서 $2-5$는 $0010+1011=1101$로서 -3을 얻는다. 다른 예로서 $5-(-2)=7$에서 2의 이(二)의 보수는 1110이므로 $5-(-2)$의 계산은 $0101+1110=0111$(올림수는 무시)과 같이 이루어진다. 이와 같이 뺄셈을 이(二)의 보수를 이용함으로써 덧셈으로 바꾸어 계산할 수 있다. 이에 따라 덧셈과 뺄셈이 모두 가능한 회로(adder/subtracter)를 구성할 수 있다. 그림 8-14에 4-비트 덧셈/뺄셈기의 구조가 주어져 있다.

그림 8-14에서 A에서 B를 빼 주는 경우를 생각해 보자. 뺄셈을 위해서는 B의 이(二)의 보수가 입력되어야 한다. B의 이(二)의 보수는 B의 일(一)의 보수에다 1을 더한 것이다. B의 일(一)의 보수는 B의 모든 비트를 바꾸는 것이다. 이를 위해 NOT 게이트를 사용하면 되지만, 다른 방법으로

이를 해결할 수 있다. 즉, XOR 게이트를 이용하는 것이다. A/S에는 덧셈을 할 것인지 뺄셈을 할 것인지를 결정하는 신호가 들어간다. 즉, 덧셈을 원할 때는 0, 뺄셈을 위해서는 1의 신호를 보낸다. XOR 게이트의 한 입력에는 B의 각 비트가 들어가고 다른 하나의 입력에는 A/S 신호가 들어간다. 이 경우 A/S가 0(덧셈)일 경우 B의 모든 비트는 변하지 않고 full-adder에 입력된다(덧셈). 반면에 A/S가 1이면(뺄셈) B의 모든 비트는 바뀐다. 즉, B의 일(一)의 보수가 full-adder에 입력된다. 그리고 이렇게 바뀐 B의 최하위 비트(least significant bit)에 1을 더함으로써 이(二)의 보수가 구해진다. 여기서 1을 더하는 것은 제일 오른쪽 full-adder의 $C_{in}$에 1을 입력시키면 된다. 뺄셈을 할 경우 A/S에 입력되는 1의 신호를 제일 오른쪽 full-adder의 $C_{in}$에 입력시킴으로써 B의 이(二)의 보수가 A에 더해지게 할 수 있다. 덧셈의 경우에는 A/S에 0이 입력됨으로써 full-adder들은 보통의 덧셈을 하게 된다. overflow는 계산 결과가 4-비트보다 클 경우 발생한다. 즉, 더한 수의 sign bit과 더하는 수의 sign bit을 비교(XOR)하여 다르면 overflow가 발생하게 된다.

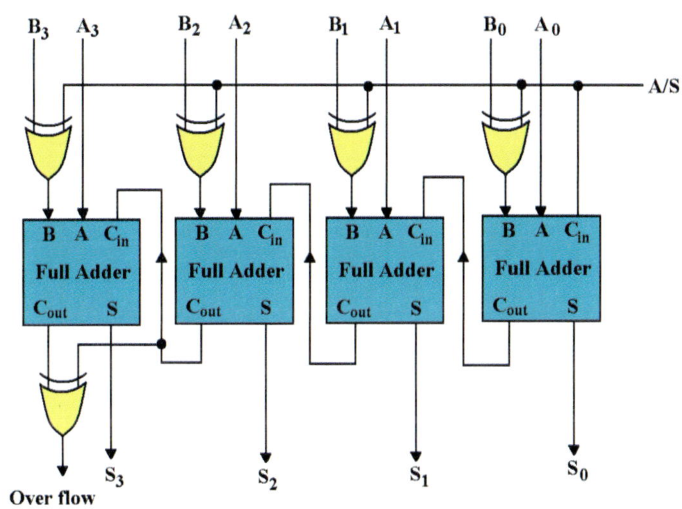


그림 8-14. 4-비트 덧셈/뺄셈기

(3) 2진법의 곱셈과 나눗셈

그림 8-15의 오른쪽 그림과 같이 곱셈이 행해진다. 이에 따라 왼쪽 그림과 같은 2-bit 곱셈기를 구성할 수 있다. 비트 수가 커지게 되면 adder의 수가 많아진다.

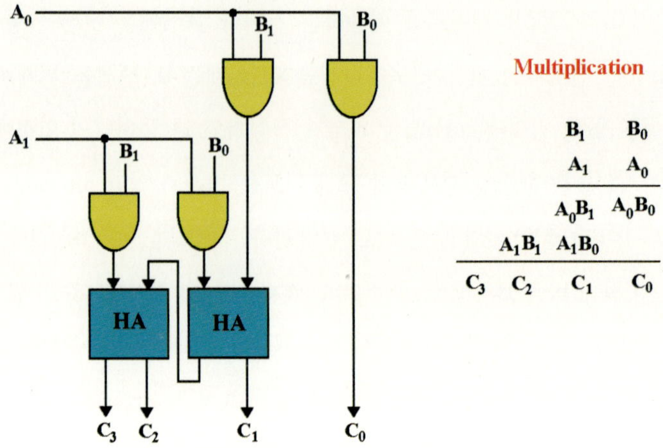


그림 8-15. 2진법 2-bit 곱셈기의 구성

2진법 나눗셈의 예가 그림 8-16에 주어져 있다. 10진법의 나눗셈과 동일하게 나뉨수(X)의 최상위 비트에서 시작하여 나눗수(Y)를 비교하여 나누어지면 비트 1을 몫(quotient)에 부여하고 나누어지지 않으면 비트 0을 몫에 부여한다. 그리고 나뉨수의 다음 상위 비트를 이동하여 나눗수로 나눌 수 없을 때까지 위 과정을 계속한다. 최종적으로 남아 있는 수가 나머지(remainder)가 된다. 그림 8-16이 위와 같은 나누기의 과정(long division)이 주어져 있다. 여기서 나뉨수 10001111은 10진법의 143에 해당된다. 그리고 나눗수 1011은 10진법의 11에 해당된다. 따라서 몫은 13이고 나머지는 0이 된다.

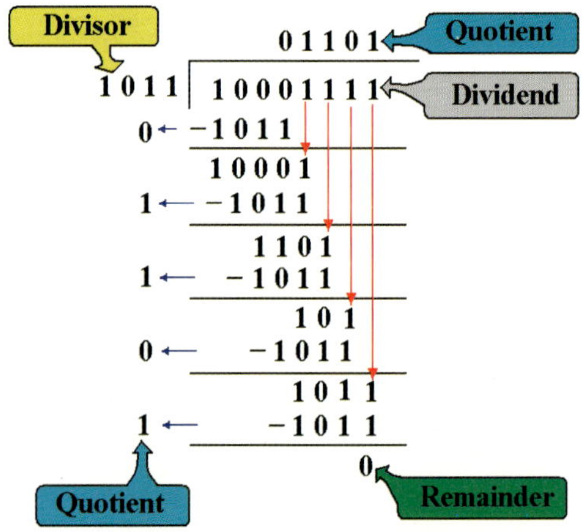


그림 8-16. 2진법에서의 나눗셈

2진법 나눗셈 회로의 개략적인 구조가 그림 8-17에 주어져 있다. 나눗수 Y가 register에 저장된다. 그리고 나뉨수 X가 shift register 2에 저장된다. adder/subtracter에서 X의 최상위 자리부터 시작하여 Y의 자리 수까지 Y와 크기를 비교하여 이것이 Y보다 크면 1이 Q에 저장된다. 그리고 두 수의 뺄셈이 adder/subtracter에 의해 행해지며 그 결과는 shift register 1에 입력되는데, 이때 낮은 자리 수를 1칸씩 왼쪽으로(높은 자리로) 이동한(shift) 수가 shift register 1에 저장된다. 위와 반대로 X가 Y보다 작으면 0이 Q에 저장된다. 그리고 왼쪽으로(높은 자리로) 한 칸씩 이동한 수가 shift register 1에 저장된다. 이후 이 shift register 1에 저장된 수와 나눗수를 비교하면서 앞에서 언급한 과정이 반복된다. 그리고 가장 낮은 자리의 수를 모두 이동시켰을 때 이 수가 나눗수보다 작아질 때까지 위 과정은 계속된다. 몫은 shift register 3에 저장된 수이며 나머지는 최종 과정에서 저장된 shift register 1의 수이다.

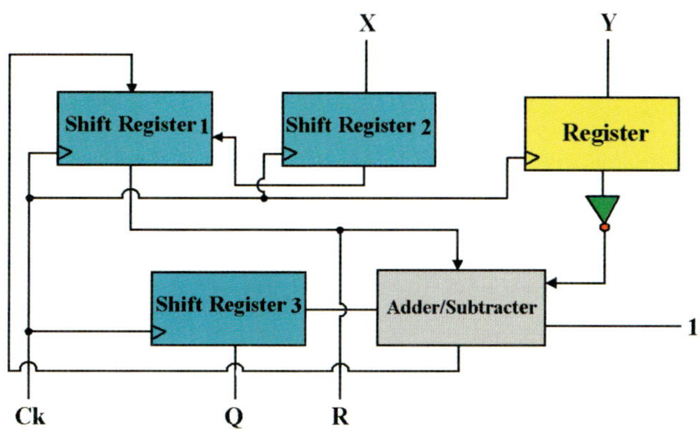


그림 8-17. 2진법 나눗셈 회로의 구성

## 3. 순차 논리회로

조합 논리회로에서 출력의 상태는 현재의 입력에 따라 변한다. 반면에 순차(sequential) 논리회로에서의 출력 상태는 현재의 입력 이외에 과거의 입력에 의해서도 변한다. 즉, 순차 논리회로에서는 메모리 기능이 존재한다. 순차 논리회로는 "두 안정 상태 소자(bistable device)"라고도 부른다. 순차 논리회로에서 출력은 0과 1의 상태가 가능한데, 이 상태는 외부 입력신호나 트리거 펄스(trigger pulse)가 주어지지 않는 한, 무한정 변하지 않기(latched, 잠금이 된 상태) 때문이다.

순차 논리회로의 기본소자로서 latch와 flip flop이 있다. latch와 flip flop 모두 일시적인 2진법 정보를 저장하는 소자라는 점에서 동일하나, 기술적으로는 차이가 있다. latch는 어떠한 순간에도 외부 입력에 의해 출력의 상태를 변화시킬 수 있다. 이런 점에서 latch는 비동기 소자(asynchronous device)라고 할 수 있다. 반면에 flip flop은 clock pulse의 도달에 의해서만 출력의 상태가 변한다. 이에 따라 flip flop은 동기 소자(synchronous device)라고 할 수 있다.

### (1) SR Latch

그림 8-18에 기본적인 SR latch의 회로가 주어져 있다. 두 개의 NOR 게이트의 출력이 되먹임(feedback)되어 다른 NOR 게이트의 입력에 들어가는 구조를 하고 있다. 그리고 입력은 R과 S의 두 개로 구성되어 있다. R과 S가 모두 0이면 출력은 변하지 않는다. 즉, latch는 그 전의 값을 보존한다. S가 1인 경우 NOR 게이트 ①의 출력은 또 다른 입력에 관계없이 0이 된다. 즉, $\overline{Q}=0$이다. 이에 따라 NOR 게이트 ②로 되먹임되는 입력이 0이다. 따라서 $S=1$이고 $R=0$인 경우 NOR 게이트 ②의 출력 $Q=1$이 된다. 반면에 R이 1인 경우 NOR 게이트 ②의 출력은 또 다른 입력에 관계없이 $Q=0$이 된다. 이에 따라 NOR 게이트 ①에 되먹임되는 입력은 0이다. 따라서 $R=1$이고 $S=0$인 경우 $\overline{Q}=1$이 된다. 그리고 R과 S가 모두 1이면 Q와 $\overline{Q}$는 모두 0이 되어 성립되지 않는다(invalid). 이와 같이 SR latch에서는 $S=1$일 경우 set($Q=1$)되고, $R=1$인 경우 reset($Q=0$) 됨을 볼 수 있다.

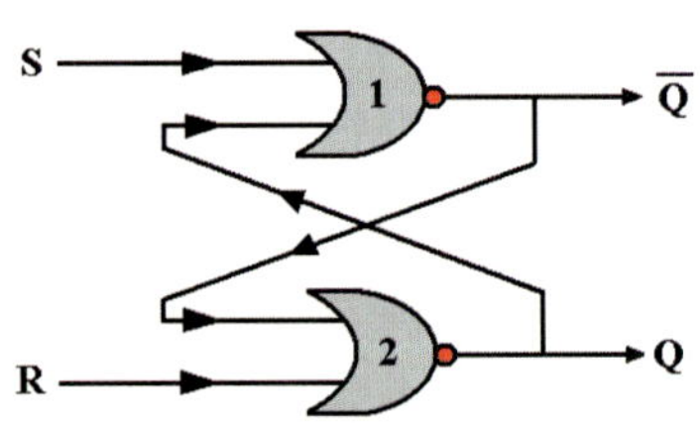


| S | R | Q | $\overline{Q}$ |
|---|---|---|---|
| 0 | 0 | No change | |
| 0 | 1 | 0 | 1 |
| 1 | 0 | 1 | 0 |
| 1 | 1 | 0 | 0 |

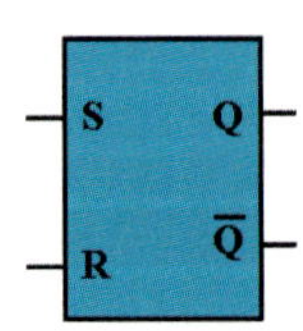


그림 8-18. 두 NOR 게이트를 이용한 SR latch의 구성

### (2) Clocked SR latch

SR latch를 S와 R의 변화에 관계없이 특정 조건이 만족될 때에만 작동하도록 할 수 있다. 그림 8-19에서와 같이 clock 신호를 두 개의 AND 게이트에 연결해 줌으로써 SR latch의 상태를

제어할 수 있다. clock에 0이 입력될 경우 latch에 입력되는 R′과 S′은 R과 S에 어떤 입력이 주어지더라도 변하지 않는다. 즉, clock이 0인 경우 latch에 저장된 상태는 그대로 유지된다. 반면에 clock에 1이 입력되면 R′과 S′은 입력 R과 S와 동일하다. 이에 따라 SR latch와 동일한 행동을 보인다. 이와 같이 clock 신호를 이용하여 원하는 시간에 latch의 상태를 제어할 수 있다. 이를 clocked SR latch라고 부른다.

시간 n + 1에서의($n+1$번째 펄스라는 의미에서 이렇게 표현함) 출력을 $Q(n+1)$이라고 하자. clock이 0인 경우 latch는 R과 S의 값에 관계없이 원래의 상태를 유지한다. 즉, $Q(n+1) = Q(n)$이다. clock이 1인 경우 $S=1$에서 latch는 set($Q=1$)이고 $R=1$에서 reset($Q=0$) 된다. R과 S가 모두 1인 경우 $Q(n+1)$은 어떤 값인지 알 수 없다.

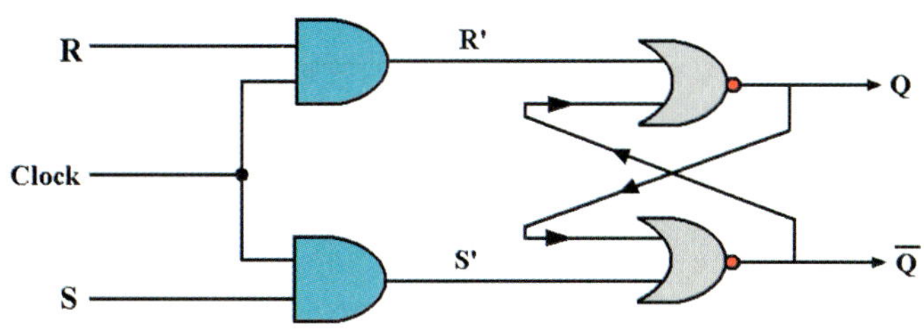


| Clk | S | R | Q(n+1) |
|---|---|---|---|
| 0 | × | × | Q(n) |
| 1 | 0 | 0 | Q(n) |
| 1 | 0 | 1 | 0 |
| 1 | 1 | 0 | 1 |
| 1 | 1 | 1 | × |

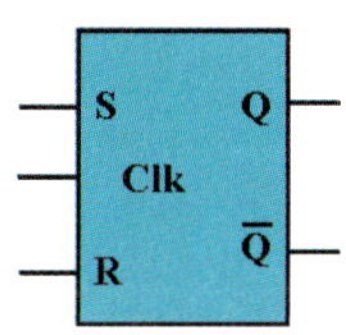


그림 8-19. Clocked SR latch의 구성

### (3) Clocked D latch

D latch는 입력이 하나뿐인 latch이다. 그리고 clocked D-latch는 clock의 신호에 의해 D latch의 작동이 제어되는 latch를 말한다. D latch는 구조적으로는 SR latch와 동일하다. 그러나 S와 R에 독립적인 입력이 주어지는 것이 아니라 하나의 입력 D가 주어지며, R에는 NOT 게이트를 거쳐서 입력 D와 반대되는 신호가 입력된다.

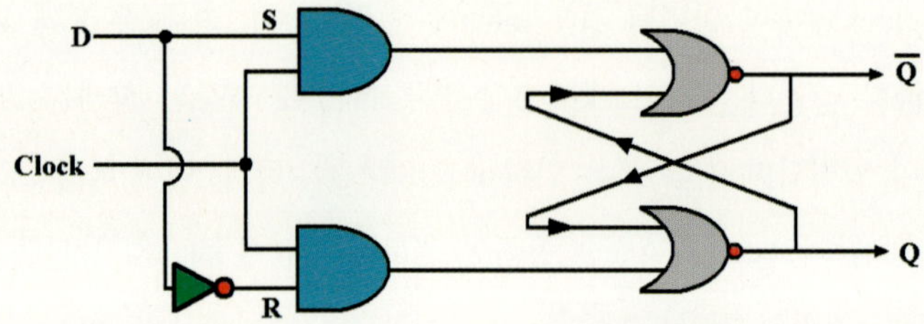


| Clk | D | Q(n+1) |
|---|---|---|
| 0 | × | Q(n) |
| 1 | 0 | 0 |
| 1 | 1 | 1 |

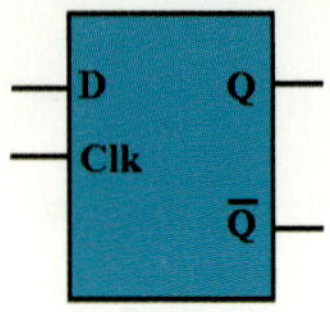


그림 8-20. clocked D latch의 구조

clock이 1인 경우 $D=1$이면 $S=1$이고 $R=0$이다. 이에 따라 이 경우에는 $Q=1$이 된다. 그리고 $D=0$인 경우에는 $S=1$이고 $R=1$이므로 $Q=0$이 된다. 반면에 clock이 0이면 원래의 상태를 유지한다. 즉, $Q(n+1)=Q(n)$이다. D latch에서는 R과 S가 모두 1이 되는 경우는 존재할 수 없으므로 그 경우에 발생하는 모호성(ambiguity)을 걱정할 필요가 없게 된다.

(4) Master-slave D flip flop

D latch에서 clock이 1에서 0으로 변할 때 신호가 저장된다고 하자. 이 경우 clock이 변할 때 D 신호가 안정된 상태가 존재하여야만 정상적으로 상태가 변하여 새로운 신호가 저장될 수 있다. 그런데 D 신호가 clock이 변할 때 동시에 변할 수도 있기 때문에 이를 피하기 위한 회로의 개선이 필요하다. 이러한 필요에 의해 master-slave D flip flop이 고안되었다.

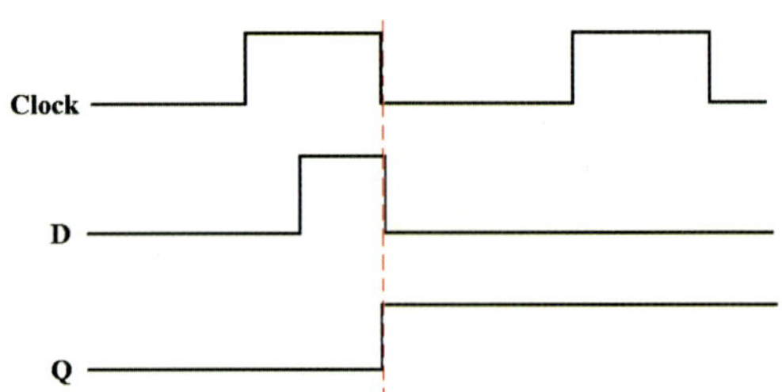


그림 8-21. clock이 변할 때 D 신호가 변하는 경우

그림 8-22에 보는 바와 같이 master-slave D flip flop에는 두 개의 D latch가 연결되어 있다. 앞의 D latch를 master라고 부르는데, 이 latch는 clock이 1인 경우에 상태가 변한다. 반면에 뒤의 D latch는 slave인데 이 latch는 clock이 0이 될 때(NOT 게이트 때문) 상태가 변하게 된다. 즉, clock이 1인 경우 master의 출력 $Q_M$은 입력 D에 따라 변하고 slave의 출력 $Q_S$는 원래 상태를 유지한다. clock이 1에서 0으로 변하면 master는 입력 D에 무관하게 원래의 상태를 유지하는 반면에, slave는 master의 출력 $Q_M$에 따라 상태가 변하게 된다. 그리고 $Q_M$은 clock이 0인 상태에서는 변하지 않으므로 slave는 한 clock의 주기에서 기껏해야 한 번의 상태 변화를 겪게 된다. 또한 master-slave flip flop에서 출력은 clock이 1에서 0으로 바뀔 때 변한다. 즉, master에서 clock의 한 주기 동안 D가 변하는 수에 관계없이 slave에서의 출력 $Q_S$는 clock이 1에서 0으로 변할 때(negative edge로 신호의 제어), 단 한 번 입력 D(이는 곧 $Q_M$)에 따라 변하게 된다. 그림 8-22와 달리 clock이 0에서 1로 변할 때 출력이 변하는 flip flop도 구성할 수 있다. 이를 '신호가 positive edge로 제어된다'고 말한다. 그리고 flip flop은 clock의 edge (0에서 1 또는 1에서 0으로 변하는 순간)에서 출력이 변하는 저장장치를 이르는 용어이다.

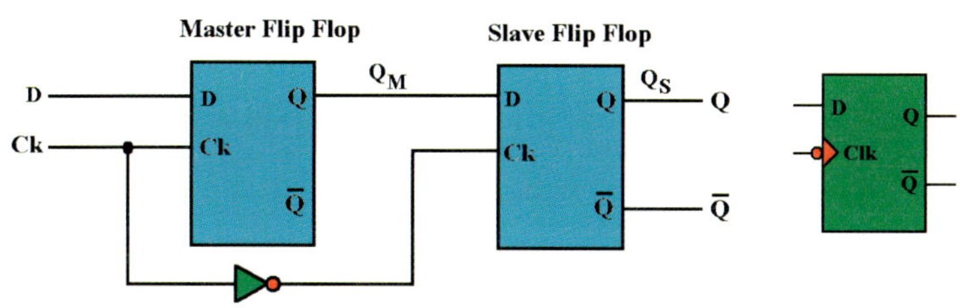


그림 8-22. master-slave D flip flop의 구조

그림 8-23은 clock이 1에서 0으로 변할 때 출력 $Q_S$가 변함을 보여 주고 있다.

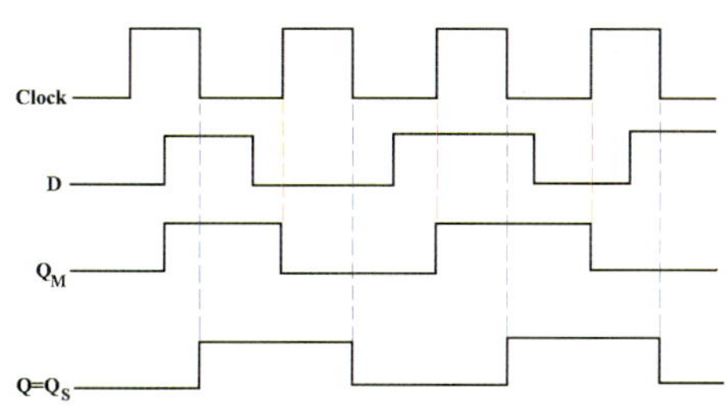


그림 8-23. clock edge에서의 출력신호의 변화

(5) T flip flop

그림 8-24에 positive edge로 제어되는 D flip flop을 이용하여 T flip flop을 구성한 것을 보여 주고 있다. D의 입력은 $Q\overline{T}+T\overline{Q}$로 주어진다. 따라서 T에 0이 입력되면 $D=Q$가 된다. 이 경우, 출력의 상태가 바뀌지 않으므로 $Q(n+1)=Q(n)$이 된다. 반면에 T가 1이면 $D=\overline{Q}$가 되므로 $Q(n+1)=\overline{Q(n)}$이 된다. 이와 같이 T flip flop은 $T=0$일 때는 현재의 상태를 유지하나 $T=1$일 때에는 현재 상태의 반대가 된다. 즉, $T=1$의 신호에 의해 계속적으로 상태가 변하므로 (toggle) T flip flop이라고 부른다.

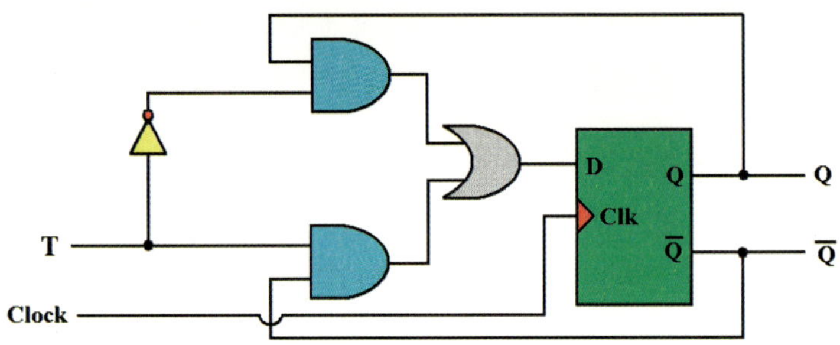


| T | Q(n+1) |
|---|---|
| 0 | Q(n) |
| 1 | $\overline{Q(n)}$ |

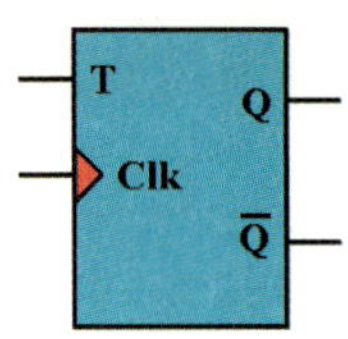


그림 8-24. T flip flop의 구성

(6) J-K flip flop

T flip flop에서 하나의 입력 대신에 두 개의 입력 J와 K를 사용한 것을 J-K flip flop이라고 한다. 그림 8-25에 J-K flip flop의 구조가 주어져 있다.

D의 입력은 $D=J\overline{Q}+\overline{K}Q$로 주어진다. 이 식을 이용하면 그림 8-25에 있는 진리표를 구성할 수 있다. 이 표에서 보듯이 J-K flip flop은 $J=K=1$인 경우를 제외하고는 SR flip flop과 같다. 그리고 $J=K=1$은 SR flip flop에서는 피해야 되는 상황인데, J-K flip flop에서는 T flip flop과 동일하게 된다. 즉, $J=K=1$일 경우에는 $D=\overline{Q}$가 되어 반전된다(toggle).

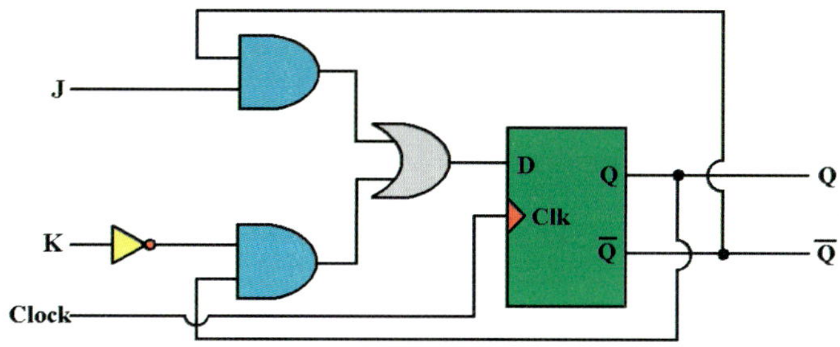


| J | K | Q(n+1) |
|---|---|---|
| 0 | 0 | Q(n) |
| 0 | 1 | 0 |
| 1 | 0 | 1 |
| 1 | 1 | $\overline{Q}$(n) |

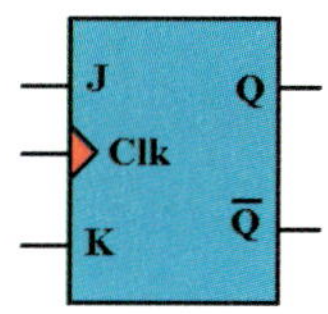


그림 8-25. J-K flip flop의 구성

### (7) Shift register

register는 data를 저장하는 장치이다. 반면에 shift register에서는 저장된 data들을 이동(shift)시킨다. 그림 8-26에 4-bit shift register의 구조가 주어져 있다. 예를 들어, 1101의 신호를 차례로 입력시키는 경우에 어떻게 이 신호가 이동되어 각 flip flop에 저장되는지를 보도록 하자. 첫 번째 clock에서 신호 1(MSB, 최상위 bit)이 입력(D)에 주어지면 첫 번째 flip flop에 1이 저장된다. 두 번째 clock에서 신호 1이 입력에 주어지면 첫 번째 flip flop에 저장되었던 1이 두 번째 flip flop으로 이동하고, 첫 번째 flip flop에는 새로운 신호 1이 저장된다. 세 번째 clock에서 입력 0이 주어지면 두 번째 flip flop에 저장되었던 1은 세 번째 flip flop으로 이동하고, 첫 번째 flip flop에 저장되었던 1은 두 번째 flip flop으로 이동하고, 새로운 신호 0은 첫 번째 flip flop에 저장된다. 네 번째 clock에서 입력 1(LSB, 최하위 bit)이 주어지면 각 flip flop에 저장되었던 신호들은 한 칸씩 오른쪽으로 이동하고, 첫 번째 flip flop에는 새로운 신호 1이 저장된다. 위와 같은 과정을 거쳐 네 번의 clock에 의해 입력 신호 1101이 각 flip flop에 저장된다. 그리고 입력신호들이 차례로 오른쪽으로 이동하여 저장된다고 하여 shift register라고 부른다.

그림 8-26은 serial data가 입력되고 parallel data가 출력되므로 serial-to-parallel shift register라고 부른다. 그리고 data가 오른쪽으로 이동하는 회로도 구성할 수 있다. 또한 serial-to-serial, parallel-to-serial, parallel-to-parallel shift register도 가능하다.

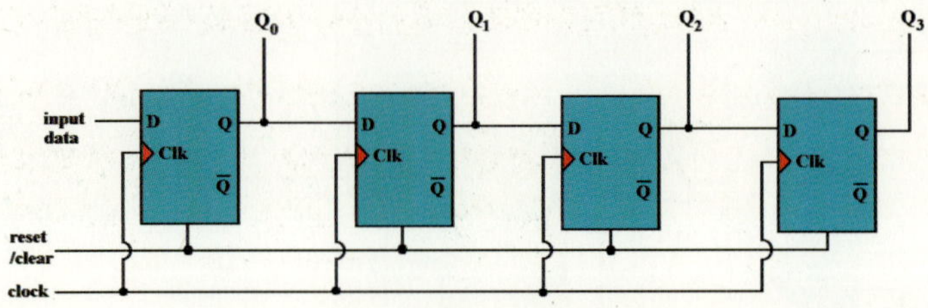


| clock | bits | $Q_0$ | $Q_1$ | $Q_2$ | $Q_3$ |
|---|---|---|---|---|---|
| 1 | 1 | 1 | 0 | 0 | 0 |
| 2 | 1 | 1 | 1 | 0 | 0 |
| 3 | 0 | 0 | 1 | 1 | 0 |
| 4 | 1 | 1 | 0 | 1 | 0 |

그림 8-26. shift register의 구조와 신호의 저장

(8) Counter

디지털 회로에서 counting 기능이 필요한 분야가 많다. 즉, 시계(digital), 가정용품, 자동차 등에 타이머(timer) 기능이 필요한 부분이 있다. 아래에서는 기본적인 counter에 대해 알아보도록 한다.

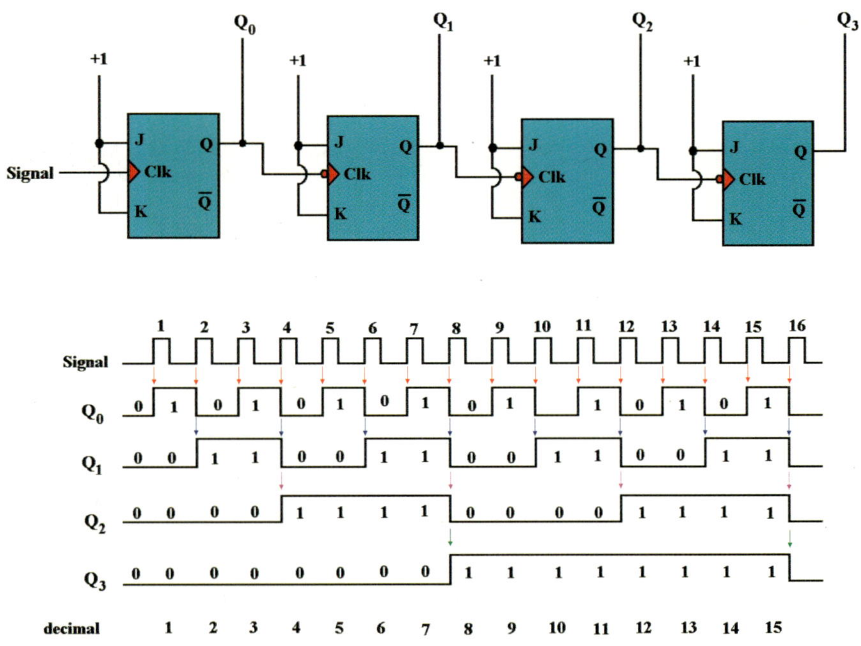


그림 8-27. 4-bit up-counter의 구성

예를 들어, 4-bit 수를 세는(count) 경우를 보기로 하자. 4-bit 2진법 수는 0000에서 1111까지이다. 즉, 0000, 0001, 0010, 0011, 0100, 0101, 0110, 0111(7), 1000(8), 1001, 1010, 1011, 1100, 1110, 1111(15)의 순이다. 여기서 첫 번째 최하위(LSB) bit는 매번 바뀜을 볼 수 있다. 두 번째

bit은 두 칸마다 바뀌고, 3번째 bit은 네 칸마다 바뀐다. 그리고 네 번째 최상위(MSB) bit은 1번(7과 8 사이, 즉 8칸)만 바뀜을 볼 수 있다. 이와 같이 bit의 위치에 따라 2의 배수 번째에 bit가 바뀌게 된다. 따라서 2진법(binary) counter는 진동수를 나누는 회로들로 구성되어 있고, 각 회로에서 진동수를 반으로(2의 배수) 나누면 된다. J-K flip flop에서 J와 K가 모두 1일 때 각 clock 신호에 대해 J-K flip flop이 toggle 됨으로써 출력신호의 진동수는 입력신호의 진동수의 반으로 줄어드는 것을 볼 수 있다. 이에 따라 J-K flip flop으로 counter를 구성할 수 있다. 그림 8-27에 4-bit counter가 주어져 있다.

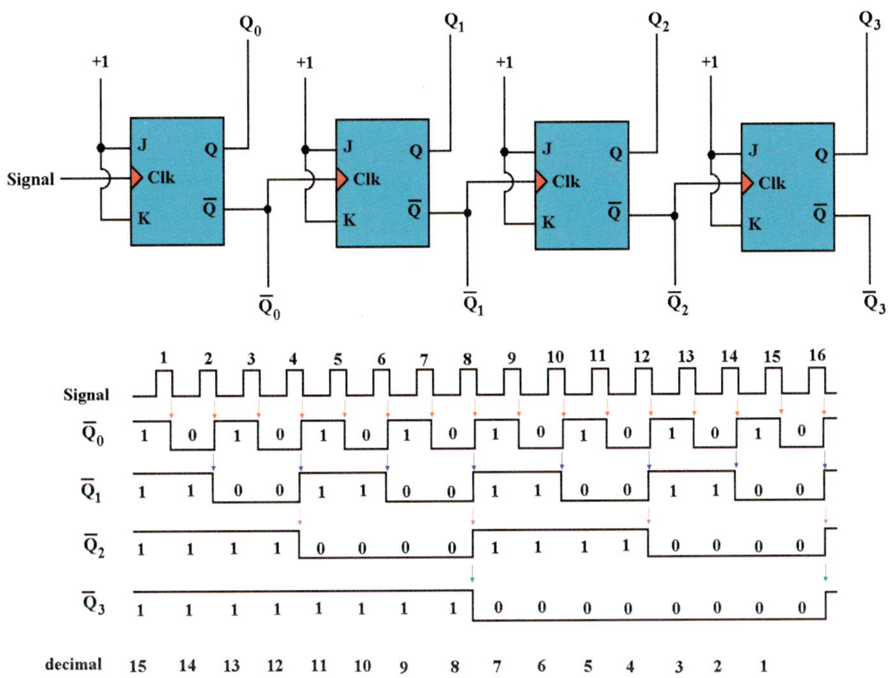


그림 8-28. 4-bit down-counter의 구성

J-K flip flop을 toggle mode로 만들기 위해 J와 K 모두 1에 연결한다. 첫 번째 flip flop은 positive edge에 작동하는 것이다. 따라서 clock의 rising edge에서 flip flop은 toggle 된다. 이에 따라 그림에서 보듯이 첫 번째 flip flop의 출력 $Q_0$의 진동수는 clock 신호의 1/2이 된다. 첫 번째 flip flop과 달리 나머지 3개의 flip flop은 negative edge에 작동하므로 입력신호의 falling edge에서 toggle된다. 첫 번째 flip flop의 출력 $Q_0$가 두 번째 flip flop의 clock에 주어진다.

그리고 이 신호의 falling edge에서 두 번째 flip flop은 toggle된다. 이에 따라 그림에서와 같이 두 번째 flip flop의 출력 $Q_1$의 진동수는 clock 신호의 1/4로 줄어든다. 두 번째 flip flop의 출력이 세 번째 flip flop의 clock에 주어지고, 그 출력 $Q_2$의 진동수는 clock 신호의 1/8이 된다. 그리고 네 번째 flip flop의 출력 $Q_3$의 진동수는 clock 신호의 1/16이 된다. 마지막으로 열여섯 번째 clock 신호에서 모든 flip flop들은 reset(0)되어 count를 다시 시작한다. clock의 진동수를 세는(counting) 순서는 0000에서 1111의 순으로 이루어지므로 그림 8-27의 counter를 up-counter라고 부른다. 반면에 그림 8-28에서와 같이 $\overline{Q}$를 각 flip flop의 clock에 입력시킴으로써 down-counter를 구성할 수 있다. 즉, 이 counter에서는 아래쪽(down, 1111에서 0000로)으로 진동수를 세고 있다.

그림 8-27과 28의 counter에서는 앞의 flip flop의 출력이 뒤의 flip flop의 clock에 입력되어 순차적으로 counting이 되는 비동기식(asynchronous) counter이다. 이에 따라 소위 물결(ripple)효과가 나타날 수 있다. 즉, flip flop에 내려지는 toggle을 명령하는 때(clock 신호, 1에서 0으로 바뀌는 시점)와 실제로 flip flop이 toggle 되는 때 사이의 전달지연(propagation delay)이 있을 수 있다. 이는 앞 flip flop의 출력에 의해 뒤 flip flop의 동작이 시작되기 때문이다. 대부분의 경우 물결효과가 아주 빠르게 일어나기 때문에 전달지연이 큰 문제가 아닐 수 있다. 그러나 멀티플렉서(multiplexer)에서 입력을 선택하는 데 사용하거나 마이크로프로세서(microprocessor)에서 메모리를 지정하는 등에 사용될 경우, 물결효과가 문제를 발생시킬 수 있다. 이 문제는 소위 동기식(synchronous) counter를 사용하면 해결된다. 동기식으로 만드는 유일한 방법은 입력 clock 신호를 모든 flip flop의 clock 입력에 연결하면 된다. 이렇게 함으로써 모든 flip flop은 동일한 시간(synchronous)에 clock 신호를 받는다. 그리고 J-K flip flop을 toggle mode에 두기 위해서는 J와 K에 1(전원)을 연결한다. 그러나 이 경우 동일한 시간대에 clock 신호가 입력되므로 모든 flip flop이 동일한 때에 toggle 하게 된다. 비동기식 counter에서는 앞 flip flop의 출력신호가 1에서 0으로 바뀌는 시점에서 뒤의 flip flop이 toggle 하도록 제어되었다. 그러나 이렇게 할 경우 물결효과가 문제가 되었다. 따라서 counting 과정에서 발견되는 또 다른 counting pattern을 발견하여 이를 회로에 응용하여야 한다. counting 과정에서 어느 위치의 bit이 toggle 하기 위해서는 직전의 모든 bit이 1인 상태여야 한다는 것을 발견할 수 있다. 즉, 첫 번째 flip flop(최하위 bit, LSB)은 모든 새로운 clock 펄스에서 toggle을 한다. 즉, 0000, 0001, 0010, 0011 등과 같이 count되므로 최하위 bit은 계속 바뀌어야 한다. 그러나 두 번째 flip flop에서는 직전의 flip flop(첫

번째)이 1인 경우에만 toggle을 하게 한다. 즉, 0000, 0001, 0010, 0011, 0100, 0110 등에서 최하위 bit인 1인 0001 → 0010로 바뀌고 최하위 bit이 0인 0000나 0100 등에서는 두 번째 bit은 변화가 없다. 마찬가지로 세 번째 bit은 첫 번째와 두 번째 bit 모두 1인 경우에만 바뀐다. 예를 들면, 0111 → 1000에서 첫 번째와 두 번째 bit이 모두 1이므로 세 번째 bit이 1에서 0으로 바뀌게 된다. 마지막으로 네 번째 bit에서는 아래 3개의 bit이 모두 1인 경우에만 바뀐다. 이는 0111 → 1000의 경우가 유일하다. 이와 같은 counting pattern을 동기식 counter 회로를 구성하는데 사용할 수 있다. 그림 8-29에 동기식 counter의 구조가 주어져 있다.

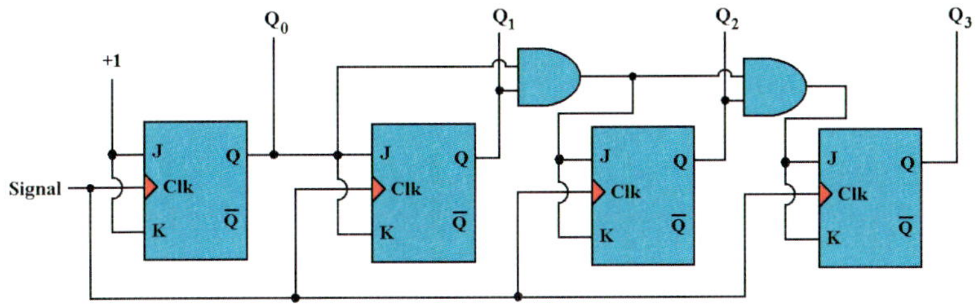


그림 8-29. 동기식 up-counter의 구성

첫 번째 flip flop(왼쪽)은 모든 clock 펄스에 대해 toggle 하게 만들기 위해 전원 1에 연결되어 있다. 두 번째 flip flop은 $Q_0$가 1인 경우에만 toggle 하고 그렇지 않을 경우 이전의 상태를 유지한다. 세 번째 flip flop은 첫 번째와 두 번째 flip flop이 모두 1인 상태(AND 게이트, $Q_0$, $Q_1$가 모두 1인 상태)에서만 toggle 하게 된다. 마지막으로 네 번째 flip flop에서는 앞의 세 flip flop이 모두 1인 상태일 때만($Q_0$, $Q_1$, $Q_2$가 모두 1인 상태) toggle 하게 된다. 그림 8-29는 up-counter이다. 출력 $\overline{Q}$를 flip flop을 제어하는 데 사용할 경우 down-counter를 구성할 수 있다. 그림 8-30에 동기식 down-counter의 구성이 주어져 있다.

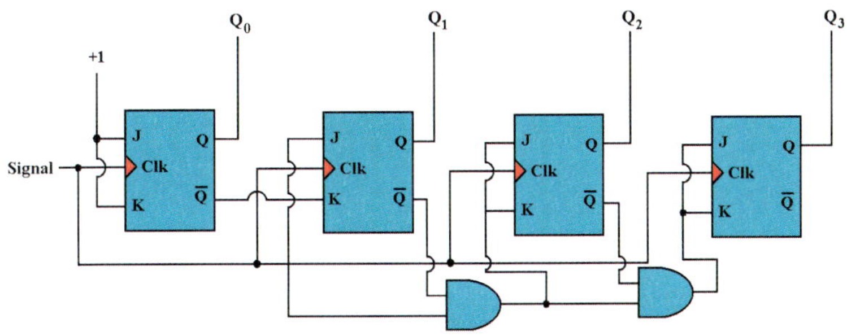


그림 8-30. 동기식 down-counter의 구성

## 4. 아날로그 신호와 디지털 신호의 상호 변환

일상에서는 10진법의 수를 사용하고 있다. 그런데 디지털 회로에서는 2진법의 수로 계산이 이루어지므로 이 두 수를 상호 변환하는 장치가 필요하다. 10진법의 수를 2진법의 수로 변환하는 것을 인코딩(encoding), 반대로 바꾸는 것을 디코딩(decoding)이라 한다. 각각의 작업을 수행하는 장치를 인코더(encoder)와 디코더(decoder)라고 한다. 여기서 코딩(coding)이란 '부호화'로, 디지털 장치에 입력하는 10진법의 수, 문자, 기호 등을 약속된 부호로 나타내는 것을 말한다. 반대로 디지털 장치에서 출력되는 신호를 이해하기 쉬운 10진법의 수로 다시 바꾸는 작업이 필요하다. 10진법의 수를 2진법으로 바꾸는 BCD(Binary Coded Decimal) 코드로 8421 코드, 그레이 코드(gray code) 등이 사용된다. 문자나 부호를 표시하기 위해서 ASCII, EBCDIC 등의 코드를 사용한다.

측정 장치로 측정된 신호는 아날로그 신호인데, 이를 디지털 시스템에 입력하여 처리를 하는 경우에는 디지털 신호로 변환하여 입력시켜야 한다. 이에 A/D 컨버터(Analogue Digital Converter)가 사용된다. 디지털 시스템에서 처리되어 출력되는 신호는 디지털 신호이므로 이를 다시 아날로그 신호로 바꾸어 주어야 한다. 이에 D/A 컨버터(Digital Analogue Converter)가 필요하다.

아래에서는 위와 같은 디지털신호와 아날로그 신호의 상호 변환에 사용되는 인코더/디코더와 A/D 및 D/A 컨버터에 대해 알아보도록 한다.

### (1) 인코더와 디코더

인코더는 10진법의 수를 2진법의 수로 바꾸어주는 기능을 한다. 10진법의 수와 4-bit의 2진법의 수는 표 8-3과 관계가 있다.

그림 8-31에 표 8-3이 만족되도록 회로를 구성한 것을 보여 주고 있다. 예를 들면, 10진법의 7의 경우에는 2진법으로는 0111이므로 입력이 $b_3$에는 연결되지 않고 $b_2$, $b_1$, $b_0$에는 연결된 것을 보여 주고 있다. 다른 10진법의 수도 이러한 원칙에 따라 연결되어 있다. 그런데 왼쪽 그림의 회로에서는 0은 입력이 0인 경우는 물론 입력이 없는 경우도 해당된다. 이러한 혼란을 막기 위해 오른쪽 그림과 같이 0의 입력 단자와 NOR 게이트를 추가한다. 이렇게 할 경우 GS 출력이 1이면 0의 입력이 있음을 확인할 수 있다.

표 8-3. 10진법의 수와 4bit의 2진법의 수와의 관계

| 10진법의 수 | 2진법의 수 | | | |
|---|---|---|---|---|
| | $b_3$ | $b_2$ | $b_1$ | $b_0$ |
| 0 | 0 | 0 | 0 | 0 |
| 1 | 0 | 0 | 0 | 1 |
| 2 | 0 | 0 | 1 | 0 |
| 3 | 0 | 0 | 1 | 1 |
| 4 | 0 | 1 | 0 | 0 |
| 5 | 0 | 1 | 0 | 1 |
| 6 | 0 | 1 | 1 | 0 |
| 7 | 0 | 1 | 1 | 1 |
| 8 | 0 | 0 | 0 | 0 |
| 9 | 1 | 0 | 0 | 1 |

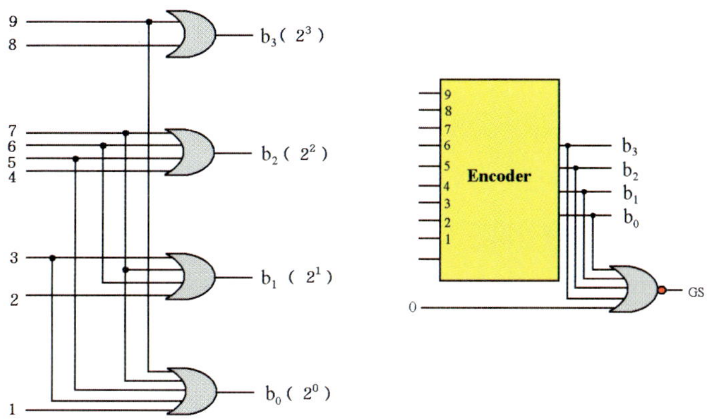


그림 8-31. 인코더의 구성

디코더는 2진법의 수를 10진법의 수로 바꾸어 주는 장치이다. 그림 8-32에 디코더의 구조가 주어져 있다. 디코더에서는 표 8-3에 주어진 2진법의 수를 10진법의 수로 바꾸는 것이다. 예를 들어, 10진법의 0을 보면 $b_0$, $b_1$, $b_2$, $b_3$의 입력이 모두 0이므로 AND 게이트의 모든 단자에 NOT 게이트를 붙임으로써 0에 해당되는 AND 게이트의 출력이 1이 된다. 그리고 7의 경우를 보면 $b_0$, $b_1$, $b_2$, $b_3$에 각각 1, 1, 1, 0이 입력된다. 따라서 0이 입력되는 $b_3$ 입력 단자에 NOT 게이트를 붙임으로써 7에 해당되는 AND 게이트의 출력이 1이 된다. 이와 같이 0 ~ 9에 해당되는 2진법 수를 10진법의 수로 변환할 수 있다.

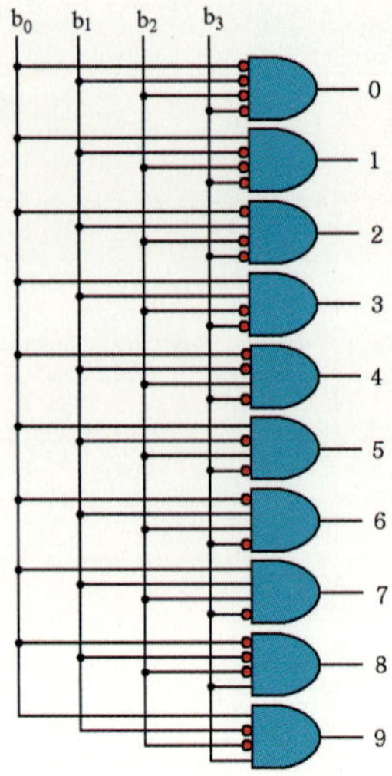

그림 8-32. 디코더의 구조

(2) 디지털 신호와 아날로그 신호의 변환

아날로그 신호는 신호의 값이 연속적으로 변하는 양이다. 반면에 디지털 신호는 0과 1의 조합이다. 디지털 시스템은 디지털 신호를 처리하는 장치이므로 입력되는 신호가 디지털 신호여야 한다. 그러나 실제 계에서 측정되는 신호(예를 들어, 가수의 음성을 전기적인 신호로 변환한 것은 아날로그 신호)는 아날로그 신호이다. 따라서 디지털 시스템에 입력하기 전에 이 아날로그 신호는 디지털 신호로 변환시켜야 한다. 아날로그 신호를 디지털 신호로 변환시키는 장치가 아날로그-디지털 컨버터(ADC, Analogue-Digital Converter)이다. 그러나 그 전에 아날로그 신호를 샘플링(sampling) 하여야 한다. 샘플링은 신호에서 특정 시간 간격(sampling time)의 값들을 선택하는 것이다. 원래의 신호의 모양을 훼손하지 않기 위해서는 샘플링 시간 간격을 짧게 잡는 것이 좋다. 그러나 이렇게 할 경우 디지털 시스템이 처리하여야 하는 데이터의 양이 너무 많아지므로 바람직하지 않다. 따라서 원래의 신호 모양을 훼손하지 않는 최소한의 샘플링이 필요하다. 이는 Nyquist의 정리에 의해 주어진다. 이에 의하면 신호의 원래 모양을 훼손하지 않는 최소의 샘플링은 한 주기당 2개 이상의 신호 값을 샘플링 하는 것이다. 만약 신호가 여러 진동수의 신호들의 조합으로 이루어져 있다면 가장 진동수가 높은 신호에 대해 1주기당 2개의 신호 값을 샘플링하면 된다. 이를 샘플링률(단위 시간당 샘플링 하는 수, sampling rate)로 얘기하면 어떤 신호에서 최대 진동수의 신호가 $f_{max}$의 진동수를 가지고 있다면 샘플링 율은 적어도

$2f_{max}$ 이상은 되어야 한다. 예를 들어, 숲속에서의 채취한 소리가 바람소리, 시냇물 소리, 새가 우짖는 소리 등의 조합으로 이루어진 경우를 생각해 보자. 이때 새의 우짖는 소리가 가장 진동수가 크다고 하면 샘플링률은 새의 우짖는 소리에 대한 진동수의 2배 이상은 되어야 한다는 것이다. 그리고 악기의 경우 인간의 청각으로 들을 수 없는 $20kHz$ 이상의 신호도 만들어낸다. 이 악기로 연주되는 음악을 디지털 CD에 저장하는 경우 $20kHz$ 이상의 신호는 필요가 없으므로 이 영역의 신호를 차단하는 저대역(low pass) 필터를 아날로그 신호를 디지털 신호로 바꾸기 전에 작용시키는 것이 필요하다.

디지털 시스템에서 처리된 신호(예를 들면, 악기에서 연주된 음악을 아날로그-디지털 컨버터에 의해 디지털화 한 후 디지털 시스템에 의해 디지털 CD에 저장)를 보거나(표시장치, TV나 컴퓨터 모니터) 듣기(스피커) 위해서는 디지털 신호를 아날로그 신호로 다시 바꾸어 주어야 한다. 이때 디지털 신호를 아날로그 신호로 바꾸어 주는 장치가 디지털-아날로그 컨버터(DAC, Digital-Analogue Converter)이다. 이렇게 변환된 아날로그 신호는 원래 신호와 차이(연속적이지 않고 샘플링 시간 간격에 따른 불연속적인 모양, discrete pattern)가 있으나 원래 신호의 정보(신호의 pattern)를 그대로 간직하고 있다. 그림 8-33에 지금까지 설명한 것을 개략적인 그림으로 표현하였다.

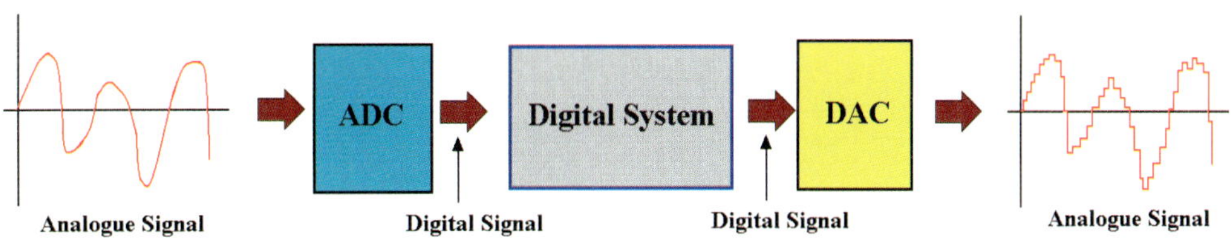


그림 8-33. 디지털 신호와 아날로그 신호의 변환 과정

(a) DAC(Digital-Analogue Converter)

디지털 신호를 아날로그 신호로 변환하는 DAC에 대해 알아보도록 하자. n-bit의 디지털 수를 하나의 아날로그 신호로 바꾸는 경우를 생각해 보자. 이 경우 아날로그 신호의 영역은 $v_{min}$에서 $v_{max}$이라고 한다. n-bit의 수의 경우 $2^n$개의 다른 조합(숫자)이 존재하며 각 조합 사이의 아날로그 값의 분해능(간격, resolution)은 $\Delta v = \frac{v_{max} - v_{min}}{2^n - 1}$이다. 예를 들어, 2-bit의 수에서 $v_{min} = 0\,V$, $v_{max} = 3\,V$라고 할 때 00을 $0\,V$, 01을 $1\,V$, 10을 $2\,V$, 11을 $3\,V$로 변환시키는 경우 분해능은 $3/(2^2 - 1) = 1\,V$임을 알 수 있다.

DAC의 예로서 그림 8-34에 가중된 합증폭기(weighted summing amplifier)의 구조가 주어져 있다. 이 회로는 n-bit의 수($b_0 b_1 \cdots b_{n-2} b_{n-1}$)를 하나의 전압으로 변환시킨다. 이 증폭기의 입력 전류는

$$I_i = \left( \frac{2^0}{R} b_0 + \frac{2^1}{R} b_1 + \cdots + \frac{2^{n-2}}{R} b_{n-2} + \frac{2^{n-1}}{R} b_{n-1} \right) V_H \tag{8-1}$$

로 주어진다. 여기서 $V_H$는 디지털 신호 1에 해당되는 전압으로서 5 $V$이다. 그리고 가상접지에서 출력전류는 $I_f = (0 - V_o)/R_f$이므로 $I_i = I_f$에서 아날로그 전압은

$$V_o = -\frac{V_H R_f}{R} \left( 2^0 b_0 + 2^1 b_1 + \cdots + 2^{n-2} b_{n-2} + 2^{n-1} b_{n-1} \right) \tag{8-2}$$

로 주어진다. 이 식에서 n-bit의 2진법의 수는 분해능이 $\Delta v = V_H R_f / R$인 아날로그의 수로 변환되는 것을 보여 주고 있다.

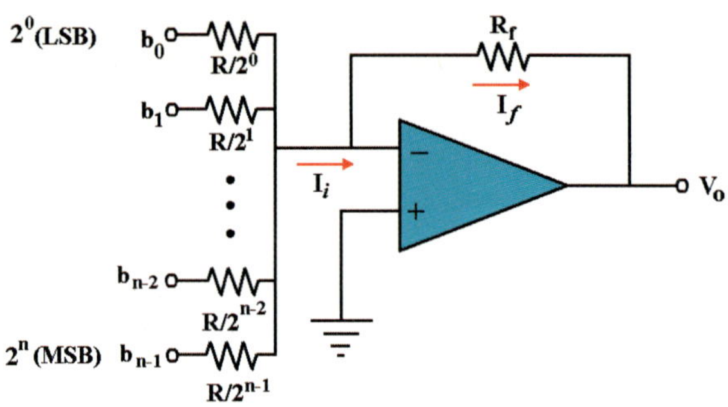


그림 8-34. 가중된 합증폭기 구조의 DAC

(b) ADC(Analogue-Digital Converter)

ADC에서는 하나의 특정 아날로그 신호가 그에 대응되는 디지털 신호(bit)로 나타내어지는 것이 아니고, 아날로그 신호가 어떤 전압 영역에 속하면 이에 대응되는 디지털 bit으로 나타난다. 예를 들어, 어떤 아날로그 신호가 0 $V$에서 4 $V$ 사이의 전압값을 가진다고 하자. 이 전압 영역에 있는 아날로그 신호를 2bit의 디지털 신호로 바꾸는 경우를 생각해 보자. 이때 0 $V$에서 1 $V$까지

는 00, 1 $V$에서 2 $V$까지는 01, 2 $V$에서 3 $V$까지는 10, 3 $V$에서 4 $V$까지는 11 등으로 나타낼 수 있다. 즉, bit 사이의 전압 차이(step size)는 $\Delta v = (v_{\max} - v_{\min})/2^n$에서 1 $V$임을 알 수 있다.

여러 종류의 ADC가 있는데 그중에서 그림 8-35에는 n-bit Flash ADC의 구조를 보여 주고 있다. 입력신호가 연산증폭기(comparator, 비교기)의 비반전(noninverting) 입력 단자에 연결된다. 그리고 연산증폭기의 반전(inverting) 입력 단자에는 저항사다리(resistor ladder)와 $V_{ref}$에 의해 설정되는 전압이 연결되어 있다. 저항사다리는 전압나누기 회로를 구성하고 있고, 이에 따라 가장 아래의 비교기에 입력되는 전압이 가장 낮고, 가장 위에 있는 비교기에 입력되는 전압이 가장 높다. 그리고 두 비교기 사이의 전압 차이(step size)는 동일한 저항을 사용함으로써 일정하게 만들었다.

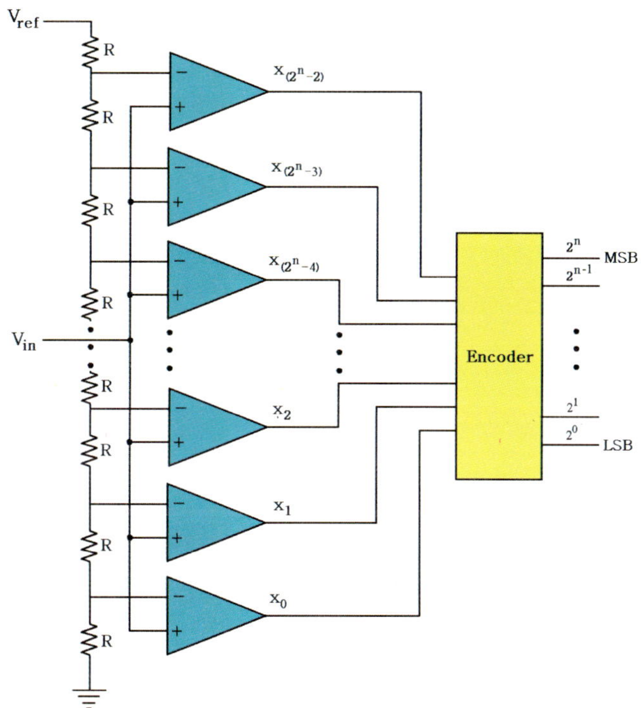


그림 8-35. n-bit Flash ADC의 구조

비교기에 입력되는 두 신호의 차이에 따라 연산증폭기의 출력은 연산증폭기에 연결된 외부 전원의 값(+ 또는 −)을 가진다. 연산증폭기는 두 신호를 비교하는 비교기(comparator)의 역할을 하는 것이다. 즉, 입력신호가 저항에 의해 주어지는 전압보다 크면 출력은 +(logic high, 1)가 되고, 입력신호가 저항에 의해 주어지는 전압보다 작으면 출력은 −(logic low, 0)가 된다. 만약 입력신호가 0이면 모든 비교기의 출력은 0이 된다. 그리고 입력신호가 최대의 값인 경우에는 모든 비교기의 출력은 1이 된다. 입력신호가 0과 최대값의 사이에 있으면 입력신호가 저항에 의한 전압보다 높은 비교기에서의 출력은 모두 1이 되고 그 이외의 비교기에서의 출력은 0이 된다. 예를 들어, 0과 최대값 사이의 중앙에 있는 값의 입력이 주어지게 되면 아래서부터 n/2 비교기(n-bit의 경우)에서의 출력은 1이고 그 위의 비교기에서의 출력은 0이 된다. 일반적으로 n-bit ADC에서는 $2^n$의 저항과 $2^n-1$의 연산증폭기(비교기)가 필요하다. 연산증폭기에서 나오는 $2^n-1$개의 신호에서 가능한 조합의 수는 $2^n$이 된다. 이 신호가 n-bit의 수($2^n$가지)를 표현한다. 그림 8-35에서 보여 주는 것은 n-bit ADC의 구조이다. 3bit ADC의 출력이 3bit의 수를 어떻게 표현하는지는 연습문제를 참조하기 바란다.

## 【연습문제】

문제 1. (a) 십진법으로 32인 수를 2진법의 수로 고쳐라.

(b) 2진법 수인 111110을 십진법의 수로 고쳐라.

답. (a) 32를 2로 계속 나누어 그 나머지를 구하면 된다. 100000이다.

(b) $111110 = 2^5 + 2^4 + 2^3 + 2^2 + 2^1 + 0 \times 2^0 = 62$이다.

문제 2. 다음 2진법 계산을 하여라.

(a) $10001 + 11110$  (b) $1010 - 101$

답. (a) 101111  (b) 101

문제 3. 16진법(hexadecimal)의 수에 대해 다음을 계산해 보자.

(a) 2진법 수인 11111110를 16진법으로 고쳐라.

(b) 16진법의 수인 FF를 2진법의 수로 고쳐라.

(c) 16진법의 수인 7C를 2진법의 수로 고쳐라.

답. 16진법에서는 0 ~ 9까지는 십진법의 0 ~ 9를 사용한다. 그리고 $10 \rightarrow A$, $11 \rightarrow B$, $12 \rightarrow C$, $13 \rightarrow D$, $14 \rightarrow E$, $15 \rightarrow F$, $16 \rightarrow 0$ 을 각각 사용한다.

(a) 11111110을 십진법으로 고치면 254가 된다. 이를 16으로 나누면 몫이 15이고 나머지가 14이다. 15는 F이고 14는 E이므로 답은 FE이다.

(b) 우선 십진법의 수로 고치면 $FF = 15 \times 16^1 + 15 \times 16^0 = 255$를 얻는다. 따라서 이를 2진법의 수로 고치면 11111111이다.

(c) 우선 십진법의 수로 고치면 $7C = 7 \times 16^1 + 12 \times 16^0 = 124$를 얻는다. 따라서 이를 2진법의 수로 고치면 1111100이다.

문제 4. 진리표를 이용하여 다음의 Boolean 연산 식을 증명하라.

(a) $\overline{A+B}=\overline{A}\cdot\overline{B}$ (b) $\overline{A\cdot B}=\overline{A}+\overline{B}$

답. (a)

| A | B | $\overline{A}$ | $\overline{B}$ | $\overline{A+B}$ | $\overline{A}\cdot\overline{B}$ |
|---|---|---|---|---|---|
| 0 | 0 | 1 | 1 | 1 | 1 |
| 1 | 0 | 0 | 1 | 0 | 0 |
| 0 | 1 | 1 | 0 | 0 | 0 |
| 1 | 1 | 0 | 0 | 0 | 0 |

(b)

| A | B | $\overline{A}$ | $\overline{B}$ | $\overline{A\cdot B}$ | $\overline{A}+\overline{B}$ |
|---|---|---|---|---|---|
| 0 | 0 | 1 | 1 | 1 | 1 |
| 1 | 0 | 0 | 1 | 1 | 1 |
| 0 | 1 | 1 | 0 | 1 | 1 |
| 1 | 1 | 0 | 0 | 0 | 0 |

문제 5. NAND 게이트만을 이용하여 아래 회로를 구성해 보자.

(a) AND (b) OR (c) NOT (d) NOR

답.

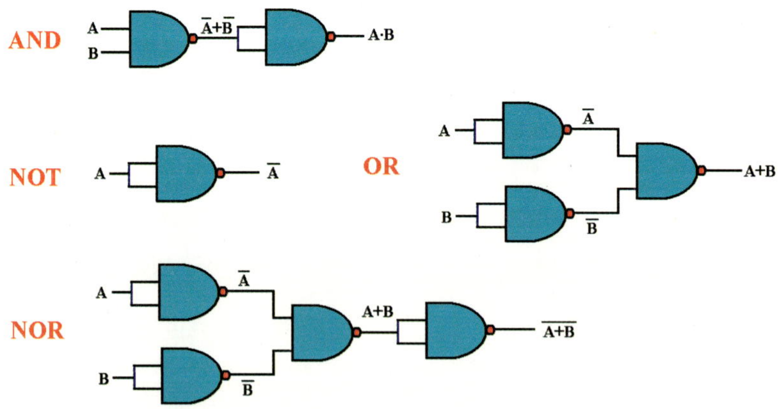

문제 6. NAND 게이트로 XOR 게이트를 구성해 보자.

답.

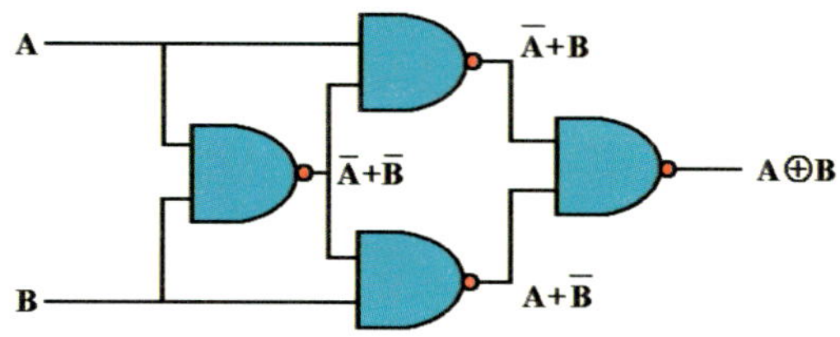


문제 7. 10진법(decade) counter를 구성해 보자.

답. 10진법 counter에서는 10에 도달할 때 counter를 reset하여 counting을 다시 시작하도록 하면 된다. 2진법으로 10은 1010이다. 따라서 그림에서와 같이 $Q_1$과 $Q_3$가 1이 되는 경우 모든 flip flop을 reset한다.

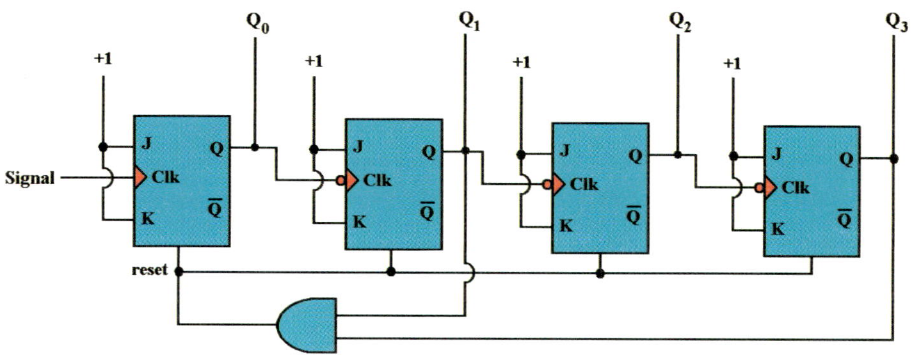


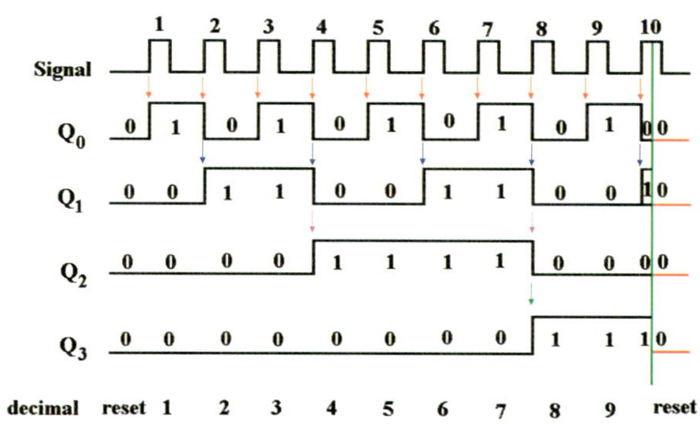

문제 8. 5진법 counter를 구성해 보자.

답. 5진법 counter에서는 5에 도달할 때 counter를 reset하여 counting을 다시 시작하도록 하면 된다. 2진법으로 5는 101이다. 따라서 그림에서와 같이 $Q_0$와 $Q_2$가 1이 되는 경우 모든 flip flop을 reset한다.

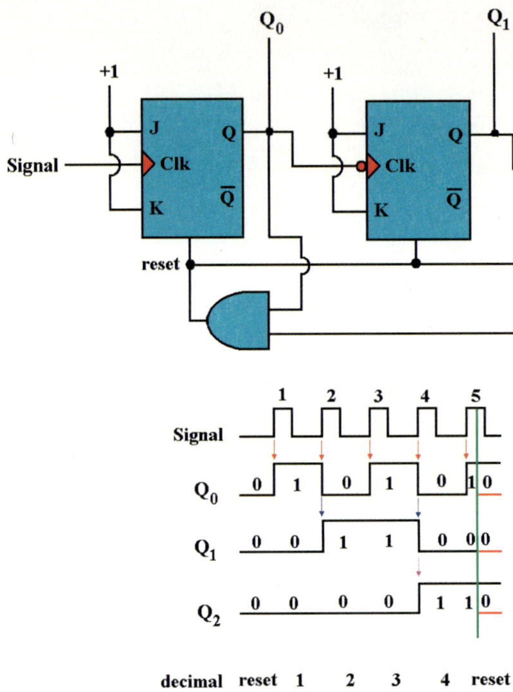


문제 9. 7진법 counter를 구성해 보자.

답. 7진법 counter에서는 7에 도달할 때 counter를 reset하여 counting을 다시 시작하도록 하면 된다. 2진법으로 7은 111이다. 따라서 그림에서와 같이 $Q_0$, $Q_1$, $Q_2$가 모두 1이 되는 경우 flip flop들을 reset한다.

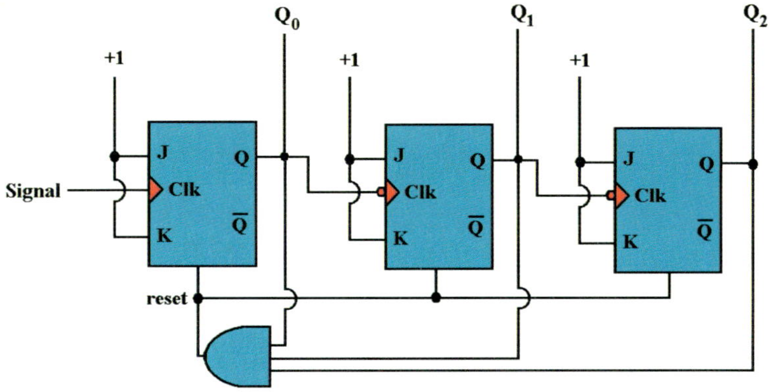


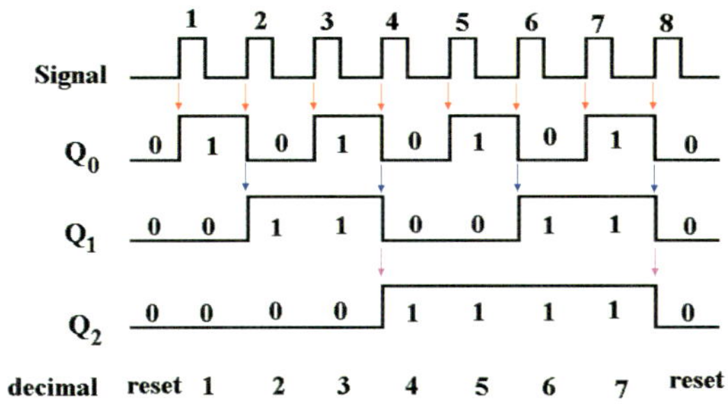


문제 10. 10,000까지 counting 하기 위해 필요한 decade counter의 수는 몇 개인가?

답. $10^4$이므로 4개의 decade counter가 필요하다.

문제 11. flip flop을 이용한 장치의 우선제어와 순서제어 시스템을 구성해 보자.

답. 우선제어는 A를 먼저 구동하고 B를 구동하는 것을 말한다. 이 경우 B는 먼저 구동되지 않는다. 그림에서와 같이 FF1은 load A를 구동하고 FF2는 load B를 구동한다. 그리고 reset에 의해 두 flip flop은 reset 된다. A에 입력 1이 주어지면 FF1이 set 되어 load A가 구동된다. NOT 게이트에 의한 신호 때문에 B는 구동되지 못한다. reset을 한 후 B에 입력 1을 주면 AND 게이트가 열려 FF2가 set 되어 B가 구동된다. 이 상태에서 A에 입력 1이 주어지면 A도 함께 구동된다. 이와 같이 load A의 구동이 우선이다. 즉, load A가 구동된 후에는 load B는 구동될 수 없다.

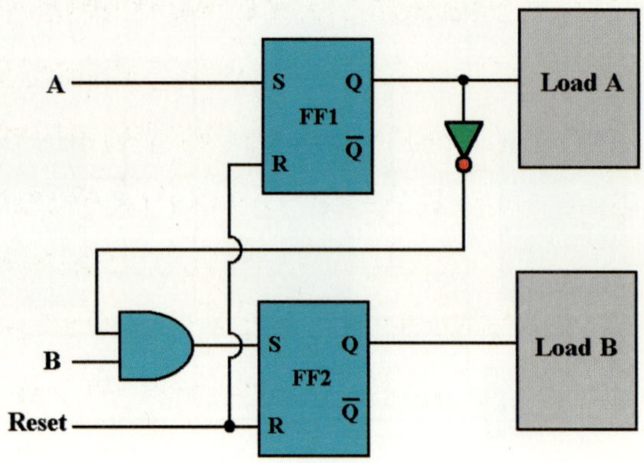


순서제어는 load A와 B를 순서대로 구동시키는 것을 말한다. 아래 그림에서와 같이 A에 입력 1이 주어지면 load A가 구동된다. 그리고 B에 입력 1이 주어지면 load B가 구동된다. AND 게이트 때문에 A보다 먼저 B를 구동시킬 수 없음을 볼 수 있다.

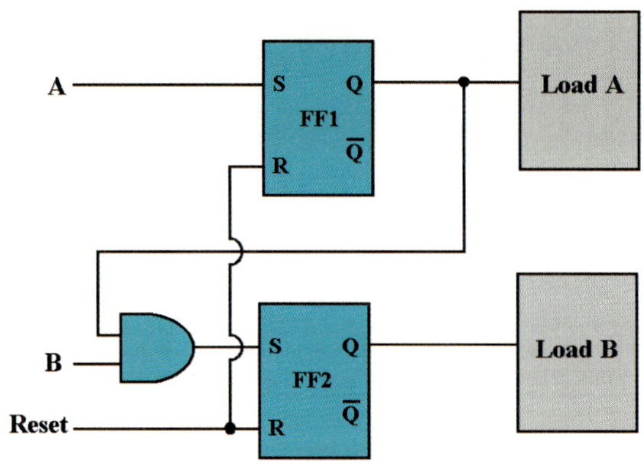


**문제 12.** 음악용 CD에서 $44kHz$의 샘플링률로 신호를 샘플링 한다고 하자. 그리고 샘플링 된 각 값은 16bit의 수로 표현된다고 한다. 다음을 구하라.

(a) CD의 bit rate

(b) 3분이 걸리는 노래를 저장하기 위한 총 bit의 수

(c) 700MB의 CD에 저장할 수 있는 노래의 분량

(d) 아날로그 신호의 영역이 $5V$라면 아날로그-디지털로 변환된 신호에서의 분해능

답. MB의 표현은 총 저장 용량이 mega byte라는 의미이다. 여기서 1byte는 8bit이다. 반면에 Mb는 bit rate를 나타내며 저장률이 초당 mega bit임을 나타낸다.

(a) Bit rate는 샘플링률에 각 샘플의 bit 수를 곱하면 된다. 즉, $44kHz \times 16\,bit = 7.04 \times 10^5\,bits/\mathrm{sec}$이다.

(b) 위에 구한 값에다 시간(120초)을 곱하면 된다. 즉, $8.448 \times 10^7\,bits$이다.

(c) 700MB에다 위 (a)에서 구한 값을 나눈 후 8(1byte가 8bit이므로)을 곱해 주면 된다. 즉, 2시간 13분이다.

(d) $5\,V/(2^{16}-1) = 76\mu V$이다.

문제 13. 전압 영역이 $0\,V$에서 $1\,V$인 출력을 주는 4-bit 디지털-아날로그 컨버터를 설계해 보자.

답. $\Delta v = \frac{v_{\max} - v_{\min}}{2^n - 1}$에서 $v_{\max} - v_{\min} = 0$이고 $n = 4$이므로 $\Delta v = 0.0667\,V$이다. 입력 저항 $R = 80k\Omega$이라고 두면 $\Delta v = V_H R_f / R$에서 $R_f = 1.067k\Omega$이 된다. 그림에서 각 디지털 입력에 대한 아날로그 입력의 크기가 주어져 있다.

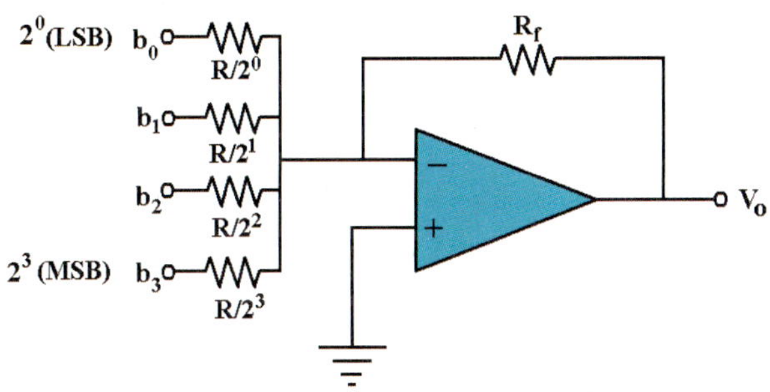


| D | C | B | A | $V_o$ |
|---|---|---|---|---|
| 0 | 0 | 0 | 0 | 0 |
| 0 | 0 | 0 | 1 | 0.0667 |
| 0 | 0 | 1 | 0 | 0.1334 |
| 0 | 0 | 1 | 1 | 0.2001 |
| 0 | 1 | 0 | 0 | 0.2668 |
| 0 | 1 | 0 | 1 | 0.3335 |
| 0 | 1 | 1 | 0 | 0.4002 |
| 0 | 1 | 1 | 1 | 0.4669 |
| 1 | 0 | 0 | 0 | 0.5336 |
| 1 | 0 | 0 | 1 | 0.6003 |
| 1 | 0 | 1 | 0 | 0.6670 |
| 1 | 0 | 1 | 1 | 0.7337 |
| 1 | 1 | 0 | 0 | 0.8004 |
| 1 | 1 | 0 | 1 | 0.8671 |
| 1 | 1 | 1 | 0 | 0.9338 |
| 1 | 1 | 1 | 1 | 1.0000 |

문제 14. 위 문제에서 전압 영역이 $0\,V$에서 $15\,V$인 경우의 저항 값들은 어떻게 되나?

답. $\Delta v = \frac{v_{\max} - v_{\min}}{2^n - 1}$에서 $v_{\max} - v_{\min} = 15\,V$이고 $n = 4$이므로 $\Delta v = 1\,V$이다. 따라서 입력이 0000인 경우 출력은 $0\,V$이고 입력이 1111인 경우 출력이 $5\,V$가 된다. 입력 저항 $R = 80k\Omega$이라고

두면 $\Delta v = V_H R_f / R$에서 $R_f = 16k\Omega$이 된다.

**문제 15.** 4-bit DAC에서 아날로그 출력의 전압 간격이 $0.1\,V$인 경우 아날로그 출력의 전압 영역은 무엇인가?

**답.** $\Delta v = \dfrac{v_{\max} - v_{\min}}{2^n - 1}$에서 $\Delta v = 0.1\,V$이고 $n = 4$이므로 $v_{\max} - v_{\min} = 1.5\,V$이다.

**문제 16.** 3-bit DAC에서 아날로그 출력의 전압 간격이 $1\,V$인 경우 아날로그 출력의 전압 영역은 무엇인가?

**답.** $\Delta v = \dfrac{v_{\max} - v_{\min}}{2^n - 1}$에서 $\Delta v = 1\,V$이고 $n = 3$이므로 $v_{\max} - v_{\min} = 7\,V$이다.

**문제 17.** 3-bit Flash ADC를 설계하라.

**답.** 저항은 $2^3$개, 비교기는 $2^3 - 1$개 필요하다. 비교기의 출력과 인코더의 출력이 표에 주어져 있다.

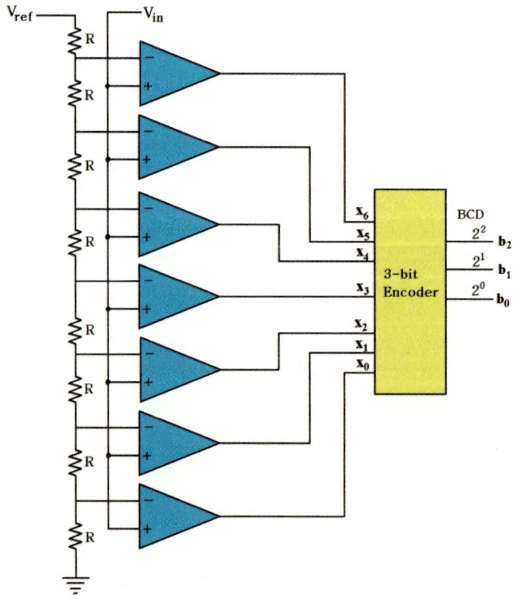


| Comparator Output | | | | | | | Encoder Output | | |
|---|---|---|---|---|---|---|---|---|---|
| $x_6$ | $x_5$ | $x_4$ | $x_3$ | $x_2$ | $x_1$ | $x_0$ | $b_2$ | $b_1$ | $b_0$ |
| 0 | 0 | 0 | 0 | 0 | 0 | 0 | 0 | 0 | 0 |
| 0 | 0 | 0 | 0 | 0 | 0 | 1 | 0 | 0 | 1 |
| 0 | 0 | 0 | 0 | 0 | 1 | 1 | 0 | 1 | 0 |
| 0 | 0 | 0 | 0 | 1 | 1 | 1 | 0 | 1 | 1 |
| 0 | 0 | 0 | 1 | 1 | 1 | 1 | 1 | 0 | 0 |
| 0 | 0 | 1 | 1 | 1 | 1 | 1 | 1 | 0 | 1 |
| 0 | 1 | 1 | 1 | 1 | 1 | 1 | 1 | 1 | 0 |
| 1 | 1 | 1 | 1 | 1 | 1 | 1 | 1 | 1 | 1 |

문제 18. 2-bit Flash ADC를 설계하라.

답. 저항은 $2^2$개, 비교기는 $2^2-1$개 필요하다. 비교기의 출력과 인코더의 출력이 표에 주어져 있다.

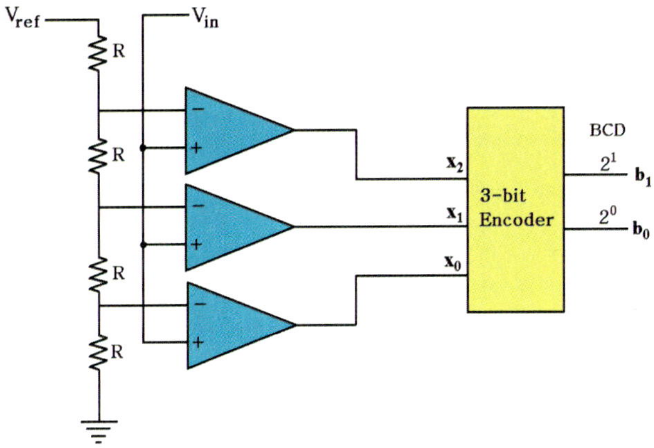


| Comparator Output | | | Encoder Output | |
|---|---|---|---|---|
| $x_2$ | $x_1$ | $x_0$ | $b_1$ | $b_0$ |
| 0 | 0 | 0 | 0 | 0 |
| 0 | 0 | 1 | 0 | 1 |
| 0 | 1 | 1 | 1 | 0 |
| 1 | 1 | 1 | 1 | 1 |

문제 19. 3-bit to 2-bit encoder를 설계하라.

답. 회로 구성과 진리표는 아래와 같다.

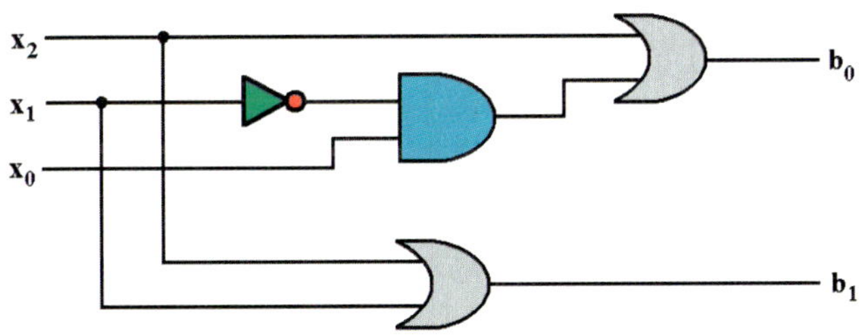


$$b_1 = x_1 + x_2$$

$$b_0 = x_2 + x_0 \cdot \overline{x_1}$$

| $x_2$ | $x_1$ | $x_0$ | $b_1$ | $b_0$ |
|---|---|---|---|---|
| 0 | 0 | 0 | 0 | 0 |
| 0 | 0 | 1 | 0 | 1 |
| 0 | 1 | 1 | 1 | 0 |
| 1 | 1 | 1 | 1 | 1 |

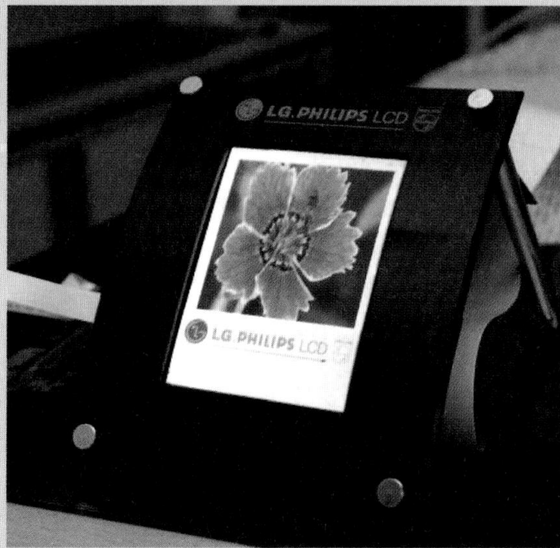


# 부록

# A. 회로 이론

## 1. Thevenin의 정리

두 개의 단자를 가지고 있는 전원, 전류원, 저항으로 이루어진 회로는 아무리 복잡하더라도 하나의 전원과 저항으로 표현할 수 있다(그림 A-1). 이를 Thevenin의 정리라고 한다. 그리고 하나의 진동수를 가지고 있는 교류회로에도 이 정리는 성립된다. 이 경우 저항은 임피던스로 대체된다.

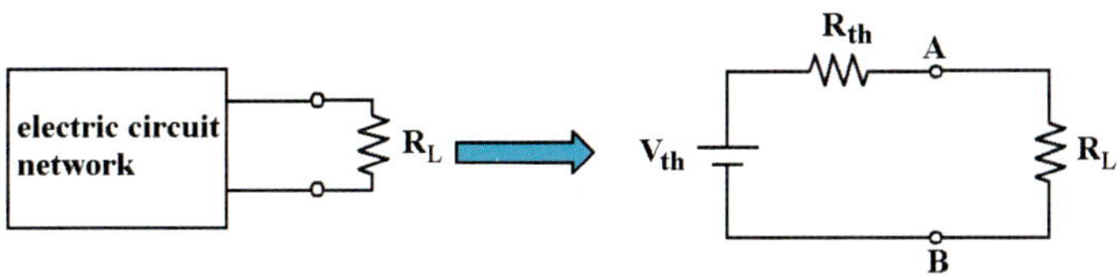


그림 A-1. Thevenin의 정리

Thevenin의 전압과 저항을 구하는 과정은 다음과 같다. 첫째, 부하저항 $R_L$을 제거한다. 둘째, 부하에서 보이는 전압을 결정하는데 이것이 Thevenin 전압 $V_{th}$이다. 셋째, 전원을 없애고 선으로 연결한다(short circuit). 넷째, 부하에서 볼 때의 저항을 구하는데 이것이 Thevenin의 저항 $R_{th}$이다.

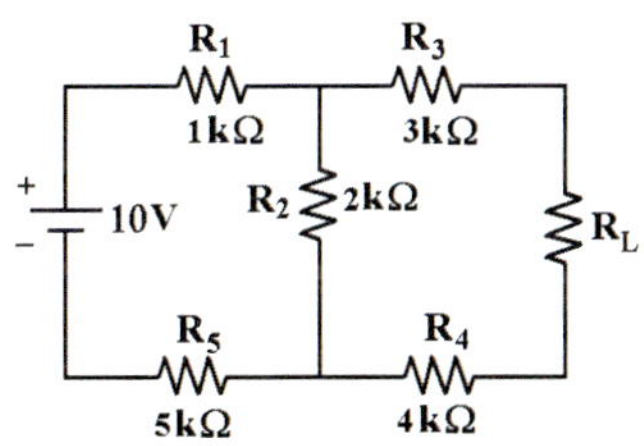


그림 A-2. 회로의 예

그림 A-2와 같은 회로에서 Thevenin의 정리가 어떻게 적용되는지 보기로 하자. 첫째 과정은 부하를 없애는 것이다. 그러면 그림 A-3와 같은 회로가 된다. 그림 A-3에서 저항 $R_3$, $R_4$는 전원에 연결되어 있지 않으므로 전류가 흐르지 않는다. 따라서 이들 저항에서는 전압강하가 없고 A와 B 사이의 전압은 $R_2$의 전압이다. 저항 $R_1$, $R_2$, $R_5$로 구성되는 폐회로에서 Kirchoff

법칙을 적용하면

$$V_{R_2} = \frac{R_2}{R_1 + R_2 + R_5} V = 2.5\,V \qquad \textbf{(A-1)}$$

와 같이 구해진다. 따라서 $V_{th} = 2.5\,V$이다.

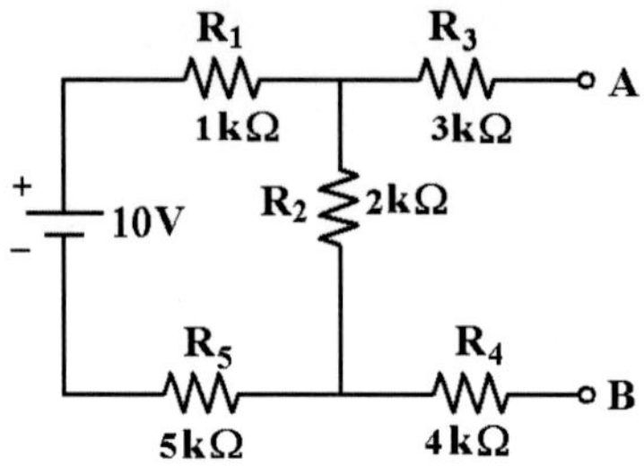


그림 A-3. 부하저항을 없애고 부하저항에서 본 전압 구하기

다음에는 Thevenin의 저항을 구하기 위해 그림 A-4에서와 같이 전원을 없애고 선으로 회로에 연결시킨다. 그리고 부하저항에서 보는 저항을 구하면

$$R_{th} = R_3 + ((R_1 + R_5) \parallel R_2) + R_4 = 8.5\,k\Omega \qquad \textbf{(A-2)}$$

와 같이 구해진다. 따라서 그림 A-2의 회로는 등가 전원과 전압인 Thevenin의 전압과 저항으로 그림 A-5와 같이 표현할 수 있다.

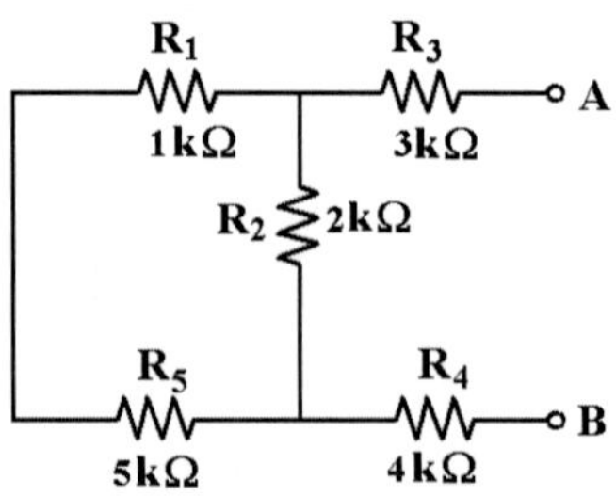


그림 A-4. Thevenin의 저항 구하기

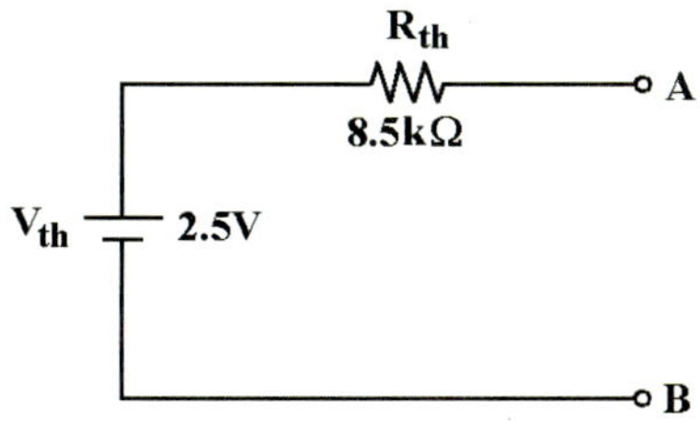


그림 A-5. 회로 A-2에 대한 Thevenin의 등가회로

## 2. 중첩(superposition)의 원리

다중의 독립된 전원(전류원 또는 전류원+전원)을 가지는 회로에서 어떤 소자를 흐르는 전류(또는 전압)는 각 전원에 의한 전류(전압)의 합과 같다는 것이다. 즉, 각 전원에 의한 효과를 각각 따로 계산하여 합할 수 있다는 것이 중첩의 원리이다.

중첩의 원리를 이용하는 과정에서 하나의 독립된 전원(또는 전류원)을 한 번에 1개만 고려하고 나머지는 없앤다. 이 경우 전원은 선으로 연결하고(short circuit), 전류원은 개방(open circuit)한다. 아래 몇 개의 예를 보기로 하자.

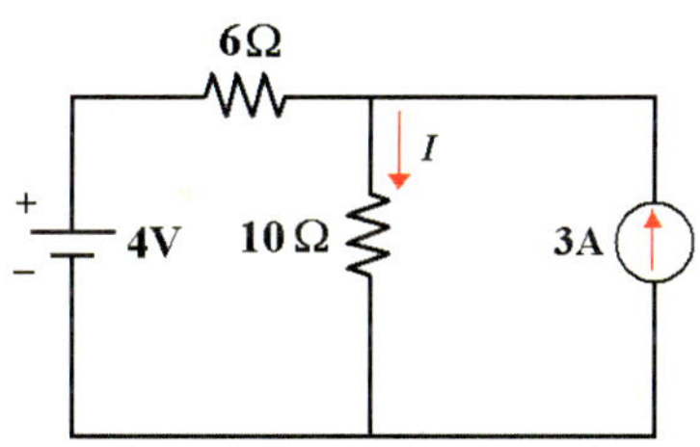


그림 A-6. 두 전원을 가지는 회로

그림 A-6과 같이 전원과 전류원을 가지고 있는 회로를 보기로 하자. 이 회로에서 저항 $10\Omega$에 흐르는 전류를 중첩의 원리를 이용하여 구해 보기로 한다. 첫째, $4V$ 전원에 의한 전류를 구하기 위해서는 그림 A-7과 같이 전류원을 개방시킨다. 그러면 저항 $10\Omega$을 흐르는 전류는 $I' = 4/(6+10) = 0.25A$이다.

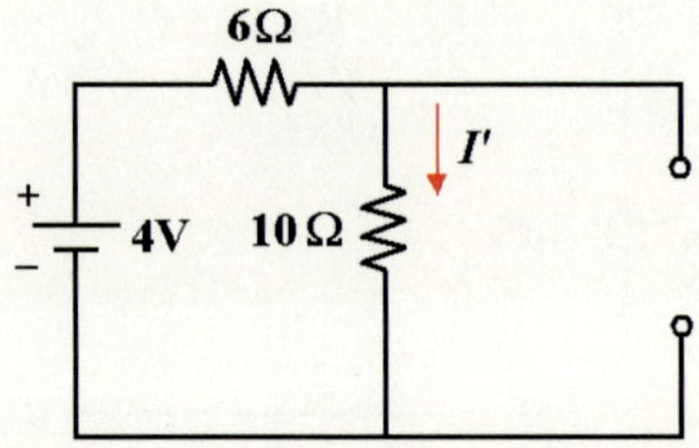


그림 A-7. 전원 $4\,V$에 의한 전류 구하기

둘째, 전류원에 의한 전류를 구하기 위해서는 그림 A-8과 같이 전원 $4\,V$는 단락시킨다. 그러면 저항 $10\Omega$을 흐르는 전류는 $I'' = 6 \times 3/(10+6) = 2.25A$이다. 따라서 저항 $10\Omega$을 흐르는 전류는 $I = I' + I'' = 2.5A$이다.

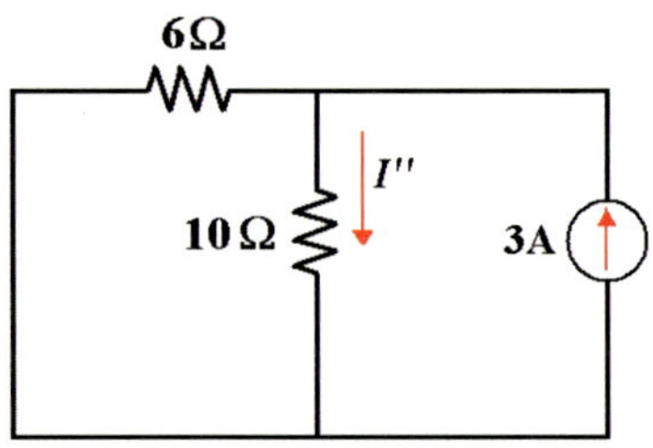


그림 A-8. 전류원에 의한 전류

다음에는 그림 A-9와 같은 회로에서 저항 $2\Omega$을 흐르는 전류를 중첩의 원리로 구해 보기로 하자.

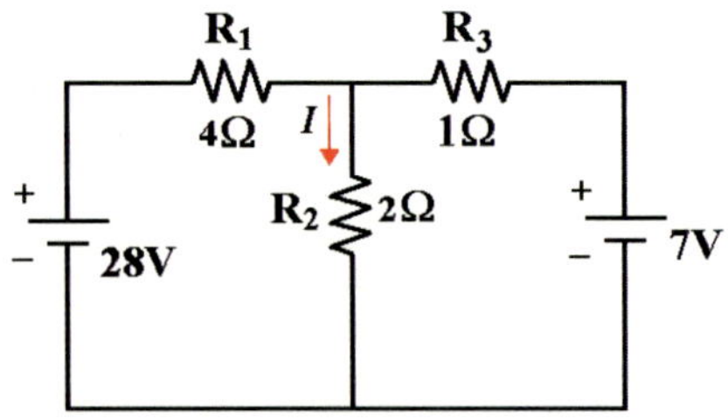


그림 A-9. 두 개의 전원을 가지고 있는 회로

첫째, 전원 $28\,V$에 의한 전류를 구하기 위해 전원 $7\,V$를 단락시킨다. 전체 저항은 $R = R_1 + R_2 \parallel R_3 = 14/3\,\Omega$이므로 $R_1$를 흐르는 전류는 $I' = 6A$이다. 이 전류가 $R_2, R_3$로 갈라지므로

$R_2$에 흐르는 전류는 $I_2 = 6 \times R_3/(R_2 + R_3) = 2A$이다.

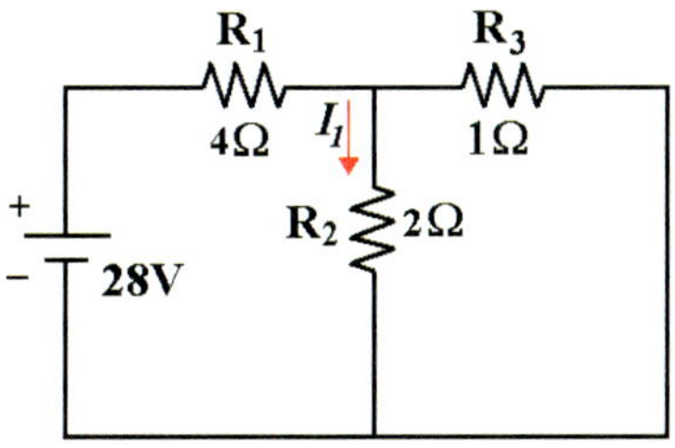


그림 A-10. 전원 28 $V$에 의한 전류 구하기

둘째, 전원 7 $V$에 의한 전류를 구하기 위해 전원 28 $V$는 단락시킨다. 전체 저항은 $R = R_3 + \mathrm{R}_1 \parallel \mathrm{R}_2 = 7/3\,\Omega$이므로 $R_3$를 흐르는 전류는 $I' = 3A$이다. 이 전류가 $R_1, R_2$로 갈라지므로 $R_2$에 흐르는 전류는 $I_2 = 3 \times R_1/(R_1 + R_2) = 2A$이다. 따라서 저항 $2\Omega$을 흐르는 전류는 $I = I_1 + I_2 = 4A$이다.

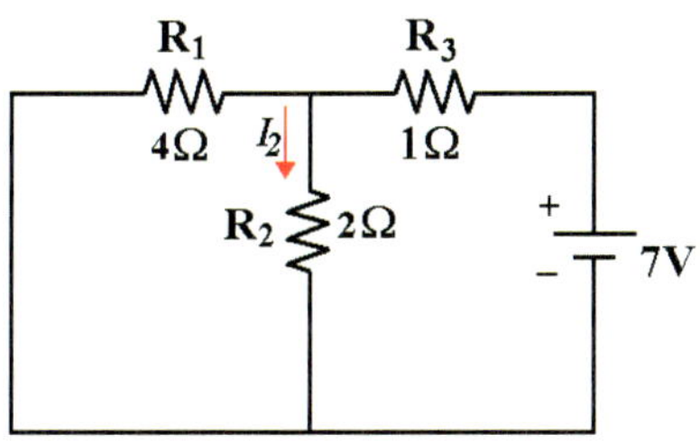


그림 A-11. 전원 7 $V$에 의한 전류 구하기

위의 예들에서는 전류만을 구했는데, 각 저항에 떨어지는 전압도 각 전원에 의해 떨어지는 전압강하를 구하여 더함으로써 구할 수 있다.

# B. 교류회로

교류회로에는 축전기와 인덕터를 포함하는 회로가 많다. 이러한 교류회로는 저항만을 포함하는 직류회로에 비해 행동양식이 복잡하다. 축전기와 인덕터는 걸어 주는 전압(입력신호)의 진동수에 따라 그 행동이 변한다. 이는 이들 소자가 전압과 전류의 관계식에 미분 항을 포함하고 있기 때문이다. 반면에 저항은 전압과 전류가 미분 형태의 관계가 아니므로 입력 신호의 진동수에 따라 전압과 전류의 관계가 달라지지 않는다.

축전기, 인덕터, 저항을 포함하는 교류회로에서도 직류회로에서 사용한 Ohm의 법칙을 그대로 사용할 수 있다. 그러나 직류회로에서 저항으로 정의되는 량 대신에 교류회로에서는 입력신호의 진동수에 따라 변하는 일반화된 저항을 나타내는 임피던스라는 량을 사용한다. 지금부터 교류회로에서 저항, 축전기, 인덕터의 전압과 전류의 관계로부터 임피던스의 개념을 설명하기로 한다.

## 1. 축전기와 인덕터의 리액턴스

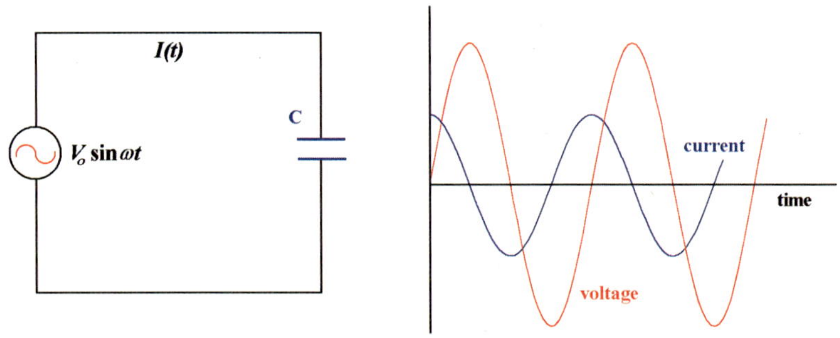


그림 B-1. 축전기 회로와 전압-전류와의 관계

그림 B-1과 같이 sin파 형태의 입력 전압 $V(t) = V_0 \sin\omega t$가 축전기에 연결되었다고 하자. 이때 회로를 흐르는 전류는

$$I(t) = C\frac{dV}{dt} = C\,\omega\,V_0\cos\omega t = C\,\omega\,V_0\sin(90^o - \omega t) \qquad \text{(B-1)}$$

로 표현할 수 있다. 따라서 전류는 전압보다 위상이 90° 앞선다(그림 B-1). 그러나 위상에 대해서는 잊어버리고 진폭만을 고려할 때 전류의 진폭은 $I = \frac{V}{1/\omega C}$ 로 쓸 수 있다. 따라서 이 식에서 축전기는 진동수에 따라 변하는 저항(리액턴스라 부름) $1/\omega C$를 가진 것같이 행동함을 알 수 있다. 그러나 위와 같이 전류와 전압의 위상이 다름으로 인하여 전체적으로 전류와 전압을 고려할 때 혼란이 올 수 있다. 그래서 리액턴스를 더욱 명확히 하기 위해서 복소수 개념을 도입하기로 한다. 예를 들어, $V_0 \sin(\omega t + \phi)$는 $V_0 e^{j\phi + j\omega t}$ 로 쓰기로 약속한다(여기서 복소수를 $j$로 표시한 것은 전류 $i$와 혼동을 피하기 위해서이다). 이렇게 복소수를 취하여 계산을 한 후 실제의 값은 계산 결과의 허수 부분을 택하면 된다. 따라서 입력 전압 $V_0 \sin\omega t$는 $V(t) = V_0 e^{j\omega t}$와 같이 쓸 수 있고 전류는 $I = C\left(\frac{dV}{dt}\right)$로 주어지므로, 식 B-1은

$$I(t) = \frac{V_0 e^{j\omega t}}{-j/\omega c} \equiv \frac{V(t)}{Z_C} \qquad \text{(B-2)}$$

로 표현할 수 있다. 식 B-2에서 축전기의 리액턴스 $Z_C$는 복소값인 $-j/\omega C$로 정의되었다. 그리고 위 식은 저항 $R$이 리액턴스 $Z_C$로 치환된 Ohm의 법칙 형태를 취함을 볼 수 있다.

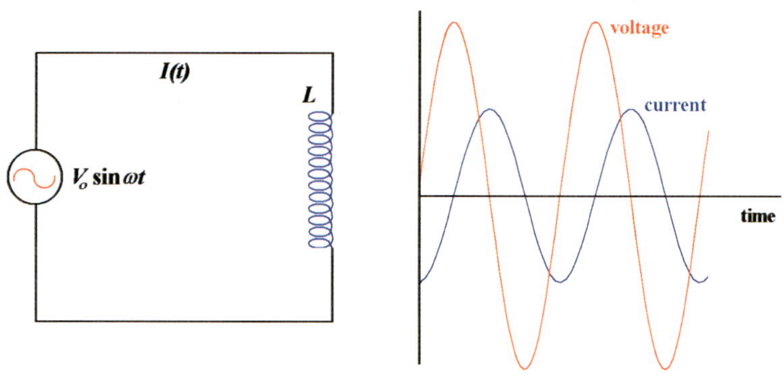


그림 B-2. 인덕터 회로와 전압-전류와의 관계

그림 B-2와 같이 입력 전압 $V_0 \sin\omega t$를 인덕터에 연결하였을 경우, 회로를 흐르는 전류는 $V = L\frac{dI}{dt}$의 관계식에서

$$I = \frac{1}{L}\int_0^t V dt = -\frac{V_0}{\omega L}\cos\omega t = V_0 \omega L \sin(90^o + \omega t) \quad \text{(B-3)}$$

로 표현된다. 따라서 인덕터에서는 축전기에서와는 달리 전류가 전압보다 위상이 90° 뒤짐을 알 수 있다(그림 B-2). 복소수의 개념을 인덕터를 포함한 회로에 적용하면 $I(t) = V(t)/Z_L$로 표현된다. 여기서 인덕터의 리액턴스 $Z_L$은 $j\omega L$와 같이 정의됨을 볼 수 있다.

위와 같은 결과에서 보듯이 축전기와 인덕터만을 포함한 회로의 임피던스는 항상 허수임을 알 수 있다. 이는 전압과 전류가 항상 90°의 위상차가 있다는 것을 의미한다. 이러한 사실은 저항의 경우 교류를 양단에 걸더라도 $I(t) = V(t)/R$로 표현되며 임피던스는 실수인 $Z_R = R$인 것과 대비된다. 따라서 저항의 경우 전류와 전압 사이에 위상차는 존재하지 않고 또한 저항은 교류전원의 진동수에도 의존하지 않는다.

직류회로에서 저항이라는 의미가 저항, 축전기, 인덕터를 모두 포함하는 교류회로에서는 임피던스라는 의미로 대치된다. 저항의 경우, 값이 입력 신호의 진동수에 무관하게 항상 $R$이고, 또한 전류와 전압 사이의 위상차도 만들지 않는다. 반면에 축전기와 인덕터는 저항에 대응하는 리액턴스가 각각 $-j/\omega C$와 $j\omega L$로 정의된다. 위 리액턴스는 복소수 $j$로 전류와 전압 사이에 존재하는 위상차 90°를 반영하고 있다. 또한 리액턴스는 입력 신호의 진동수 $\omega$에 따라 다른 값을 가진다. 따라서 저항, 축전기, 인덕터를 포함하는 회로에서 임피던스는 저항+리액턴스와 같이 합으로 표현되며, 이는 복소수들이므로 벡터적으로 합산되어야 함을 볼 수 있다.

## 2. Ohm의 법칙의 일반화

위에서와 같이 저항, 축전기, 인덕터를 포함하는 교류회로에 복소수의 임피던스를 도입하면 쉽게 Ohm의 법칙을 일반화시킬 수 있다. 즉, 일반화된 Ohm의 법칙은

$$\vec{V} = \vec{I} \cdot \vec{Z} \quad \text{(B-4)}$$

와 같이 쓸 수 있다. 여기서 벡터량으로 표시한 것은 임피던스가 복소값이므로 나머지 양들도 복소량이 되기 때문이다. 즉, 모든 량들을 실수-허수 부분이 있는 2차원 평면에서의 벡터량으로

볼 수 있다. 저항, 축전기, 인덕터의 임피던스는 각각 $\overrightarrow{Z}=R$, $\overrightarrow{Z_C}=-j\omega C$, $\overrightarrow{Z_L}=j\omega L$로 표현된다. 따라서 저항, 축전기, 인덕터 양단에 떨어지는 전압은 각각 $\overrightarrow{V}_R=\vec{I}R$, $\overrightarrow{V_c}=\frac{\vec{I}}{-j/\omega C}$, $\overrightarrow{V_L}=j\omega L\vec{I}$로 표현된다. 어떤 순간에 각 소자에 떨어지는 전압과 회로 전체를 흐르는 전류 사이의 상대적인 위상 관계를 고려하면 2차원 복소 공간에서 전류와 전압과의 관계는 그림 B-3에서와 같이 그릴 수 있다.

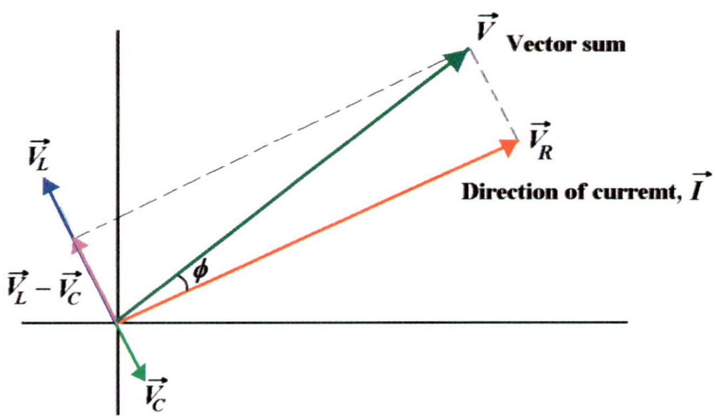


그림 B-3. 전류와 전압 사이의 위상 관계

그림에서 보듯이 저항 양단의 전압강하 $V_R$은 전류 $I$와 위상이 같고 리액턴스 부분인 인덕터와 축전기의 전압강하 $V_L$, $V_C$ 는 위상이 전류에 비해 각각 $\pm 90°$ 다르다. 따라서 총 전압 $\overrightarrow{V}$(기전력, 크기 $\sqrt{V_R^2+(V_L-V_C)^2}$)에 대한 전류 $\vec{I}$의 위상차는

$$\phi = \tan^{-1}\frac{|Z_L|-|Z_C|}{R} \tag{B-5}$$

로 주어짐을 알 수 있다. 이는 입력 전압과 전류 사이에는 각도 $\phi$의 위상차가 존재함을 뜻한다.

## 3. 교류회로의 예

아래에서는 실제로 많이 사용되는 교류회로인 필터(filter)회로와 공명(resonance)회로에 대해 알아보도록 하자. 필터회로는 특정 진동수 이상 또는 이하의 신호를 선택적으로 통과시키는 회로이다. 필터회로는 축전기와 저항을 병렬 형태로 연결한 것인데 이는 전압나누기 회로와 동일한 구조이다. 그림 B-4에서와 같이 저항과 축전기를 두 가지 다른 형태로 연결함으로써 각기 다른 특성을 나타내는데, 왼쪽 그림은 특정 진동수보다 낮은 신호를, 오른쪽 그림은 특정 진동수보다 높은 신호를 통과시키는 회로이다.

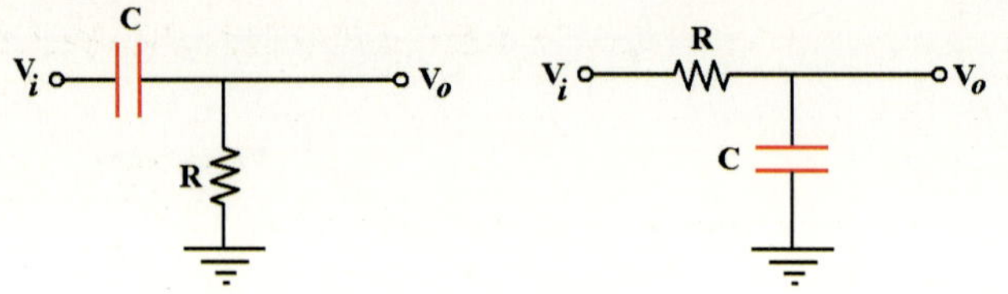


그림 B-4. 필터회로

그림 B-4의 왼쪽 그림에 일반화된 Ohm의 법칙을 적용하면 회로를 흐르는 전류는

$$\vec{I} = \frac{\overrightarrow{V_i}}{\vec{Z}} = \frac{\overrightarrow{V_i}}{R - j/\omega C} = \frac{\overrightarrow{V_i}(R + j/\omega C)}{R^2 + 1/\omega^2 C^2} \tag{B-6}$$

로 표현된다. 출력은 저항 $R$에 떨어지는 전압이므로

$$\overrightarrow{V}_o = \vec{I} \cdot \vec{Z}_R = \frac{[R + j/\omega C]R}{R^2 + 1/\omega^2 C^2} \overrightarrow{V}_i \tag{B-7}$$

와 같이 구해진다. 위상을 고려치 않고 출력 전압의 크기만 구해 보면

$$V_o = \sqrt{\overrightarrow{V_o} \cdot \overrightarrow{V_o^*}} = \frac{R}{\sqrt{R^2 + 1/\omega^2 C^2}} V_i \tag{B-8}$$

로 주어진다. 결과적으로 이 회로의 전압이득 $A_v$는

$$A_v \equiv \frac{V_o}{V_i} = \frac{1}{\sqrt{1 + \frac{1}{\omega^2 R^2 C^2}}} \tag{B-9}$$

와 같이 주어진다. 이 전압이득은 진동수에 따라 달라짐을 볼 수 있다. 이를 그림으로 나타낸 것이 그림 B-5이다. 이 그림에서 각 회로 소자들의 값은 $R=1k\Omega$, $C=1\mu F$이다. 진동수 $\omega_{3dB}=1/RC=1,000Hz$ 이상의 진동수를 가진 교류신호에 대한 이득이 상대적으로 크다. 따라서 이 기준 진동수 이상의 교류신호를 통과시킨다고 하여 이 회로를 높은 진동수 통과 회로(high pass filter)라 부른다. 여기서 $\omega_{3dB}$란 전압이득이 $-3dB$인 진동수를 말한다. 전압이득이 $-3dB$란 이득이 $1/\sqrt{2}$로 입력보다 출력이 0.7배로 작은 경우를 말한다.

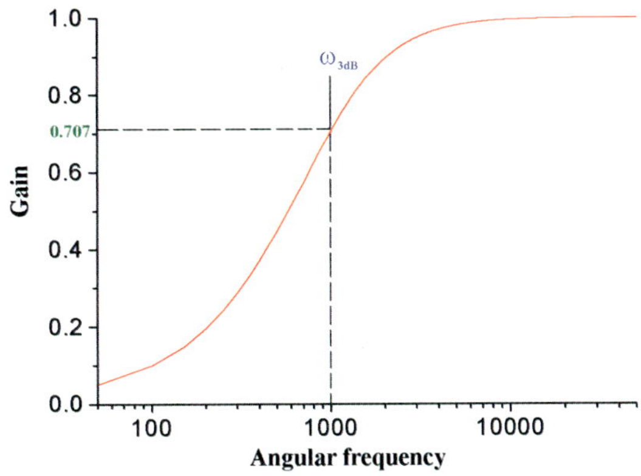


그림 B-5. 높은 진동수 통과 필터(high pass filter)의 진동수 특성

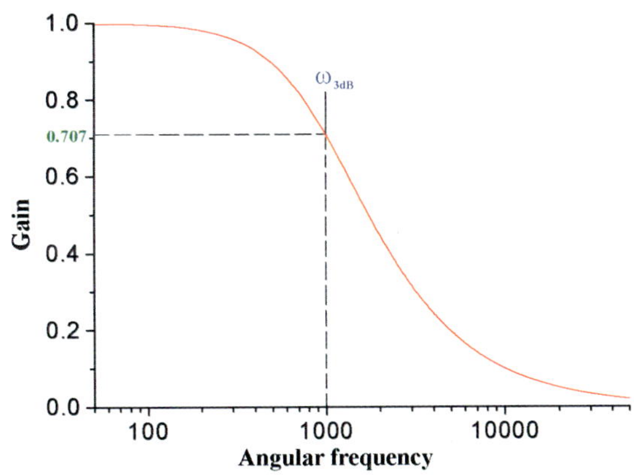


그림 B-6. 낮은 진동수 통과 필터(low pass filter)의 진동수 특성

그림 B-6의 낮은 진동수 통과 필터(low pass filter)에 대해서도 위의 계산 과정을 통해 이 회로의 특성을 쉽게 이해할 수 있다. 이는 연습문제로 남긴다. 이 그림에 진동수 특성이 주어져

있다. 저항과 축전기의 값은 $R = 1k\Omega$, $C = 1\mu F$이다. 따라서 $\omega_{3dB}$는 $1{,}000Hz$임을 알 수 있다.

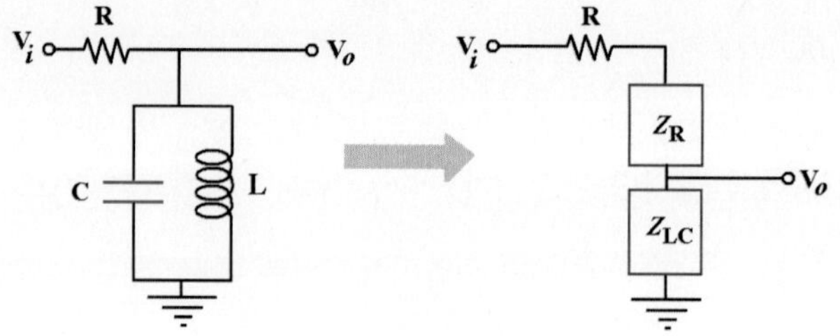


그림 B-7. 공명회로의 구성도

교류회로의 또 하나의 예로서 공명회로에 대해 알아보도록 하자. 공명회로는 원하는 진동수의 신호만을 통과시키는 데 많이 사용된다. 여러 가지 형태의 공명회로가 있을 수 있으나, 여기서는 가장 간단하고 많이 사용하는 형태인 $L$, $C$가 병렬로 연결된 경우를 보도록 하자. 그림 B-7에 이 공명회로가 주어져 있다. $L$과 $C$가 병렬이므로 $LC$의 임피던스를 먼저 구해 보면

$$\frac{1}{\overrightarrow{Z_{LC}}} = \frac{1}{\overrightarrow{Z_L}} + \frac{1}{\overrightarrow{Z_C}} = j(\omega C - \frac{1}{\omega L}) \tag{B-10}$$

이므로 $\vec{Z}_{LC} = \frac{j}{1/\omega L - \omega C}$가 된다. $LC$의 임피던스와 저항 $R$이 직렬로 연결되어 있으므로 회로 전체의 임피던스는

$$\vec{Z} = R + \frac{j}{1/\omega L - \omega C} \tag{B-11}$$

와 같이 구해진다. 따라서 회로 전체를 흐르는 전류는

$$\vec{I} = \frac{\vec{V}}{\vec{Z}} = \frac{\vec{V}}{R + j\omega L/(1 - \omega^2 LC)} \tag{B-12}$$

와 같다. 이 회로는 기본적으로 저항 $R$과 병렬로 연결된 $LC$가 전압나누기 회로를 구성하고 있고 출력 전압은 $LC$회로에 떨어지는 전압과 같다. 따라서 출력 전압은

$$\vec{Z}_o = \vec{I} \cdot \vec{Z}_{LC} = \frac{1 + j\left(\frac{R}{\omega L}\right)(1-\omega^2 LC)}{1 + \left(\frac{R}{\omega L}\right)^2 (1-\omega^2 LC)^2} \vec{V}_i \tag{B-13}$$

와 같이 구해진다. 전압의 크기만을 고려하면 $V_o = \sqrt{\vec{V_o} \cdot \vec{V_o^*}}$ 로 주어지므로 회로의 이득은

$$A_v = \frac{V_o}{V_i} = \frac{1}{\sqrt{1 + \left(\frac{R}{\omega L}\right)^2 (1-\omega^2 LC)^2}} \tag{B-14}$$

와 같다. 식 B-14를 이용하여 진동수에 따른 이득을 그려보면 그림 B-8에 주어진 것과 같다. 이 그림에서 회로 소자들의 값은 $R = 1k\Omega$, $L = 1mH$, $C = 10\mu F$이다. 따라서 공명진동수 $\omega_R = \sqrt{1/LC} = 10{,}000Hz$에서 공명신호를 볼 수 있다.

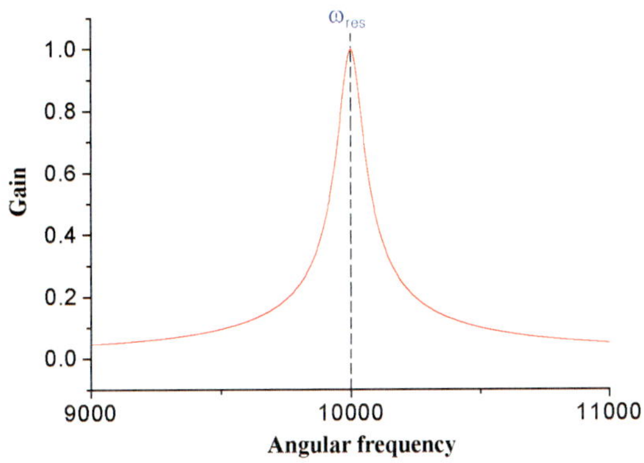


그림 B-8. 그림 2-8 공명회로의 신호의 진동수에 따른 특성

## 4. 리액티브 회로에서의 일률

어떤 회로에서 평균 일률은

$$P = Re(VI^*) = Re(V^* I) \tag{B-15}$$

로 표현된다. 여기서 $V$와 $I$는 각각 복소수인 전압과 전류를 나타내고 $Re$은 괄호 안의 값 중에 실수를 택함을 나타낸다. 예를 들어, 평균자승 전압(rms)이 1 $V$인 sin파를 축전기에 연결했을 때 전류는 $I = \frac{V}{j/\omega C} = -j\omega C$이므로 일률은 $P = Re(VI^*) = Re(j\omega C) = 0$임을 알 수 있다. 마찬가지로 인덕터에서도 $P = Re(-j\omega L) = 0$이 되어 리액티브 회로(축전기와 인덕터만 포함하는 회로) 내에서는 에너지의 손실이 없음을 알 수 있다. 그러나 모든 회로에는 어느 정도의 저항 부분이 존재한다. 따라서 이에 따른 에너지 손실(Joule 열) 때문에 실제의 효율은 90~95% 정도가 된다.

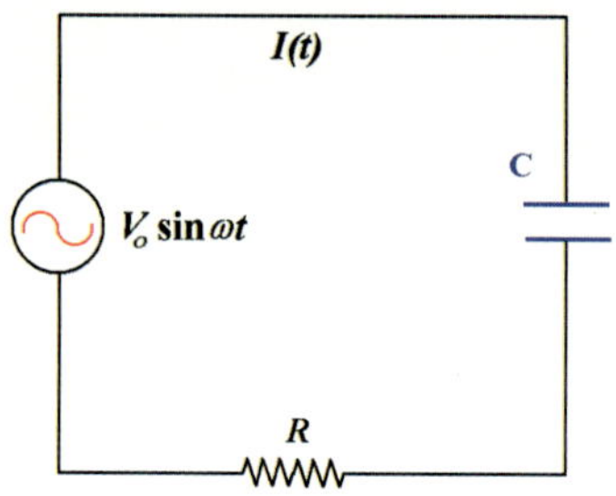


그림 B-9. 저항과 축전기의 교류연결

그림 B-9에서와 같이 축전기와 저항을 포함한 회로에서 평균 일률이 어떻게 되는지를 보기로 하자. 이 회로를 흐르는 전류는 $I = V/Z = V_0/(R - j/\omega C)$와 같이 표현된다. 따라서 에너지 손실률은

$$P = Re(VI^*) = \frac{V_0^2 R}{R^2 + (1/\omega^2 C^2)} \tag{B-16}$$

와 같이 표현된다. 이 값은 전압 $V$와 전류 $I$의 곱(리액턴스 부분이 없을 경우의 일률의 정의)에서 얻은 값인

$$P = |V| \cdot |I| = \frac{V_0^2}{\sqrt{R^2 + (1/\omega^2 C^2)}} \tag{B-17}$$

보다도 작다. 이는 에너지 손실이 없는 축전지에 의한 리액티브 전류 부분이 생겼기 때문이다. 리액티브 부분에 대한 효과를 보기 위해 일률인자를 구해 보면

$$f = \frac{P}{|V| \cdot |I|} = \frac{R}{\sqrt{[R^2 + (1/\omega C)^2]}} \tag{B-18}$$

와 같이 구해진다. 위 식에서 순수하게 리액티브 소자인 축전기만 있는 경우($R = 0$) 일률인자는 0이 되어 에너지 손실이 없는 회로가 된다. 반면에 순수한 저항 회로인 경우($C = 0$) 일률인자는 1이 되어 Joule 열인 $V_o^2/R$의 에너지가 소실됨을 볼 수 있다.

## C. 임피던스 matching

임피던스 matching은 라디오, 통신선(transmission line) 등 전자 장비에서 신호의 반사를 없애기 위해 입력신호 임피던스와 부하의 임피던스가 일치하여야 하는 것을 말한다. 그림 C-1과 같이 ac 전원에 의해 전압의 크기 $|V_S|$, 임피던스 $Z_S$인 소스(source)를 통해 임피던스가 $Z_L$인 부하에 전달된다고 하자. 이 경우 회로를 흐르는 전류의 크기는

$$|I| = \frac{|V_S|}{|Z_S + Z_L|} \tag{C-1}$$

로 주어진다. 그리고 부하에 의해 소비되는 평균 전력은

$$P_L = I_s^2 R_L = \frac{1}{2}|I|^2 R_L = \frac{1}{2}\left(\frac{|V_S|}{|Z_S + Z_L|}\right)^2 R_L \tag{C-2}$$

와 같이 구해진다.

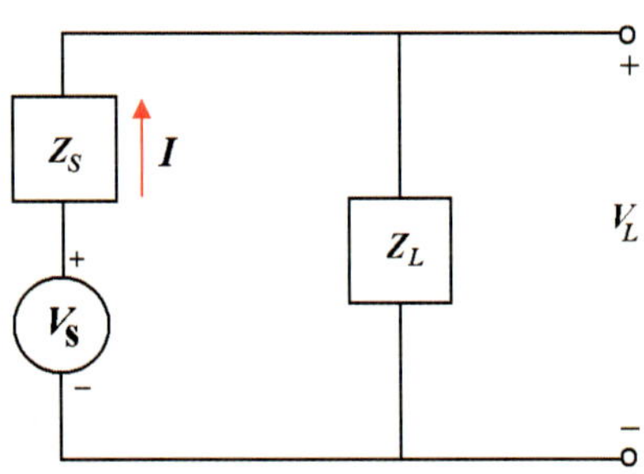


그림 C-1. 임피던스 matching

임피던스를 $Z = R + jX$로 표시하자. 여기서 $R$은 저항 부분이고 $X$는 리액턴스(reactance) 부분을 나타낸다. 이 표현을 식 C-2에 대입하면

$$P_L = \frac{1}{2}\frac{|V_S|^2 R_L}{(R_S + R_L)^2 + (X_S + X_L)^2} \qquad \text{(C-3)}$$

을 구할 수 있다. 소스에서 부하로 전달되는 전력이 최대가 되는 조건은 식 C-3을 최대로 만드는 부하를 구하는 것이다. 이를 위해서 식 C-3의 분모 부분이 최소가 되면 된다. 리액턴스 부분은 마이너스가 가능하므로 식 C-3의 분모가 최소가 되는 조건은

$$X_L = -X_S \qquad \text{(C-4)}$$

이다. 이 경우 부하에서 소비되는 전력은

$$P_L = \frac{1}{2}\frac{|V_S|^2 R_L}{(R_S + R_L)^2} = \frac{1}{2}\frac{|V_S|^2}{R_S^2/R_L + 2R_S + R_L} \qquad \text{(C-5)}$$

로 표현된다. 이를 최대로 하려면 분모를 최소로 하여야 한다. 즉,

$$\frac{d}{dR_L}\left(R_S^2/R_L + 2R_S + R_L\right) = -R_S^2/R_L^2 + 1 = 0 \qquad \text{(C-6)}$$

에서 $R_L = \pm R_S$를 얻는다. 저항은 양의 값을 가지므로 $R_L = R_S$의 조건을 나타낸다. 이 값에서 식 C-5의 분모가 최소가 되는 것을 보기 위해서는 식 C-5의 분모를 두 번 미분하여 $R_L = R_S$일 때 양이 되는 것을 확인하면 된다.

결과적으로 최대의 전력을 전달하기 위해서는 부하의 임피던스는 소스의 임피던스와 일치하여야 한다. 즉,

$$\begin{aligned} R_L &= R_S \\ X_L &= -X_S \end{aligned} \qquad \text{(C-7)}$$

의 조건을 만족하여야 한다. 식 C-7은 $Z_S = Z_L^*$와 같이 표현된다.

그림 C-2에서와 같이 저항만 있는 회로에서는 전류는 $I = V/(R_S + R_L)$이므로 부하에 소비되는 전력은

$$P_L = I^2 R_L = \frac{1}{2}\frac{|V_S|^2 R_L}{(R_S + R_L)^2} = \frac{1}{2}\frac{|V_S|^2}{R_S^2/R_L + 2R_S + R_L} \qquad \text{(C-8)}$$

와 같이 구해진다. 이는 식 C-5와 동일하다. 따라서 부하에게 최대의 전력을 전달하기 위해서는 부하의 저항과 소스의 저항이 일치하여야 한다.

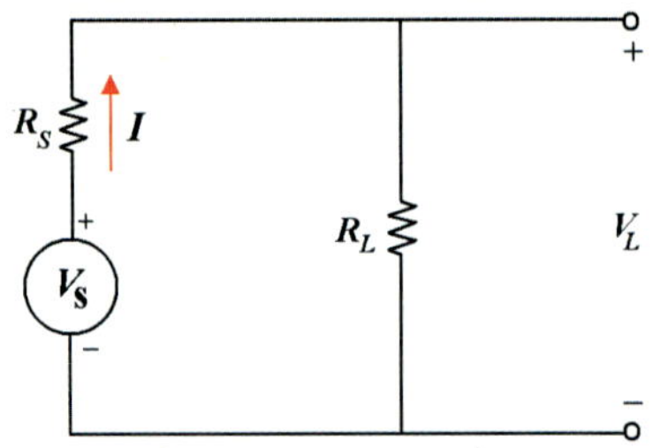


그림 C-2. 저항으로만 구성된 회로에서의 임피던스 매칭

[예제] 그림 C-2에서 다음의 회로 요소에 대해 각각 부하에 소비되는 전력을 구하라.

(a) $V_S = 20\,V,\ R_S = 10\Omega,\ R_L = 5\Omega$

(b) $V_S = 20\,V,\ R_S = 10\Omega,\ R_L = 10\Omega$

(c) $V_S = 20\,V,\ R_S = 10\Omega,\ R_L = 15\Omega$

답. (a) 회로를 흐르는 전류가 $I = V_S/(R_S + R_L) = 1.33A$이므로 $P_L = I^2 R_L = 8.89\,W$이다.

(b) 전류가 $I = 1A$이므로 $P_L = I^2 R_L = 10\,W$이다.

(c) 전류가 $I = 0.8\,A$이므로 $P_L = I^2 R_L = 9.6\,W$이다.

부하에서 소비되는 전력인 $P_L = I^2 R_L = \frac{1}{2}\frac{|V_S|^2 R_L}{(R_S + R_L)^2}$를 이용하여 $R_L$에 따른 $P_L$의 변화를 본 그림이 그림 C-3에 주어져 있다. 부하저항이 $R_S$와 같은 $10\Omega$일 때 최대의 전력이 부하에 전달됨을 볼 수 있다.

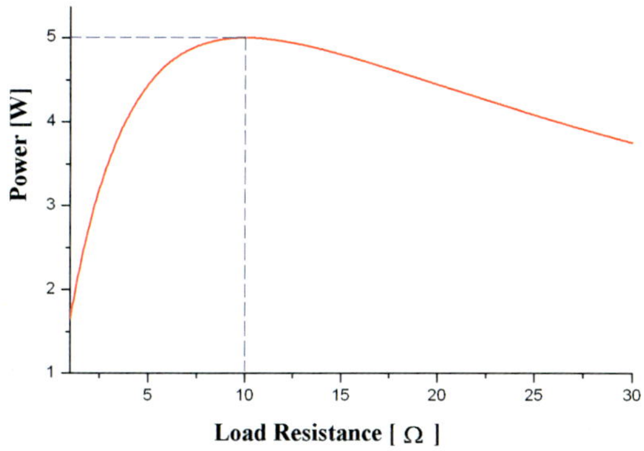


그림 C-3. 부하저항에 따른 부하에서 소비되는 전력

# D. 다이오드와 트랜지스터 회로에 대한 실험자료

## 1. 다이오드의 I-V 특성

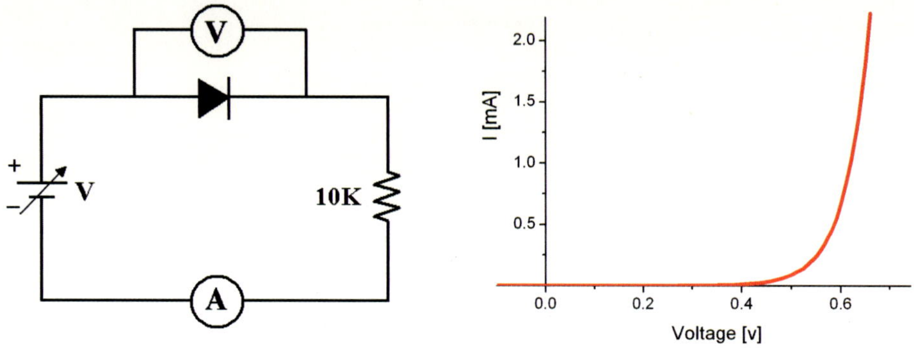


그림 D-1. 다이오드의 I-V 특성 조사

## 2. 양극 접합트랜지스터의 특성

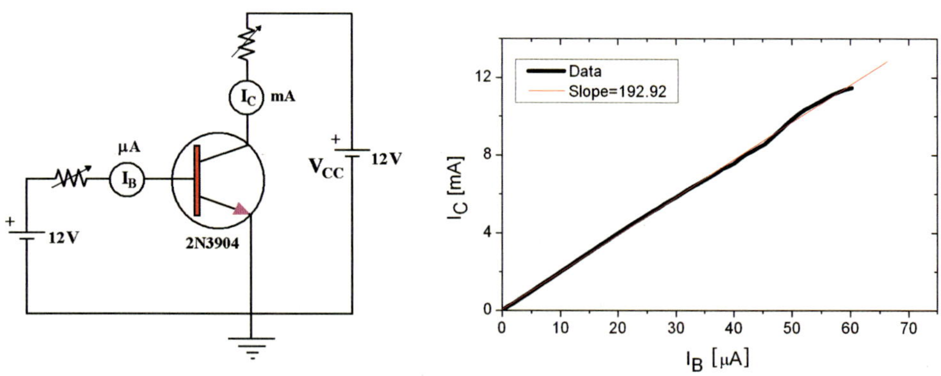


그림 D-2. npn 트랜지스터의 전류 증폭률 측정

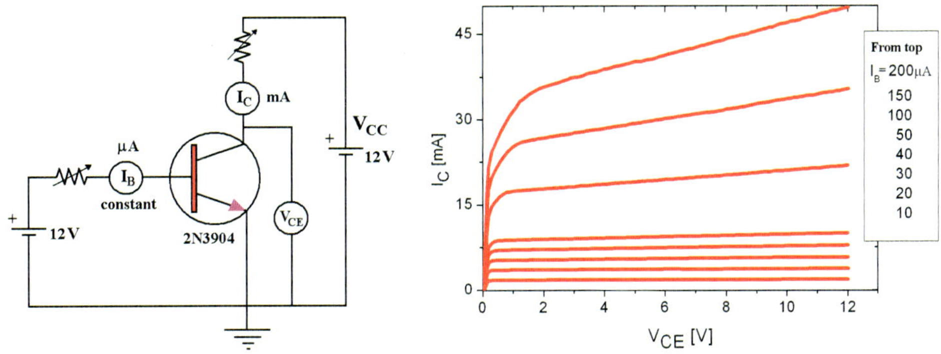


그림 D-3. npn 트랜지스터의 I-V 특성

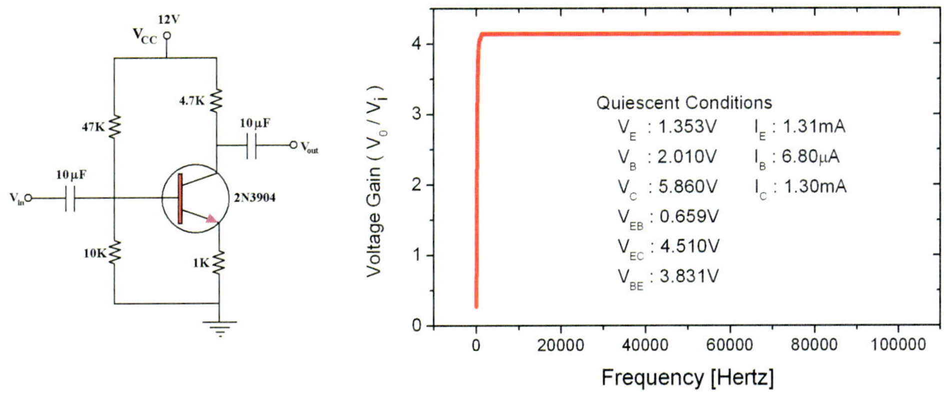


그림 D-4. npn 트랜지스터를 이용한 증폭회로 및 증폭률의 진동수 응답

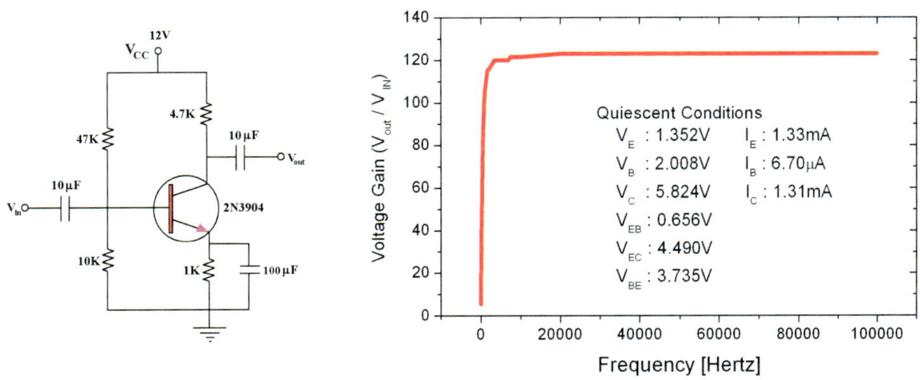


그림 D-5. npn 트랜지스터를 이용한 증폭회로(bypass 축전기가 있는 경우)

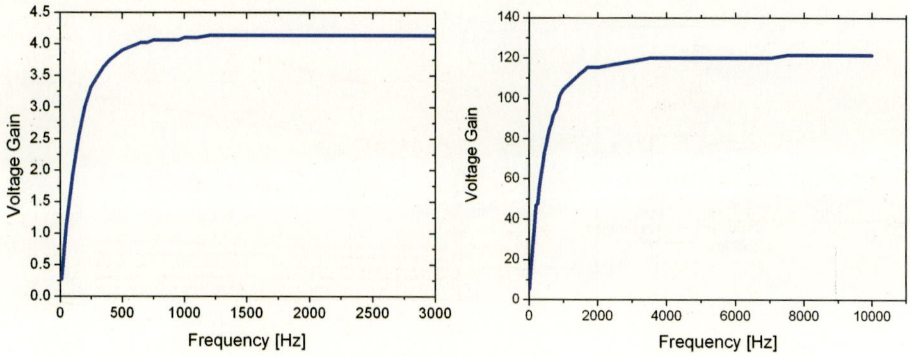


그림 D-6. 위 증폭기의 증폭률의 차단진동수(왼쪽: 그림 D-4 증폭기, 오른쪽: 그림 D-5 증폭기)

## 3. JFET의 특성

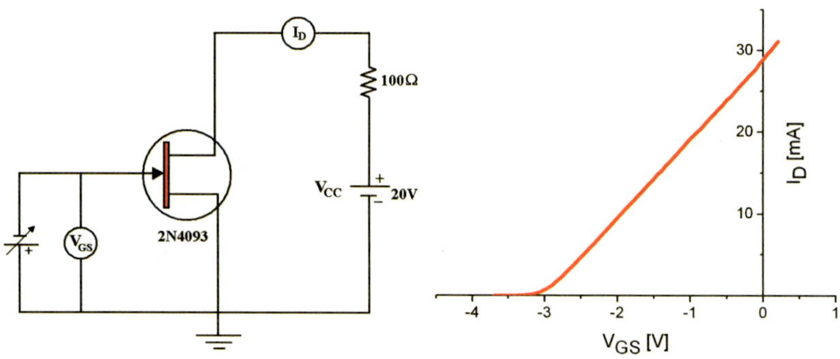


그림 D-7. JFET의 입력($I_D$-$V_{GS}$) 특성

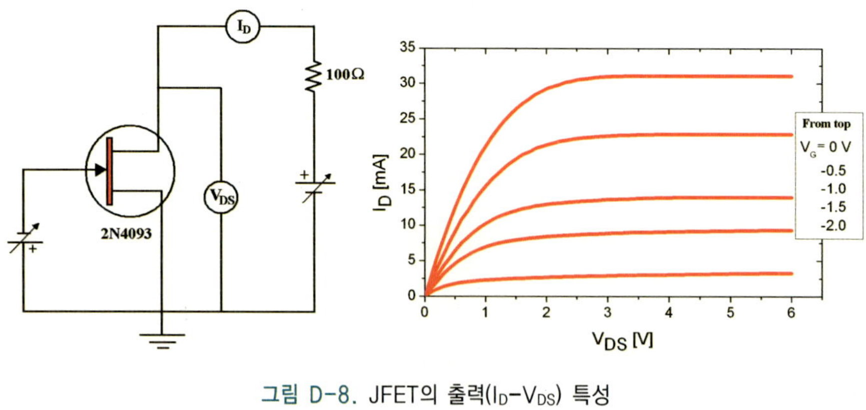


그림 D-8. JFET의 출력($I_D$-$V_{DS}$) 특성

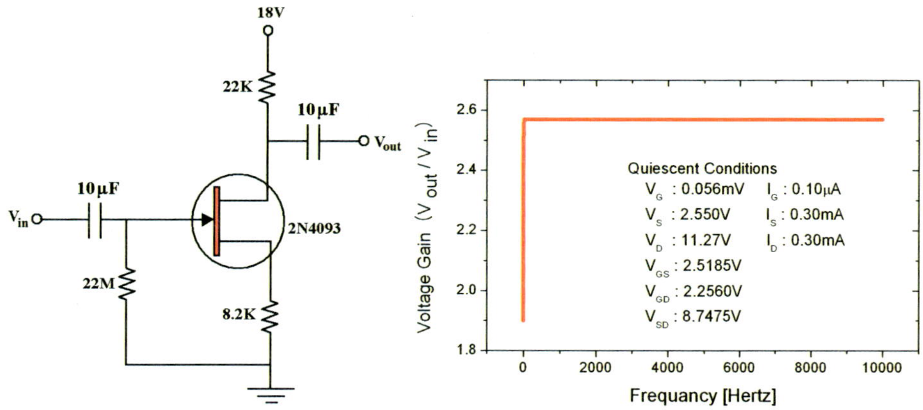


그림 D-9. JFET 증폭기 및 진동수 응답

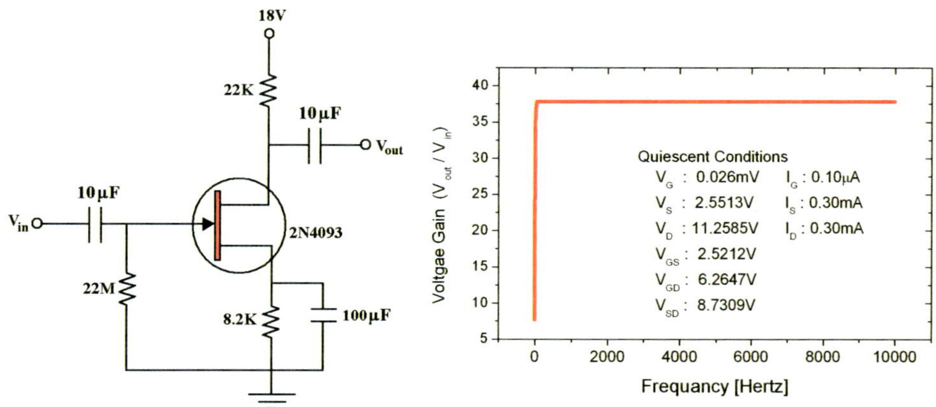


그림 D-10. JFET 증폭기(bypass 축전기가 있는 경우) 및 진동수 응답

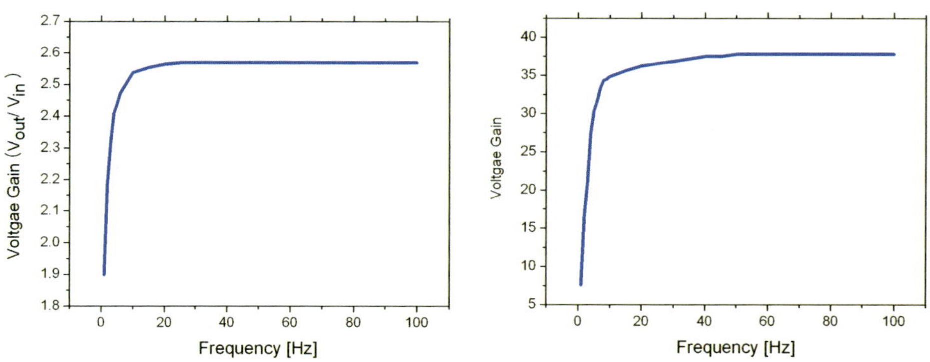


그림 D-11. 낮은 진동수 영역에서의 증폭률(왼쪽: D-9 증폭기, 오른쪽: D-10 증폭기)

## 4. MOSFET의 특성

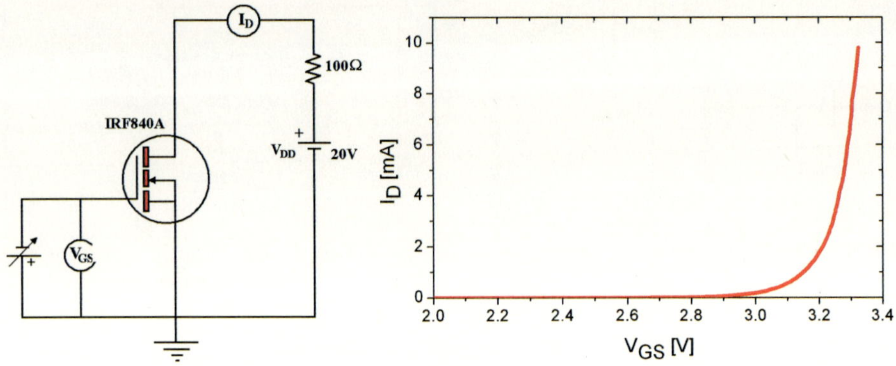


그림 D-12. 증가형 MOSFET의 입력(ID-$V_{GS}$) 특성

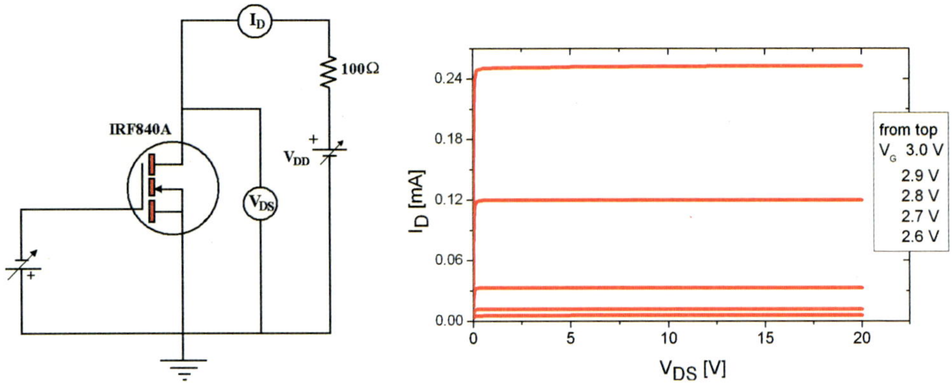


그림 D-13. 증가형 MOSFET의 출력($I_D$-$V_{DS}$) 특성

# 찾아보기